Inhaltsverzeichnis

8 Schraubenverbindungen

9 Bolzen-, Stiftverbindungen und Sicherungselemente

10 Elastische Federn

11 Achsen, Wellen und Zapfen

12 Elemente zum Verbinden von Wellen und Naben

13 Kupplungen und Bremsen

14 Wälzlager

15 Gleitlager

16 Riementriebe

20 Zahnräder und Zahnradgetriebe (Grundlagen)

21 Außenverzahnte Stirnräder

22 Kegelräder und Kegelradgetriebe

23 Schraubrad- und Schneckengetriebe

24 Tribologie

1 Allgemeine und konstruktive Grundlagen

TB 1-1 Stahlauswahl für den allgemeinen Maschinenbau

Festigkeitskennwerte in N/mm^2 für die Normabmessung d_N
Schwingfestigkeitswerte nach DIN 743-2[1)2)] (Richtwerte)
Elastizitätsmodul $E = 210\,000\ N/mm^2$, Schubmodul $G = 81\,000\ N/mm^2$

Kurzname	Stahlsorte Werkstoff-nummer	A % min.	R_{mN} min.	R_{eN} · $R_{p0,2N}$ min.	σ_{zdWN} (σ_{zdSchN})	σ_{bWN} (σ_{bSchN})	τ_{tWN} (τ_{tSchN})	relative Werkstoff-kosten[3)]	Eigenschaften und Verwendungsbeispiele
a) Unlegierte Baustähle, warmgewalzt, nach DIN EN 10025									Warmgewalzte, unlegierte Grund- und Qualitätsstähle ohne Eignung zur Wärmebehandlung, die durch Zugfestigkeit und Streckgrenze gekennzeichnet und für die Verwendung bei Umgebungstemperatur in geschweißten, genieteten und geschraubten Bauteilen bestimmt sind
Normabmessung $d_N = 16$ mm									
S185	1.0035	18	310	185					untergeordnete Bauteile bei geringer Beanspruchung; Geländer, Treppen u. dgl.; Schweißeignung nicht gewährleistet
S235JR S235JRG1 S235JRG2 S235JO S235J2G3 S235J2G4	1.0037 1.0036 1.0038 1.0114 1.0116 1.0117	26	360	235	140 (225)	180 (270)	105 (160)	☐	üblicher Stahl im Maschinen- und Stahlbau bei mäßiger Beanspruchung; Flacherzeugnisse, Stab- und Formstähle; gut bearbeitbar; Schweißeignung und Zähigkeit verbessern sich stetig von der Gütegruppe JR bis zur Gütegruppe J2G4
S275JR S275JO S275J2G3 S275J2G4	1.0044 1.0143 1.0144 1.0145	22	430	275	170 (270)	215 (320)	125 (190)	1,05	mäßig beanspruchte Bauteile; Wellen, Achsen, Hebel; gut bearbeitbar, gute Schweißeignung
S355JR S355JO S355J2G3 S355J2G4 S355K2G3 S355K2G4	1.0045 1.0553 1.0570 1.0577 1.0595 1.0596	22	510	355	205 (325)	255 (380)	150 (245)		hoch beanspruchte Tragwerke im Stahl-, Kran- und Brückenbau; hohe Streckgrenze durch Si- und Mn-Gehalte; Schweißeignung und Sprödbruchsicherheit verbessern sich stetig von der Gütegruppe JR bis zur Gütegruppe K2
E295	1.0050	20	490	295	195 (295)	245 (355)	145 (205)	1,1	gut bearbeitbar; meist verwendeter Stahl bei mittlerer Beanspruchung; Wellen, Achsen, Bolzen
E335	1.0060	16	590	335	235 (335)	290 (400)	180 (230)	1,7	für höher beanspruchte verschleißfeste Teile; Wellen, Ritzel, Spindeln — Maschinenbaustahl ohne besondere Anforderungen an Schweißeignung und Zähigkeit
E360	1.0070	11	690	360	275 (360)	345 (430)	205 (250)		höchst beanspruchte verschleißfeste Teile in naturhartem Zustand; Nocken, Walzen, Gesenke, Steuerungsteile
b) Schweißgeeignete Feinkornbaustähle, normalgeglüht/normalisierend gewalzt, nach DIN EN 10113-2									zähe, sprödbruch- und alterungsunempfindliche Stähle mit geringem C-Gehalt und feinem Korn, gekennzeichnet durch hohe Streckgrenze und gute Schweißbarkeit
Normabmessung $d_N = 16$ mm									
S275N S275NL	1.0490 1.0491	24	370	275	150 (240)	185 (275)	110 (185)		optimaler Einsatz bei hoher Zugbeanspruchung im Zeitfestigkeitsgebiet mit nur geringen dynamischen Spannungsamplituden; z. B. Leichtbau von Untergestellen, Fahrzeugrahmen, Druckbehältern, Förderanlagen (warmfeste, kaltzähe und ultrahochfeste Feinkornbaustähle s. Normen)
S355N S355NL	1.0545 1.0546	22	470	355	190 (305)	235 (350)	140 (240)		
S420N S420NL	1.8902 1.8912	19	520	420	210 (335)	260 (390)	155 (265)		
S460N S460NL	1.8901 1.8903	17	550	460	220 (350)	275 (410)	165 (280)		

TB 1-1 Fortsetzung

Kurzname	Stahlsorte Werkstoff-nummer	A % min.	R_{mN} min.	R_{eN} $R_{p0,2N}$ min.	σ_{zdWN} (σ_{zdSchN})	σ_{bWN} (σ_{bSchN})	τ_{tWN} (τ_{tSchN})	relative Werkstoff-kosten[3]	Eigenschaften und Verwendungsbeispiele
c) Vergütungsstähle nach DIN EN 10083-1 im vergüteten Zustand (+QT)[4]									unlegierte oder legierte Maschinenbaustähle, die sich aufgrund ihrer chemischen Zusammensetzung zum Härten eignen und die in vergütetem Zustand hohe Festigkeit bei gleichzeitig guter Zähigkeit aufweisen; zum Schweißen Vorwärmen erforderlich
Normabmessung $d_N = 16$ mm									
C22E	1.1151	20	500	340	200 (320)	250 (375)	150 (235)		gering beanspruchte Teile mit gleichmäßigem Gefüge und guter Oberflächenqualität; Hebel, Flansche, Scheiben, Wellen, Treibstangen; Oberflächenhärtung
C25E	1.1158	19	550	370	220 (350)	275 (410)	165 (255)		
C30E	1.1178	18	600	400	240 (385)	300 (450)	180 (275)	1,6	
C35E	1.1181	17	630	430	250 (400)	315 (470)	190 (300)		geringer beanspruchte Bauteile mit kleinen Vergütungsdurchmessern (< 100 mm)
C40E	1.1186	16	650	460	260 (415)	325 (490)	200 (320)		Triebwerksteile mit besonderer Gleichmäßigkeit und Reinheit; auf Verschleiß beanspruchte Teile; Oberflächenhärtung; Getriebewellen, Zahnräder, Radreifen, Kurbelwellen, Kurbelzapfen
C45E	1.1191	14	700	490	280 (450)	350 (525)	210 (340)		
C50E	1.1206	13	750	520	300 (480)	375 (560)	220 (360)	1,7	
C55E	1.1203	12	800	550	320 (510)	400 (600)	240 (380)		
C60E	1.1221	11	850	580	340 (545)	425 (635)	250 (400)		
28Mn6	1.1170	13	800	590	320 (510)	400 (600)	240 (410)		
38Cr2	1.7003	14	800	550	320 (510)	400 (600)	240 (380)		Hebel, Wellen, Bolzen, Zahnräder, Schrauben, Schnecken, Schmiedeteile
46Cr2	1.7006	12	900	650	360 (575)	450 (675)	270 (450)		
34Cr4	1.7033	12	900	700	360 (575)	450 (675)	270 (460)	1,7	
37Cr4	1.7034	11	950	750	380 (610)	475 (710)	285 (485)		höher beanspruchte Bauteile mit größeren Vergütungsdurchmessern
41Cr4	1.7035	11	1000	800	400 (640)	500 (750)	300 (510)		
25CrMo4	1.7218	12	900	700	360 (575)	450 (675)	270 (460)		Einlassventile, Wellen, Fräsdorne, Keilwellen, Kurbelwellen, Kurbelbolzen, große Getriebewellen
34CrMo4	1.7220	11	1000	800	400 (640)	500 (750)	300 (510)		
42CrMo4	1.7225	10	1100	900	440 (705)	550 (825)	330 (560)		
50CrMo4	1.7228	9	1100	900	440 (705)	550 (825)	330 (560)		
36CrNiMo4	1.6511	10	1100	900	440 (705)	550 (825)	330 (560)	2,4	höchstbeanspruchte Bauteile im Fahrzeug- und Maschinenbau; große Getriebewellen, Turbinenläufer, Zahnräder
34CrNiMo6	1.6582	9	1200	1000	480 (770)	600 (900)	360 (610)	2,7	Bauteile mit höchster Beanspruchung; große Vergütungsdurchmesser
30CrNiMo8	1.6580	9	1250	1050	500 (800)	625 (935)	375 (635)		
36NiCrMo16	1.6773	9	1250	1050	500 (800)	625 (935)	375 (635)		
51CrV4	1.8159	9	1100	900	440 (705)	550 (825)	330 (560)		
d) Einsatzstähle in blindgehärtetem Zustand[5] (Festigkeitskennwerte nach DIN 743-3 und FKM-Richtlinie)									unlegierte und legierte Maschinenbaustähle mit niedrigem C-Gehalt, die an der Oberfläche aufgekohlt oder carbonitriert und dann gehärtet werden; für dauerfeste Bauteile mit verschleißfester, harter Oberfläche; für Abbrennstumpf- und Schmelzschweißung geeignet
Normabmessung $d_N = 11$ mm									
C10	1.0301	16	650	380	260 (380)	325 (455)	195 (265)	1,1	direkt härtbare kleine Teile mit niedriger Kernfestigkeit; Bolzen, Buchsen, Zapfen, Hebel, Gelenke, Mitnehmer, Spindeln
C15	1.0401	14	750	430	300 (430)	375 (515)	225 (300)		
17Cr3	1.7016	11	1050	750	420 (670)	525 (785)	315 (520)		Teile mit hoher Beanspruchung; kleinere Zahnräder und Wellen, Bolzen, Nockenwellen, Rollen, Spindeln, Messzeuge
20Cr4	1.7027	10	900	630	360 (575)	450 (675)	270 (435)	1,7	
16MnCr5	1.7131	10	900	630	360 (575)	450 (675)	270 (435)		
20MnCr5	1.7147	8	1100	730	440 (705)	550 (825)	330 (505)		direkt härtbare Teile mit hoher Kernfestigkeit; mittlere Zahnräder und Wellen im Getriebe- und Fahrzeugbau
20MoCr4	1.7321	10	900	630	360 (575)	450 (675)	270 (435)		
22CrMoS3-5	1.7333	8	1100	730	440 (705)	550 (825)	330 (505)		hochbeanspruchte Getriebeteile mit sehr guter Zähigkeit; Direkthärtung
21NiCrMo2	1.6523	10	900	630	360 (575)	450 (675)	270 (435)		
15CrNi6	1.5919	9	1000	680	400 (640)	500 (750)	300 (470)	2,1	Teile mit höchster Beanspruchung; Ritzel, Nocken, Wellen, Kegel-Tellerräder, Kettenglieder
17CrNiMo6	1.6587	8	1150	830	460 (735)	575 (860)	345 (575)		
e) Nitrierstähle nach DIN 17211 im vergüteten Zustand (+QT)									legierte Vergütungsstähle, die durch Nitridbildner (Cr, Al, Mo, V) für das Nitrieren und Nitrocarburieren besonders geeignet sind; die sehr harte Randschicht verleiht den Bauteilen hohen Verschleißwiderstand, hohe Dauerfestigkeit, Rostträgheit, Wärmebeständigkeit und geringe Fressneigung; verzugsarm
Normabmessung $d_N = 100$ mm									
31CrMo12	1.8515	11	1000	800	400 (640)	500 (750)	300 (510)		verschleißbeanspruchte Bauteile bis 250 mm Dicke; Stangen, Schmiedestücke
31CrMoV9	1.8519	11	1000	800	400 (640)	500 (750)	300 (510)		warmfeste Verschleißteile bis 100 mm Dicke; Ventilspindeln, Schleifmaschinenspindeln
15CrMoV5-9	1.8521	10	900	750	360 (575)	450 (675)	270 (460)	2,6	verschleißbeanspruchte Teile bis 250 mm Dicke; Bolzen, Spindeln
34CrAlMo5	1.8507	14	800	600	320 (510)	400 (600)	240 (410)		dauerstandfeste Verschleißteile bis über 450 °C und 70 mm Dicke; Heißdampfarmaturenteile
34CrAlNi7	1.8550	12	850	650	340 (545)	425 (635)	255 (435)		für große verschleißbeanspruchte Bauteile; schwere Tauchkolben, Kolbenstangen

TB 1-1 Fortsetzung

Kurzname	Stahlsorte Werkstoffnummer	A % min.	R_{mN} min.	R_{eN} $R_{p0,2N}$ min.	σ_{zdWN} (σ_{zdSchN})	σ_{bWN} (σ_{bSchN})	τ_{tWN} (τ_{tSchN})	relative Werkstoffkosten[3]	Eigenschaften und Verwendungsbeispiele
f) Stähle für Flamm- und Induktionshärten nach DIN 17212 im vergüteten Zustand (+QT)									vergütete Stähle, die sich durch örtliches Erhitzen und Abschrecken in der Randzone härten lassen; für Bauteile deren Oberflächen hohem Verschleiß oder großer Flächenpressung ausgesetzt sind; geeignet für Abbrennstumpfschweißung
Normabmessung $d_N = 16$ mm									
Cf35	1.1183	17	620	420	250 (400)	310 (465)	185 (290)		geringer beanspruchte Bauteile mit besonderer Gleichmäßigkeit und Reinheit
Cf45	1.1193	14	700	480	280 (450)	350 (525)	210 (330)		Triebwerkteile mit besonderer Gleichmäßigkeit und Reinheit; Ritzel, Wellen
Cf53	1.1213	12	740	510	295 (470)	370 (555)	220 (355)		Getriebewellen, Nockenwellen, Kolbenbolzen, Zylinderbüchsen
Cf70	1.1249	11	780	560	310 (495)	390 (585)	235 (390)		dünnwandige Teile zur Schalenhärtung; kleine Zahnräder, Spindeln, Armwellen
45Cr2	1.7005	12	880	640	350 (560)	440 (660)	265 (445)		dickere Bauteile des Maschinen- und Fahrzeugbaus mit höherer Kernfestigkeit; Kurbelwellen, Getriebewellen, Kugelbolzen, Keilwellen, Zahnräder
38Cr4	1.7043	11	930	740	370 (590)	465 (700)	280 (475)		
42Cr4	1.7045	11	980	780	390 (625)	490 (735)	295 (500)		
41CrMo4	1.7223	10	1080	880	430 (690)	540 (810)	325 (550)		
g) Automatenstähle nach DIN 1651 im kaltgezogenen Zustand (+C)									unlegierte Stähle mit guter Zerspanbarkeit und Spanbrüchigkeit durch Schwefelzusatz; bleilegierte Sorten ermöglichen höhere Schnittgeschwindigkeit, doppelte Standzeit und verbesserte Oberfläche; durch hohen S- und P-Gehalt nur bedingt schweißgeeignet
Normabmessung $d_N = 16$ mm									
9SMn28 9SMnPb28	1.0715 1.0718	7	510	410	205 (325)	255 (380)	150 (255)	1,8	für Kleinteile mit geringer Beanspruchung; Verschraubungsteile, kaltgezogene Wellen, Schrauben, Stifte, Bolzen, Formteile aller Art
9SMn36 9SMnPb36	1.0736 1.0737	7	540	430	215 (345)	270 (405)	160 (270)		
15S10 10S20 10SPb20	1.0710 1.0721 1.0722	7 8	500 490	400 390	200 (320) 195 (310)	250 (375) 245 (365)	150 (255) 145 (245)	1,9	zum Einsatzhärten geeignet; verschleißfeste Kleinteile; Bolzen, Stifte, Formteile
35S20 35SPb20	1.0726 1.0756	7	590	400	235 (375)	295 (440)	175 (275)		zum Vergüten geeignet; größere Bauteile mit höherer Beanspruchung; Wellen, Gewindeteile, Spindeln
45S20 45SPb20	1.0727 1.0757	6	690	470	275 (440)	345 (515)	205 (325)	2,0	
60S20 60SPb20	1.0728 1.0758	6	780	540	310 (495)	390 (585)	235 (375)	2,1	
h) Unlegierte Blankstähle nach DIN 1652 im kaltgezogenen Zustand (+C)									kaltverfestigter Stabstahl mit blanker, glatter Oberfläche und großer Maßgenauigkeit; hergestellt durch Ziehen, Schälen und Richtpolieren und ggf. zusätzliches Schleifen
Normabmessung $d_N = 16$ mm									
S235JR S275JR S355J2G3 E295 E335 E360	1.0037 1.0044 1.0570 1.0050 1.0060 1.0070	9 8 7 7 6 6	440 530 600 580 680 780	300 380 450 420 490 560	175 (280) 210 (335) 240 (385) 230 (370) 270 (430) 310 (495)	220 (330) 265 (395) 300 (450) 290 (435) 340 (510) 390 (585)	130 (210) 160 (265) 180 (305) 175 (290) 205 (340) 235 (390)	1,6 1,7	Blankstahl aus Baustählen; Bolzen, Achsen, Stifte, Befestigungselemente, Aufspannplatten
C10 C15	1.0301 1.0401	9 8	450 480	300 340	180 (290) 190 (305)	225 (335) 240 (360)	135 (210) 145 (235)		Blankstahl aus Einsatzstählen; Bolzen, Spindeln, Kleinteile
C22E C35E C45E C60E	1.1151 1.1181 1.1191 1.1221	7 8 6 6	500 550 630 750	350 370 430 520	200 (320) 220 (350) 250 (400) 300 (480)	250 (375) 275 (410) 315 (470) 375 (560)	150 (245) 165 (255) 190 (300) 225 (360)	1,7 1,8	Blankstahl aus Vergütungsstählen; Wellen, Stangen, Schienen, Hebel, Druckstücke, Grundplatten

(Spalte rechts, Gruppen f–h übergreifend: kostenreduzierte Herstellung von Maschinenteilen ohne weitere Oberflächenbearbeitung)

TB 1-1 Fortsetzung

Kurzname	Stahlsorte Werkstoff-nummer	A % min.	R_{mN} min.	R_{eN} $R_{p0,2N}$ min.	σ_{zdWN} (σ_{zdSchN})	σ_{bWN} (σ_{bSchN})	τ_{tWN} (τ_{tSchN})	relative Werkstoff-kosten[3]	Eigenschaften und Verwendungsbeispiele	
i) Nichtrostende Stähle nach DIN EN 10088 und SEW 400 Behandlungszustand: Ferritische und austenitische Stähle: geglüht (+A) Martensitische Stähle: vergütet (+QT) Praktisch kein technologischer Größeneinfluss									zeichnen sich durch besondere Beständigkeit gegen chemisch angreifende Stoffe aus; enthalten mindestens 12 % Cr und höchstens 1,2 % C; Beständigkeit beruht auf der Bildung von Deckschichten durch den chemischen Angriff	
X3CrNb17	1.4511	23	420	230	170 (230)	210 (275)	125 (160)		Bauwesen; Beschläge, Regale, Bekleidungen	**Ferritische Stähle** gute Schweißeignung, warmfest, besondere magnetische Eigenschaften, schlecht zerspanbar, kaltumformbar $E=220000\,\text{N/mm}^2$
X6CrMoS17	1.4105	20	430	250	170 (250)	215 (300)	130 (175)		Automatenstahl; Bolzen, Befestigungselemente	
X6Cr13	1.4000	19	400	240	160 (240)	200 (290)	120 (165)		Chips-Träger, Bestecke, Innenausbau	
X6Cr17	1.4016	20	450	240	180 (240)	225 (290)	135 (165)		Verbindungselemente, tiefgezogene Formteile	
X20Cr13	1.4021	10	750	550	300 (480)	375 (560)	225 (380)	3,2	Armaturen, Flansche, Federn, Turbinenteile	**Martensitische Stähle** härtbar, gut zerspanbar, hohe Festigkeit, magnetisch, bedingt schweißbar $E=216000\,\text{N/mm}^2$
X39CrMo17-1	1.4122	12	750	500	300 (480)	375 (560)	225 (345)		Rohre, Wellen, Spindeln, Verschleißteile	
X14CrMoS17	1.4102	11	640	450	255 (410)	320 (480)	190 (310)		Automatenstahl; Drehteile, Apparatebau	
X50CrMoV15	1.4116	12	850	–	340 (545)	425 (635)	255 (410)		Fleischverarbeitung: Wellen, Muffen, Schneidwerkzeuge	
X12Cr13	1.4006	12	650	450	260 (415)	325 (485)	195 (310)		Verbindungselemente, Schneidwerkzeug, verschleißbeanspruchte Bauteile	
X3CrNiMo13-4	1.4313	11	900	800	360 (575)	450 (675)	270 (460)			
X17CrNi16-2	1.4057	14	750	550	300 (480)	375 (560)	225 (380)	4,0		
X5CrNi18-10	1.4301	40	520	210	210 (210)	250 (250)	145 (145)		universeller Einsatz; Bauwesen, Fahrzeugbau, Lebensmittelindustrie	
X8CrNiS18-9	1.4305	35	500	190	190 (190)	230 (230)	130 (130)		Automatenstahl; Maschinen- und Verbindungselemente	**Austenitische Stähle** gute Schweißeignung, gut kaltumformbar, schwer zerspanbar, unmagnetisch $E=200000\,\text{N/mm}^2$
X6CrNiTi18-10	1.4541	40	500	200	200 (200)	240 (240)	140 (140)	5,8	Schienenfahrzeugbau, Baugruppen Sanitärbereich	
X2CrNiMo17-12-2 X2CrNiMoN17-13-3	1.4404 1.4429	40 35	520 580	220 295	220 (220) 230 (295)	260 (260) 290 (355)	150 (150) 175 (205)		Offshore-Technik, geschweißte Konstruktionsteile, Achsen, Wellen, Wärmetauscher	
X5CrNiMo17-12-2	1.4401	40	520	220	220 (220)	260 (260)	150 (150)		Bleichereien, Lebensmittelindustrie, Außenfassaden	
X6CrNiMoTi17-12-2	1.4571	40	520	220	220 (220)	260 (260)	150 (150)		Behälter (Tankwagen), Heizkessel, Dacheindeckungen	
X2CrNiN24-4 X3CrNiMoN27-5-2 X2CrNiMoN22-5-3	1.4362 1.4460 1.4462	25 20 30	600 600 640	400 450 450	240 (385) 240 (385) 255 (410)	300 (450) 300 (450) 320 (480)	180 (275) 180 (305) 190 (310)		Textilindustrie, Apparatebau; geschweißte Bauteile mit hoher Beanspruchung	**Austenitisch-ferritische Stähle** (Duplex-Stähle) beständig gegen Spannungsrisskorrosion $E=200000\,\text{N/mm}^2$

[1] Richtwerte: $\sigma_{bW} \approx 0,5 \cdot R_m$, $\sigma_{zdW} \approx 0,4 \cdot R_m$, $\tau_{tW} \approx 0,3 \cdot R_m$

[2] A Bruchdehnung; d_N Bezugsabmessung (Durchmesser, Dicke) des Halbzeugs nach der jeweiligen Werkstoffnorm; R_{mN} Normwert der Zugfestigkeit für d_N; R_{eN} Normwert der Streckgrenze für d_N; $R_{p0,2}$ Normwert der 0,2%-Dehngrenze für d_N; σ_{zdWN} Wechselfestigkeit Zug/Druck für d_N; σ_{bWN} Biegewechselfestigkeit für d_N; τ_{tWN} Torsionswechselfestigkeit für d_N; σ_{zdSchN} Schwellfestigkeit Zug/Druck für d_N; σ_{bSchN} Biegeschwellfestigkeit für d_N; τ_{tSchN} Torsionsschwellfestigkeit für d_N.
Für die Schwellfestigkeit gilt: $\sigma_{Sch} = 2 \cdot \sigma_W [1 - \sigma_W/(2 \cdot R_m)]$. Sie wird nach oben begrenzt durch die Fließgrenzen R_e, $\sigma_{bF} = 1,2 \cdot R_e$ und $\tau_{tF} = 1,2 \cdot R_e/\sqrt{3}$. Die Gleichung gilt für Zug/Druck und Biegung, aber auch für Torsion, wenn σ durch τ ersetzt wird.

[3] Sie sind auf das Volumen bezogen und geben an, um wieviel ein Werkstoff (Rundstahl mittlerer Abmessung bei Bezug von 1000 kg ab Werk) teurer ist als ein gewalzter Rundstahl aus S235JRG1. Bei Bezug kleiner Mengen und kleiner Abmessungen muss mit höheren Kosten gerechnet werden.

[4] Bei den unlegierten Vergütungsstählen weisen die Edelstähle mit vorgeschriebenem max. S-Gehalt (z. B. C22E) bzw. vorgeschriebenem Bereich des S-Gehaltes (z. B. C22R) und die entsprechenden Qualitätsstähle (z. B. C22) die gleichen Festigkeitseigenschaften auf.

[5] Mindestzugfestigkeit der Einsatzstähle nach DIN EN 10084 in vergütetem Zustand s. Umschlagseite 3.

TB 1-2 Eisenkohlenstoff-Gusswerkstoffe
Festigkeitskennwerte in N/mm²

Werkstoffbezeichnung		A % min.	R_{mN} min.	$R_{p0,2N}$ min.	σ_{bWN}	E kN/mm²	relative Werkstoff- kosten[1]	Eigenschaften und Verwendungsbeispiele
Kurzzeichen	Nummer							
a) Gusseisen mit Lamellengraphit nach DIN EN 1561								am meisten verwendeter Gusswerkstoff mit gutem Formfüllungsvermögen; für verwickelte und relativ dünnwandige Teile; spröde, hohe Druckfestigkeit [ca. (3 … 4) R_m], günstige Gleiteigenschaften, große innere Dämpfung, kerbunempfindlich, sehr gut zerspanbar, bedingt schweißgeeignet
Normabmessung des Probestückes (gleichwertiger Rohgussdurchmesser): $d_N = 20$ mm								
EN-GJL-100	EN-JL1010		100	$R_{p0,1N}$ –	–	–		nicht für tragende Teile; bei besonderen Anforderungen an Wärmeleitfähigkeit, Dämpfung und Bearbeitbarkeit; Bauguss, Handelsguss
EN-GJL-150	EN-JL1020		150	98	70	78 bis 103		für höher beanspruchte dünnwandige Teile; leichter Maschinenguss; Gehäuse, Ständer, Steuerscheiben
EN-GJL-200	EN-JL1030	0,8 bis 0,3	200	130	90	88 bis 113	3	übliche Sorte im Maschinenbau; mittlerer Maschinenguss: Lagerböcke, Hebel, Riemenscheiben
EN-GJL-250	EN-JL1040		250	165	120	103 bis 118		druckdichter und wärmebeständiger Guss (bis ca. 400 °C); Zylinder, Armaturen, Pumpengehäuse
EN-GJL-300	EN-JL1050		300	195	140	108 bis 137		für hochbeanspruchte Teile; Motorständer, Lagerschalen, Bremsscheiben
EN-GJL-350	EN-JL1060		350	228	145	123 bis 143		für Ausnahmefälle (bei höchster Beanspruchung), Teile mit gleichmäßiger Wanddicke; Turbinengehäuse, Pressenständer
b) Gusseisen mit Kugelgraphit nach DIN EN 1563								hochwertiger Gusswerkstoff, welcher die jeweiligen Vorteile von G und GJL auf sich vereinigt; stahlähnliche Eigenschaften, gut gieß- und bearbeitbar; ferritische Sorten EN-GJS-350-22 und EN-GJS-400-18 auch mit gewährleisteter Kerbschlagarbeit
Normabmessung des Probestückes (gleichwertiger Rohgussdurchmesser): $d_N = 60$ mm								
EN-GJS-350-22	EN-JS1010	22	350	220	180	169		Gefüge vorwiegend Ferrit; gut bearbeitbar, hohe Zähigkeit, geringe Verschleißfestigkeit; Pumpen- und Getriebegehäuse, Achsschenkel, Vorderachsbrücken, Absperrklappen, Schwenklager
EN-GJS-400-18	EN-JS1020	18	400	250	195	169		
EN-GJS-450-10	EN-JS1040	10	450	310	210	169		Gefüge vorwiegend Ferrit; kostengünstige Sorte zwischen EN-GJS-400-18 und EN-GJS-500-7; Schleuderguss
EN-GJS-500-7	EN-JS1050	7	500	320	224	169		Gefüge vorwiegend Ferrit-Perlit bzw. Perlit-Ferrit; gut bearbeitbar, mittlere Verschleißfestigkeit, mittlere Festigkeit und Zähigkeit; Bremsenteile, Lagerböcke, Pleuelstangen, Kurbelwellen, Pressenständer
EN-GJS-600-3	EN-JS1060	3	600	370	248	174	4,5	
EN-GJS-700-2	EN-JS1070	2	700	420	280	176		Gefüge vorwiegend Perlit; hohe Verschleißfestigkeit; Seiltrommeln, Turbinenschaufeln, Zahnkränze
EN-GJS-800-2	EN-JS1080	2	800	480	304	176		Gefüge Perlit bzw. wärmebehandelter Martensit; gute Oberflächenhärtbarkeit u. Verschleißfestigkeit; dickwandige Gussstücke
EN-GJS-900-2	EN-JS1090	2	900	600	317	176		Gefüge meist wärmebehandelter Martensit; sehr gute Verschleißfestigkeit, ausreichende Bearbeitbarkeit; Zahnkränze, Umformwerkzeuge
c) Bainitisches Gusseisen nach DIN EN 1564								bainitisches Gusseisen mit Kugelgraphit ADI (Austempered Ductile Iron) wird durch eine Vergütungsbehandlung von Gussstücken aus GJS hergestellt, es entsteht ein Mikrogefüge aus nadligem Ferrit und Restaustenit ohne Karbide; hochfester Konstruktionswerkstoff mit hoher Plastizität und Zähigkeit
Normabmessung des Probestückes (gleichwertiger Rohgussdurchmesser): $d_N = 60$ mm								
EN-GJS-800-8	EN-JS1100	8	800	500	450	163		ermöglicht Leichtbau insbesondere von Fahrzeugteilen durch Fähigkeit zur Kaltverfestigung, große Gestaltungsfreiheit, geringe Geräuschemission von Konstruktionselementen und gute Dämpfungseigenschaften; Zahnkränze, Radnaben, Achsgehäuse, Gleitplatten, Federsättel, Blattfederlagerungen, Pickelarme für Gleisbaumaschinen
EN-GJS-1000-5	EN-JS1110	5	1000	700	485	160	(7)	
EN-GJS-1200-2	EN-JS1120	2	1200	850	415	158		
EN-GJS-1400-1	EN-JS1130	1	1400	1100		156		
d) Gusseisen mit Vermiculargraphit								Gusseisen mit wurmförmigem Graphit, dessen Eigenschaften zwischen GJL und GJS liegen; bessere Festigkeit, Zähigkeit, Steifigkeit, Oxidations- und Temperaturwechselbeständigkeit als GJL; bessere Gießeigenschaften, Bearbeitbarkeit und Dämpfungsfähigkeit als GJS
Normabmessung des Probestückes (gleichwertiger Rohgussdurchmesser): $d_N = 20$ mm								
GGV-30		2	300	240	160	130 bis 160	(4)	Gefüge vorwiegend Ferrit bzw. Perlit; für durch erhöhte Temperatur und Temperaturwechsel beanspruchte Bauteile; Zylinderköpfe, Turboladergehäuse, Abgasdome und -krümmer, Riemenscheiben, Schwungräder, Stahlwerkskokillen
GGV-40		1…2,5	400	280	190	150 bis 160		

TB 1-2 Fortsetzung

Werkstoffbezeichnung		A % min.	R_{mN} min.	$R_{p0,2N}$ min.	σ_{bWN}	E kN/mm^2	relative Werkstoff-kosten[1]	Eigenschaften und Verwendungsbeispiele
Kurzzeichen	Nummer							
e) Temperguss nach DIN EN 1562								erhält durch Glühen stahlähnliche Eigenschaften; für Stückgewichte bis 100 kg in der Serienfertigung sehr wirtschaftlich; gut zerspanbar, Fertigungs- und Konstruktionsschweißung möglich, geeignet zum Randschichthärten; oft im Wettbewerb mit GJS und Schmiedeteilen
Normabmessung des Probestückes (gleichwertiger Rohgussdurchmesser): $d_N = 15$ mm								
EN-GJMW-350-4	EN-JM1010	4	350	–	150			**entkohlend geglühter (weißer) Temperguss für dünnwandige Gussstücke ($\leq$8 mm)** gering beanspruchte Teile, kostengünstig; Beschlagteile, Fittings, Förderkettenglieder
EN-GJMW-360-12	EN-JM1020	12	360	190	155			für Festigkeitsschweißung geeignet; Ventil- und Lenkgehäuse, Flansche, Verbundkonstruktionen mit Walzstahl
EN-GJMW-400-5	EN-JM1030	5	400	220	170			Standardsorte, gut schweißbar, für dünnwandige Teile; Tretlagergehäuse, Fittings, Gerüstteile, Griffe, Keilschlösser
EN-GJMW-450-7	EN-JM1040	7	450	260	190			gut zerspanbar, schlagfest; Rohrleitungsarmaturen, Trägerklemmen, Gerüstteile, Schalungsteile, Isolatorenkappen, Fahrwerksteile
EN-GJMW-550-4	EN-JM1050	4	550	340	230			
EN-GJMB-300-6	EN-JM1110	6	300	–	130	175 bis 195	5	**nicht entkohlend geglühter (schwarzer) Temperguss** für druckdichte Teile; Hydraulikguss, Steuerblöcke, Ventilkörper
EN-GJMB-350-10	EN-JM1130	10	350	200	150			gut zerspanbar, zäh; Kettenglieder, Gehäuse, Beschläge, Fittings, Lkw-Bremsträger, Kupplungsteile, Klemmbacken, Steckschlüssel
EN-GJMB-450-6	EN-JM1140	6	450	270	190			
EN-GJMB-500-5	EN-JM1150	5	500	300	210			
EN-GJMB-550-4	EN-JM1160	4	550	340	230			Alternative zu Schmiedeteilen, ideal für Randschichthärtung; Kurbelwellen, Bremsträger, Gehäuse, Nockenwellen, Hebel, Radnaben, Gelenkgabeln, Schaltgabeln
EN-GJMB-600-3	EN-JM1170	3	600	390	250			
EN-GJMB-650-2	EN-JM1180	2	650	430	265			hohe Festigkeit bei ausreichender Zerspanbarkeit, gute Alternativen zu Schmiedestählen; Kreiskolben, Gabelköpfe, Pleuel, Schaltgabeln, Tellerräder, Geräteträger
EN-GJMB-700-2	EN-JM1190	2	700	530	285			
EN-GJMB-800-1	EN-JM1200	1	800	600	320			
f) Austenitisches Gusseisen nach DIN 1694 (Handelsname Ni-Resist)								vielseitig verwendbarer hoch legierter Gusseisenwerkstoff mit 12 bis 36 % Nickelgehalt; die genormten Sorten – acht mit Lamellen – und 14 mit Kugelgraphit – sind gut gieß- und bearbeitbar; je nach Zusammensetzung und Graphitausbildung weisen sie eine Vielzahl häufig geforderter Eigenschaften auf
kein technologischer Größeneinfluss innerhalb der Abmessungsbereiche der Norm								
GGL-NiCuCr15 6 2 (EN-GJLA-XNiCuCr15-6-2)	0.6655	2	170	–	75	85 bis 105		korrosionsbeständig gegen Alkalien, verdünnte Säuren und Seewasser, hitzebeständig, gute Gleiteigenschaften, nicht magnetisierbar; für Pumpen, Armaturen, Ofenbauteile, Laufbuchsen, Kolbenringträger
GGL-NiCr30 3 (EN-GJLA-XNiCr30-3)	0.6676	1 bis 3	190	–	85	98 bis 113		bis 800 °C hitze- und wärmeschockbeständig, korrosions- und erosionsbeständig; für Pumpen, Filterteile, Turboladergehäuse, Abgasleitungen
GGG-NiCr20 2 (EN-GJSA-XNiCr20-2)	0.7660	7 bis 20	370	210	160	112 bis 130	(6)	ähnlich wie GGL-NiCuCr1562, jedoch bessere mechanische Eigenschaften; für Pumpen, Ventile, Laufbüchsen, Turboladergehäuse, nicht magnetisierbare Gussstücke
GGG-Ni22 (EN-GJSA-XNi22)	0.7670	20 bis 40	370	170	160	85 bis 112		hohe Dehnung, bis −100 °C kaltzäh, nicht magnetisierbar; für Pumpen, Kompressoren, Laufbüchsen, nicht magnetisierbare Gussstücke
GGG-NiMn23 4 (EN-GJSA-XNiMn23-4)	0.7673	25 bis 45	440	210	200	120 bis 140		besonders hohe Dehnung, kaltzäh bis −196 °C, nicht magnetisierbar; für Gussstücke der Kältetechnik
g) Stahlguss für allgemeine Verwendungszwecke nach DIN 1681								direkt in Formen vergossener Stahl, schlechter vergießbar als Gusseisen, durch Wärmebehandlung (Normalglühen) Eigenschaften wie entsprechende Walzstähle, schmiedbar, heute häufig durch Gusseisen mit Kugelgraphit ersetzt
Normabmessung des Probestückes (gleichwertiger Rohgussdurchmesser): $d_N = 100$ mm								
GS-38 (G200)	1.0420	25	380	200	150			wird vorwiegend im Temperaturbereich zwischen −10 °C und +300 °C für Bauteile verwendet, die mittleren dynamischen und stoßartigen Beanspruchungen ausgesetzt sind und sich durch andere Formgebungsverfahren nicht oder nicht wirtschaftlich herstellen lassen, außer GS-60 gut schweißgeeignet; Maschinenständer, Pumpengehäuse, Hebel, Zahnräder, Pleuelstangen, Bremsscheiben
GS-45 (G230)	1.0446	22	450	230	180	210	6	
GS-52 (G260)	1.0552	18	520	260	205			
GS-60 (G300)	1.0558	15	600	300	235			

TB 1-2 Fortsetzung

Werkstoffbezeichnung		A %	R_{mN}	$R_{p0,2N}$	σ_{bWN}	E kN/mm^2	relative Werkstoff-kosten[1]	Eigenschaften und Verwendungsbeispiele
Kurzzeichen	Nummer	min.	min.	min.				
h) Vergütungsstahlguss für allgemeine Verwendungszwecke nach DIN 17205 in flüssigvergütetem Zustand obere Werte: Festigkeitsstufe I, untere Werte: Festigkeitsstufe II Normabmessung des Probestückes (gleichwertiger Rohgussdurchmesser): d_N = 100, 200 bzw. 500 mm, s. Spalte Eigenschaften								niedrig legierte Stahlgusssorten in flüssig vergütetem Zustand mit hoher Streckgrenze; die Festigkeitswerte für den luftvergüteten Zustand liegen niedriger, s. Normblatt
GS-30Mn5 (G30Mn5)	1.1165	14 10	520 700	400 550	205 270			d_N 100 mm
GS-25CrMo4 (G25CrMo4)	1.7215	18 10	600 750	450 600	220 285			200 mm
GS-34CrMo4 (G34CrMo4)	1.7230	14 10	750 850	600 700	285 320			100 mm
GS-42CrMo4 (G42CrMo4)	1.7231	14 10	780 900	650 800	295 340	210	(8)	100 mm
GS-30CrMoV6 4 (G30CrMoV6-4)	1.7725	14 12	850 900	700 750	320 340			200 mm
GS-35CrMoV10 4 (G35CrMoV10-4)	1.7755	15 10	850 1050	700 850	320 390			200 mm
GS-25CrNiMo4 (G25CrNiMo4)	1.6515	15 10	700 800	550 650	270 305			500 mm
GS-34CrNiMo6 (G34CrNiMo6)	1.6582	12 10	850 900	700 800	320 370			200 mm
GS-30NiCrMo8 5 (G30NiCrMo8-5)	1.6570	16 10	850 1050	700 950	320 390			500 mm
GS-33NiCrMo7 4 4 (G33NiCrMo7-4-4)	1.6740	16 10	850 1050	700 950	320 390			500 mm

Einsatz bis +300 °C für dynamisch hoch beanspruchte Bauteile, Gussverbundschweißung möglich; Zahnkränze Zylinderköpfe Turbinenteile Walzenständer Schlaghauben Offshore-Elemente Kettenräder Gelenkteile Ventil- und Schiebergehäuse und -elemente

Werkstoffbezeichnung		A %	R_{mN}	$R_{p0,2N}$	σ_{bWN}	E kN/mm^2	relative Werkstoff-kosten[1]	Eigenschaften und Verwendungsbeispiele
i) Nicht rostender Stahlguss nach DIN 17445								weist durch einen Chromgehalt von mindestens 12 % eine besondere Beständigkeit gegenüber chemischer Beanspruchung auf; geliefert werden die ferritischen Stahlgusssorten im vergüteten und die austenitischen im abgeschreckten Zustand
kein technologischer Größeneinfluss innerhalb der Abmessungsbereiche der Norm								
G-X8CrNi13 (GX8CrNi13)	1.4008	15	590	440	230			**martensitische (ferritische) Stahlgusssorten** konventioneller, vergütbarer Chromstahlguss ohne besondere Anforderungen an Schweißeignung und Zähigkeit; Wasserturbinen, Dampfturbinen, Armaturen, Ventile, Verdichter
G-X20Cr14 (GX20Cr14)	1.4027	12	590	440	230			
G-X22CrNi17 (GX22CrNi17)	1.4059	4	780	600	310			
G-X5CrNi13 4 (GX5CrNi13-4)	1.4313	12	900	830	360			guter Widerstand gegen Kavitation und atmosphärische Korrosion; Wasserturbinenbau, Kompressoren- und Pumpenlaufräder, Lasthaken
G-X6CrNi18 9 (GX6CrNi18-9)	1.4308					200	(9)	**austenitische Stahlgusssorten** Gussstücke mit hoher Zähigkeit und Korrosionsbeständigkeit, an denen nach dem Schweißen keine Wärmebehandlung erforderlich ist; Pumpengehäuse, Kneterteile, Rotoren, Schiffsschrauben, Pressschnecken, chem. Industrie
G-X5CrNiNb18 9 (GX5CrNiNb18-9)	1.4552		175					
G-X6CrNiMo18 10 (GX6CrNiMo18-10)	1.4408	20	440		170			
G-X5CrNiMoNb 18 10(GX5CrNiMoNb 18-10)	1.4581			185				hoch beanspruchte Gussstücke für Zellstoff-, Farben-, Textil- und Gummiindustrie; Zentrifugentrommeln, druckbeanspruchte Gehäuse und Apparateteile
G-X3CrNiMoN 17 13 5 (GX3CrNiMoN 17-13-5)	1.4439		490	210	190			

[1] Siehe Fußnote 3) zu TB 1-1
Bei Gussstücken gelten die angegebenen Vergleichswerte unter folgenden Voraussetzungen: Hohlguss (Kernguss) mit einfachen Rippen und Aussparungen, Richtstückzahl etwa 50, Stückgewichte 5 bis 10 kg.

TB 1-3 Nichteisenmetalle
Auswahl für den allgemeinen Maschinenbau
Festigkeitskennwerte in N/mm² [1]

Werkstoffbezeichnung		A % min.	R_m min.	$R_{p0,2}$ min.	σ_{bW}	E kN/mm²	relative Werkstoff-kosten[2]	Eigenschaften und Verwendungsbeispiele
Kurzzeichen	Nummer							
a) Kupferlegierungen[3]								zeichnen sich durch hohe Korrosionsbeständigkeit, beste Gleiteigenschaften und hohe Verschleißfestigkeit, hohe elektrische und thermische Leitfähigkeit und gute Bearbeitbarkeit aus
								1. Niedrig legierte Kupfer-Knetlegierungen nach DIN 17666
CuPb1P F26	2.1160.26	7	260	200	100	130		**nicht aushärtbar:** hohe elektr. Leitfähigkeit,
CuFe2P F39	2.1310.30	6	390	360	120	125		sehr gut zerspanbar und kalt umformbar; Drehteile Bolzen gut löt- und schweißbar, korrosionsbeständig; Kontakte, Schaltelemente, Bremsleitungsrohre
CuBe2Pb F130	2.1248.75	–	1300	1150	250	135		**ausgehärtet:** hohe Festigkeit, erhöhte Temperaturbeständigkeit, gut zerspanbar; Federn, Membranen, nicht funkende Werkzeuge
CuNi2Si F64	2.0855.73	10	640	590	150	130	17	mittlere elektr. Leitfähigkeit; Befestigungsteile, Nieten, Leitungsklemmen, Lagerbuchsen
								2. Kupfer-Zink-Knetlegierungen nach DIN 17660 (DIN EN 12163)
CuZn37 F37	2.0321.26	27	370	250	120	110	8,0	Hauptlegierung für Kaltumformen, gut löt- und schweißbar; Schrauben, Druckwalzen, Blattfedern, Reißverschlüsse
CuZn38Pb1,5 F47	2.0371.30	12	470	350	160	102	7,1	warm und kalt umformbar, gut zerspanbar; Formdrehteile,
CuZn39Pb3 F43	2.0401.26	15	430	250	150	96	6,8	Strangpressprofile
CuZn40Al1 F49	2.0561.31	15	490	270	160	93		Konstruktionswerkstoff, witterungsbeständig, gute Gleiteigenschaften; Gesenkschmiedestücke, Strangpressprofile, Gleitelemente
								3. Kupfer-Zinn-Knetlegierungen nach DIN 17662 (DIN EN 12164)
CuSn4 F47	2.1016.30	12	470	440	150	120		gut kalt umformbar, korrosionsfest, gut löt- und schweißbar; Stecker- und Schalterteile, Federn, Schrauben
CuSn8 F54	2.1030.30	25	540	470	200	115	17,3	hohe Abriebfestigkeit und Korrosionsbeständigkeit; Gleitelemente, Federn, Membranen, Zahnräder, Lagerbuchsen
CuSn6Zn6 F61	2.1080.30	15	610	570	–	–		zäh, witterungsbeständig; verschleißbeanspruchte Bauteile, Federn, Schalterteile
								4. Kupfer-Nickel- und Kupfer-Nickel-Zink-Knetlegierungen nach DIN 17664 und DIN 17663 (Neusilber)
CuNi10Fe1Mn F28	2.0872.10	30	280	100	150	132		ausgezeichneter Widerstand gegen Erosion, Kavitation und
CuNi30Mn1Fe F34	2.0882.10	35	340	120	150	152		Korrosion, meerwasserbeständig, gut schweißbar; Apparatebau, Rohrleitungen, Bremsleitungen, Kondensatoren
CuNi12Zn24 F54	2.0730.30	8	540	440	160	125		gut kalt umformbar, gut löt- und schweißbar; Tiefzieh- und Prägeteile, Tafelgeräte, Bauwesen, Kontaktfedern
CuNi7Zn39Mn5 Pb3 F51	2.0771.26	12	510	370		120		gut warm formbar, sehr gut zerspanbar; Dreh- und Frästeile für Feinmechanik und Apparatebau
								5. Kupfer-Aluminium-Knetlegierungen nach DIN 17665 (DIN EN 12163)
CuAl10Fe3Mn2 F59	2.0936.97	12	590	250	200	120		hohe Dauerwechselfestigkeit, gute Beständigkeit gegen Verzunderung, Erosion und Kavitation, kaltzäh, warm- und ver-
CuAl11Ni6Fe5 F73	2.0978.97	5	730	440	220	125		schleißfest; Konstruktionsteile höchster Festigkeit, zunderbeständige Teile, Wellen, Schrauben, Verschleißteile, Schmiedeteile
								6. Kupfer-Zinn- und Kupfer-Zinn-Zink-Gusslegierungen nach DIN 1705
G-CuSn12	2.1052.01	12	260	140		95	13,5	gute Verschleißfestigkeit, korrosions- und meerwasserbe-
GZ-CuSn12	2.1052.03	5	280	150				ständig, zähhart; hochbeanspruchte Kuppelstücke, Schnecken- und Schraubenräder, Spindelmuttern
GC-CuSn12	2.1052.04	8	280	140				
G-CuSn10	2.1050.01	18	270	130		100	13,5	zäh, hohe Dehnung, korrosions- und kavitationsbeständig; hoch beanspruchte Pumpengehäuse, Leit- und Schaufelräder, Zentrifugenteile
G-CuSn7ZnPb	2.1090.01	15	240	120		93	12,4	gute Notlaufeigenschaften, meerwasserbeständig, mittelhart,
GZ-CuSn7ZnPb	2.1090.03	13	270	130				verschleißfest; Achslagerschalen, Kolbenbolzen-Buchsen,
GC-CuSn7ZnPb	2.1090.04	16	270	120				Friktionsringe, Stellleisten, Zahnradkränze
								7. Kupfer-Zink-Gusslegierungen nach DIN 1709
GD-CuZn37Pb	2.0340.05	4	280	120		98		gut zerspanbar, gute Löteignung; Kokillen- und Druckguss-
GK-CuZn37Pb	2.0340.02	20	280	90			7,4	teile mit metallisch blanker Oberfläche, Gehäuse, Beschlagteile
G-CuZn35Al1	2.0592.01	20	450	170		100	12,4	zähhart, hohe Festigkeit und Dehnung, meerwasser-
GZ-CuZn35Al1	2.0592.03	18	500	200				beständig, mäßige Gleiteigenschaften; Druckmuttern, Gleit- und Gelenksteine, Schiffsschrauben, Schneckenräder
GK-CuZn15Si4	2.0492.02	10	500	300		100		dünnwandig vergießbar, korrosions- und meerwasserbeständig, schweißbar; hoch beanspruchte verwickelte Konstruktionsteile

TB 1-3 Fortsetzung

Werkstoffbezeichnung Kurzzeichen	Nummer	A % min.	R_m min.	$R_{p0,2}$ min.	σ_{bW}	E kN/mm²	relative Werkstoff- kosten[2]	Eigenschaften und Verwendungsbeispiele
								8. Kupfer-Aluminium-Gusslegierungen nach DIN 1714
G-CuAl10Ni	2.0975.01	12	600	270		115	13,5	hoher Widerstand gegen Kavitation und Erosion, sehr gute Dauerschwingfestigkeit bei guter Meerwasser- und Säurebe-
GK-CuAl10Ni	2.0975.02	14	600	300				ständigkeit; hoch beanspruchte Teile: Laufräder, Pumpenge-
GC-CuAl10Ni	2.0975.04	13	700	300				häuse, Zylinderlaufbuchsen, Schneckenräder, Kegelräder, Schiffsschrauben
G-CuAl10Fe	2.0940.01	15	500	180		121	13,5	meerwasser- und korrosionsbeständig, verschleißfest, Festig-
GK-CuAl10Fe	2.0940.02	25	550	200				keit zwischen $-200\,°C$ und $+200\,°C$ nur gering temperatur- abhängig; für mechanisch beanspruchte Bauteile: Hebel, Gehäuse, Ritzel, Kegelräder, Synchronringe, Steuerkolben
b) Aluminiumlegierungen[4]								lassen sich oft technisch und wirtschaftlich vorteilhaft einset- zen, da durch Variieren der Legierungszusätze (Cu, Si, Mg, Zn, Mn) fast jede gewünschte Kombination von mechanischen, physikalischen und chemischen Eigenschaften („leicht, fest, beständig") erreichbar ist
								1. Knetlegierungen nach DIN EN 754-2, 755-2
ENAW-AlMg3-H111	ENAW-5754	14	180	80	70	70		hohe chemische Beständigkeit, besonders gegen Meerwas-
ENAW-AlMg3-H14	ENAW-5754	4	240	180	90	70	3,4	ser, hohe Festigkeit, gute Zähigkeit bei tiefen Temperaturen,
ENAW-AlMg5-H111	ENAW-5019	16	250	110	80	72		Schiff-, Fahrzeug-, Behälter- und Hochbau, Befestigungsele-
ENAW-AlMg5-H14	ENAW-5019	4	300	210	100	72	3,9	mente, Optikteile
ENAW-AlMg4,5 Mn0,7-H111	ENAW-5083	16	270	110	100	70		hoch beanspruchte Schweißkonstruktionen im Schiff-, Fahr- zeug-, Behälter- und Apparatebau, Einsatz bei tiefen Tempe- raturen
ENAW-AlCu4 PbMgMn-T3	ENAW-2007	7	370	240		70	2,9	gut zerspanbar, aushärtbare Automatenlegierung; Dreh- und Frästeile
ENAW-AlCu4 Mg1-T3	ENAW-2024	9	425	290		73		zäh, gut umformbar, mittlere Korrosionsbeständigkeit; aus- härtbarer Konstruktionswerkstoff für hoch beanspruchte Bauteile im Maschinen-, Fahrzeug- und Flugzeugbau
ENAW-AlSi1Mg Mn-T6	ENAW-6082	10	310	255	110	70	3	witterungs- und korrosionsbeständig, gut umformbar und schweißbar; aushärtbarer Konstruktionswerkstoff für Bau- teile im Fahrzeug-, Schiff- und Maschinenbau
ENAW-AlZn5 Mg3Cu-T6	ENAW-7022	10	350	280	120	72		mittlere Korrosionsbeständigkeit, gut schweiß- und schmied- bar, selbstaushärtend; Schweißkonstruktionen, Tank- und Si- lofahrzeuge, Waggonkästen
								2. Gusslegierungen nach DIN 1725 (DIN EN 11706)
G-AlSi12	3.2581.01	5	150	70	50	75	3,3	Universallegierung mit hoher Dehnung und Schlagzähigkeit,
GK-AlSi12	3.2581.02	6	170	80	70	75	3,3	ausgezeichnet gießbar und schweißbar, sehr gute Korrosi-
GD-AlSi12	3.2582.05	1	220	140	60	75	4,2	onsbeständigkeit; für verwickelte, dünnwandige, druckdichte und schwingungsfeste Gussstücke; Motorengehäuse, Schei- benräder, Statoren, Laufräder
G-AlMg5Si	3.3261.01	2	160	110	60	69		gute Beständigkeit gegen Meerwasser und schwach alkali-
GK-AlMg5Si	3.3261.02	2	180	110	60	69		sche Lösungen, gut zerspanbar, polierbar; für verwickelte Gussstücke, Chemie- und Nahrungsmittelindustrie, Bau- wesen, Apparatebau
G-AlCu4TiMgka	3.1371.41	5	300	220	80	72		Korrosionsbeständigkeit durch hohen Cu-Gehalt einge-
GK-AlCu4TiMgka	3.1371.42	8	320	220	90	72		schränkt, gut zerspanbar, polierbar; für einfache Gussstücke
GF-AlCu4TiMgka	3.1371.45	5	300	220	80	72		mit höchster Festigkeit (warm ausgehärtet) oder höchster Zähigkeit (kalt ausgehärtet); Fahrzeugbau, verschleißbean- spruchte Bauteile, Gebläseräder; als Feinguss (GF) auch für verwickelte Gussstücke
G-AlZn10Si8Mg	–	1	220	200		75		selbstaushärtend, gut gieß-, zerspan- und schweißbar, polier-
GD-AlZn10Si8Mg	–	2	300	230		75		bar; Maschinenbau, Fahrzeugbau, Haushaltsgeräte, Hydrau- likguss
c) Magnesiumlegierungen nach DIN 1729 und DIN 9715								geringste Dichte aller metallischen Werkstoffe bei mittlerer Festigkeit, hervorragend zerspanbar, kerbempfindlich, durch niedrigen E-Modul schlagfest und geräuschdämpfend, be- sondere Schutzmaßnahmen gegen Selbstzündung (beim Schmelzen, Gießen, Zerspanen) und Korrosion erforderlich
MgMn2 F20	3.5200.08	1,5	200	145		45		korrosionsbeständig, gut schweißbar; Kraftstoffbehälter
MgAl3Zn F24	3.5312.08	10	240	155		45		schweißbar, verformbar; Verkleidungen
MgAl6Zn F27	3.5612.08	8	270	175		44		Bauteile mit hoher mechanischer Beanspruchung
MgAl8Zn F29	3.5812.08	10	290	205		44		
G-MgAl8Zn1	3.5812.01	2	160	90	70	44		hohe Dehnung, gute Gleiteigenschaften, schweißbar, gut
G-MgAl8Zn1ho	3.5812.43	8	240	90	80	44	3,3	homogenisiert; stoß- und schwingungsbeanspruchte Bauteile, Ge-
GD-MgAl8Zn1	3.5812.05	1	200	140	50	44		bläsegehäuse, Behälter
G-MgAl9Zn1	3.5912.01	2	160	90	70	44		gute Gleiteigenschaften, schweißbar, nicht druckdicht; ho-
G-MgAl9Zn1ho	3.5912.43	6	240	110	80	44	3,5	mogenisiert und warm ausgehärtet für Gussstücke hoher
GD-MgAl9Zn1	3.5912.05	0,5	200	150	50	44		Gestaltfestigkeit und Zähigkeit, Fahrgestelle, Motorgehäuse
G-MgAl9Zn1wa	3.5912.61	2	240	150	80	44		

[1] Die mechanischen und physikalischen Eigenschaften der Werkstoffe werden stark beeinflusst von Schwankungen in der Legierungszusammen- setzung und vom Gefügezustand. Die angegebenen Festigkeitskennwerte sind nur für bestimmte Abmessungsbereiche gewährleistet (s. DIN- Gütenormen). Die Festigkeitskennwerte gelten bei Knetlegierungen für gezogenes Stangenmaterial mit mittleren Abmessungen; Kupfer-Guss- legierungen für Wanddicken bis 50 mm; bei Aluminium-Gusslegierungen für Wanddicken bis 20 mm
[2] Siehe auch Fußnote 3) zu TB 1-1.
Die angegebenen relativen Werkstoffkosten gelten bei Knetlegierungen für gezogene (gepresste) Rundstangen mit mittleren Abmessungen; Sandguss im Gewichtsbereich von 1 bis 5 kg, mittlerem Schwierigkeitsgrad und mindestens 10 Abgüssen; Kokillen- und Druckguss im Ge- wichtsbereich 0,25 bis 0,5 kg, mittlerem Schwierigkeitsgrad und mindestens 5000 Stück
[3] Weitere Werkstoffdaten über Kupferlegierungen siehe unter Gleitlager, TB 15-6
[4] Zustandsbezeichnungen nach DIN EN 515 bzw. DIN 1725 für Knet- bzw. Gusslegierungen:
H 111 = geglüht und geringfügig kalt verfestigt; H 14 = kalt verfestigt – 1/2 hart;
T3 = lösungsgeglüht, kalt umgeformt und kalt ausgelagert; T6 = lösungsgeglüht und warm ausgelagert; ho = homogenisiert;
ka = kalt ausgehärtet; ta = teilausgehärtet; wa = warm ausgehärtet

TB 1-4 Kunststoffe
Auswahl für den allgemeinen Maschinenbau
Festigkeitskennwerte bei Raumtemperatur in N/mm^2
Allgemeine Kenndaten: Relativ niedrige Festigkeit, geringe Steifigkeit durch niedrigen Elastizitätsmodul, mechanische Eigenschaften stark zeit- und temperaturabhängig, geringe Wärmeleitfähigkeit,
gute elektrische Isoliereigenschaften, gute Beständigkeit, große Typenvielfalt

Werkstoff Kurzzeichen Handelsnamen	Dichte ϱ g/cm^3	Dehnung[1] ε_M (ε_B) % min.	Festig-keit[2] σ_M (σ_{bW}) min.	Zeitdehn-spannung $\sigma_{1/1000}$ min.	Elastizitäts-modul E mittel	Gebrauchs-temperatur dauernd °C max.	min.	relative Werkstoff-kosten[3]	Eigenschaften und Verwendungsbeispiele
a) Thermoplaste									lassen sich ohne chemische Veränderung reversibel zu einem plastischen Zustand erwärmen und dann leicht verformen; sie sind schmelzbar, schweißbar, quellbar und löslich; je nach Molekülanordnung sind sie spröde und glasklar (amorph) oder trübe, zäh und fest (teil-kristallin)
Polyethylen PE-HD PE-LD Hostalen, Vestolen, Baylon	0,96 0,92	12 (400) 8 (600)	20 (16) 8	2 1	1 000 300	80 60	− 50 − 50	0,6 (0,3) (0,25)	PE mit hoher Dichte (PE-HD) mit höherer Festigkeit als PE mit niedriger Dichte (PE-LD), hohe Zähigkeit und Reißdehnung, sehr geringe Wasseraufnahme, hohe chem. Beständigkeit; Wasserrohre, Fittinge, Flaschen-kästen, Kraftstofftanks, Folien, Dichtungen, Mülltonnen
Polypropylen PP (isotaktisch) Novolen, Ultralen, Vestolen P	0,9	10 (800)	35 (20)	6	1 200	100	0	0,6 (0,35)	günstigere mechanische und thermische Eigenschaften gegenüber PE, geringe Zähigkeit in der Kälte, neigt kaum zur Bildung von Spannungsrissen; Formteile mit Filmscharnieren, Innenausstattung von Pkw's, Gehäuse von Haushaltsmaschinen, Scheinwerfer- und Pumpen-gehäuse
Polystyrol PS Vestyron, Styron, Polystyrol	1,05	3	45 (20)	18	3 300	60	− 10	0,6 (0,35)	amorphes Gefüge, glasklar; steif, hart und spröde; bril-lante Oberfläche, hohe Maßbeständigkeit, sehr gute elektrische Eigenschaften, Neigung zur Spannungsriss-bildung, geringe Beständigkeit gegenüber organischen Produkten; Einwegverpackungen, Schaugläser, Zeichen-geräte, Geschirr, Formteile für Fernsehgeräte
Acrylnitril-Poly-butadien-Styrol-Pfropfpolymere ABS Novodur, Terluran, Cycolac	1,05	2 (20)	32 (15)	9	2 300	75	− 40		schlagzäh, kratzfest, hohe Formbeständigkeit und Tem-peraturwechselfestigkeit, hohe Chemikalienbeständig-keit, nicht witterungsbeständig, galvanisierbar; Gehäuse, Möbelteile und Behälter aller Art, Ausstattungsteile für Kfz und Flugzeuge, Sicherheitshelme, Sanitärinstalla-tionsteile
Polyvinylchlorid hart PVC-U Hostalit, Mipolam, Trovidur	1,38	4 (10)	50	20	3 000	65	− 5		amorphes Gefüge, durchscheinend bis transparent, steif, hart, schlagempfindlich in der Kälte, gute chemische Widerstandsfähigkeit, hohe dielektrische Verluste, schwer entflammbar; Behälter in Chemie und Galvanik, säurefeste Gehäuse- und Apparateteile, Rohre, Ton-bandträger, Fensterrahmen
Polytetraflour-ethylen PTFE Hostaflon TF, Teflon, Fluon	2,15	10 (350)	12 (30)	1	410	250	−200	15,5	flexibel, starkes Kriechen, geringes Adhäsionsvermö-gen, niedrigste Reibungszahl aller festen Stoffe, nahezu universelle Chemikalienbeständigkeit, sehr gute elektri-sche Isoliereigenschaften, hohe Thermostabilität, teuer; Antihaftbeschichtungen, Transportbänder (kein Kle-ben), Gleitlager, Schläuche, Dichtungen, plattenförmige Auflager, Kolbenringe
Polyoxymethylen POM Delrin, Hostaform, Ultraform	1,41	8 (25)	65 (27)	12	2 800	90	− 60		zähhart, steif, gute Federungseigenschaften, günstiges Gleit- und Verschleißverhalten, beständig gegen Lö-sungsmittel und Chemikalien, keine Wasseraufnahme; bevorzugter Konstruktionswerkstoff: Gleitlager, Gehäu-se, Beschläge, Schnapp- und Federelemente, Zahnräder
Polyamid PA66 Durethan A, Ultramid A, Minlon obere Werte: trocken untere Werte: konditioniert (feucht)	1,13 1,14	5 (20) 15 (150)	80 55 (30)	7 6	2 800 1 600	100 100	− 30 − 30	2,2 (1,2)	PA-Typ mit der größten Härte, Steifheit, Abriebfestig-keit und Formbeständigkeit in der Wärme; mechanische Eigenschaften, Formteilabmessungen und elektrische Isoliereigenschaften hängen stark vom Feuchtegehalt ab, meist Anreichern mit Wasser erforderlich (Kondi-tionieren), gute Gleit- und Notlaufeigenschaften, be-ständig gegen Kraftstoffe und Öle; Gleitelemente, Zahnräder, Laufrollen, Gehäuse, Seile, Lagerbuchsen, Dübel

TB 1-4 Fortsetzung

Werkstoff Kurzzeichen Handelsnamen	Dichte ϱ (g/cm³)	Dehnung[1] ε_M (ε_B) % min.	Festigkeit[2] σ_M (σ_{bW}) min.	Zeitdehnspannung $\sigma_{1/1000}$ min.	Elastizitätsmodul E mittel	Gebrauchstemperatur dauernd °C max.	min.	relative Werkstoffkosten[3]	Eigenschaften und Verwendungsbeispiele
b) Duroplaste									engmaschig räumlich vernetzte Polymer-Werkstoffe, die nach der Formgebung (Härtung) nur noch spanend bearbeitet werden können; nicht schmelzbar, nicht schweißbar, unlöslich und nur schwach quellbar, werden meist mit Verstärkungsstoffen verarbeitet
Phenolharz-Hartgewebe DIN 7735 Hgw 2081 (Füllstoff: Baumwollgewebe) Resofil, Resitex, Novotex	1,3	–	50 (25)		7 000	110			hohe Zähigkeit, Festigkeit, Steifheit und Härte, unbeständig gegen starke Säuren und Laugen; mechanisch hoch beanspruchbare Schichtpressstoffe für Zahnräder (geräuscharm), Lagerbuchsen, Gleitbahnen, Laufrollen, Ziehwerkzeuge
Polyesterharz UP DIN 16 946 Typ 1110 Vestopal, Palatal	1,2	(0,6)	40		3 500	100			hart, spröde, transparent; meist als Gießharz für die Herstellung verstärkter Formteile, Vergussmassen, Überzüge, Beschichtungen
GFK-Laminate UP-Harz – Glasfasergewebe 55% – Glas-Rovinggewebe 65% Alpolit, Leguval, Sonoglas	1,65 1,8	– (2)	250 (50) 650	50	16 000 35 000	100 100		6	sehr hohe Festigkeit, gute chemische Beständigkeit, auch für Außenanwendungen, günstige Isoliereigenschaften, durchscheinend, laden sich elektrostatisch auf; Laminate für großflächige Konstruktionsteile wie Maschinengehäuse, Karosserien, Behälter, Lüfter, Rohrleitungen, Lichtdächer
PUR-Integral-Hartschaumstoff RIM-Verfahren Baypreg, Elastopor, Elastolit	0,40 0,60	(7) (7)	8 18 (8)	3	350 600	100 100			gute mechanische Steifigkeit bei geringem Gewicht; Gehäuse für Kopier- und Rechengeräte, Möbel, Ladeneinrichtungen, Karosserieteile, Schuhsohlen
c) Elastomere									lassen sich reversibel mindestens auf das Doppelte bis Mehrfache ihrer Ausgangslänge dehnen, kleiner Elastizitätsmodul, flexibel
Thermoplastische Polyurethan-Elastomer TPU Typ 385 Desmopan, Caprolan, Cytor	1,20	(400)	35 (6)		50	80	– 60		hohe Reißdehnung, günstiges Reibungs- und Verschleißverhalten, hohe Beständigkeit, hohes Dämpfungsvermögen; Lager, Dämpfungselemente, Membranen, Zahnriemen, Dichtungen, Herzklappen, Infusionsschläuche, Schlauchpumpen, Kupplungselemente
Acrylnitril-Butadien-Kautschuk (Nitrilkautschuk) NBR Perbunan N, Europrene N, Butacril	1,0	(450)	6		50	100	– 30		beständig gegen Öle, Fette und Kraftstoffe, alterungsbeständig, abriebfest, wenig kälteflexibel, geringe Gasdurchlässigkeit; Standard-Dichtungswerkstoff, O-Ringe, Nutringe, Wellendichtringe, Benzinschläuche, Membranen
Ethylen-Propylen-Kautschuk EPDM Buna AP, Vistalon, Keltan	0,86	(500)	4		200	120	– 50		gute Witterungs-, Ozon- und Chemikalienbeständigkeit (außer gegen Öl und Kraftstoff), heißwasserbeständig (Waschlaugen), gute elektrische Isoliereigenschaften; energieabsorbierende Kfz-Außenteile (Spoiler, Stoßfänger), Dichtungen, Kühlwasserschläuche, Kabelummantelungen
Silikonkautschuk MVQ Silopren, Silastic, Elastosil	1,25	(250)	1		200	180	– 80		schwer benetzbar, ausgezeichnete Wärme-, Kälte-, Licht- und Ozonbeständigkeit, sehr gute elektrische Isoliereigenschaften, unbeständig gegen Kraftstoff und Wasserdampf, physiologisch unbedenklich; ruhende und bewegte Dichtungen, dauerelastische Fugendichtungen, Vergussmassen, Transportbänder (nicht haftend bzw. heißes Gut), Schläuche

[1] Dehnung bei der Zugfestigkeit. Klammerwerte gelten für die Bruchdehnung.

[2] Maximalspannung (Zugfestigkeit), die ein Probekörper während eines Zugversuchs trägt. Klammerwerte gelten für die Biegewechselfestigkeit.

[3] Siehe Fußnote 3) zu TB 1-1

Die relativen Werkstoffkosten gelten für mittlere Abmessungen von Kunststoff-Halbzeugen. Die Klammerwerte erfassen nur die reinen Werkstoffkosten (Granulat).

TB 1-5 Warmgewalzter Flachstahl für allgemeine Verwendung nach DIN 1017-1

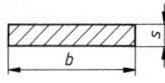

Bezeichnung eines warmgewalzten Flachstahls aus S355J2G3 (Werkstoffnummer 1.0570), von Breite $b = 80$ mm und Dicke $s = 10$ mm:

Flach DIN 1017−S355J2G3− 80×10

oder Flach DIN 1017−1.0570−80×10

Dicke s: 5 6 6,5 7 8 usw. bis 18, dann 20 22 25 30 35 40 50 60

Breite **b** und Bereich der zugeordneten Dicken s:
10 $\times$ 5; **11** $\times$ 5 6; **12** $\times$ 5 6; **13** $\times$ 5...9; **14** $\times$ 5 6 7 8; **15** $\times$ 5 6 7 8 10; **16** $\times$ 5...11; **17** $\times$ 5 6 7 8 11;
18 $\times$ 5...11; **19** $\times$ 5 6 7 8 9 11 13; **20** $\times$ 5...10 12 13 15; **22** $\times$ 5...8 10...15 17; **25** $\times$ 5...8 10 12...16;
26 $\times$ 5...8 10 12...16 18 20; **28** $\times$ 5...8 10 12 13 14 16 18; **30** $\times$ 5...10 12...16 18...25 ; **32** $\times$ 5 6 6,5 8 10
12...16 20 22 25; **35** $\times$ 5...8 10 12...16 18...25; **38** $\times$ 5 6 6,5 8 10 12...16 20 22 25; **40** $\times$ 5...10 12...16 18...30;
45 $\times$ 5...8 10 12...16 20...30; **50** $\times$ 5...10 12...16 18...30 40; **55** $\times$ 5 6 6,5 8 10 12...16 18...30;
60 $\times$ 5...10 12 13 15 16 18...50; **65** $\times$ 5 6 6,5 8 9 10 12 13 15 16 20...30 40; **70** $\times$ 5...8 10 12 13 15 16 18...50;
75 $\times$ 5 6 6,5 8 10 12 13 15 16 20 25...40 60; **80** $\times$ 5...8 10...13 15 16 20 25...60; **90** $\times$ 5 6 6,5 8...13 15 16 18
20 25 30 40 50 60; **100** $\times$ 5 6 6,5 8 10...16 20 25 30 40 50 60; **110** $\times$ 8...16 20 25 30 40 50; **120** $\times$ 8 10...13 15 16
20 25 30 40 50 60; **130** $\times$ 8...16 20 25 30 40 50; **140** $\times$ 8 10 12 15 16 20 25...50; **150** $\times$ 8 10...16 20 25 30 40 50 60

Vorzugsweise Stahlsorten nach DIN EN 10025, DIN EN 10083, DIN EN 10084 und DIN 1651
Herstelllängen: 3 bis 12 m

TB 1-6 Rundstahl

Art (übliche Ausführung)	zulässige Abweichung	Stahlsorte	Nenndurchmesser d in mm
warmgewalzter Rundstahl für allgemeine Verwendung nach DIN 1013-1	$\pm 0{,}4 : d = 8...15$ $\pm 0{,}5 : d = 16...25$ $\pm 0{,}6 : d = 26...35$ $\pm 0{,}8 : d = 36...50$ usw. $\pm 2{,}5 : d = 170...200$	alle warmgewalzten Stähle	8 10 12 (13) 14 (15) 16 (17) 18 (19) 20 (21) 22 (23) 24 25 (26) 27 28 30 31 32 (34) 35 (36) 37 38 40 42 44 45 (47) (48) 50 52 (53) 55 60 (63) 65 70 75 80 (85) 90 (95) 100 110 120 (130) 140 150 160 (170) 180 (190) 200 Durchmesser in ( ) (Reihe B) möglichst vermeiden
blanker Rundstahl nach DIN 668 (kaltgezogen (K) bei $d < 45$, geschält (SH) bei $d \geq 45$)	h11	DIN 1651 DIN 1652 DIN 1654 DIN EN 10025 DIN EN 10083 DIN EN 10084 DIN EN 10088	1 1,5 2 2,5 usw. bis 10, dann 11 12 13 usw. bis 30, dann 32 34 35 36 38 40 42 45 48 50 52 55 58 60 63 65 70 75 80 85 90 100 110 120 125 130 140 150 160 180 200
blanke Stahlwellen nach DIN 669 (kaltgezogen (K) und poliert bei $d < 45$, geschält (SH) und poliert bei $d \geq 45$)	h9	DIN 1651 DIN 1652 DIN EN 10025 DIN EN 10083 DIN EN 10084 DIN EN 10088	5 5,5 6 6,5 usw. bis 200, mit Nenndurchmessern wie DIN 668
blanker Rundstahl nach DIN 670 (kaltgezogen (K) und geschliffen bei $d < 45$, geschält (SH) und geschliffen bei $d \geq 45$)	h8	wie DIN 669	1 bis 150, mit Nenndurchmessern wie DIN 668
blanker Rundstahl nach DIN 671 (kaltgezogen (K) bei $d < 45$, geschält (SH) bei $d \geq 45$)	h9	wie DIN 668	1 bis 150, mit Nenndurchmessern wie DIN 668
geschliffen-polierter blanker Rundstahl nach DIN 59360 bzw. DIN 59361 (kaltgezogen (K) und geschliffen-poliert bei $d < 45$, geschält (SH) und geschliffen-poliert bei $d \geq 45$)	h7 bzw. h6	wie DIN 669	1 bis 150, mit Nenndurchmessern wie DIN 668

Herstelllängen von Blankstahl: 3 bis 12 m (bei Edelstahl 2 bis 12 m)

Anmerkung: Schälen ist ein spitzenloser Drehvorgang, bei dem die Staboberfläche mit mehreren Messern spanend bearbeitet wird ($Rz = 2$ bis 10 µm).

Bezeichnung von blankem Rundstahl nach DIN 668 aus Stahl E295+C (Werkstoffnummer 1.0050) nach DIN 1652 mit $d = 30$ mm:

Rund DIN 668−E295+C−30

oder Rund DIN 668−1.0050−30

Bestellbeispiel: 1000 kg blanke Stahlwellen aus Stahl C35E+SH (geschält und poliert) von Durchmesser $d = 50$ mm in Genaulängen von 2800 mm mit einer zulässigen Längenabweichung von ± 5 mm: 1000 kg Rund DIN 669−C35E+SH−$50 \times 2800 \pm 5$

TB 1-7 Flacherzeugnisse aus Stahl (Auszug)

Art	Lieferart und Behandlungszustand (wenn nichts anderes vereinbart)[1]	Werkstoff	zulässige Dickenabweichung[2] in mm	Abmessungen in mm		
				Breite	Länge	Nenndicke
kontinuierlich warmgewalztes Blech und Band ohne Überzug nach DIN EN 10051	Naturwalzkanten oder geschnittene Kanten (GK)	unlegierte und legierte Stähle Stahlsorten nach: EN 10025 EN 10028 EN 10113 u. a.	Klasse A: ±0,17 ... ±0,5	Blech, Breitband: 600 ... 2200 längsgeteiltes Band: <600	<20000	bis 25
warmgewalztes Stahlblech von 3 mm Dicke an nach DIN EN 10029	Naturwalzkanten (NK), mechanisch geschnitten, brenngeschnitten, zum Schweißen vorbereitet	unlegierte und legierte Stähle (einschließlich nichtrostende) mit $R_e \leq 700$ N/mm²	Klassen A bis D[3]	≥600	<20000	3 bis 250 mm
kaltgewalzte Flacherzeugnisse ohne Überzug nach DIN EN 10 131	Blech, Breitband, längsgeteiltes Breitband, Stäbe; Kanten unbearbeitet oder beschnitten	weiche Stähle (R_e < 280 N/mm²), Stähle mit höherer Streckgrenze	±0,04 ... ±0,17	≥600	Bänder auf Rollen	0,35 bis 3 mm

[1] Andere Lieferarten und Behandlungszustände siehe Normblätter.
[2] Mit zunehmender Dicke und Breite steigend.
[3] Klasse A: Unteres Grenzabmaß abhängig von der Nenndicke (−0,4: <8, −0,5: 8 ... <15, −0,6: 15 ... <25, −0,8: 25 ... <40, −1,0: 40 ... <150, −1,2: 150 ... <250)
Klasse B: Konstantes unteres Abmaß von 0,3 mm
Klasse C: Unteres Grenzabmaß null, oberes Grenzabmaß abhängig von der Nenndicke
Klasse D: Symmetrisch zum Nennwert verteilte Grenzabmaße in Abhängigkeit von der Nenndicke (±0,6: <5, ±0,75: 5 ... <8, ±0,85: 8 ... <15, ±0,95: 15 ... <25, ±1,1: 25 ... <40, ±1,4: 40 ... <80 usw.)

Bezeichnungsbeispiel:
Blech EN 10029 −20 B × 2000 × 4000
Stahl EN 10025 −S235JRG2

TB 1-8 Warmgewalzte gleichschenklige Winkel aus Stahl nach EN 10056-1

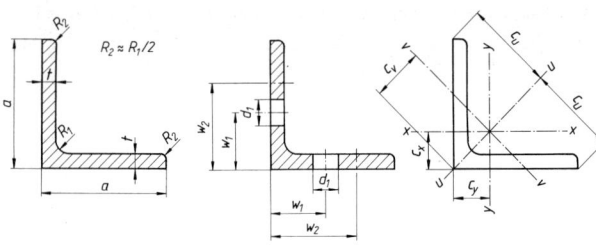

Bezeichnung eines warmgewalzten gleichschenkligen Winkels mit Schenkelbreite $a = 80$ mm und Schenkeldicke $t = 10$ mm:
L EN 10056-1-80 × 80 × 10

Kurzzeichen	Maße			längen-bezogene Masse	Quer-schnitt	Abstände der Achsen			statische Werte für die Biegeachse									Schenkellöcher nach DIN 997		
									$x-x=y-y$			$u-u$		$v-v$						
	a	t	R_1	m'	A	$c_x=c_y$	c_u	c_v	$I_x=I_y$	$i_x=i_y$	$W_x=W_y$	I_u	i_u	I_v	i_v	W_v	$d_1\max^{1)}$	w_1	w_2
	mm	mm	mm	kg/m	cm²	cm	cm	cm	cm⁴	cm	cm³	cm⁴	cm	cm⁴	cm	cm³	mm	mm	mm
20 × 20 × 3	20	3	3,5	0,882	1,12	0,598	1,41	0,846	0,392	0,59	0,279	0,618	0,742	0,165	0,383	0,195	4,3	12	
25 × 25 × 3	25	3	3,5	1,12	1,42	0,723	1,77	1,02	0,803	0,751	0,452	1,27	0,945	0,334	0,484	0,326	6,4	15	
25 × 25 × 4	25	4	3,5	1,45	1,85	0,762	1,77	1,08	1,02	0,741	0,586	1,61	0,931	0,430	0,482	0,399	6,4	15	
30 × 30 × 3	30	3	5	1,36	1,74	0,835	2,12	1,18	1,40	0,899	0,649	2,22	1,13	0,585	0,581	0,496	8,4	17	
30 × 30 × 4	30	4	5	1,78	2,27	0,878	2,12	1,24	1,80	0,892	0,850	2,85	1,12	0,754	0,577	0,607	8,4	17	
35 × 35 × 4	35	4	5	2,09	2,67	1,00	2,47	1,42	2,95	1,05	1,18	4,86	1,32	1,23	0,678	0,865	11	18	
40 × 40 × 4	40	4	6	2,42	3,08	1,12	2,83	1,58	4,47	1,21	1,55	7,09	1,52	1,86	0,777	1,17	11	22	
40 × 40 × 5	40	5	6	2,97	3,79	1,16	2,83	1,64	5,43	1,20	1,91	8,60	1,51	2,26	0,773	1,38	11	22	
45 × 45 × 4,5	45	4,5	7	3,06	3,90	1,25	3,18	1,78	7,14	1,35	2,20	11,4	1,71	2,94	0,870	1,65	13	25	
50 × 50 × 4	50	4	7	3,06	3,89	1,36	3,54	1,92	8,97	1,52	2,46	14,2	1,91	3,73	0,979	1,94	13	30	
50 × 50 × 5	50	5	7	3,77	4,80	1,40	3,54	1,99	11,0	1,51	3,05	17,4	1,90	4,55	0,973	2,29	13	30	
50 × 50 × 6	50	6	7	4,47	5,69	1,45	3,54	2,04	12,8	1,50	3,61	20,3	1,89	5,34	0,968	2,61	13	30	
60 × 60 × 5	60	5	8	4,57	5,82	1,64	4,24	2,32	19,4	1,82	4,45	30,7	2,30	8,03	1,17	3,46	17	35	
60 × 60 × 6	60	6	8	5,42	6,91	1,69	4,24	2,39	22,8	1,82	5,29	36,1	2,29	9,44	1,17	3,96	17	35	
60 × 60 × 8	60	8	8	7,09	9,03	1,77	4,24	2,50	29,2	1,80	6,89	46,1	2,26	12,2	1,16	4,86	17	35	
65 × 65 × 7	65	7	9	6,83	8,70	1,85	4,60	2,62	33,4	1,96	7,18	53,0	2,47	13,8	1,26	5,27	21	35	
70 × 70 × 6	70	6	9	6,38	8,13	1,93	4,95	2,73	36,9	2,13	7,27	58,5	2,68	15,3	1,37	5,60	21	40	
70 × 70 × 7	70	7	9	7,38	9,40	1,97	4,95	2,79	42,3	2,12	8,41	67,1	2,67	17,5	1,36	6,28	21	40	
75 × 75 × 6	75	6	9	6,85	8,73	2,05	5,30	2,90	45,8	2,29	8,41	72,7	2,89	18,9	1,47	6,53	23	40	
75 × 75 × 8	75	8	9	8,99	11,4	2,14	5,30	3,02	59,1	2,27	11,0	93,8	2,86	24,5	1,46	8,09	23	40	
80 × 80 × 8	80	8	10	9,63	12,3	2,26	5,66	3,19	72,2	2,43	12,6	115	3,06	29,9	1,56	9,37	23	45	
80 × 80 × 10	80	10	10	11,9	15,1	2,34	5,66	3,30	87,5	2,41	15,4	139	3,03	36,4	1,55	11,0	23	45	
90 × 90 × 7	90	7	11	9,61	12,2	2,45	6,36	3,47	92,6	2,75	14,1	147	3,46	38,3	1,77	11,0	25	50	
90 × 90 × 8	90	8	11	10,9	13,9	2,50	6,36	3,53	104	2,74	16,1	166	3,45	43,1	1,76	12,2	25	50	
90 × 90 × 9	90	9	11	12,2	15,5	2,54	6,36	3,59	116	2,73	17,9	184	3,44	47,9	1,76	13,3	25	50	
90 × 90 × 10	90	10	11	13,4	17,1	2,58	6,36	3,65	127	2,72	19,8	201	3,42	52,6	1,75	14,4	25	50	
100 × 100 × 8	100	8	12	12,2	15,5	2,74	7,07	3,87	145	3,06	19,9	230	3,85	59,9	1,96	15,5	25	55	
100 × 100 × 10	100	10	12	15,0	19,2	2,82	7,07	3,99	177	3,04	24,6	280	3,83	73,0	1,95	18,3	25	55	
100 × 100 × 12	100	12	12	17,8	22,7	2,90	7,07	4,11	207	3,02	29,1	328	3,80	85,7	1,94	20,9	25	55	
120 × 120 × 10	120	10	13	18,2	23,2	3,31	8,49	4,69	313	3,67	36,0	497	4,63	129	2,36	27,5	25	50	8
120 × 120 × 12	120	12	13	21,6	27,5	3,40	8,49	4,80	368	3,65	42,7	584	4,60	152	2,35	31,6	25	50	8
130 × 130 × 12	130	12	14	23,6	30,0	3,64	9,19	5,15	472	3,97	50,4	750	5,00	194	2,54	37,7	25	50	9
150 × 150 × 10	150	10	16	23,0	29,3	4,03	10,6	5,71	624	4,62	56,9	990	5,82	258	2,97	45,1	28	60	10
150 × 150 × 12	150	12	16	27,3	34,8	4,12	10,6	5,83	737	4,60	67,7	1170	5,80	303	2,95	52,0	28	60	10
150 × 150 × 15	150	15	16	33,8	43,0	4,25	10,6	6,01	898	4,57	83,5	1430	5,76	370	2,93	61,6	28	60	10
160 × 160 × 15	160	15	17	36,2	46,1	4,49	11,3	6,35	1100	4,88	95,6	1750	6,15	453	3,14	71,3	28	60	11
180 × 180 × 16	180	16	18	43,5	55,4	5,02	12,7	7,11	1680	5,51	130	2690	6,96	679	3,50	95,5	28	60	13
180 × 180 × 18	180	18	18	48,6	61,9	5,10	12,7	7,22	1870	5,49	145	2960	6,92	768	3,52	106	28	60	13
200 × 200 × 16	200	16	18	48,5	61,8	5,52	14,1	7,81	2340	6,16	162	3720	7,76	960	3,94	123	28	65	15
200 × 200 × 18	200	18	18	54,3	69,1	5,60	14,1	7,92	2600	6,13	181	4150	7,75	1050	3,90	133	28	65	15
200 × 200 × 20	200	20	18	59,9	76,3	5,68	14,1	8,04	2850	6,11	199	4530	7,70	1170	3,92	146	28	65	15
200 × 200 × 24	200	24	18	71,1	90,6	5,84	14,1	8,26	3330	6,06	235	5280	7,64	1380	3,90	167	28	70	15
250 × 250 × 28	250	28	18	104	133	7,24	17,7	10,2	7700	7,62	433	12200	9,61	3170	4,89	309	28	75	20
250 × 250 × 35	250	35	18	128	163	7,50	17,7	10,6	9260	7,54	529	14700	9,48	3860	4,87	364	28	80	20

¹⁾ Für Nieten und Schrauben von kleineren als den hier angegebenen Größtdurchmessern können die gleichen Anreißmaße angewendet werden.

TB 1-9 Warmgewalzte ungleichschenklige Winkel aus Stahl nach EN 10056-1

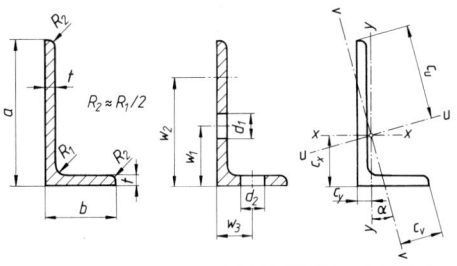

Bezeichnung eines warmgewalzten ungleichschenkligen Winkels mit Schenkelbreite $a = 100$ mm und $b = 50$ mm, Schenkeldicke $t = 8$ mm:
L EN 10056-1-100 × 50 × 8

Kurzzeichen	Maße a mm	b mm	t mm	R_1 mm	längen-bezogene Masse m' kg/m	Quer-schnitt A cm²	Abstände der Achsen c_x cm	c_y cm	c_u cm	c_v cm	Neigung der Achse v-v tan α	statische Werte für die Biegeachse x-x I_x cm⁴	W_x cm³	y-y I_y cm⁴	W_y cm³	u-u I_u cm⁴	v-v I_v cm⁴	Schenkellöcher nach DIN 997 d_1 max [1] mm	d_2 max [2] mm	w_1 mm	w_2 mm	w_3 mm
30 × 20 × 3	30	20	3	4	1,12	1,43	0,990	0,502	2,05	1,04	0,427	1,25	0,621	0,437	0,292	1,43	0,256	8,4	4,3	17		12
30 × 20 × 4	30	20	4	4	1,46	1,86	1,03	0,541	2,02	1,04	0,421	1,59	0,807	0,553	0,379	1,81	0,330	8,4	4,3	17		12
40 × 20 × 4	40	20	4	4	1,77	2,26	1,47	0,48	2,58	1,17	0,252	3,59	1,42	0,600	0,393	3,80	0,393	11	4,3	22		12
40 × 25 × 4	40	25	4	4	1,93	2,46	1,36	0,623	2,69	1,35	0,380	3,89	1,47	1,16	0,619	4,35	0,700	11	6,4	22		15
45 × 30 × 4	45	30	4	4,5	2,25	2,87	1,48	0,74	3,07	1,58	0,436	5,78	1,91	2,05	0,91	6,65	1,18	13	8,4	25		17
50 × 30 × 5	50	30	5	5	2,96	3,78	1,73	0,741	3,33	1,65	0,352	9,36	2,86	2,51	1,11	10,3	1,54	13	8,4	30		17
60 × 30 × 5	60	30	5	5	3,36	4,28	2,17	0,684	3,88	1,77	0,257	15,6	4,07	2,63	1,14	16,5	1,71	17	8,4	35		17
60 × 40 × 5	60	40	5	6	3,76	4,79	1,96	0,972	4,10	2,11	0,434	17,2	4,25	6,11	2,02	19,7	3,54	17	11	35		22
60 × 40 × 6	60	40	6	6	4,46	5,68	2,00	1,01	4,08	2,10	0,431	20,1	5,03	7,12	2,38	23,1	4,16	17	11	35		22
65 × 50 × 5	65	50	5	6	4,35	5,54	1,99	1,25	4,53	2,39	0,577	23,2	5,14	11,9	3,19	28,8	6,32	21	13	35		30
70 × 50 × 6	70	50	6	7	5,41	6,89	2,23	1,25	4,83	2,52	0,500	33,4	7,01	14,2	3,78	39,7	7,92	21	13	40		30
75 × 50 × 6	75	50	6	7	5,65	7,19	2,44	1,21	5,12	2,64	0,435	40,5	8,01	14,4	3,81	46,6	8,36	23	13	40		30
75 × 50 × 8	75	50	8	7	7,39	9,41	2,52	1,29	5,08	2,62	0,430	52,0	10,4	18,4	4,95	59,6	10,8	23	13	40		30
80 × 40 × 6	80	40	6	7	5,41	6,89	2,85	0,884	5,20	2,38	0,258	44,9	8,73	7,59	2,44	47,6	4,93	23	11	45		22
80 × 40 × 8	80	40	8	7	7,07	9,01	2,94	0,963	5,14	2,34	0,253	57,6	11,4	9,61	3,16	60,9	6,34	23	11	45		22
80 × 60 × 7	80	60	7	8	7,36	9,38	2,51	1,52	5,55	2,92	0,546	59,0	10,7	28,4	6,34	72,0	15,4	23	17	45		35
100 × 50 × 6	100	50	6	8	6,84	8,71	3,51	1,05	6,55	3,00	0,262	89,9	13,8	15,4	3,89	95,4	9,92	25	13	55		30
100 × 50 × 8	100	50	8	8	8,97	11,4	3,60	1,13	6,48	2,96	0,258	116	18,2	19,7	5,08	123	12,8	25	13	55		30
100 × 65 × 7	100	65	7	10	8,77	11,2	3,23	1,51	6,83	3,49	0,415	113	16,6	37,6	7,53	128	22,0	25	21	55		35
100 × 65 × 8	100	65	8	10	9,94	12,7	3,27	1,55	6,81	3,47	0,413	127	18,9	42,2	8,54	144	24,8	25	21	55		35
100 × 65 × 10	100	65	10	10	12,3	15,6	3,36	1,63	6,76	3,45	0,410	154	23,2	51,0	10,5	175	30,1	25	21	55		35
100 × 75 × 8	100	75	8	10	10,6	13,5	3,10	1,87	6,95	3,65	0,547	133	19,3	64,1	11,4	162	34,6	25	23	55		40
100 × 75 × 10	100	75	10	10	13,0	16,6	3,19	1,95	6,92	3,65	0,544	162	23,8	77,6	14,0	197	42,2	25	23	55		40
100 × 75 × 12	100	75	12	10	15,4	19,7	3,27	2,03	6,89	3,65	0,540	189	28,0	90,2	16,5	230	49,5	25	23	55		40
120 × 80 × 8	120	80	8	11	12,2	15,5	3,83	1,87	8,23	4,23	0,437	226	27,6	80,8	13,2	260	46,6	25	23	50	80	45
120 × 80 × 10	120	80	10	11	15,0	19,1	3,92	1,95	8,19	4,21	0,435	276	34,1	98,1	16,2	317	58,8	25	23	50	80	45
120 × 80 × 12	120	80	12	11	17,8	22,7	4,00	2,03	8,15	4,20	0,431	323	40,4	114	19,1	371	66,7	25	23	50	80	45
125 × 75 × 8	125	75	8	11	12,2	15,5	4,14	1,68	8,44	4,20	0,360	247	29,6	67,6	11,6	274	40,9	25	23	50	85	40
125 × 75 × 10	125	75	10	11	15,0	19,1	4,23	1,76	8,39	4,17	0,357	302	36,5	82,1	14,3	334	49,9	25	23	50	85	40
125 × 75 × 12	125	75	12	11	17,8	22,7	4,31	1,84	8,33	4,15	0,354	354	43,2	95,5	16,9	391	58,5	25	23	50	85	40
135 × 65 × 8	135	65	8	11	12,2	15,5	4,78	1,34	8,79	3,95	0,245	291	33,4	45,2	8,75	307	29,4	25	21	50	85	35
135 × 65 × 10	135	65	10	11	15,0	19,1	4,88	1,42	8,72	3,91	0,243	356	41,3	54,7	10,8	375	35,9	25	21	50	85	35
150 × 75 × 9	150	75	9	12	15,4	19,6	5,26	1,57	9,82	4,50	0,261	455	46,7	77,9	13,1	483	50,2	28	23	60	105	40
150 × 75 × 10	150	75	10	12	17,0	21,7	5,31	1,61	9,79	4,48	0,261	501	51,6	85,6	14,5	531	55,1	28	23	60	105	40
150 × 75 × 12	150	75	12	12	20,2	25,7	5,40	1,69	9,72	4,44	0,258	588	61,3	99,6	17,1	623	64,7	28	23	60	105	40
150 × 75 × 15	150	75	15	12	24,8	31,7	5,52	1,81	9,63	4,40	0,253	713	75,2	119	21,0	753	78,6	28	23	60	105	40
150 × 90 × 10	150	90	10	12	18,2	28,2	5,00	2,04	10,1	5,03	0,360	533	53,3	146	21,0	591	88,3	28	25	60	105	45
150 × 90 × 12	150	90	12	12	21,6	27,5	5,08	2,12	10,1	5,00	0,358	627	63,3	171	24,8	694	104	28	25	60	105	45
150 × 90 × 15	150	90	15	12	26,6	33,9	5,21	2,23	9,98	4,98	0,354	761	77,7	205	30,4	841	126	28	25	60	105	45
150 × 100 × 10	150	100	10	12	19,0	24,2	4,81	2,34	10,3	5,29	0,438	553	54,2	199	25,9	637	114	28	25	60	105	55
150 × 100 × 12	150	100	12	12	22,5	28,7	4,89	2,42	10,2	5,28	0,436	651	64,4	233	30,7	749	134	28	25	60	105	55
200 × 100 × 10	200	100	10	15	23,0	29,2	6,93	2,01	13,2	6,05	0,263	1220	93,2	210	26,3	1290	135	28	25	60	150	55
200 × 100 × 12	200	100	12	15	27,3	34,8	7,03	2,10	13,1	6,00	0,262	1440	111	247	31,3	1530	159	28	25	60	150	55
200 × 100 × 15	200	100	15	15	33,75	43,0	7,16	2,22	13,0	5,84	0,260	1758	137	299	38,5	1864	193	28	25	60	150	55
200 × 150 × 12	200	150	12	15	32,0	40,8	6,08	3,61	13,9	7,34	0,552	1650	119	803	70,5	2030	430	28	28	60	150	60/...
200 × 150 × 15	200	150	15	15	39,6	50,5	6,21	3,73	13,9	7,33	0,551	2022	147	979	86,9	2476	526	28	28	60	150	105

[1] Trägheitsradius $i = \sqrt{\dfrac{I}{A}}$

[2] Für Nieten und Schrauben von kleineren als den hier angegebenen Größtdurchmessern können die gleichen Anreißmaße angewendet werden.

TB 1-10 Warmgewalzter rundkantiger U-Stahl nach DIN 1026

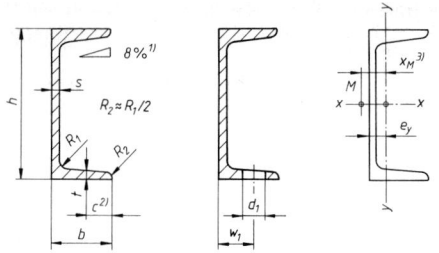

Bezeichnung eines warmgewalzten U-Stahls von Höhe $h = 200$ mm aus S235JR (Werkstoffnummer 1.0037):

U-Profil DIN 1026−S235JR−U200

oder U-Profil DIN 1026−1.0037−U200

Bestellbeispiel: 10 t warmgewalzter U-Stahl mit obiger Norm-Bezeichnung in Festlängen von 5500 mm:

10 t U-Profil DIN 1026−S235JR−U200 × 5500

Herstelllängen: 3 bis 15 m

Kurz-zeichen U	Maße für				Quer-schnitt	längen-bezogene Masse	für die Biegeachse						Abstand der Achse $y-y$	Flanschenlöcher nach DIN 997	
							$x-x$			$y-y$					
	h	b	s	$t=R_1$	A	m'	I_x	W_x	i_x	I_y	W_y	i_y	e_y	x_M [3]	d_1 [4)5)6] max	w_1
	mm	mm	mm	mm	cm²	kg/m	cm⁴	cm³	cm	cm⁴	cm³	cm	cm	cm	mm	mm
30 × 15	30	15	4	4,5	2,21	1,74	2,53	1,69	1,07	0,38	0,39	0,42	0,52	0,74	4,3	10
30	30	33	5	7	5,44	4,27	6,39	4,26	1,08	5,33	2,68	0,99	1,31	2,22	8,4	20
40 × 20	40	20	5	5,5	3,66	2,87	7,58	3,79	1,44	1,14	0,86	0,56	0,67	1,01	6,4	11
40	40	35	5	7	6,21	4,87	14,1	7,05	1,50	6,68	3,08	1,04	1,33	2,32	8,4	20
50 × 25	50	25	5	6	4,92	3,86	16,8	6,73	1,85	2,49	1,48	0,71	0,81	1,34	8,4	16
50	50	38	5	7	7,12	5,59	26,4	10,6	1,92	9,12	3,75	1,13	1,37	2,47	11	20
60	60	30	6	6	6,46	5,07	31,6	10,5	2,21	4,51	2,16	0,84	0,91	1,50	8,4	18
65	65	42	5,5	7,5	9,03	7,09	57,5	17,7	2,52	14,1	5,07	1,25	1,42	2,60	11	25
80	80	45	6	8	11,0	8,64	106	26,5	3,10	19,4	6,36	1,33	1,45	2,67	13	25
100	100	50	6	8,5	13,5	10,6	206	41,2	3,91	29,3	8,49	1,47	1,55	2,93	13	30
120	120	55	7	9	17,0	13,4	364	60,7	4,62	43,2	11,1	1,59	1,60	3,03	17	30
140	140	60	7	10	20,4	16,0	605	86,4	5,45	62,7	14,8	1,75	1,75	3,37	17	35
160	160	65	7,5	10,5	24,0	18,8	925	116	6,21	85,3	18,3	1,89	1,84	3,56	21	35
180	180	70	8	11	28,0	22,0	1350	150	6,95	114	22,4	2,02	1,92	3,75	21	40
200	200	75	8,5	11,5	32,2	25,3	1910	191	7,70	148	27,0	2,14	2,01	3,94	23	40
220	220	80	9	12,5	37,4	29,4	2690	245	8,48	197	33,6	2,30	2,14	4,20	23	45
240	240	85	9,5	13	42,3	33,2	3600	300	9,22	248	29,6	2,42	2,23	4,39	25	45
260	260	90	10	14	48,3	37,9	4820	371	9,99	317	47,7	2,56	2,36	4,66	25	50
280	280	95	10	15	53,3	41,8	6280	448	10,9	399	57,2	2,74	2,53	5,02	25	50
300	300	100	10	16	58,8	46,2	8030	535	11,7	495	67,8	2,90	2,70	5,41	28	55
320	320	100	14	17,5	75,8	59,5	10870	679	12,1	597	80,6	2,81	2,60	4,82	28	58
350	350	100	14	16	77,3	60,6	12840	734	12,9	570	75,0	2,72	2,40	4,45	28	58
380	380	102	13,5	16	80,4	63,1	15760	829	14,0	615	78,7	2,77	2,38	4,58	28	60
400	400	110	14	18	91,5	71,8	20350	1020	14,9	846	102	3,04	2,65	5,11	28	60

[1] $h > 300$ mm: 5 %

[2] $h \le 300$ mm: $c = 0{,}5b$, $h > 300$ mm: $c = 0{,}5(b - s)$

[3] x_M = Abstand des Schubmittelpunktes M von der y-y-Achse

[4] Für hochfeste Schrauben (DIN 6914 und DIN 7999) gilt bei U120, U160, U200 und U240 der nächst kleinere Lochdurchmesser.

[5] Abweichend hiervon gelten nach DIN 101 für Nietverbindungen folgende Lochdurchmesser d_7: 4,2 6,3 10,5

[6] Für Nieten und Schrauben von kleineren als den hier angegebenen Größtdurchmessern können die gleichen Anreißmaße angewendet werden.

Beachte: Bei der lotrechten Belastung eines U-Trägers (unsymmetrisches Profil) gilt die Spannungsformel $\sigma = M/W$ nur, wenn
a) die Wirkungslinie der Last F durch den Schubmittelpunkt M geht,
b) zwei U-Profile][oder [] mit Querverbindung zu einem symmetrischen Trägerprofil zusammengesetzt werden.
Geht bei einem einzelnen U-Profil die Lastebene nicht durch M, so biegen sich die Flansche seitlich aus (Bild) und es treten zusätzliche Biege- und Verdrehspannungen auf.

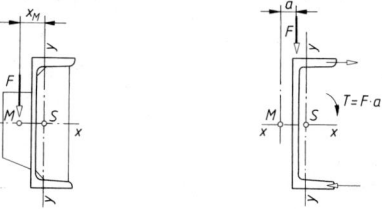

richtiger Lastangriff in M

ungünstiger Lastangriff

U-Träger sind im Schubmittelpunkt M und wenn dies nicht möglich ist, in der Stegebene zu belasten

TB 1-11 Warmgewalzte I-Träger nach DIN 1025 (Auszug)

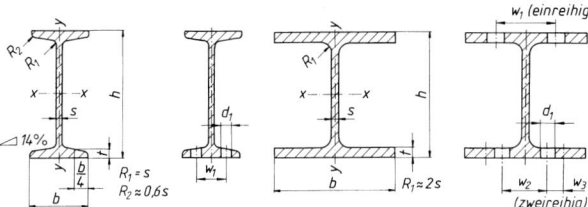

schmale I-Träger mit geneigten inneren Flanschflächen (I-Reihe) nach DIN 1025-1

breite I-Träger mit parallelen Flanschflächen (IPB-Reihe) nach DIN 1025-2

Bezeichnung eines warmgewalzten schmalen I-Trägers von Höhe $h = 200$ mm aus S235JR (Werkstoffnummer 1.0037):

I-Profil DIN 1025−S235JR−I200
oder I-Profil DIN 1025−1.0037−I200

Bestellbeispiel: 10 t warmgewalzter I-Träger mit parallelen Flanschflächen (IPB) von Höhe $h = 200$ mm aus S235JR in Genaulängen von 5000 mm mit einer gewünschten zulässigen Längenabweichung von ±10 mm:

10 t I-Profil DIN 1025−S235JR−
IPB 200 × 5000 ± 10

Kurz-zeichen	Maße für				Quer-schnitt	längen-bezogene Masse	für die Biegeachse						Flanschenlöcher nach DIN 997		
							$x-x$			$y-y$					
	h	b	s	t	A	m'	I_x	W_x	i_x	I_y	W_y	i_y	d_1 [1)2)3)] max	w_1 w_2	w_3
	mm	mm	mm	mm	cm²	kg/m	cm⁴	cm³	cm	cm⁴	cm³	cm	mm	mm	mm
I	Schmale I-Träger (I-Reihe) nach DIN 1025-1														
80	80	42	3,9	5,9	7,57	5,94	77,8	19,5	3,20	6,29	3,00	0,91	6,4	22	
100	100	50	4,5	6,8	10,6	8,34	171	34,2	4,01	12,2	4,88	1,07	6,4	28	
120	120	58	5,1	7,7	14,2	11,1	328	54,7	4,81	21,5	7,41	1,23	8,4	32	
140	140	66	5,7	8,6	18,2	14,3	573	81,9	5,61	35,2	10,7	1,40	11	34	
160	160	74	6,3	9,5	22,8	17,9	935	117	6,40	54,7	14,8	1,55	11	40	
180	180	82	6,9	10,4	27,9	21,9	1450	161	7,20	81,3	19,8	1,71	13	44	
200	200	90	7,5	11,3	33,4	26,2	2140	214	8,00	117	26,0	1,87	13	48	
220	220	98	8,1	12,2	39,5	31,1	3060	278	8,80	162	33,1	2,02	13	52	
240	240	106	8,7	13,1	46,1	36,2	4250	354	9,59	221	41,7	2,20	17 (13)	56	
260	260	113	9,4	14,1	53,3	41,9	5740	442	10,4	288	51,0	2,32	17	60	
280	280	119	10,1	15,2	61,0	47,9	7590	542	11,1	364	61,2	2,45	17	60	
300	300	125	10,8	16,2	69,0	54,2	9800	653	11,9	451	72,2	2,56	21 (17)	64	
320	320	131	11,5	17,3	77,7	61,0	12510	782	12,7	555	84,7	2,67	21 (17)	70	
340	340	137	12,2	18,3	86,7	68,0	15700	923	13,5	674	98,4	2,80	21	74	
360	360	143	13,0	19,5	97,0	76,1	19610	1090	14,2	818	114	2,9	23 (21)	76	
380	380	149	13,7	21,6	107	84,0	24010	1260	15,0	975	131	3,02	23 (21)	82	
400	400	155	14,4	21,6	118	92,4	29210	1460	15,7	1160	149	3,13	23	86	
450	450	170	16,2	24,3	147	115	45850	2040	17,7	1730	203	3,43	25 (23)	94	
500	500	185	18,0	27,0	179	141	68740	2750	19,6	2480	268	3,72	28	100	
550	550	200	19,0	30,0	212	166	99180	3610	21,6	3490	349	4,02	28	110	
IPB	Breite I-Träger (IPB-Reihe) nach DIN 1025-2														
100	100	100	6	10	26,0	20,4	450	89,9	4,16	167	33,5	2,53	13	56	−
120	120	120	6,5	11	34,0	26,7	864	144	5,04	318	52,9	3,06	17	66	−
140	140	140	7	12	43,0	33,7	1510	216	5,93	550	78,5	3,58	21	76	−
160	160	160	8	13	54,3	42,6	2490	311	6,78	889	111	4,05	23	86	−
180	180	180	8,5	14	65,3	51,2	3830	426	7,66	1360	151	4,57	25	100	−
200	200	200	9	15	78,1	61,3	5700	570	8,54	2000	200	5,07	25	110	−
220	220	220	9,5	16	91,0	71,5	8090	736	9,43	2840	258	5,59	25	120	−
240	240	240	10	17	106	83,2	11260	938	10,3	3920	327	6,08	25	96	35
260	260	260	10	17,5	118	93,0	14920	1150	11,2	5130	395	6,58	25	106	40
280	280	280	10,5	18	131	103	19270	1380	12,1	6590	471	7,09	25	110	45
300	300	300	11	19	149	117	25170	1680	13,0	8560	571	7,58	28	120	45
320	320	300	11,5	20,5	161	127	30820	1930	13,8	9240	616	7,57	28	120	45
340	340	300	12	21,5	171	134	36660	2160	14,6	9690	646	7,53	28	120	45
360	360	300	12,5	22,5	181	142	43190	2400	15,5	10140	676	7,49	28	120	45
400	400	300	13,5	24	198	155	57680	2880	17,1	10820	721	7,40	28	120	45
450	450	300	14	26	218	171	79890	3550	19,1	11720	781	7,33	28	120	45
500	500	300	14,5	28	239	187	107200	4290	21,2	12620	842	7,27	28	120	45
550	550	300	15	29	254	199	136700	4970	23,2	13080	872	7,17	28	120	45
600	600	300	15,5	30	270	212	171000	5700	25,2	13530	902	7,08	28	120	45

[1]) Werte in ( ) gelten für hochfeste Schrauben (DIN 6914 und DIN 7999).
[2]) Abweichend hiervon gelten nach DIN 101 für Nietverbindungen folgende Lochdurchmesser d_1: 6,3 10,5.
[3]) Für Nieten und Schrauben von kleineren als den hier angegebenen Größtdurchmessern können die gleichen Anreißmaße angewendet werden.

TB 1-12 Warmgewalzter gleichschenkliger T-Stahl mit gerundeten Kanten und Übergängen nach DIN EN 10055

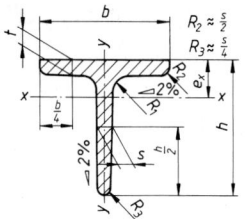 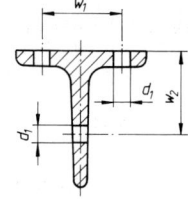

Bezeichnung eines T-Stahls mit 80 mm Höhe aus S235JR nach DIN EN 10025:

T-Profil EN 10055 – T80
Stahl EN 10025 – S235JR

Kurz-zeichen T	Maße für		Quer-schnitt	längen-bezogene Masse		für die Biegeachse						Anreißmaße nach DIN 997		
	$b = h$	$s = t = R_1$	A	m'	e_x	$x - x$			$y - y$			d_1 [1)2)] max.	w_1	w_2
						I_x	W_x	i_x	I_y	W_y	i_y			
	mm	mm	cm²	kg/m	cm	cm⁴	cm³	cm	cm⁴	cm³	cm	mm	mm	mm
30	30	4	2,26	1,77	0,85	1,72	0,80	0,87	0,87	0,58	0,62	4,3	17	17
35	35	4,5	2,97	2,33	0,99	3,10	1,23	1,04	1,57	0,90	0,73	4,3	19	19
40	40	5	3,77	2,96	1,12	5,28	1,84	1,18	2,58	1,29	0,83	6,4	21	22
50	50	6	5,66	4,44	1,39	12,1	3,36	1,46	6,60	2,42	1,03	6,4	30	30
60	60	7	7,94	6,23	1,66	23,8	5,48	1,73	12,2	4,07	1,24	8,4	34	35
70	70	8	10,6	8,32	1,94	44,5	8,79	2,05	22,1	6,32	1,44	11	38	40
80	80	9	13,6	10,7	2,22	73,7	12,8	2,33	37,0	9,25	1,65	11	45	45
100	100	11	20,9	16,4	2,74	179	24,6	2,92	88,3	17,7	2,05	13	60	60
120	120	13	29,6	23,2	3,28	366	42,0	3,51	178	29,7	2,45	17	70	70
140	140	15	39,9	31,3	3,80	660	64,7	4,07	330	47,2	2,88	21	80	75

[1] Abweichend hiervon gelten nach DIN 101 für Nietverbindungen folgende Lochdurchmesser d_7: 4,2 6,3 10,5.
[2] Für Nieten und Schrauben von kleineren als den hier angegebenen Größtdurchmessern können die gleichen Anreißmaße angewendet werden.

TB 1-13 Hohlprofile

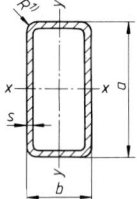 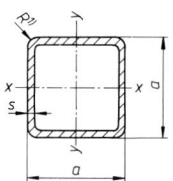 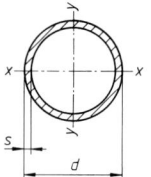

warmgefertigte rechteckige Stahl-Hohlprofile nach DIN EN 10210-2

warmgefertigte quadratische Stahl-Hohlprofile nach DIN EN 10210-2

nahtlose Stahlrohre nach DIN 2448

Herstelllängen für Stahlhohlprofile: 4 bis 16 m

Größe	Wanddicke	Quer-schnitts-fläche	längen-bezogene Masse	für die Biegeachse						für die Verdrehung [4)]	
$a \times b$	s [2)]	A	m'	$x - x$			$y - y$			I_t	W_t
				I_x	W_x	i_x	I_y	W_y	i_y		
mm	mm	cm²	kg/m	cm⁴	cm³	cm	cm⁴	cm³	cm	cm⁴	cm³
warmgefertigte rechteckige Stahl-Hohlprofile nach DIN EN 10210-2 (Auszug)											
50 × 30	2,5 (3 4 5)	3,68	2,89	11,8	4,73	1,79	5,22	3,48	1,19	11,7	5,73
60 × 40	2,5 (3 4 5 6 6,3)	4,68	3,68	22,8	7,61	2,21	12,1	6,03	1,60	25,1	9,73
80 × 40	3 (4 5 6 6,3 8)	6,74	5,29	54,2	13,6	2,84	18,0	9,00	1,63	43,8	15,3
90 × 50	3 (4 5 6 6,3 8)	7,94	6,24	84,4	18,8	3,26	33,5	13,4	2,05	76,5	22,4
100 × 50	3 (4 5 6 6,3 8)	8,54	6,71	110	21,9	3,58	36,8	14,7	2,08	88,4	25,0
120 × 60	4 (5 6 6,3 8 10)	13,6	10,7	249	41,5	4,28	83,1	27,7	2,47	201	47,1
140 × 80	4 (5 6 6,3 8 10)	16,8	13,2	441	62,9	5,12	184	46,0	3,31	411	76,5
150 × 100	4 (5 6 6,3 8 10 12 12,5)	19,2	15,1	607	81,0	5,63	324	64,8	4,41	660	105
180 × 100	4 (5 6 6,3 8 10 12 12,5)	21,6	16,9	945	105	6,61	379	75,9	4,19	852	127
200 × 120	6 (6,3 8 10 12 12,5)	36,6	28,7	1980	198	7,36	892	149	4,94	1942	245
250 × 150	6 (6,3 8 10 12 12,5 16)	46,2	36,2	3965	317	9,27	1796	239	6,24	3877	396
300 × 200	6 (6,3 8 10 12 12,5 16)	58,2	45,7	7486	499	11,3	4013	401	8,31	8100	651
350 × 250	6 (6,3 8 10 12 12,5 16)	70,2	55,1	12616	721	13,4	7538	603	10,4	14529	967
400 × 200	8 (10 12 12,5 16)	92,8	72,8	19562	978	14,5	6660	666	8,47	15735	1135
500 × 300	10 (12 12,5 16 20)	155	122	53762	2150	18,6	24439	1629	12,6	52450	2696

Größe bzw. Außendurchmesser mm	Wanddicke $s^{2)}$ mm	Querschnittsfläche A cm²	längenbezogene Masse m' kg/m	für die Biegeachse $x-x=y-y$			für die Verdrehung[4]	
				I cm⁴	W cm³	i cm	I_t cm⁴	W_t cm³
warmgefertigte quadratische Stahl-Hohlprofile nach DIN EN 10 210-2 (Auszug)								
25	2 (2,5 3)	1,80	1,41	1,56	1,25	0,932	2,52	1,81
30	2 (2,5 3)	2,20	1,72	2,84	1,89	1,14	4,53	2,75
40	2,5 (3 4 5)	3,68	2,89	8,54	4,27	1,52	13,6	6,22
50	2,5 (3 4 5 6 6,3)	4,68	3,68	17,5	6,99	1,93	27,5	10,2
60	2,5 (3 4 5 6 6,3 8)	5,68	4,46	31,1	10,4	2,34	48,5	15,2
70	3 (4 5 6 6,3 8)	7,94	6,24	59,0	16,9	2,73	92,2	24,8
80	3 (4 5 6 6,3 8)	9,14	7,18	89,8	22,5	3,13	140	33,0
100	4 (5 6 6,3 8 10)	15,2	11,9	232	46,4	3,91	361	68,2
120	5 (6 6,3 8 10 12 12,5)	22,7	17,8	498	83,0	4,68	777	122
140	5 (6 6,3 8 10 12 12,5)	26,7	21,0	807	115	5,50	1 253	170
160	5 (6 6,3 8 10 12 12,5 16)	30,7	24,1	1 225	153	6,31	1 892	226
200	5 (6 6,3 8 10 12 12,5 16)	38,7	30,4	2 445	245	7,95	3 756	362
250	6 (6,3 8 10 12 12,5 16)	58,2	45,7	5 752	460	9,94	8 825	681
300	6 (6,3 8 10 12 12,5 16)	70,2	55,1	10 080	672	12,0	15 407	997
$d^{3)}$	**nahtlose Stahlrohre nach DIN 2448 (Auszug)**							
10,2	1,6 (…2,6)	0,432	0,339	0,041	0,081	0,309	0,083	0,162
13,5	1,8 (…3,6)	0,662	0,519	0,116	0,172	0,419	0,232	0,343
17,2	1,8 (…4,5)	0,871	0,684	0,262	0,304	0,548	0,523	0,609
21,3	2 (…5)	1,21	0,952	0,571	0,536	0,686	1,14	1,07
26,9	2,3 (…7,1)	1,78	1,40	1,36	1,01	0,874	2,71	2,02
33,7	2,6 (…8)	2,54	1,99	3,09	1,84	1,10	6,19	3,67
42,4	2,6 (…10)	3,25	2,55	6,46	3,05	1,41	12,9	6,10
48,3	2,6 (…12,5)	3,73	2,93	9,78	4,05	1,62	19,6	8,10
60,3	2,9 (… 16)	5,23	4,11	21,6	7,16	2,03	43,2	14,3
76,1	2,9 (…20)	6,67	5,24	44,7	11,8	2,59	89,5	23,5
88,9	3,2 (…25)	8,62	6,76	79,2	17,8	3,03	158	35,6
114,3	3,6 (…32)	12,5	9,83	192	33,6	3,92	384	67,2
139,7	4 (…36)	17,1	13,4	393	56,2	4,80	786	112
168,3	4,5 (…45)	32,2	18,2	777	92,4	5,79	1 554	185
219,1	6,3 (…60)	42,1	33,1	2 386	218	7,53	4 772	436
273	6,3 (…65)	52,8	41,4	4 696	344	9,43	9 392	688
323,9	7,1 (…65)	70,7	55,5	8 869	548	11,2	17 739	1 095
355,6	8 (…65)	87,4	68,6	13 201	742	12,3	26 402	1 485
406,4	8,8 (…65)	110	86,3	21 732	1 069	14,1	43 463	2 139
457	10 (…65)	140	110	35 091	1 536	15,8	70 182	3 071
508	11 (…65)	172	135	53 056	2 089	17,6	106 112	4 178
610	12,5 (…65)	235	184	104 752	3 435	21,1	209 505	6 869
$d^{3)}$	**geschweißte Stahlrohre nach DIN 2458 (Auszug)**							
10,2	1,6 (1,4…2,6)	0,432	0,339	0,041	0,081	0,309	0,083	0,162
13,5	1,8 (1,4…3,6)	0,662	0,519	0,116	0,172	0,419	0,232	0,343
17,2	1,8 (1,4…4)	0,871	0,684	0,262	0,304	0,548	0,523	0,609
21,3	2 (1,4…4,5)	1,21	0,952	0,571	0,536	0,686	1,14	1,07
26,9	2 (1,4…5)	1,57	1,23	1,22	0,907	0,883	2,44	1,81
33,7	2 (1,4…8)	1,99	1,56	2,51	1,49	1,12	5,02	2,98
42,4	2,3 (1,4…8,8)	2,90	2,28	5,84	2,76	1,42	11,7	5,51
48,3	2,3 (1,4…8,8)	3,32	2,61	8,81	3,65	1,63	17,6	7,30
60,3	2,3 (1,4…10)	4,19	3,29	17,6	5,85	2,05	35,3	11,7
76,1	2,6 (1,6…10)	6,00	4,71	40,5	10,7	2,60	81,2	21,3
88,9	2,9 (1,6…10)	7,84	6,15	72,5	16,3	3,04	145	32,6
114,3	3,2 (2 …11)	11,2	8,77	172	30,2	3,93	345	60,4
139,7	3,6 (2 …11)	15,4	12,1	357	51,1	4,81	713	102
168,3	4 (2,9…11)	20,6	16,2	697	82,8	5,81	1 394	166
219,1	4,5 (3,2…12,5)	30,3	23,8	1 747	159	7,59	3 494	319
273	5 (3,2…12,5)	42,1	33,0	3 781	277	9,48	7 562	554
323,9	5,6 (3,2…12,5)	56,0	44,0	7 094	438	11,3	14 188	876
355,6	5,6 (3,2…12,5)	61,6	48,3	9 431	530	12,4	18 861	1 061
406,4	6,3 (3,6…12,5)	79,2	62,2	15 850	780	14,2	31 699	1 560
457	6,3 (3,6…11)	89,2	70,0	22 654	991	15,9	45 309	1 983
508	6,3 (3,6…16)	99,3	77,9	31 247	1 230	17,7	62 493	2 460

TB 1-13 Fortsetzung

Größe bzw. Außendurchmesser mm	Wand-dicke $s^{2)}$ mm	Quer-schnitts-fläche A cm²	längen-bezogene Masse m' kg/m	für die Biegeachse $x-x=y-y$ I cm⁴	W cm³	i cm	für die Verdrehung[4] I_t cm⁴	W_t cm³
610	6,3 (4,5…28)	119	93,8	54 440	1785	21,3	108 876	3 570
711	7,1 (4,5…32)	157	123	97 253	2736	24,9	194 494	5 471
813	8 (4,5…40)	202	159	163 900	4032	28,5	327 806	8 064
914	10 (4,5…40)	284	223	290 147	6349	32	580 291	12 698
1016	10 (4,5…40)	316	248	399 850	7871	35,6	799 673	15 742

[1] Zulässige Rundung: $R \leq 3s$.
[2] Maße und statische Werte nur für die kleinste Wanddicke (Hohlprofile) bzw. zugeordnete Normalwanddicke (Stahlrohre). Sonstige Wanddicken in ( ). Stufung der Rohrwanddicken: 1,4 1,6 1,8 2 2,3 2,6 2,9 3,2 3,6 4 4,5 5 5,6 6,3 7,1 8 8,8 10 11 12,5 14,2 16 17,5 20 22,2 25 28 30 32 36 40 45 50 55 60 65.
[3] Rohr-Außendurchmesser der Reihe 1, für die alles zum Bau einer Rohrleitung nötige Zubehör genormt ist bzw. genormt werden soll. Reihe 2 und 3 siehe Normblatt.
[4] I_t = Torsionsflächenmoment, W_t = Torsionswiderstandsmoment

Bestellbeispiel: 1000 m nahtlose Stahlrohre aus St44.0 mit dem Rohr-Außendurchmesser $d = 168,3$ mm und der Wanddicke $s = 4,5$ mm nach der Technischen Lieferbedingung DIN 1629 mit Abnahmezeugnis 3.1B nach EN 10204:

1000 m Rohr DIN 2448−St44.0−168,3 × 4,5−DIN 1629−3.1B

TB 1-14 Reibungszahlen

a) Reibungszahlen bei verschiedenen Reibungsarten und Reibungszuständen (Anhaltswerte)

Reibungsart	Reibungszustand	Zwischenstoff	Reibungszahl
Gleitreibung	Festkörperreibung − Metall/Metall − Keramik/Keramik − Kunststoff/Metall	ohne (trocken)	0,3 …1,5 0,2 …1,5 0,1 …1,5
	Grenzreibung	molekularer Schmierstofffilm	0,01 …0,2
	Mischreibung	partieller Schmierstofffilm	0,01 …0,1
	Flüssigkeitsreibung	Schmierstoff	ca. 10^{-3}
	Gasreibung	Gas	ca. 10^{-4}
Rollreibung		Wälzkörper	0,001 …0,005
Haftreibung (Ruhereibung)		ohne	ca. 0,5

b) Haft- und Gleitreibungszahlen
Anhaltswerte für den Maschinenbau

Werkstoffpaarung	Haftreibungszahl μ_0 [1] trocken	geschmiert	Gleitreibungszahl μ trocken	geschmiert
Stahl auf Stahl	0,5 …0,8	0,10	0,4 …0,7	0,10
Kupfer auf Kupfer	−	−	0,6 …1,0	0,10
Stahl auf Gusseisen	0,2	0,10	0,20	0,05
Gusseisen auf Gusseisen	0,25	0,15	0,20	0,10
Gusseisen auf Cu-Legierung	0,25	0,15	0,20	0,10
Bremsbelag auf Stahl	−	−	0,5 …0,6	−
Stahl auf Eis	0,03	−	0,015	−
Stahl auf Holz	0,5 …0,6	0,10	0,2 …0,5	0,05
Holz auf Holz	0,4 …0,6	0,15 …0,20	0,2 …0,4	0,10
Leder auf Metall	0,60	0,20	0,2 …0,25	0,12
Gummi auf Metall	−	−	0,50	−
Kunststoff auf Metall	0,25 …0,4	−	0,1 …0,3	0,04 …0,1
Kunststoff auf Kunststoff	0,3 …0,4	−	0,2 …0,4	0,04 …0,1

[1] Die Haftreibungszahl μ_0 einer Werkstoffpaarung ist meist geringfügig größer als die Gleitreibungszahl μ. Sie ist nur für den Grenzfall des Übergangs in die Bewegung definiert.

c) Gleitreibungszahlen μ bei Festkörperreibung (nach Versuchen)

Hinweis: Die Reibungszahl ist keine Werkstoffeigenschaft, sondern die Kenngröße eines tribologischen Systems. Entsprechend den Einflussgrößen Werkstoffart, Oberflächenbeschaffenheit, Temperatur, Gleitgeschwindigkeit und Flächenpressung kann sie in bestimmten Grenzen schwanken. Verlässliche Reibungszahlen müssen unter anwendungsnahen Bedingungen experimentell ermittelt werden.

Werkstoff	Gleitreibungszahl μ	
	Paarung mit gleichem Werkstoff	Paarung mit gehärtetem Stahl
Aluminium	1,3	0,5
Chrom	1,5	1,2
Nickel	0,7	0,5
Gusseisen	0,4	0,4
Stahl, gehärtet	0,6	0,6
Lagermetall (PbSb)	–	0,5
CuZn-Legierung	–	0,5
Al_2O_3-Keramik	0,4	0,7
Polyamid (Nylon)	1,2	0,4
Polyethylen PE-HD	0,4	0,1
Polytetrafluorethylen	0,12	0,05
Polystyrol und Polyvinylchlorid PVC-U	–	0,5
Polyoxymethylen	–	0,4

Hinweis: Reibungszahl einer Stahlgleitpaarung in Abhängigkeit vom Gleitweg bei Festkörperreibung

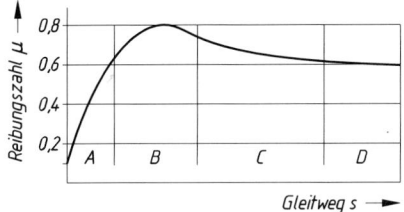

Phase	Reibungszahl
A	Anfangswert $\mu \approx 0,1$
B	Maximalwert $\mu \approx 0,8$
C	nimmt ab
D	konstanter Endwert $\mu \approx 0,6$

TB 1-15 Maßstäbe in Abhängigkeit vom Längenmaßstab, Stufensprünge und Reihen zur Typung

Kenngröße	Maßstab	Stufensprung	Reihe
1. Länge L	$q_L = L_1/L_0$	$q_{r/p}$	Rr/p
2. Fläche A	$q_A = A_1/A_0 = q_L^2$	$q_{r/2p}$	Rr/2p
3. Volumen V	$q_V = V_1/V_0 = q_L^3$	$q_{r/3p}$	Rr/3p
Masse m	$q_m = m_1/m_0 = q_L^3$	$q_{r/3p}$	Rr/3p
4. Dichte ϱ	$q_\varrho = \varrho_1/\varrho_0 = 1$	–	–
5. Kraft F	$q_F = F_1/F_0 = q_L^2$	$q_{r/2p}$	Rr/2p
6. Spannung σ	$q_\sigma = \sigma_1/\sigma_0 = 1$	–	–
Druck p	$q_p = p_1/p_0 = 1$	–	–
7. Zeit t	$q_t = t_1/t_0 = q_L$	$q_{r/p}$	Rr/p
8. Geschwindigkeit v	$q_v = v_1/v_0 = 1$	–	–
9. Beschleunigung a	$q_a = a_1/a_0 = q_L^{-1}$	$q_{r/-p}$	Rr/–p (fallend)
Drehzahl n	$q_n = n_1/n_0 = q_L^{-1}$	$q_{r/-p}$	Rr/–p (fallend)
10. Winkelbeschleunigung α	$q_\alpha = \alpha_1/\alpha_0 = q_L^{-2}$	$q_{r/-2p}$	Rr/–2p (fallend)
11. Leistung P	$q_P = P_1/P_0 = q_L^2$	$q_{r/2p}$	Rr/2p
12. Moment M bzw. T	$q_M = M_1/M_0 = q_L^3 = T_1/T_0$	$q_{r/3p}$	Rr/3p
13. Widerstandsmoment W	$q_W = W_1/W_0 = q_L^3$	$q_{r/3p}$	Rr/3p
Arbeit W			
14. Flächenmoment 2. Grades I	$q_I = I_1/I_0 = q_L^4$	$q_{r/4p}$	Rr/4p

TB 1-16 Normzahlen nach DIN 323

Hauptwerte				Rundwerte						nahe liegende Werte
Grundreihen				Rundwertreihen						
R5	R10	R20	R40	R″5	R′10	R″10	R′20	R″20	R′40	
1,00	1,00	1,00	1,00 1,06	1,00	1,00	1,00	1,00	1,00	1,00 1,05	
		1,12	1,12 1,18				1,10	1,10	1,10 1,20	
	1,25	1,25	1,25 1,32		1,25	(1,20)	1,25	(1,20)	1,25 1,30	$\sqrt[3]{2}$
		1,40	1,40 1,50				1,40	1,40	1,40 1,50	$\sqrt{2}$
1,60	1,60	1,60	1,60 1,70	(1,50)	1,60	(1,50)	1,60	1,60	1,60 1,70	$\sqrt[3]{4}$
		1,80	1,80 1,90				1,80	1,80	1,80 1,90	
	2,00	2,00	2,00 2,12		2,00	2,00	2,00	2,00	2,00 2,10	
		2,24	2,24 2,36				2,20	2,20	2,20 2,40	
2,50	2,50	2,50	2,50 2,65	2,50	2,50	2,50	2,50	2,50	2,50 2,60	$\dfrac{\text{mm}}{\text{Inch}} \approx 25$
		2,80	2,80 3,00				2,80	2,80	2,80 3,00	
	3,15	3,15	3,15 3,35		3,20	(3,00)	3,20	(3,00)	3,20 3,40	$\pi, \sqrt{10}$
		3,55	3,55 3,75				3,50	(3,50)	3,60 3,80	
4,00	4,00	4,00	4,00 4,25	4,00	4,00	4,00	4,00	4,00	4,00 4,20	$\dfrac{\pi}{8} \approx 0,4$
		4,50	4,50 4,75				4,50	4,50	4,50 4,80	
	5,00	5,00	5,00 5,30		5,00	5,00	5,00	5,00	5,00 5,30	
		5,60	5,60 6,00				5,60	(5,50)	5,60 6,00	
6,30	6,30	6,30	6,30 6,70	(6,00)	6,30	(6,00)	6,30	(6,00)	6,30 6,70	2π
		7,10	7,10 7,50				7,10	(7,00)	7,10 7,50	
	8,00	8,00	8,00 8,50		8,00	8,00	8,00	8,00	8,00 8,50	$\dfrac{\pi}{4} \approx 0,8$
		9,00	9.00 9,50				9,00	9,00	9,00 9,50	
10,00	10,00	10,00	10,00	10,00	10,00	10,00	10,00	10,00	10,00	π^2, g

Die in Klammern ( ) gesetzten Werte von R″5, R″10, R″20, insbesondere der Wert 1,5, sollten möglichst vermieden werden.

TB 2-1 Grundtoleranzen IT in Anlehnung an DIN ISO 286 T1

Grundtoleranz IT = $K \cdot i$ bzw. IT = $K \cdot I$; Toleranzfaktor $i(I)$ nach Gl. (2.4)

Nennmaßbereich (mm)	Grundtoleranzgrade IT …																	
Grundtoleranzgrad	1	2	3	4	5	6	7	8	9	10	11	12	13	14	15	16	17	18
K	–	–	–	–	7	10	16	25	40	64	100	160	250	400	640	1000	1600	2500
Einheit	µm	µm	µm	µm	µm	µm	µm	µm	µm	µm	µm	mm	mm	mm	mm	mm	mm	mm
bis 3	0,8	1,2	2	3	4	6	10	14	25	40	60	0,1	0,14	0,25	0,4	0,6	1	1,4
> 3 — 6	1	1,5	2,5	4	5	8	12	18	30	48	75	0,12	0,18	0,3	0,48	0,75	1,2	1,8
> 6 — 10	1	1,5	2,5	4	6	9	15	22	36	58	90	0,15	0,22	0,36	0,58	0,9	1,5	2,2
> 10 — 18	1,2	2	3	5	8	11	18	27	43	70	110	0,18	0,27	0,43	0,7	1,1	1,8	2,7
> 18 — 30	1,5	2,5	4	6	9	13	21	33	52	84	130	0,21	0,33	0,52	0,84	1,3	2,1	3,3
> 30 — 50	1,5	2,5	4	7	11	16	25	39	62	100	160	0,25	0,39	0,62	1	1,6	2,5	3,9
> 50 — 80	2	3	5	8	13	19	30	46	74	120	190	0,3	0,46	0,74	1,2	1,9	3	4,6
> 80 — 120	2,5	4	6	10	15	22	35	54	87	140	220	0,35	0,54	0,87	1,4	2,2	3,5	5,4
> 120 — 180	3,5	5	8	12	18	25	40	63	100	160	250	0,4	0,63	1	1,6	2,5	4	6,3
> 180 — 250	4,5	7	10	14	20	29	46	72	115	185	290	0,46	0,72	1,15	1,85	2,9	4,6	7,2
> 250 — 315	6	8	12	16	23	32	52	81	130	210	320	0,52	0,81	1,3	2,1	3,2	5,2	8,1
> 315 — 400	7	9	13	18	25	36	57	89	140	230	360	0,57	0,89	1,4	2,3	3,6	5,7	8,9
> 400 — 500	8	10	15	20	27	40	63	97	155	250	400	0,63	0,97	1,55	2,5	4	6,3	9,7
> 500 — 630	9	11	16	22	32	44	70	110	175	280	440	0,7	1,1	1,75	2,8	4,4	7	11
> 630 — 800	10	13	18	25	36	50	80	125	200	320	500	0,8	1,25	2	3,2	5	8	12,5
> 800 — 1000	11	15	21	28	40	56	90	140	230	360	560	0,9	1,4	2,3	3,6	5,6	9	14
> 1000 — 1250	13	18	24	33	47	66	105	165	260	420	660	1,05	1,65	2,6	4,2	6,6	10,5	16,5
> 1250 — 1600	15	21	29	39	55	78	125	195	310	500	780	1,25	1,95	3,1	5	7,8	12,5	19,5
> 1600 — 2000	18	25	35	46	65	92	150	230	370	600	920	1,5	2,3	3,7	6	9,2	15	23
> 2000 — 2500	22	30	41	55	78	110	175	280	440	700	1100	1,75	2,8	4,4	7	11	17,5	28
> 2500 — 3150	26	36	50	68	96	135	210	330	540	860	1350	2,1	3,3	5,4	8,6	13,5	21	33

TB 2-2 Zahlenwerte der Grundabmaße von Außenflächen (Wellen) in µm nach DIN ISO 286 T1 (Auszug)

| Nennmaß in mm | oberes Abmaß es[1] — alle Grundtoleranzgrade | | | | | | | j | | k | | unteres Abmaß ei[2] — alle Grundtoleranzgrade | | | | | | | | | | | |
	c	d	e	f	g	h	js	IT5 und IT6	IT7	IT4 bis IT7	über IT7	m	n	p	r	s	t	u	x	z	za	zb	zc
> 3– 6	– 70	– 30	– 20	– 10	– 4	0	±(IT/2)	– 2	– 4	+1	0	+ 4	+ 8	+12	+ 15	+ 19	–	+ 23	+ 28	+ 35	+ 42	+ 50	+ 80
> 6– 10	– 80	– 40	– 25	– 13	– 5	0	±(IT/2)	– 2	– 5	+1	0	+ 6	+10	+15	+ 19	+ 23	–	+ 28	+ 34	+ 42	+ 52	+ 67	+ 97
> 10– 14	– 95	– 50	– 32	– 16	– 6	0	±(IT/2)	– 3	– 6	+1	0	+ 7	+12	+18	+ 23	+ 28	–	+ 33	+ 40	+ 50	+ 64	+ 90	+ 130
> 14– 18	– 95	– 50	– 32	– 16	– 6	0	±(IT/2)	– 3	– 6	+1	0	+ 7	+12	+18	+ 23	+ 28	–	+ 33	+ 45	+ 60	+ 77	+ 108	+ 150
> 18– 24	–110	– 65	– 40	– 20	– 7	0	±(IT/2)	– 4	– 8	+2	0	+ 8	+15	+22	+ 28	+ 35	–	+ 41	+ 54	+ 73	+ 98	+ 136	+ 188
> 24– 30	–110	– 65	– 40	– 20	– 7	0	±(IT/2)	– 4	– 8	+2	0	+ 8	+15	+22	+ 28	+ 35	+ 41	+ 48	+ 64	+ 88	+ 118	+ 160	+ 218
> 30– 40	–120	– 80	– 50	– 25	– 9	0	±(IT/2)	– 5	–10	+2	0	+ 9	+17	+26	+ 34	+ 43	+ 48	+ 60	+ 80	+ 112	+ 148	+ 200	+ 274
> 40– 50	–130	– 80	– 50	– 25	– 9	0	±(IT/2)	– 5	–10	+2	0	+ 9	+17	+26	+ 34	+ 43	+ 54	+ 70	+ 97	+ 136	+ 180	+ 242	+ 325
> 50– 65	–140	–100	– 60	– 30	–10	0	±(IT/2)	– 7	–12	+2	0	+11	+20	+32	+ 41	+ 53	+ 66	+ 87	+122	+ 172	+ 226	+ 300	+ 405
> 65– 80	–150	–100	– 60	– 30	–10	0	±(IT/2)	– 7	–12	+2	0	+11	+20	+32	+ 43	+ 59	+ 75	+102	+146	+ 210	+ 274	+ 360	+ 480
> 80–100	–170	–120	– 72	– 36	–12	0	±(IT/2)	– 9	–15	+3	0	+13	+23	+37	+ 51	+ 71	+ 91	+124	+178	+ 258	+ 335	+ 445	+ 585
>100–120	–180	–120	– 72	– 36	–12	0	±(IT/2)	– 9	–15	+3	0	+13	+23	+37	+ 54	+ 79	+104	+144	+210	+ 310	+ 400	+ 525	+ 690
>120–140	–200	–145	– 85	– 43	–14	0	±(IT/2)	–11	–18	+3	0	+15	+27	+43	+ 63	+ 92	+122	+170	+248	+ 365	+ 470	+ 620	+ 800
>140–160	–210	–145	– 85	– 43	–14	0	±(IT/2)	–11	–18	+3	0	+15	+27	+43	+ 65	+100	+134	+190	+280	+ 415	+ 535	+ 700	+ 900
>160–180	–230	–145	– 85	– 43	–14	0	±(IT/2)	–11	–18	+3	0	+15	+27	+43	+ 68	+108	+146	+210	+310	+ 465	+ 600	+ 780	+1000
>180–200	–240	–170	–100	– 50	–15	0	±(IT/2)	–13	–21	+4	0	+17	+31	+50	+ 77	+122	+166	+236	+350	+ 520	+ 670	+ 880	+1150
>200–225	–260	–170	–100	– 50	–15	0	±(IT/2)	–13	–21	+4	0	+17	+31	+50	+ 80	+130	+180	+258	+385	+ 575	+ 740	+ 960	+1250
>225–250	–280	–170	–100	– 50	–15	0	±(IT/2)	–13	–21	+4	0	+17	+31	+50	+ 84	+140	+196	+284	+425	+ 640	+ 820	+1050	+1350
>250–280	–300	–190	–110	– 56	–17	0	±(IT/2)	–16	–26	+4	0	+20	+34	+56	+ 94	+158	+218	+315	+475	+ 710	+ 920	+1200	+1550
>280–315	–330	–190	–110	– 56	–17	0	±(IT/2)	–16	–26	+4	0	+20	+34	+56	+ 98	+170	+240	+350	+525	+ 790	+1000	+1300	+1700
>315–355	–360	–210	–125	– 62	–18	0	±(IT/2)	–18	–28	+4	0	+21	+37	+62	+108	+190	+268	+390	+590	+ 900	+1150	+1500	+1900
>355–400	–400	–210	–125	– 62	–18	0	±(IT/2)	–18	–28	+4	0	+21	+37	+62	+114	+208	+294	+435	+660	+1000	+1300	+1650	+2100
>400–450	–440	–230	–135	– 68	–20	0	±(IT/2)	–20	–32	+5	0	+23	+40	+68	+126	+232	+330	+490	+740	+1100	+1450	+1850	+2400
>450–500	–480	–230	–135	– 68	–20	0	±(IT/2)	–20	–32	+5	0	+23	+40	+68	+132	+252	+360	+540	+820	+1250	+1600	+2100	+2600

js: Abmaße = ±(IT/2) mit IT nach TB 2-1

[1] $ei = es - IT$ (Grundtoleranz IT nach TB 2-1)

[2] $es = ei + IT$

TB 2-3 Zahlenwerte der Grundabmaße von Innenpassflächen (Bohrungen) in μm nach DIN ISO 286 T1 (Auszug)

Spaltenhinweise:
- **unteres Abmaß EI[1]** — Spalten C, D, E, F, G, H: alle Grundtoleranzgrade
- **JS**: Abmaße = ±(IT/2) mit IT nach TB 2-1
- **J**: IT 6, IT 7, IT 8
- **K, M, N**: bis IT 8
- **P…ZC** bis IT 7: Werte wie für Grundtoleranzgrade über IT 7, um δ erhöhen
- **oberes Abmaß ES[2]** — Spalten P, R, S, T, U, X, Z, ZA, ZB, ZC: Grundtoleranzgrade über IT 7
- **δ in μm**: IT 3, IT 4, IT 5, IT 6, IT 7, IT 8

Nennmaß in mm	C	D	E	F	G	H	J IT6	J IT7	J IT8	K bis IT8	M bis IT8	N bis IT8	P	R	S	T	U	X	Z	ZA	ZB	ZC	δ IT3	δ IT4	δ IT5	δ IT6	δ IT7	δ IT8
> 3– 6	+70	+30	+20	+10	+4	0	+5	+6	+10	−1+δ	−4+δ	−8+δ	−12	−15	−19	—	−23	−28	−35	−42	−50	−80	1	1,5	1	3	4	6
> 6– 10	+80	+40	+25	+13	+5	0	+5	+8	+12	−1+δ	−6+δ	−10+δ	−15	−19	−23	—	−28	−34	−42	−52	−67	−97	1	1,5	2	3	6	7
> 10– 14	+95	+50	+32	+16	+6	0	+6	+10	+15	−1+δ	−7+δ	−12+δ	−18	−23	−28	—	−33	−40	−50	−64	−90	−130	1	2	3	3	7	9
> 14– 18	+95	+50	+32	+16	+6	0	+6	+10	+15	−1+δ	−7+δ	−12+δ	−18	−23	−28	—	−33	−45	−60	−77	−108	−150	1	2	3	3	7	9
> 18– 24	+110	+65	+40	+20	+7	0	+8	+12	+20	−2+δ	−8+δ	−15+δ	−22	−28	−35	—	−41	−54	−73	−98	−136	−188	1,5	2	3	4	8	12
> 24– 30	+110	+65	+40	+20	+7	0	+8	+12	+20	−2+δ	−8+δ	−15+δ	−22	−28	−35	−41	−48	−64	−88	−118	−160	−218	1,5	2	3	4	8	12
> 30– 40	+120	+80	+50	+25	+9	0	+10	+14	+24	−2+δ	−9+δ	−17+δ	−26	−34	−43	−48	−60	−80	−112	−148	−200	−274	1,5	3	4	5	9	14
> 40– 50	+130	+80	+50	+25	+9	0	+10	+14	+24	−2+δ	−9+δ	−17+δ	−26	−34	−43	−54	−70	−97	−136	−180	−242	−325	1,5	3	4	5	9	14
> 50– 65	+140	+100	+60	+30	+10	0	+13	+18	+28	−2+δ	−11+δ	−20+δ	−32	−41	−53	−66	−87	−122	−172	−226	−300	−405	2	3	5	6	11	16
> 65– 80	+150	+100	+60	+30	+10	0	+13	+18	+28	−2+δ	−11+δ	−20+δ	−32	−43	−59	−75	−102	−146	−210	−274	−360	−480	2	3	5	6	11	16
> 80–100	+170	+120	+72	+36	+12	0	+16	+22	+34	−3+δ	−13+δ	−23+δ	−37	−51	−71	−91	−124	−178	−258	−335	−445	−585	2	4	5	7	13	19
>100–120	+180	+120	+72	+36	+12	0	+16	+22	+34	−3+δ	−13+δ	−23+δ	−37	−54	−79	−104	−144	−210	−310	−400	−525	−690	2	4	5	7	13	19
>120–140	+200	+145	+85	+43	+14	0	+18	+26	+41	−3+δ	−15+δ	−27+δ	−43	−63	−92	−122	−170	−248	−365	−470	−620	−800	3	4	6	7	15	23
>140–160	+210	+145	+85	+43	+14	0	+18	+26	+41	−3+δ	−15+δ	−27+δ	−43	−65	−100	−134	−190	−280	−415	−535	−700	−900	3	4	6	7	15	23
>160–180	+230	+145	+85	+43	+14	0	+18	+26	+41	−3+δ	−15+δ	−27+δ	−43	−68	−108	−146	−210	−310	−465	−600	−780	−1000	3	4	6	7	15	23
>180–200	+240	+170	+100	+50	+15	0	+22	+30	+47	−4+δ	−17+δ	−31+δ	−50	−77	−122	−166	−236	−350	−520	−670	−880	−1150	3	4	6	9	17	26
>200–225	+260	+170	+100	+50	+15	0	+22	+30	+47	−4+δ	−17+δ	−31+δ	−50	−80	−130	−180	−258	−385	−575	−740	−960	−1250	3	4	6	9	17	26
>225–250	+280	+170	+100	+50	+15	0	+22	+30	+47	−4+δ	−17+δ	−31+δ	−50	−84	−140	−196	−284	−425	−640	−820	−1050	−1350	3	4	6	9	17	26
>250–280	+300	+190	+110	+56	+17	0	+25	+36	+55	−4+δ	−20+δ	−34+δ	−56	−94	−158	−218	−315	−475	−710	−920	−1200	−1550	4	4	7	9	20	29
>280–315	+330	+190	+110	+56	+17	0	+25	+36	+55	−4+δ	−20+δ	−34+δ	−56	−98	−170	−240	−350	−525	−790	−1000	−1300	−1700	4	4	7	9	20	29
>315–355	+360	+210	+125	+62	+18	0	+29	+39	+60	−4+δ	−21+δ	−37+δ	−62	−108	−190	−268	−390	−590	−900	−1150	−1500	−1900	4	5	7	11	21	32
>355–400	+400	+210	+125	+62	+18	0	+29	+39	+60	−4+δ	−21+δ	−37+δ	−62	−114	−208	−294	−435	−660	−1000	−1300	−1650	−2100	4	5	7	11	21	32
>400–450	+440	+230	+135	+68	+20	0	+33	+43	+66	−5+δ	−23+δ	−40+δ	−68	−126	−232	−330	−490	−740	−1100	−1450	−1850	−2400	5	5	7	13	23	34
>450–500	+480	+230	+135	+68	+20	0	+33	+43	+66	−5+δ	−23+δ	−40+δ	−68	−132	−252	−360	−540	−820	−1250	−1600	−2100	−2600	5	5	7	13	23	34

1) $ES = EI + IT$ (Grundtoleranz IT nach TB 2-1)
2) $EI = ES − IT$

TB 2-4 Passungen für das System Einheitsbohrung nach DIN ISO 286 T2 (Auszug)
Abmaße in µm

Nennmaß in mm	H6	h5	j6	k6	n5	r5	H7	f7	g6	h6	k6	m6	n6	r6	s6
<3	+ 6 0	0 − 4	+ 4 − 2	+ 6 0	+ 8 + 4	+ 14 + 10	+10 0	− 6 − 16	− 2 − 8	0 − 6	+ 6 0	+ 8 + 2	+10 + 4	+ 16 + 10	+ 20 + 14
> 3− 6	+ 8 0	0 − 5	+ 6 − 2	+ 9 + 1	+13 + 8	+ 20 + 15	+12 0	− 10 − 22	− 4 −12	0 − 8	+ 9 + 1	+12 + 4	+16 + 8	+ 23 + 15	+ 27 + 19
> 6− 10	+ 9 0	0 − 6	+ 7 − 2	+10 + 1	+16 +10	+ 25 + 19	+15 0	− 13 − 28	− 5 −14	0 − 9	+10 + 1	+15 + 6	+19 +10	+ 28 + 19	+ 32 + 23
> 10− 18	+11 0	0 − 8	+ 8 − 3	+12 + 1	+20 +12	+ 31 + 23	+18 0	− 16 − 34	− 6 −17	0 −11	+12 + 1	+18 + 7	+23 +12	+ 34 + 23	+ 39 + 28
> 18− 30	+13 0	0 − 9	+ 9 − 4	+15 + 2	+24 +15	+ 37 + 28	+21 0	− 20 − 41	− 7 −20	0 −13	+15 + 2	+21 + 8	+28 +15	+ 41 + 28	+ 48 + 35
> 30− 50	+16 0	0 −11	+11 − 5	+18 + 2	+28 +17	+ 45 + 34	+25 0	− 25 − 50	− 9 −25	0 −16	+18 + 2	+25 + 9	+33 +17	+ 50 + 34	+ 59 + 43
> 50− 65	+19 0	0 −13	+12 − 7	+21 + 2	+33 +20	+ 54 + 41	+30 0	− 30 − 60	−10 −29	0 −19	+21 + 2	+30 +11	+39 +20	+ 60 + 41	+ 72 + 53
> 65− 80						+ 56 + 43								+ 62 + 43	+ 78 + 59
> 80−100	+22 0	0 −15	+13 − 9	+25 + 3	+38 +23	+ 66 + 51	+35 0	− 36 − 71	−12 −34	0 −22	+25 + 3	+35 +13	+45 +23	+ 73 + 51	+ 93 + 71
>100−120						+ 69 + 54								+ 76 + 54	+101 + 79
>120−140						+ 81 + 63								+ 88 + 63	+117 + 92
>140−160	+25 0	0 −18	+14 −11	+28 + 3	+45 +27	+ 83 + 65	+40 0	− 43 − 83	−14 −39	0 −25	+28 + 3	+40 +15	+52 +27	+ 90 + 65	+125 +100
>160−180						+ 86 + 68								+ 93 + 68	+133 +108
>180−200						+ 97 + 77								+106 + 77	+151 +122
>200−225	+29 0	0 −20	+16 −13	+33 + 4	+51 +31	+100 + 80	+46 0	− 50 − 96	−15 −44	0 −29	+33 + 4	+46 +17	+60 +31	+109 + 80	+159 +130
>225−250						+104 + 84								+113 + 84	+169 +140
>250−280	+32 0	0 −23	+16 −16	+36 + 4	+57 +34	+117 + 94	+52 0	− 56 −108	−17 −49	0 −32	+36 + 4	+52 +20	+66 +34	+126 + 94	+190 +158
>280−315						+121 + 98								+130 + 98	+202 +170
>315−355	+36 0	0 −25	+18 −18	+40 + 4	+62 +37	+133 +108	+57 0	− 62 −119	−18 −54	0 −36	+40 + 4	+57 +21	+73 +37	+144 +108	+226 +190
>355−400						+139 +114								+150 +114	+244 +208
>400−450	+40 0	0 −27	+20 −20	+45 + 5	+67 +40	+153 +126	+63 0	− 68 −131	−20 −60	0 −40	+45 + 5	+63 +23	+80 +40	+166 +126	+272 +232
>450−500						+159 +132								+172 +132	+292 +252

Column groups: H6, h5 = Spiel-Passungen; j6, k6, n5 = Übergangs-Passungen; r5 = Übermaß-Passungen; H7, f7, g6, h6 = Spiel-Passungen; k6, m6, n6 = Übergangs-Passungen; r6, s6 = Übermaß-Passungen.

TB 2-4 Fortsetzung

Spalten: **Spiel-Passungen** (H8, d9, e8, f8, h9) · **Übermaß-Passungen** (s8, u8, x8) · H11 · **Spiel-Passungen** (a11, c11, d9, h11) · **Übermaß** z11[1]

Nennmaß in mm	H8	d9	e8	f8	h9	s8	u8	x8	H11	a11	c11	d9	h11	z11
< 3	+14 0	−20 −45	−14 −28	−6 −20	0 −25	+28 +14	+32 +18	+34 +20	+60 0	−270 −330	−60 −120	−20 −45	0 −60	+86 +26
> 3– 6	+18 0	−30 −60	−20 −38	−10 −28	0 −30	+37 +19	+41 +23	+46 +28	+75 0	−270 −345	−70 −145	−30 −60	0 −75	+110 +35
> 6– 10	+22 0	−40 −76	−25 −47	−13 −35	0 −36	+45 +23	+50 +28	+56 +34	+90 0	−280 −370	−80 −170	−40 −76	0 −90	+132 +42
> 10– 14	+27 0	−50 −93	−32 −59	−16 −43	0 −43	+55 +28	+60 +33	+67 +40	+110 0	−290 −400	−95 −205	−50 −93	0 −110	+160 +50
> 14– 18								+72 +45						+170 +60
> 18– 24	+33 0	−65 −117	−40 −73	−20 −53	0 −52	+68 +35	+74 +41	+87 +54	+130 0	−300 −430	−110 −240	−65 −117	0 −130	+203 +73
> 24– 30							+81 +48	+97 +64						+218 +88
> 30– 40	+39 0	−80 −142	−50 −89	−25 −64	0 −62	+82 +43	+99 +60	+119 +80	+160 0	−310 −470	−120 −280	−80 −142	0 −160	+272 +112
> 40– 50							+109 +70	+136 +97		−320 −480	−130 −290			+296 +136
> 50– 65	+46 0	−100 −174	−60 −106	−30 −76	0 −74	+99 +53	+133 +87	+168 +122	+190 0	−340 −530	−140 −330	−100 −174	0 −190	+362 +172
> 65– 80						+105 +59	+148 +102	+192 +146		−360 −550	−150 −340			+408 +210
> 80–100	+54 0	−120 −207	−72 −126	−36 −90	0 −87	+125 +71	+178 +124	+232 +178	+220 0	−380 −600	−170 −390	−120 −207	0 −220	+478 +258
>100–120						+133 +79	+198 +144	+264 +210		−410 −630	−180 −400			+530 +310
>120–140	+63 0	−145 −245	−85 −148	−43 −106	0 −100	+155 +92	+233 +170	+311 +248	+250 0	−460 −710	−200 −450	−145 −245	0 −250	+615 +365
>140–160						+163 +100	+253 +190	+343 +280		−520 −770	−210 −460			+665 +415
>160–180						+171 +108	+273 +210	+373 +310		−580 −830	−230 −480			+715 +465
>180–200	+72 0	−170 −285	−100 −172	−50 −122	0 −115	+194 +122	+308 +236	+422 +350	+290 0	−660 −950	−240 −530	−170 −285	0 −290	+810 +520
>200–225						+202 +130	+330 +258	+457 +385		−740 −1030	−260 −550			+865 +575
>225–250						+212 +140	+356 +284	+497 +425		−820 −1110	−280 −570			+930 +640
>250–280	+81 0	−190 −320	−110 −191	−56 −137	0 −130	+239 +158	+396 +315	+556 +475	+320 0	−920 −1240	−300 −620	−190 −320	0 −320	+1030 +710
>280–315						+251 +170	+431 +350	+606 +525		−1050 −1370	−330 −650			+1110 +790
>315–355	+89 0	−210 −350	−125 −214	−62 −151	0 −140	+279 +190	+479 +390	+679 +590	+360 0	−1200 −1560	−360 −720	−210 −350	0 −360	+1260 +900
>355–400						+297 +208	+524 +435	+749 +660		−1350 −1710	−400 −760			+1360 +1000
>400–450	+97 0	−230 −385	−135 −232	−68 −165	0 −155	+329 +232	+587 +490	+837 +740	+400 0	−1500 −1900	−440 −840	−230 −385	0 −400	+1500 +1100
>450–500						+349 +252	+637 +540	+917 +820		−1650 −2050	−480 −880			+1650 +1250

[1] für $N > 65$ mm Übermaßpassung
bis $N = 65$ mm Übergangspassung

TB 2-5 Passungen für das System Einheitswelle nach DIN ISO 286 T2 (Auszug)
Grenzabmaße in μm

Nennmaß in mm	Spiel- (h5)	Übergangs- (G6)	(J6)	(M6)	Übermaß- (N6)	(P6)	Spiel- (h6)	(F7)	(G7)	Übergangs- (J7)	(K7)	(M7)	(N7)	Übermaß- (R7)	(S7)
<3	0 / −4	+8 / +2	+2 / −4	−2 / −8	−4 / −10	−6 / −12	0 / −6	+16 / +6	+12 / +2	+4 / −6	0 / −10	−2 / −12	−4 / −14	−10 / −20	−14 / −24
> 3− 6	0 / −5	+12 / +4	+5 / −3	−1 / −9	−5 / −13	−9 / −17	0 / −8	+22 / +10	+16 / +4	+6 / −6	+3 / −9	0 / −12	−4 / −16	−11 / −23	−15 / −27
> 6− 10	0 / −6	+14 / +5	+5 / −4	−3 / −12	−7 / −16	−12 / −21	0 / −9	+28 / +13	+20 / +5	+8 / −7	+5 / −10	0 / −15	−4 / −19	−13 / −28	−17 / −32
> 10− 18	0 / −8	+17 / +6	+6 / −5	−4 / −15	−9 / −20	−15 / −26	0 / −11	+34 / +16	+24 / +6	+10 / −8	+6 / −12	0 / −18	−5 / −23	−16 / −34	−21 / −39
> 18− 30	0 / −9	+20 / +7	+8 / −5	−4 / −17	−11 / −24	−18 / −31	0 / −13	+41 / +20	+28 / +7	+12 / −9	+6 / −15	0 / −21	−7 / −28	−20 / −41	−27 / −48
> 30− 50	0 / −11	+25 / +9	+10 / −6	−4 / −20	−12 / −28	−21 / −37	0 / −16	+50 / +25	+34 / +9	+14 / −11	+7 / −18	0 / −25	−8 / −33	−25 / −50	−34 / −59
> 50− 65	0 / −13	+29 / +10	+13 / −6	−5 / −24	−14 / −33	−26 / −45	0 / −19	+60 / +30	+40 / +10	+18 / −12	+9 / −21	0 / −30	−9 / −39	−30 / −60	−42 / −72
> 65− 80	0 / −13	+29 / +10	+13 / −6	−5 / −24	−14 / −33	−26 / −45	0 / −19	+60 / +30	+40 / +10	+18 / −12	+9 / −21	0 / −30	−9 / −39	−32 / −62	−48 / −78
> 80−100	0 / −15	+34 / +12	+16 / −6	−6 / −28	−16 / −38	−30 / −52	0 / −22	+71 / +36	+47 / +12	+22 / −13	+10 / −25	0 / −35	−10 / −45	−38 / −73	−58 / −93
>100−120	0 / −15	+34 / +12	+16 / −6	−6 / −28	−16 / −38	−30 / −52	0 / −22	+71 / +36	+47 / +12	+22 / −13	+10 / −25	0 / −35	−10 / −45	−41 / −76	−66 / −101
>120−140	0 / −18	+39 / +14	+18 / −7	−8 / −33	−20 / −45	−36 / −61	0 / −25	+83 / +43	+54 / +14	+26 / −14	+12 / −28	0 / −40	−12 / −52	−48 / −88	−77 / −117
>140−160	0 / −18	+39 / +14	+18 / −7	−8 / −33	−20 / −45	−36 / −61	0 / −25	+83 / +43	+54 / +14	+26 / −14	+12 / −28	0 / −40	−12 / −52	−50 / −90	−85 / −125
>160−180	0 / −18	+39 / +14	+18 / −7	−8 / −33	−20 / −45	−36 / −61	0 / −25	+83 / +43	+54 / +14	+26 / −14	+12 / −28	0 / −40	−12 / −52	−53 / −93	−93 / −133
>180−200	0 / −20	+44 / +15	+22 / −7	−8 / −37	−22 / −51	−41 / −70	0 / −29	+96 / +50	+61 / +15	+30 / −16	+13 / −33	0 / −46	−14 / −60	−60 / −106	−105 / −151
>200−225	0 / −20	+44 / +15	+22 / −7	−8 / −37	−22 / −51	−41 / −70	0 / −29	+96 / +50	+61 / +15	+30 / −16	+13 / −33	0 / −46	−14 / −60	−63 / −109	−113 / −159
>225−250	0 / −20	+44 / +15	+22 / −7	−8 / −37	−22 / −51	−41 / −70	0 / −29	+96 / +50	+61 / +15	+30 / −16	+13 / −33	0 / −46	−14 / −60	−67 / −113	−123 / −169
>250−280	0 / −23	+49 / +17	+25 / −7	−9 / −41	−25 / −57	−47 / −79	0 / −32	+108 / +56	+69 / +17	+36 / −16	+16 / −36	0 / −52	−14 / −66	−74 / −126	−138 / −190
>280−315	0 / −23	+49 / +17	+25 / −7	−9 / −41	−25 / −57	−47 / −79	0 / −32	+108 / +56	+69 / +17	+36 / −16	+16 / −36	0 / −52	−14 / −66	−78 / −130	−150 / −202
>315−355	0 / −25	+54 / +18	+29 / −7	−10 / −46	−26 / −62	−51 / −87	0 / −36	+119 / +62	+75 / +18	+39 / −18	+17 / −40	0 / −57	−16 / −73	−87 / −144	−169 / −226
>355−400	0 / −25	+54 / +18	+29 / −7	−10 / −46	−26 / −62	−51 / −87	0 / −36	+119 / +62	+75 / +18	+39 / −18	+17 / −40	0 / −57	−16 / −73	−93 / −150	−187 / −244
>400−450	0 / −27	+60 / +20	+33 / −7	−10 / −50	−27 / −67	−55 / −95	0 / −40	+131 / +68	+83 / +20	+43 / −20	+18 / −45	0 / −63	−17 / −80	−103 / −166	−209 / −272
450−500	0 / −27	+60 / +20	+33 / −7	−10 / −50	−27 / −67	−55 / −95	0 / −40	+131 / +68	+83 / +20	+43 / −20	+18 / −45	0 / −63	−17 / −80	−109 / −172	−229 / −292

TB 2-5 Fortsetzung

Nennmaß in mm	Spiel-Passungen							Über-maß-[1]		Spiel-Passungen			Über-maß-[2]
	h9	C11	D10	E9	F8	H8	H11	X9	h11	A11	C11	D10	Z11
<3	0 / − 25	+120 / + 60	+ 60 / + 20	+ 39 / + 14	+ 20 / + 6	+14 / 0	+ 60 / 0	− 20 / − 45	0 / − 60	+ 330 / + 270	+120 / + 60	+ 60 / + 20	− 26 / − 86
> 3− 6	0 / − 30	+145 / + 70	+ 78 / + 30	+ 50 / + 20	+ 28 / + 10	+18 / 0	+ 75 / 0	− 28 / − 58	0 / − 75	+ 345 / + 270	+145 / + 70	+ 78 / + 30	− 35 / − 110
> 6− 10	0 / − 36	+170 / + 80	+ 98 / + 40	+ 61 / + 25	+ 35 / + 13	+22 / 0	+ 90 / 0	− 34 / − 70	0 / − 90	+ 370 / + 280	+170 / + 80	+ 98 / + 40	− 42 / − 132
> 10− 14	0 / − 43	+205 / + 95	+120 / + 50	+ 75 / + 32	+ 43 / + 16	+27 / 0	+110 / 0	− 40 / − 83	0 / −110	+ 400 / + 290	+205 / + 95	+120 / + 50	− 50 / − 160
> 14− 18								− 45 / − 88					− 60 / − 170
> 18− 24	0 / − 52	+240 / +110	+149 / + 65	+ 92 / + 40	+ 53 / + 20	+33 / 0	+130 / 0	− 54 / −106	0 / −130	+ 430 / + 300	+240 / +110	+149 / + 65	− 73 / − 203
> 24− 30								− 64 / −116					− 88 / − 218
> 30− 40	0 / − 62	+280 / +120	+180 / + 80	+112 / + 50	+ 64 / + 25	+39 / 0	+160 / 0	− 80 / −142	0 / −160	+ 470 / + 310	+280 / +120	+180 / + 80	− 112 / − 272
> 40− 50		+290 / +130						− 97 / −159		+ 480 / + 320	+290 / +130		− 136 / − 296
> 50− 65	0 / − 74	+330 / +140	+220 / +100	+134 / + 60	+ 76 / + 30	+46 / 0	+190 / 0	−122 / −196	0 / −190	+ 530 / + 340	+330 / +140	+220 / +100	− 172 / − 362
> 65− 80		+340 / +150						−146 / −220		+ 550 / + 360	+340 / +150		− 210 / − 400
> 80−100	0 / − 87	+390 / +170	+260 / +120	+159 / + 72	+ 90 / + 36	+54 / 0	+220 / 0	−178 / −265	0 / −220	+ 600 / + 380	+390 / +170	+260 / +120	− 258 / − 478
>100−120		+400 / +180						−210 / −297		+ 630 / + 410	+400 / +180		− 310 / − 530
>120−140	0 / −100	+450 / +200	+305 / +145	+185 / + 85	+106 / + 43	+63 / 0	+250 / 0	−248 / −348	0 / −250	+ 710 / + 460	+450 / +200	+305 / +145	− 365 / − 615
>140−160		+460 / +210						−280 / −380		+ 770 / + 520	+460 / +210		− 415 / − 665
>160−180		+480 / +230						−310 / −410		+ 830 / + 580	+480 / +230		− 465 / − 715
>180−200	0 / −115	+530 / +240	+355 / +170	+215 / +100	+122 / + 50	+72 / 0	+290 / 0	−350 / −465	0 / −290	+ 950 / + 660	+530 / +240	+335 / +170	− 520 / − 810
>200−225		+550 / +260						−385 / −500		+1030 / + 740	+550 / +260		− 575 / − 865
>225−250		+570 / +280						−425 / −540		+1110 / + 820	+570 / +280		− 640 / − 930
>250−280	0 / −130	+620 / +300	+400 / +190	+240 / +110	+137 / + 56	+81 / 0	+320 / 0	−475 / −605	0 / −320	+1240 / + 920	+620 / +300	+400 / +190	− 710 / −1030
>280−315		+650 / +330						−525 / −655		+1370 / +1050	+650 / +330		− 790 / −1110
>315−355	0 / −140	+720 / +360	+440 / +210	+265 / +125	+151 / + 62	+89 / 0	+360 / 0	−590 / −730	0 / −360	+1560 / +1200	+720 / +360	+440 / +210	− 900 / −1260
>355−400		+760 / +400						−660 / −800		+1710 / +1350	+760 / +400		−1000 / −1360
>400−450	0 / −155	+840 / +440	+480 / +230	+290 / +135	+165 / + 68	+97 / 0	+400 / 0	−740 / −895	0 / −400	+1900 / +1500	+840 / +440	+480 / +230	−1100 / −1500
>450−500		+880 / +480						−820 / −975		+2050 / +1650	+880 / +480		−1250 / −1650

[1] für $N \leq 14$ mm Übergangspassung
[2] für $N > 65$ mm Übermaßpassung
    bis $N = 65$ mm Übergangspassung

TB 2-6 Allgemeintoleranzen in mm nach DIN ISO 2768 T1

a) Grenzabmaße für Längenmaße

Nennmaßbereich in mm	Toleranzklasse			
	f (fein)	m (mittel)	c (grob)	v (sehr grob)
> 0,5– 3	±0,05	±0,1	±0,2	–
> 3– 6	±0,05	±0,1	±0,3	±0,5
> 6– 30	±0,1	±0,2	±0,5	±1
> 30– 120	±0,15	±0,3	±0,8	±1,5
> 120– 400	±0,2	±0,5	±1,2	±2,5
> 400–1000	±0,3	±0,8	±2	±4
>1000–2000	±0,5	±1,2	±3	±6
>2000–4000	–	±2	±4	±8

b) Grenzabmaße für Rundungshalbmesser

Nennmaßbereich in mm	Toleranzklasse			
	f (fein)	m (mittel)	c (grob)	v (sehr grob)
>0,5–3	±0,2		±0,4	
>3 – 6	±0,5		±1	
>6	±1		±2	

c) Grenzabmaße für Winkelmaße[1]

Nennmaßbereich in mm	Toleranzklasse			
	f (fein)	m (mittel)	c (grob)	v (sehr grob)
≤ 10	±1°		±1°30′	±3°
> 10– 50	±0°30′		±1°	±2°
> 50–120	±0°20′		±0°30′	±1°
>120–400	±0°10′		±0°15′	±0°30′
>400	±0°5′		±0°10′	±0°20′

[1] Länge des kürzeren Schenkels

TB 2-7 Formtoleranzen nach DIN ISO 1101 (Auszug)

Symbol und tolerierte Eigenschaft		Toleranzzone	Anwendungsbeispiele	
			Zeichnungsangabe	Erklärung
—	Gerad-heit		$-\boxed{\oslash 0{,}03}$	Die Achse des zylindrischen Teiles des Bolzens muss innerhalb eines Zylinders vom Durchmesser $t = 0{,}03$ mm liegen.
▱	Ebenheit		$\boxed{\diagdown\ 0{,}05}$	Die tolerierte Fläche muss zwischen zwei parallelen Ebenen vom Abstand $t = 0{,}05$ mm liegen.
◯	Rundheit		$\boxed{O\ 0{,}02}$	Die Umfangslinie jedes Querschnittes muss in einem Kreisring von der Breite $t = 0{,}02$ mm enthalten sein.
⌀	Zylinder-form		$\boxed{\oslash\ 0{,}05}$	Die tolerierte Fläche muss zwischen zwei koaxialen Zylindern liegen, die einen radialen Abstand von $t = 0{,}05$ mm haben.
⌒	Linien-form		$\boxed{\frown\ 0{,}08}$	Das tolerierte Profil muss zwischen zwei Hüll-Linien liegen, deren Abstand durch Kreise vom Durchmesser $t = 0{,}08$ mm begrenzt wird. Die Mittelpunkte dieser Kreise liegen auf der geometrisch idealen Linie.
◠	Flächen-form	Kugel⌀t	$\boxed{\frown\ 0{,}04}$	Die tolerierte Fläche muss zwischen zwei Hüll-Flächen liegen, deren Abstand durch Kugeln vom Durchmesser $t = 0{,}03$ mm begrenzt wird. Die Mittelpunkte dieser Kugeln liegen auf der geometrisch idealen Fläche.

TB 2-8 Lagetoleranzen nach DIN ISO 1101 (Auszug)

Symbol und tolerierte Eigenschaft		Toleranzzone	Anwendungsbeispiele	
			Zeichnungsangabe	Erklärung
//	Paral-lelität	⌀t	// ⌀0,1 A / A	Die tolerierte Achse muss innerhalb eines zur Bezugs-achse parallel liegenden Zylinders vom Durchmesser $t = 0,1$ mm liegen.
			// 0,01	Die tolerierte Fläche muss zwischen zwei zur Bezugsfläche parallelen Ebenen vom Abstand $t = 0,01$ mm ligen.
⊥	Recht-winklig-keit	t	A / ⊥ 0,05 A	Die tolerierte Achse muss zwischen zwei parallelen zur Bezugsfläche und zur Pfeilrichtung senkrechten Ebenen vom Abstand $t = 0,05$ mm liegen.
∠	Neigung (Winklig-keit)	t 60°	A / ∠ 0,1 A / 60°	Die Achse der Bohrung muss zwischen zwei zur Bezugs-fläche im Winkel von 60° geneigten und zueinander parallelen Ebenen vom Abstand $t = 0,1$ mm liegen.
⊕	Position	⌀t 50 100	50 ⌀ ⌀0,05 100	Die Achse der Bohrung muss innerhalb eines Zylinders vom Durch-messer $t = 0,05$ mm liegen, dessen Achse sich am geo-metrisch idealen Ort (mit eingerahmten Maßen) befindet.
≡	Sym-metrie	t	A / ≡ 0,08 A	Die Mittelebene der Nut muss zwischen zwei parallelen Ebenen liegen, die einen Abstand von $t = 0,08$ mm haben und symmetrisch zur Mittelebene des Bezugselementes liegen.
◎	Koaxiali-tät Konzen-trizität	⌀t	A / ◎ ⌀0,03 A	Die Achse des tolerierten Teiles der Welle muss innerhalb eines Zylinders vom Durchmesser $t = 0,03$ mm liegen, dessen Achse mit der Achse des Bezugs-elementes fluchtet.
↗	Rundlauf	Messebene t	↗ 0,1 A–B / A B	Bei einer Umdrehung um die Bezugsachse A–B darf die Rundlaufabweichung in jeder Messebene 0,1 mm nicht überschreiten.
	Planlauf	Messzylinder t	↗ 0,1 D / D	Bei einer Umdrehung um die Bezugsachse D darf die Planlaufabweichung an jeder beliebigen Mess-position nicht größer als 0,1 mm sein.

TB 2-9 Anwendungsbeispiele für Passungen

System Einheits-bohrung	Passtoleranz-feldlage	System Einheits-welle	Montagehinweise, Passcharakter und Anwendungsbeispiele
Übermaßpassungen			
H8/x8 H8/u8		X7/h6 U7/h6	*Nur durch Erwärmen bzw. Kühlen fügbar.* Auf Wellen feststitzende Zahnräder, Kupplungen, Schwungräder; Schrumpfringe. Zusätzliche Sicherung gegen Verdrehen nicht erforderlich.
H7/s6 H7/r6		S7/h6 R7/h6	*Teile unter größerem Druck oder Erwärmen bzw. Kühlen fügbar.* Lagerbuchsen in Gehäusen, Buchsen in Radnaben; Flansche auf Wellenenden. Zusätzliche Sicherung gegen Verdrehen nicht erforderlich.
Übergangspassungen			
H7/n6		N7/h6	*Teile unter Druck fügbar.* Radkränze auf Radkörpern; Lagerbuchsen in Gehäusen und Radnaben; Kupplungen auf Wellenenden. Gegen Verdrehen zusätzlich sichern.
H7/k6		K7/h6	*Teile mit Hammerschlägen fügbar.* Zahnräder, Riemen-scheiben, Kupplungen, Bremsscheiben auf längeren Wellen bzw. Wellenenden. Gegen Verdrehen zusätzlich sichern.
H7/j6		J7/h6	*Teile mit leichten Hammerschlägen oder von Hand fügbar.* Für leicht ein- und auszubauende Zahnräder, Riemen-scheiben; Buchsen. Gegen Verdrehen zusätzlich sichern.
Spielpassungen			
H7/h6 H8/h9 H11/h9		H7/h6 H8/h9 H9/h11	*Teile von Hand noch verschiebbar.* Für gleitende Teile und Führungen; Zentrierflansche; Reitstockpinole; Stell- und Distanzringe.
H7/g6		G7/h6	*Teile ohne merkliches Spiel verschiebbar.* Gleitlager für Arbeitsspindeln, verschiebbare Räder und Kupplungen.
H7/f7 H8/f7		F8/h6 F8/h9	*Teile mit geringem Spiel beweglich.* Gleitlager allgemein; Gleitbuchsen auf Wellen; Steuerkolben in Zylindern.
H8/e8		E9/h9	*Teile mit merklichem Spiel beweglich.* Mehrfach gelagerte Welle; Kurbelwellen- und Schneckenwellenlagerung; Hebellagerungen.
H8/d9 H11/d9		D10/h9 D10/h11	*Teile mit reichlichem Spiel beweglich.* Für die Lagerungen an Bau- und Landmaschinen; Förderanlagen. Grob-maschinenbau allgemein.
H11/c11 H11/a11		C11/h9 C11/h11 A11/h11	*Teile mit sehr großem Spiel beweglich.* Lager mit hoher Verschmutzungsgefahr und bei mangelhafter Schmierung; Gelenkverbindungen.

TB 2-10 Zuordnung von R_z und R_a für spanend gefertigte Oberflächen nach DIN 4768, T1, Beiblatt 1

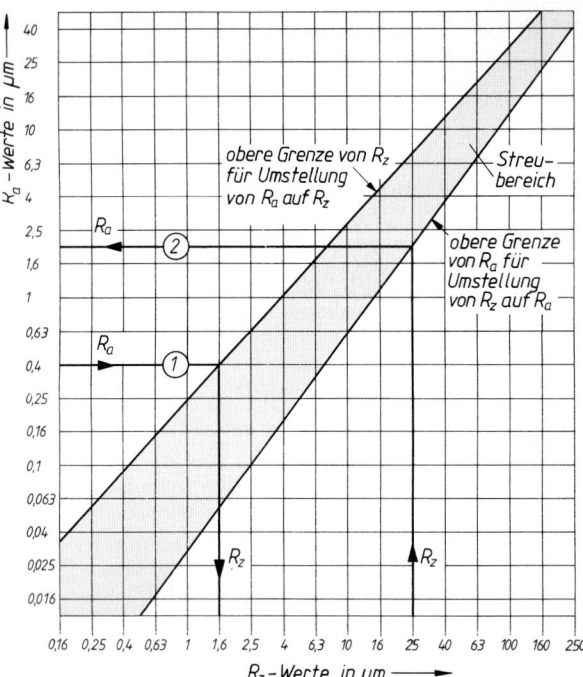

Ablesebeispiele:

① Soll der Mittenrauwert $R_a = 0,4\,\mu m$ in eine vergleichbare gemittelte Rautiefe R_z umgewandelt werden, so kann angenommen werden, dass $R_z = 1,6\,\mu m$ dem Wert $R_a = 0,4\,\mu m$ entspricht.

② Soll dagegen die gemittelte Rautiefe $R_z = 25\,\mu m$ in einen vergleichbaren Mittenrauwert R_a umgewandelt werden, so kann davon ausgegangen werden, dass $R_a = 2\,\mu m$ dem Wert $R_z = 25\,\mu m$ entspricht.

TB 2-11 Empfehlung für Rautiefe R_z in Abhängigkeit von Nennmaß, Toleranzklasse und Flächenfunktion (nach Rochusch)

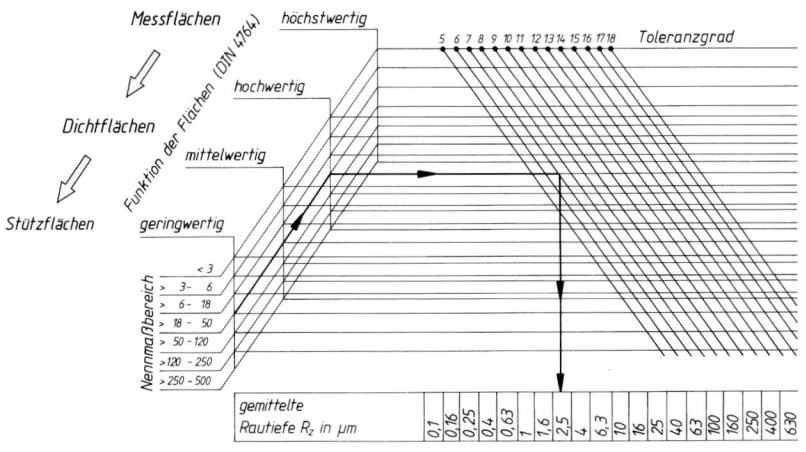

Ablesebeispiel: Die zu empfehlende gemittelte Rautiefe R_z ergibt sich für den Werkstückdurchmesser $d = 40$ mm einer vorgegebenen Toleranzklasse r7 bei einer hochwertigen Flächenfunktion (z. B. Pressverband) zu $R_z = 2,5\,\mu m$.

34

TB 2-12 Rauheit von Oberflächen in Abhängigkeit vom Herstellverfahren nach DIN 4766 T1 und T2 (Auszug)

a) erreichbare gemittelte Rautiefe R_z [1]

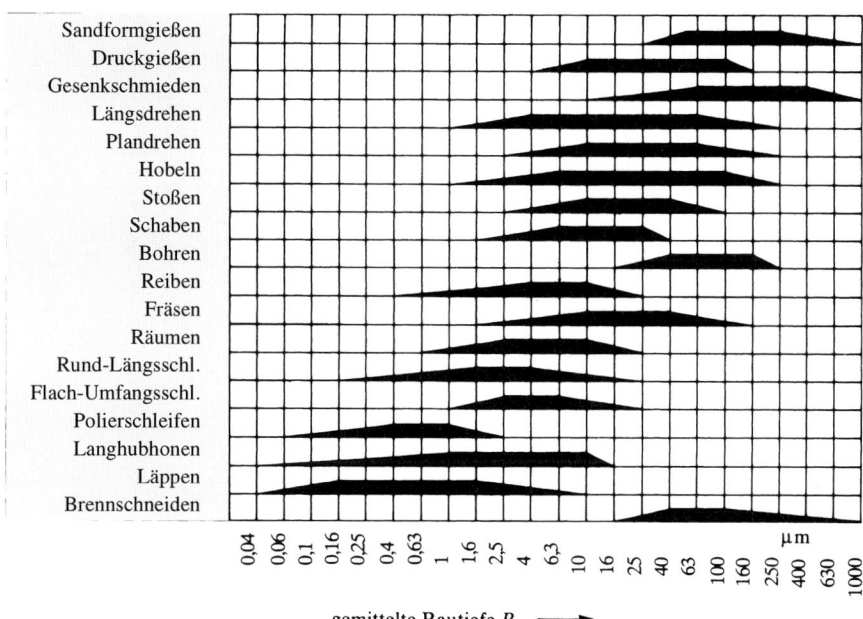

gemittelte Rautiefe R_z ⟶

b) erreichbare Mittenrauwerte R_a [1]

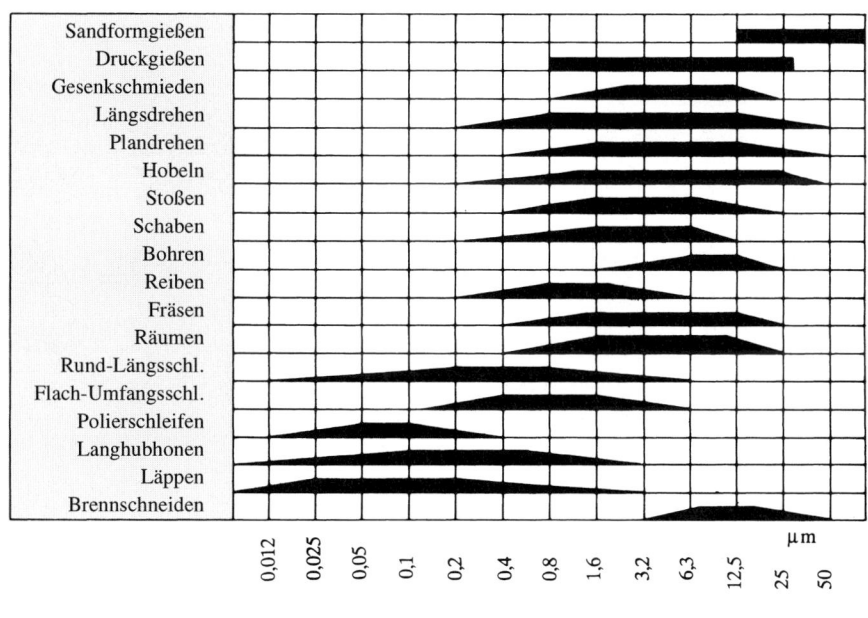

Mittenrauwert R_a ⟶

[1] Ansteigender Balken gibt Rauwerte an, die nur durch besondere Maßnahmen erreichbar sind; abfallende Balken bei besonders grober Fertigung.

35

3 Festigkeitsberechnung

TB 3-1 Dauerfestigkeitsschaubilder

a) **Dauerfestigkeitsschaubilder der** *Baustähle*
nach DIN EN 10025
Werte gerechnet, s. TB 1-1

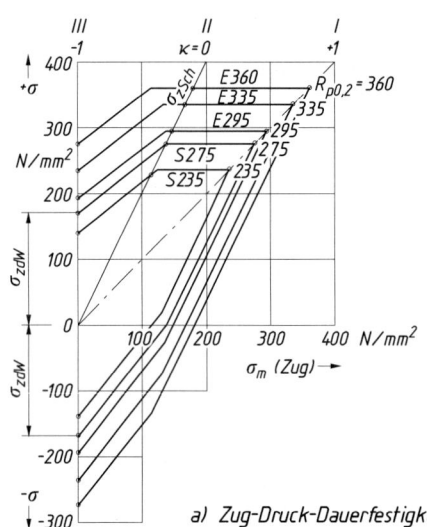

a) Zug-Druck-Dauerfestigkeit

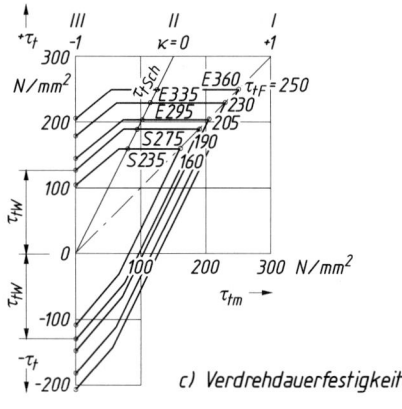

c) Verdrehdauerfestigkeit

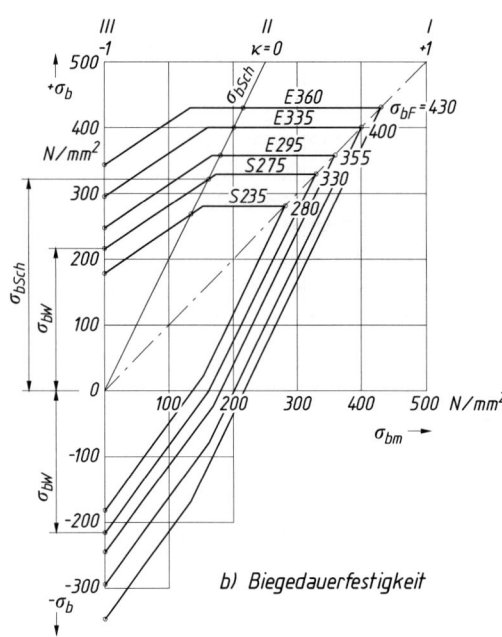

b) Biegedauerfestigkeit

TB 3-1 Fortsetzung

b) **Dauerfestigkeitsschaubilder der** *Vergütungsstähle*
nach DIN EN 10083
(im vergüteten Zustand; Werte gerechnet, s. TB 1-1)

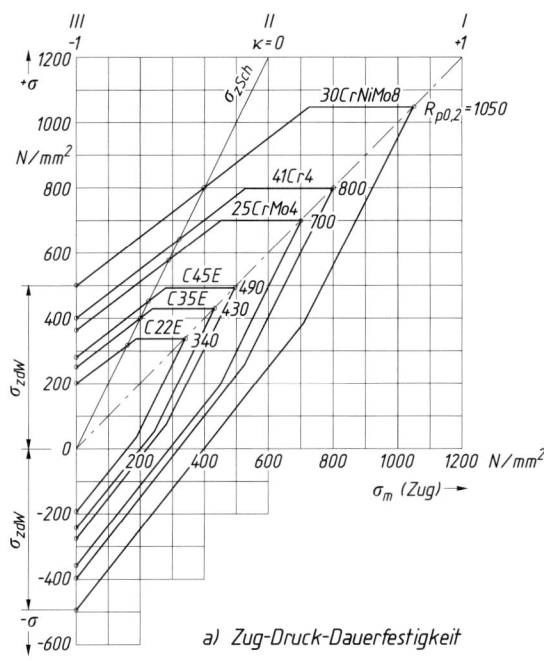

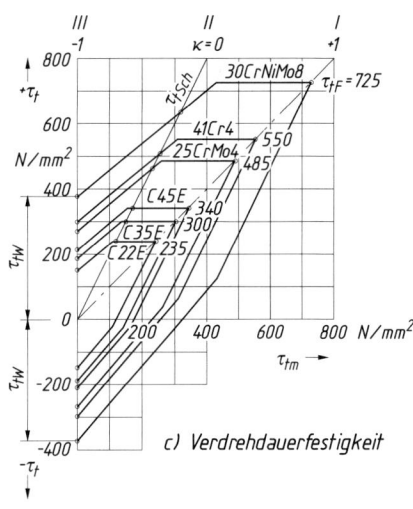

c) Verdrehdauerfestigkeit

a) Zug-Druck-Dauerfestigkeit

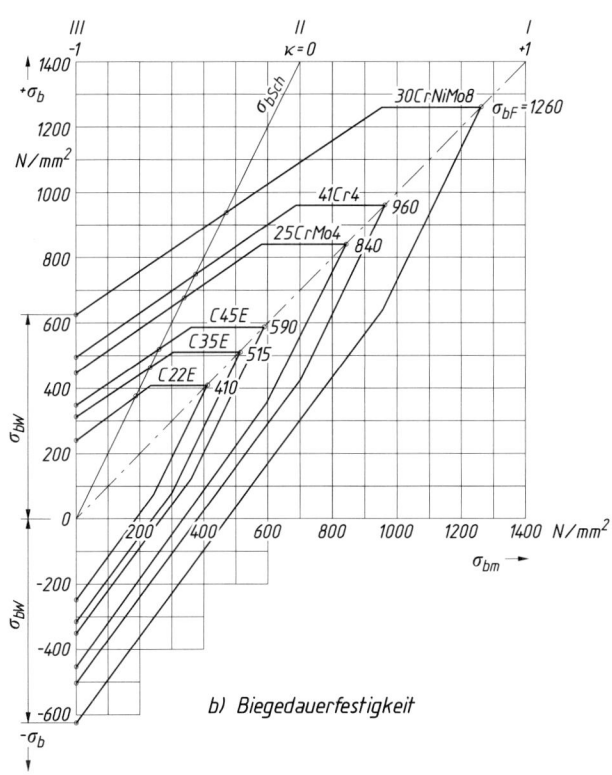

b) Biegedauerfestigkeit

c) **Dauerfestigkeitsschaubilder der** *Einsatzstähle*
   nach DIN 17210 (DIN EN 10084
   (im blindgehärteten Zustand; Werte gerechnet, s. TB 1-1)

3

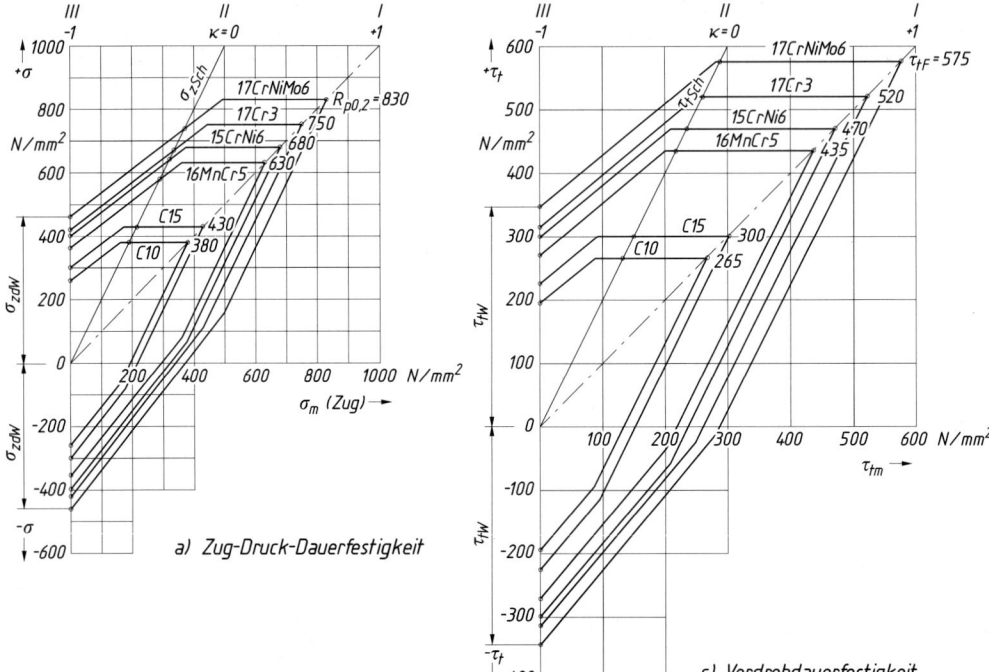

a) Zug-Druck-Dauerfestigkeit

c) Verdrehdauerfestigkeit

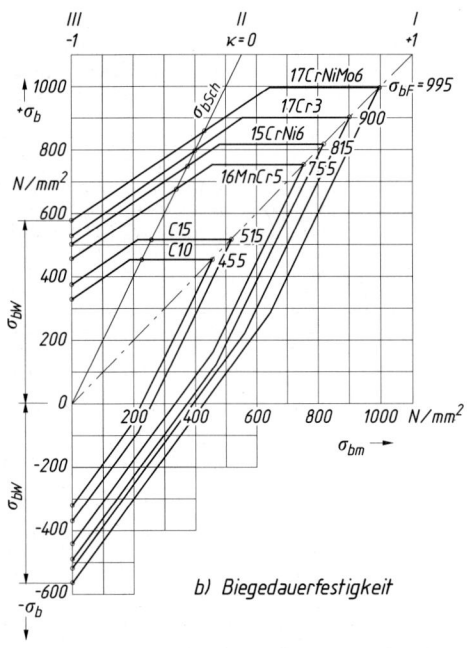

b) Biegedauerfestigkeit

TB 3-2 Faktoren zur Berechnung der Werkstoff-Festigkeitswerte und plastische Formzahlen

a) Umrechnungsfaktoren für Zugdruck-, Schub- und Wechselfestigkeit (nach FKM-Richtlinie)

Werkstoffgruppe	Einsatzstahl Schmiedestahl nichtrost. Stahl	Stahl außer diesen	GS	GJS	GJM	GJL
Zugdruckfestigkeit f_σ	1	1	1	1 (1,3)[1]	1 (1,5)[1][2]	1 (2,5)[1][2]
Schubfestigkeit f_τ	0,58	0,58	0,58	0,65	0,75[2]	0,85[2]
Wechselfestigkeit $f_{W\sigma}$	0,40	0,45[3]	0,34	0,34	0,30	0,30
Wechselfestigkeit $f_{W\tau}$	0,58	0,58	0,58	0,65	0,75	0,85

[1] Klammerwert gilt für Druck
[2] gültig für Nachweis mit örtlichen Spannungen
[3] nach DIN 743 $f_{W\sigma} = 0,40$

b) Plastische Formzahlen α_p

Querschnittsform	Rechteck	Kreis	Kreisring (dünnwandig)	Doppel-T oder Kasten	
Biegung α_{bp}	1,5	1,70	1,27	$\alpha_{bp} = 1,5 \cdot \dfrac{1 - (b/B) \cdot (h/H)^2}{1 - (b/B) \cdot (h/H)^3}$ [1]	
Torsion α_{tp}	–	1,33	1	–	

[1] b, B innere bzw. äußere Breite; h, H innere bzw. äußere Höhe

TB 3-3 Zulässige Spannungen im Kranbau nach DIN 15 018 beim Allgemeinen Spannungsnachweis in N/mm^2

a) für Bauteile

Spalte	a	b	c	d	e
Zeile	Spannungsart	Werkstoff			
		S235		S355	
		Lastfall			
		H	HZ	H	HZ
1	Zug- und Vergleichsspannung σ_{zul}	160	180	240	270
2	Druck, Nachweis auf Knicken $\sigma_{d\,zul}$	140	160	210	240
3	Schub τ_{zul}	92	104	138	156

Außer dem Allgemeinen Spannungsnachweis auf Sicherheit gegen Erreichen der Fließgrenze ist für Krane mit mehr als 20 000 Spannungsspielen noch ein *Betriebsfestigkeitsnachweis* auf Sicherheit gegen Bruch bei zeitlich veränderlichen, häufig wiederholten Spannungen für die Lastfälle H zu führen. Zulässige Spannungen beim Betriebsfestigkeitsnachweis siehe Normblatt.

b) für Verbindungsmittel

Spalte	a		b	c	d	e	f	g	h	i	k	l	m	n
Zeile	Spannungsart		Niete (DIN 124 und DIN 302)				Passschrauben (DIN 7968)				Rohe Schrauben (DIN 7990)			
			USt 36 für Bauteile aus S235		RSt 44[2] für Bauteile aus S355		4.6 für Bauteile aus S235		5.6 für Bauteile aus S355		4.6 für Bauteile aus S235		5.6 für Bauteile aus S355	
			Lastfalle											
			H	HZ	H	HZ	H	HZ	H	HZ	H	HZ	H	HZ
1	Abscheren $\tau_{a\,zul}$	einschnittig	84	96	126	144	84	96	126	144	70	80	70	80
		mehrschnittig	113	128	168	192	112	128	168	192				
2	Lochleibungsdruck $\sigma_{l\,zul}$	einschnittig	210	240	315	360	210	240	315	360	160	180	160	180
		mehrschnittig	280	320	420	480	280	320	420	480				
3	Zug σ_{zul}		30[1]	30[1]	45[1]	45[1]	100	110	140	154	100	110	140	154

[1] nur in Ausnahmefällen zulässig
[2] in DIN 17 111 nicht mehr enthalten

TB 3-4 Zulässige Spannungen für Aluminiumkonstruktionen unter vorwiegend ruhender Belastung nach DIN 4113-1 und DIN 4113-1/A1 (Auszug) in N/mm^2

a) für Bauteile[1]

Spalte	a			b	c	d	e	f	g	h	i	k	l	m	n	o	p
Zeile	Spannungsart			\multicolumn{14}{Bauteil-Werkstoffe}												
				EN AW-6060 EN AW-AlMgSi T66		EN AW-6082 EN AW-AlSi1MgMn T5; T61/T6151		EN AW-6082 EN AW-AlSi1MgMn T6/T651		EN AW-5049 EN AW-AlMg2Mn08 O/H111		EN AW-5049 EN AW-AlMg2Mn08 H24/H34		EN AW-5083 EN AW-AlMg4,5Mn07 O/H11, H112		EN AW-5083 EN AW-AlMg4,5Mn07 H22/H32, H116	
				H	HZ	H	HZ	H	HZ	H	HZ	H	HZ	H	HZ	H	HZ
1	Zug und Druck σ_{zul}			88	100	115	135	145	165	46	54	95	105	64	74	120	135
2	Schub τ_{zul}			50	58	70	80	84	94	28	32	55	62	38	42	70	80
3	Lochleibungsdruck $\sigma_{l,zul}$																
	Vor-spannung	Lochspiel Δd in mm	Verbindungs-mittel														
3.1	ohne	1	Schrauben, hochfeste Schrauben	100	115	145	160	170	195	58	66	115	130	90	100	145	160
3.2		≤0,3	Niete, Passschrauben, hochfeste Passschrauben	135	150	180	205	215	245	72	82	145	165	110	125	180	205
3.3	volle	1	hochfeste Schrauben	150	170	200	230	240	275	80	92	160	180	110	125	200	230
3.4		≤0,3	hochfeste Schließringbolzen	195	220	260	295	310	350	105	115	205	235	140	160	260	295

b) für Verbindungsmittel aus Aluminium[1][2]

Spalte	a	b	c	d	e	f	g	h	i	k	l	m	n	o	p	q	r	s
Zeile	Verbindungs-mittel	Spannungsart	\multicolumn{16}{Niet- bzw. Schraubenwerkstoffe}														
			AlMgSi1 F20/F21		AlMgSi1 F25		AlMg5 W27		AlMg5 F31		AlMgSi1 F31/F32		AlCuMg1 F38		AlCuMg1 F42		AlZnMgCu0,5 F46	
			H	HZ	H	HZ	H	HZ	H	HZ	H	HZ	H	HZ	H	HZ	H	HZ
1	Niete	Abscheren $\tau_{a\,zul}$	50	55	60	70	65	75	75	85	–	–	–	–	–	–	–	–
2	Schrauben	Abscheren $\tau_{a\,zul}$	–	–	–	–	–	–	–	–	75	85	85	95	100	110	115	130
3		Zug $\sigma_{z\,zul}$	–	–	–	–	–	–	–	–	125	140	125	140	145	160	185	210
4	Passschrauben	Abscheren $\tau_{a\,zul}$	–	–	–	–	–	–	–	–	90	105	105	120	120	140	140	160
5		Zug $\sigma_{z\,zul}$	–	–	–	–	–	–	–	–	125	140	125	140	145	160	185	210

c) für Verbindungsmittel aus Stahl[2]

Spalte	a		b	c	d	e	f	g	h	i	k	l	m	n	o	p
Zeile	Spannungsart		\multicolumn{14}{Verbindungsmittel}												
			\multicolumn{4}{Niete}				\multicolumn{10}{Schrauben}										
			QSt 36		RSt 44[3]		4.6		5.6		aus nicht rostenden Stählen A2 und A4		hochfeste Schrauben 10.9		Schließring-bolzen mindestens 8.8	
			H	HZ	H	HZ	H	HZ	H	HZ	H	HZ	H	HZ	H	HZ
1	Abscheren	Lochspiel $\Delta d = 1$ mm	–	–	–	–	110	125	165	185	145	165	240	270	200	220
2	$\tau_{a\,zul}$	Lochspiel $\Delta d \leq 0,3$ mm	140	160	210	240	140	160	210	240	210	235	280	320	220	250
3	Zug $\sigma_{z\,zul}$		48	54	72	81	112	112	150	150	150	170	\multicolumn{4}{nach DASt-Ri010 und DASt SRB-Ri1970}			

[1] Die zulässigen Spannungen gelten nur für die üblichen Dickenbereiche. Grenzdicken siehe Normblatt.
[2] $\sigma_{l\,zul}$ nach Tabelle a).
[3] In DIN 17111 nicht mehr enthalten.

40

TB 3-5 Anhaltswerte für Anwendungs- bzw. Betriebsfaktor K_A

a) für Zahnradgetriebe (nach DIN 3990 T1)[1]

Arbeitsweise	Antriebsmaschine			
getriebene Maschine	gleichmäßig z. B. Elektromotor Dampfturbine, Gasturbine	leichte Stöße z. B. wie gleichmäßig, aber größere, häufig auftretende Anfahrmomente	mäßige Stöße z. B. Mehrzylinder-Verbrennungsmotor	starke Stöße z. B. Einzylinder-Verbrennungsmotor
gleichmäßig z. B. Stromerzeuger, Gurtförderer, Plattenbänder, Förderschnecken, leichte Aufzüge, Elektrozüge, Vorschubantriebe von Werkzeugmaschinen, Lüfter, Turbogebläse, Turboverdichter, Rührer und Mischer für Stoffe mit gleichmäßiger Dichte, Scheren, Pressen, Stanzen bei Auslegung nach maximalem Schnittmoment	1,0	1,1	1,25	1,5
mäßige Stöße z. B. ungleichmäßig beschickte Gurtförderer, Hauptantrieb von Werkzeug-maschinen, schwere Aufzüge, Drehwerke von Kränen, Industrie- und Grubenlüfter, Kreiselpumpen, Rührer und Mischer für Stoffe mit unregelmäßiger Dichte, Kolbenpumpen mit mehreren Zylindern, Zuteilpumpen	1,25	1,35	1,5	1,75
mittlere Stöße z. B. Extruder für Gummi, Mischer mit unterbrochenem Betrieb (Gummi, Kunststoffe), Holzbearbeitung, Hubwerke, Einzylinder-Kolbenpumpen, Kugelmühlen	1,5	1,6	1,75	2,0 oder höher
starke Stöße z. B. Bagger, schwere Kugelmühlen, Gummikneter, Brecher (Stein, Erz), Hüttenmaschinen, Ziegelpressen, Brikettpressen, Schälmaschinen, Rotary-Bohranlagen, Kaltbandwalzwerke	1,75	1,85	2,0	2,25 oder höher

[1] Gültig für das Nennmoment der Arbeitsmaschine, ersatzweise für das Nennmoment der Antriebsmaschine, wenn es der Arbeitsmaschine entspricht. Die Werte gelten nur bei gleichmäßigem Leistungsbedarf. Bei hohen Anlaufmomenten, Aussetzbetrieb und bei extremen, wiederholten Stoßbelastungen sind Getriebe auf Sicherheit gegen statische Festigkeit und Zeitfestigkeit zu prüfen. Sind besondere Anwendungsfaktoren K_A aus Messungen bzw. Erfahrungen bekannt, so sind diese zu verwenden.

b) für Zahnrad-, Reibrad-, Riemen- und Kettentriebe (nach *Richter-Ohlendorf*)

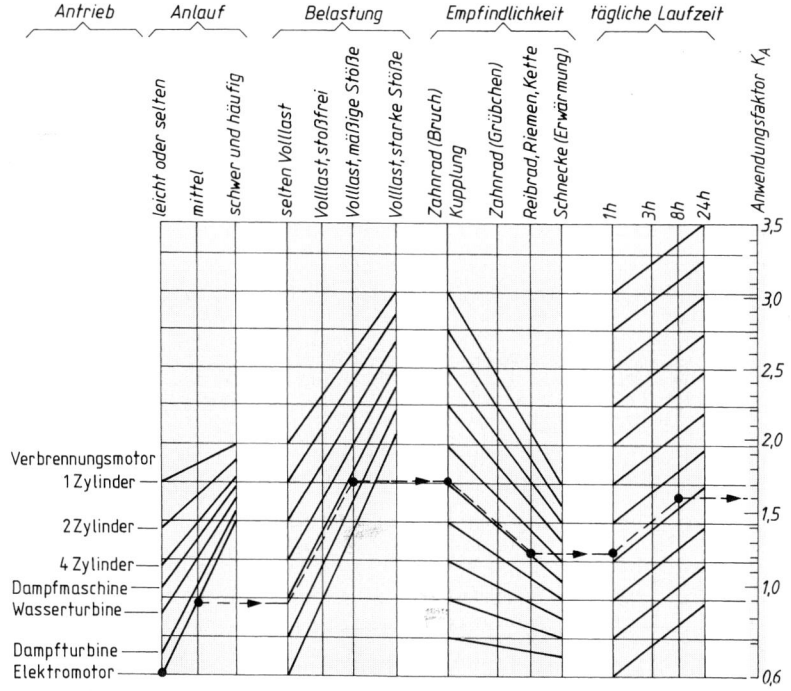

Ablesebeispiel: Antrieb durch Elektromotor; mittlere Anlaufverhältnisse; Vollast, mäßige Stöße; 8 h tägliche Laufzeit. Hierfür wird bei einem Kettentrieb der Anwendungsfaktor $K_A = 1,6$.

TB 3-5 Fortsetzung

c) für Schweiß-, Niet-, Stift- und Bolzenverbindungen

Betriebsart	Art der Maschinen bzw. der Bauteile (Beispiele)	Art der Stöße	Anwendungs-faktor K_A
gleichförmige umlaufende Bewegungen	elektrische Maschinen, Schleifmaschinen, Dampf- und Wasserturbinen, umlaufende Verdichter	leicht	1,0 ... 1,1
gleichförmige hin- und her-gehende Bewegungen	Dampfmaschinen, Verbrennungskraftmaschinen, Hobel- und Drehmaschinen, Kolbenverdichter	mittel	1,2 ... 1,4
umlaufende bzw. hin- und her-gehende stoßüberlagerte Bewegungen	Kunststoffpressen, Biege- und Richtmaschinen, Walzwerksgetriebe	mittelstark	1,3 ... 1,5
stoßhafte Bewegungen	Spindelpressen, hydraulische Schmiedepressen, Abkantpressen, Profilscheren, Sägegatter	stark	1,5 ... 2,0
schlagartige Beanspruchung	Steinbrecher, Hämmer, Walzwerkskaltscheren, Walzenständer, Brecher	sehr stark	2,0 ... 3,0

TB 3-6 Kerbformzahlen α_k

a) Flachstab mit symmetrischer Außenkerbe

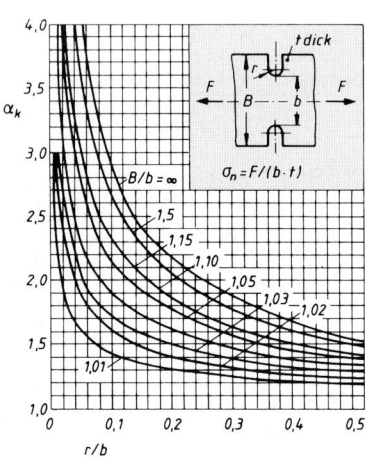 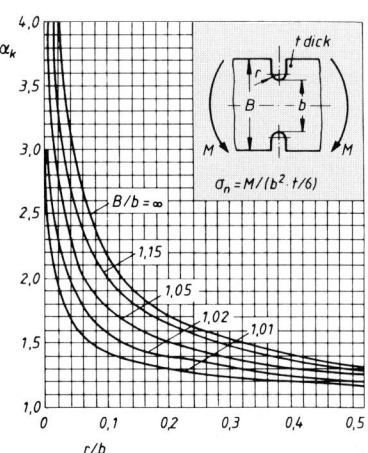

b) symmetrisch abgesetzter Flachstab

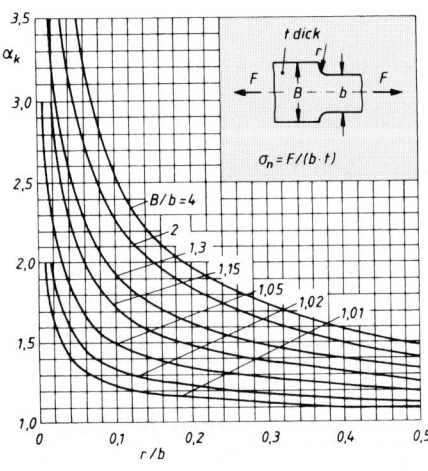 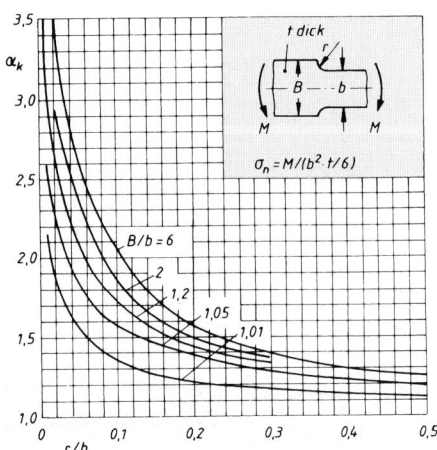

c) Rundstab mit Ringnut

d) abgesetzter Rundstab

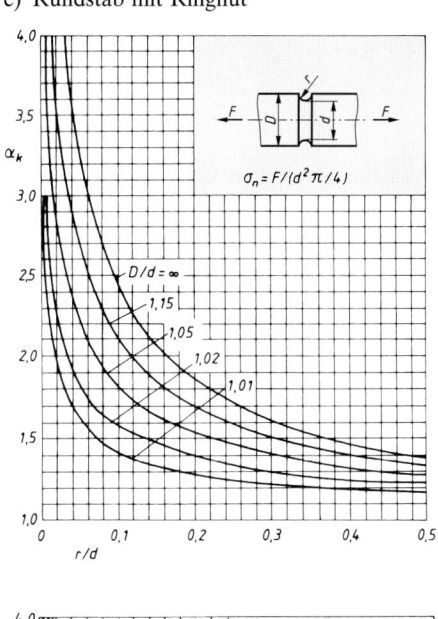

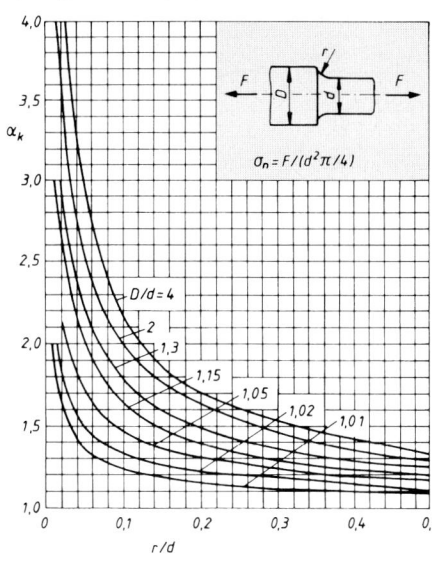

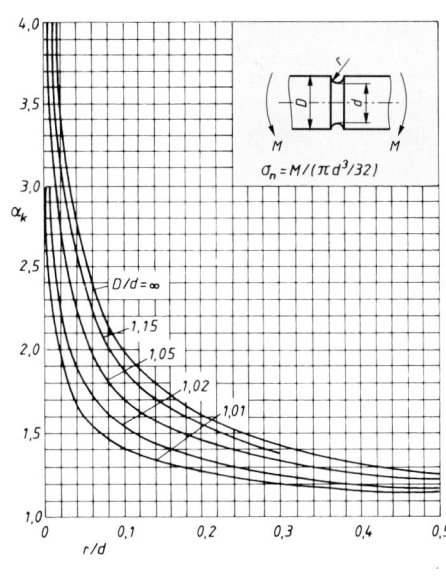

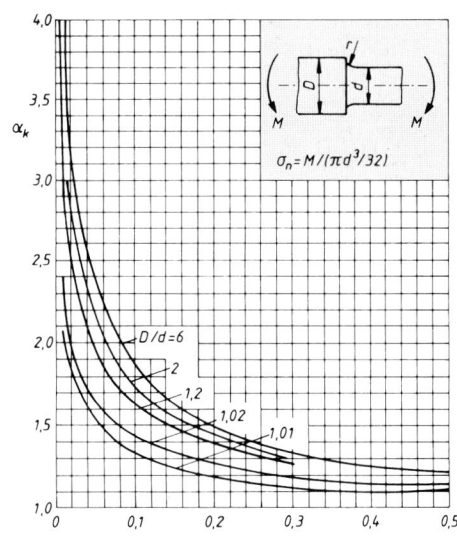

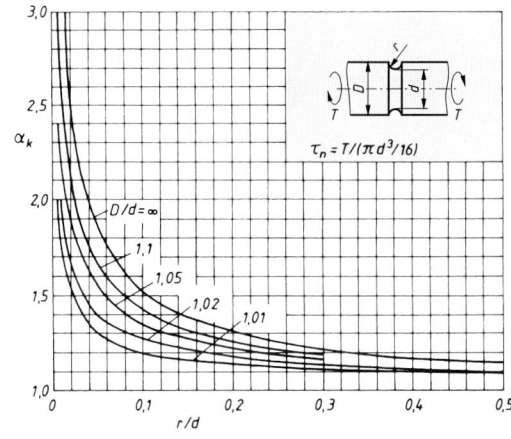

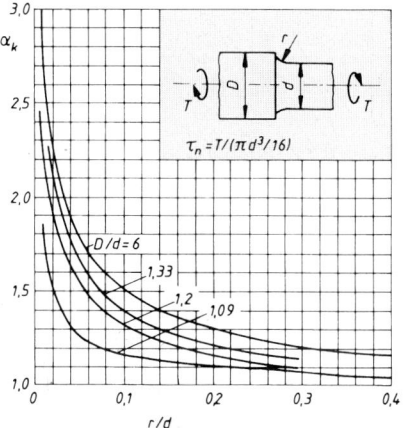

TB 3-6 Fortsetzung

e) Rundstab mit Querbohrung

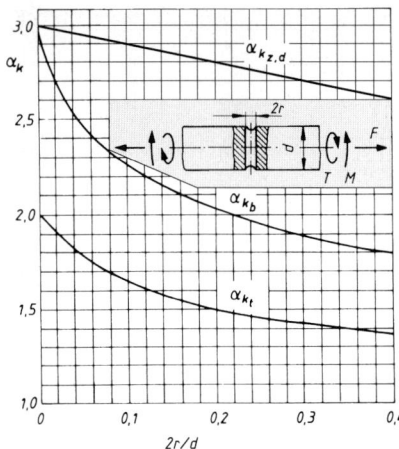

Zug	$\sigma_n = F/(\pi d^2/4 - 2r \cdot d)$	$G' = 2,3/r$
Biegung	$\sigma_n = M/(\pi d^3/32 - 2r \cdot d^2/6)$	$G' = 2,3/r + 2/d$
Torsion	$\tau_n = T/(\pi d^3/16 - 2r \cdot d^2/6)$	$G' = 1,15/r + 2/d$

f) Absatz mit Freistich

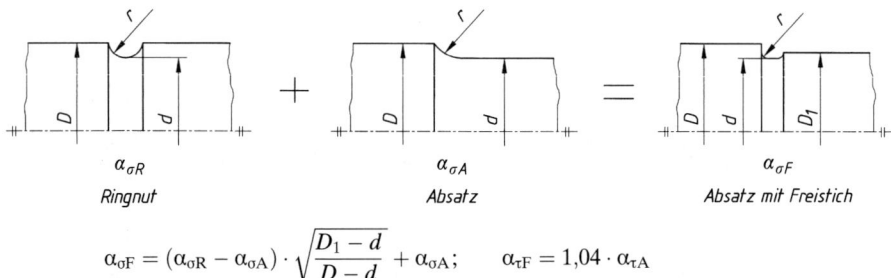

$$\alpha_{\sigma F} = (\alpha_{\sigma R} - \alpha_{\sigma A}) \cdot \sqrt{\frac{D_1 - d}{D - d}} + \alpha_{\sigma A}; \qquad \alpha_{\tau F} = 1{,}04 \cdot \alpha_{\tau A}$$

Hinweis: Die Kerbwirkungszahl β_k ist mit G' für Absatz nach TB 3-7 zu ermitteln.

TB 3-7 Stützzahl

a) Stützzahl für Walzstähle (nach DIN 743)

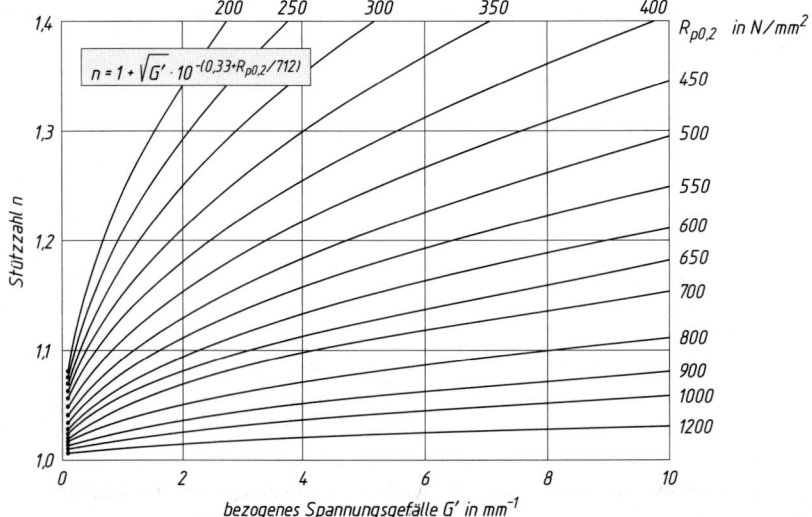

TB 3-7 Fortsetzung

b) Stützzahl für Gusswerkstoffe (nach FKM)

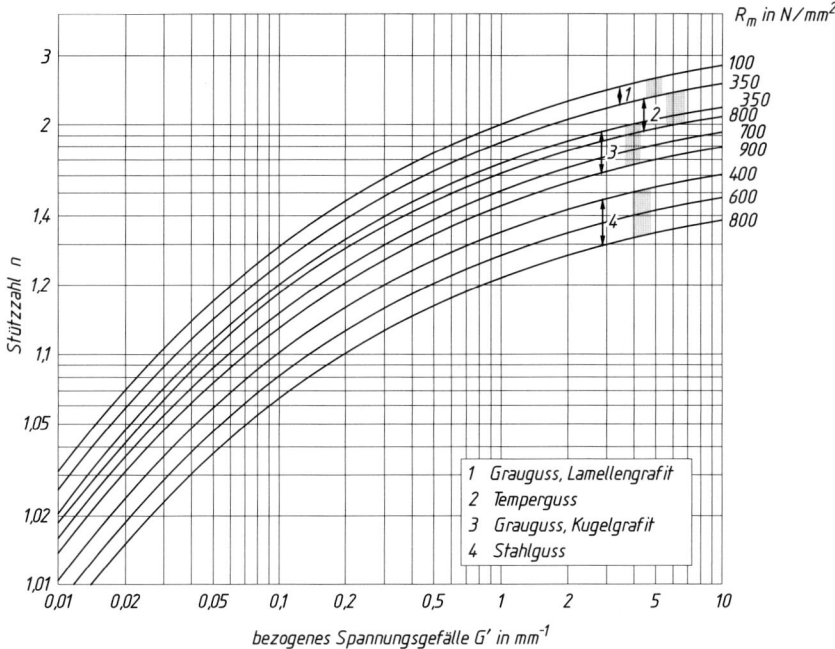

Anmerkung: Bei Torsion ist R_m durch $f_{W\tau} \cdot R_m$ zu ersetzen ($f_{W\tau}$ aus TB 3-2)

c) bezogenes Spannungsgefälle G'

Form des Bauteils	$\overset{\curvearrowright}{\boxed{D \quad d}}$	$\overset{\curvearrowright}{\boxed{D \quad d}}$	$\left(\overset{\curvearrowright}{\boxed{B \quad b}}\right)$	$\left(\overset{\curvearrowright}{\boxed{B \quad b}}\right)$	$\overset{\curvearrowright}{\boxed{\quad d}}$ ungekerbt
Zug/Druck Biegung	$G' = \dfrac{2{,}3}{r}(1 + \varphi)$	$G' = \dfrac{2}{r}(1 + \varphi)$	$G' = \dfrac{2{,}3}{r}(1 + \varphi)$	$G' = \dfrac{2}{r}(1 + \varphi)$	$G' = \dfrac{2}{d}$
Torsion	$G' = \dfrac{1{,}15}{r}$	$G' = \dfrac{1}{r}$	–	–	$G' = \dfrac{2}{d}$

Für $(D - d)/d \leq 0{,}5$ ist $\varphi = 1/(\sqrt{8(D-d)/r} + 2)$ bzw. für $(B - b)/b \leq 0{,}5$ ist $\varphi = 1/(\sqrt{8(B-b)/r} + 2)$; sonst ist $\varphi = 0$
Rundstäbe mit Längsbohrung können näherungsweise wie volle Rundstäbe berechnet werden.

TB 3-8 Kerbwirkungszahlen (Anhaltswerte)[1]

	Kerbform	R_m (N/mm^2)	β_{kb}	β_{kt}
1.	Hinterdrehung in Welle (Rundkerbe)[2]	300– 800	1,2–2,0	1,1–2,0
2.	Eindrehung für Sicherungsring in Welle[2]	300– 800	2,0–3,5	2,2–3,0
3.	Abgesetzte Welle (Lagerzapfen)[2]	300–1200	1,1–3,0	1,1–2,0
4.	Querbohrung (Rundstab, $2r/d \approx 0{,}15 \dots 0{,}25$)[2]	400–1200	1,7–2,0	1,7–2,0
5.	Passfedernut in Welle (Schaftfräser)[2]	400–1200	1,7–2,6	1,2–2,4
6.	Passfedernut in Welle (Scheibenfräser)[2]	400–1200	1,5–1,8	1,2–2,4
7.	Keilwelle (parallele Flanken)[2]	400–1200	1,4–2,3	1,9–3,1
8.	Keilwelle (Evolventen-Flanken)	400–1200	1,3–2,0	1,7–2,6
9.	Kerbzahnwellen[2]	400–1200	1,6–2,6	1,9–3,1
10.	Pressverband[2]	400–1200	1,7–2,9	1,2–1,9
11.	Kegelspannringe	600	1,6	1,4

[1] Werte auf kleinsten Durchmesser bezogen; größere Werte mit zunehmender Kerbschärfe und Zugfestigkeit
[2] genauere Werte nach TB 3-9

a) abgesetzte Rundstäbe

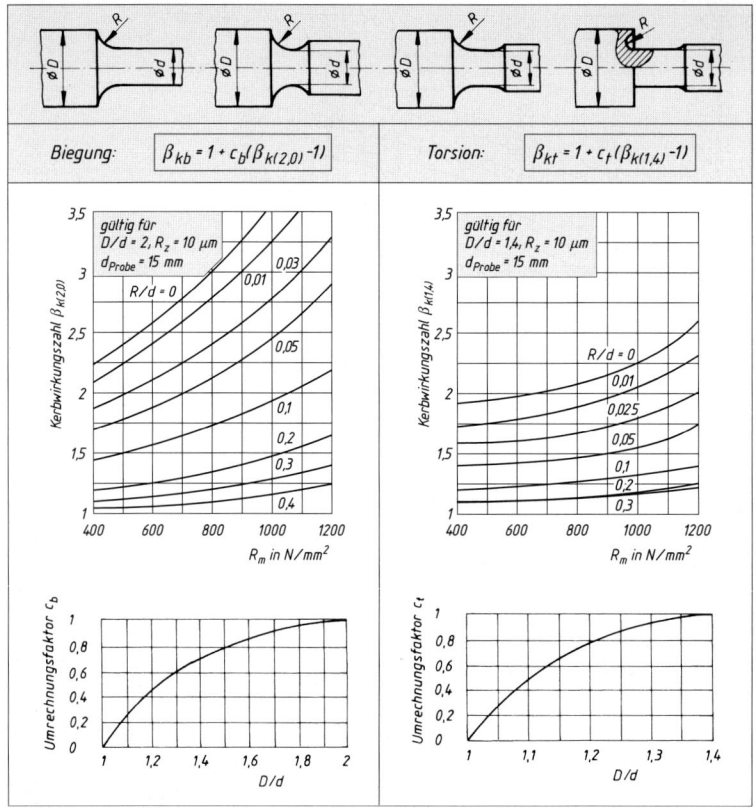

Biegung: $\beta_{kb} = 1 + c_b (\beta_{k(2,0)} - 1)$

Torsion: $\beta_{kt} = 1 + c_t (\beta_{k(1,4)} - 1)$

Biegung	$\sigma_n = M/(\pi d^3/32)$
Torsion	$\tau_n = T/(\pi d^3/16)$

TB 3-9 Fortsetzung

b) Welle-Nabe-Verbindungen und Spitzkerbe

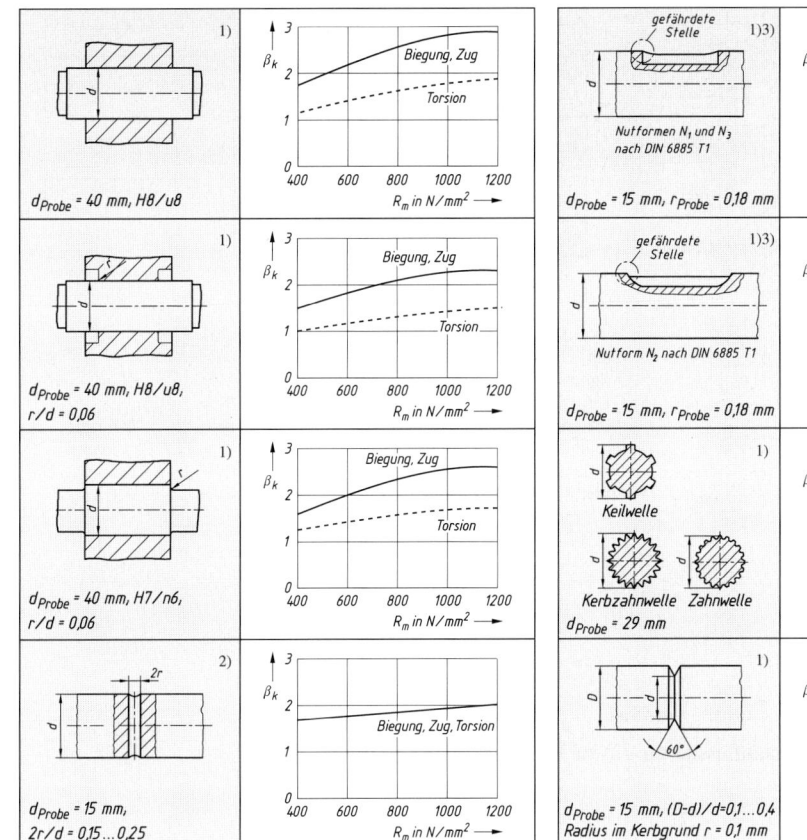
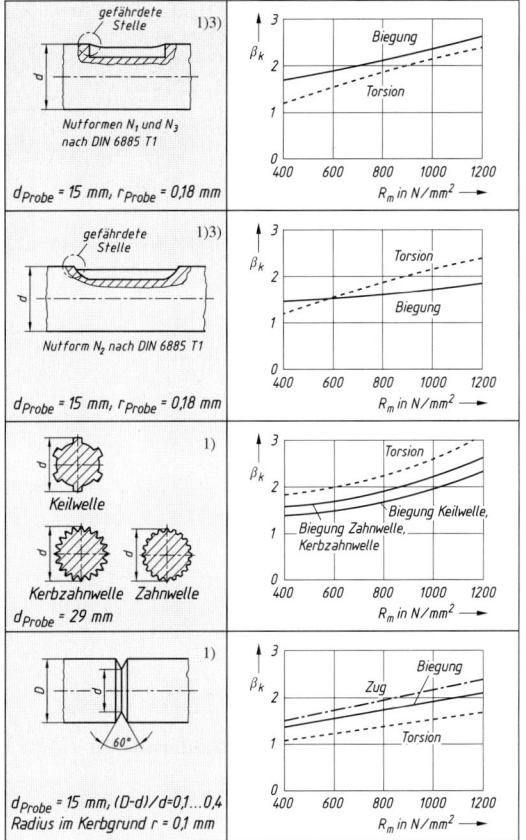

1)

Zug	$\sigma_n = F/(\pi d^2/4)$
Biegung	$\sigma_n = M/(\pi d^3/32)$
Torsion	$\tau_n = T/(\pi d^3/16)$

2)

Zug	$\sigma_n = F/(\pi d^2/4 - 2r \cdot d)$
Biegung	$\sigma_n = M/(\pi d^3/32 - r \cdot d^2/3)$
Torsion	$\tau_n = T/(\pi d^3/16 - r \cdot d^2/3)$

3) Bei zwei Passfedern ist der β_k-Wert mit 1,15 zu multiplizieren

c) umlaufende Rechtecknut nach DIN 471 für Wellen

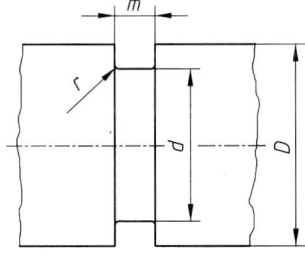

Zug/Druck: $\beta_{k\,zd} = 0{,}9 \cdot (1{,}27 + 1{,}17\sqrt{(D-d)/(2 \cdot r_f)}) \le 4$

Biegung: $\beta_{kb} = 0{,}9 \cdot (1{,}14 + 1{,}08\sqrt{(D-d)/(2 \cdot r_f)}) \le 4$

Torsion: $\beta_{kt} = 1{,}48 + 0{,}45\sqrt{(D-d)/(2 \cdot r_f)} \le 2{,}5$

$r_f = r + 2{,}9 \cdot \varrho^*$ mit $\varrho^* \approx 0{,}1$ mm für Walzstahl, $R_m \le 500$ N/mm²
$\varrho^* \approx 0{,}05$ mm für Walzstahl, $R_m > 500$ N/mm²
$\varrho^* \approx 0{,}4$ mm für Stahlguss und Gusseisen mit Kugelgrafit

Zug	$\sigma_n = F/(\pi d^2/4)$
Biegung	$\sigma_n = M/(\pi d^3/32)$
Torsion	$\tau_n = T/(\pi d^3/16)$

TB 3-10 Einflussfaktor der Oberflächenrauheit K_0 [1]

a) Walzstahl

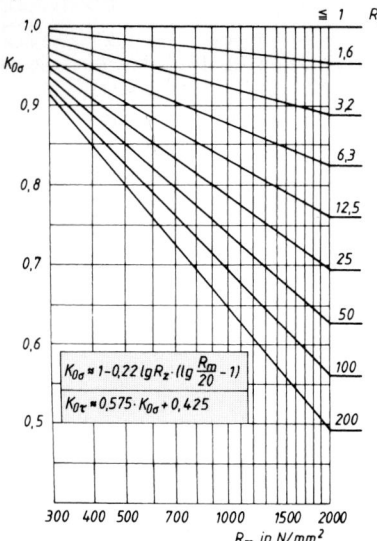

b) Gusswerkstoffe

Stahlguss	$K_{0\sigma} = 1 - 0,20 \lg R_z \left(\lg \dfrac{R_m}{20} - 1 \right)$	$K_{0\tau} = 0,575 \cdot K_{0\sigma} + 0,425$
Grauguss, Kugelgrafit	$K_{0\sigma} = 1 - 0,16 \lg R_z \left(\lg \dfrac{R_m}{20} - 1 \right)$	$K_{0\tau} = 0,35 \cdot K_{0\sigma} + 0,65$
Temperguss	$K_{0\sigma} = 1 - 0,12 \lg R_z \left(\lg \dfrac{R_m}{17,5} - 1 \right)$	$K_{0\tau} = 0,25 \cdot K_{0\sigma} + 0,75$
Grauguss, Lamellen-grafit	$K_{0\sigma} = 1 - 0,06 \lg R_z \left(\lg \dfrac{R_m}{5} - 1 \right)$	$K_{0\tau} = 0,15 \cdot K_{0\sigma} + 0,85$

[1] Rautiefe R_z entsprechend dem Herstellverfahren nach TB 2-12
Allgemein kann gesetzt werden:

Guss-, Schmiede- und Walzhautoberflächen	$R_z \approx 200 \, \mu m$
schruppbearbeitete Oberflächen	$R_z = 40 \dots 200 \, \mu m$
schlichtbearbeitete Oberflächen	$R_z = 6,3 \dots 100 \, \mu m$
feinbearbeitete Oberflächen	$R_z = 1 \dots 12,5 \, \mu m$
feinstbearbeitete Oberflächen	$R_z = <1 \dots 1,6 \, \mu m$

TB 3-11 Faktoren K für den Größeneinfluss

a) Technologischer Größeneinflussfaktor K_t für Walzstahl

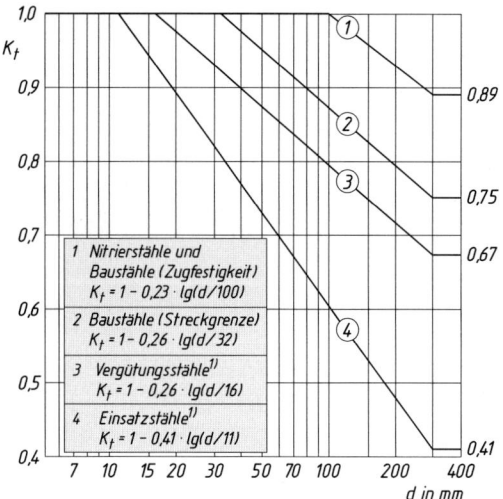

Bei Nitrier-, Vergütungs- und Einsatzstählen ist K_t für Zugfestigkeit und Streckgrenze gleich

[1] für Cr-Ni-Mo-Einsatzstähle gelten die Werte der Vergütungsstähle

b) Technologischer Größeneinflussfaktor K_t für Gusswerkstoffe

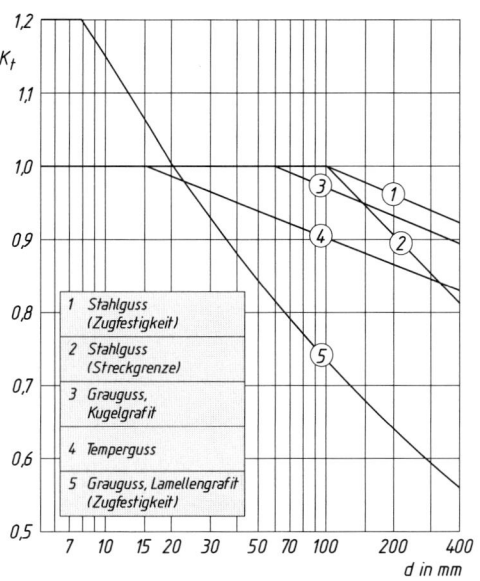

Bei Grauguss mit Kugelgrafit und Temperguss ist K_t für Zugfestigkeit und Streckgrenze gleich

3

1 Stahlguss (Zugfestigkeit)
2 Stahlguss (Streckgrenze)
3 Grauguss, Kugelgrafit
4 Temperguss
5 Grauguss, Lamellengrafit (Zugfestigkeit)

c) Geometrischer Größeneinflussfaktor K_g

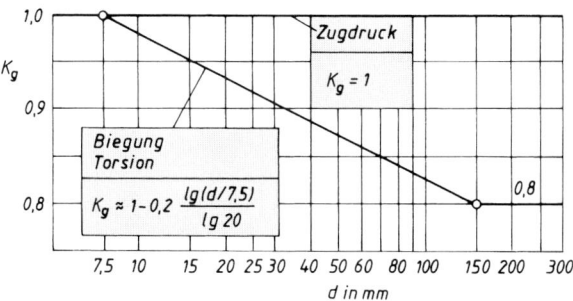

d) Formzahlabhängiger Größeneinflussfaktor K_α

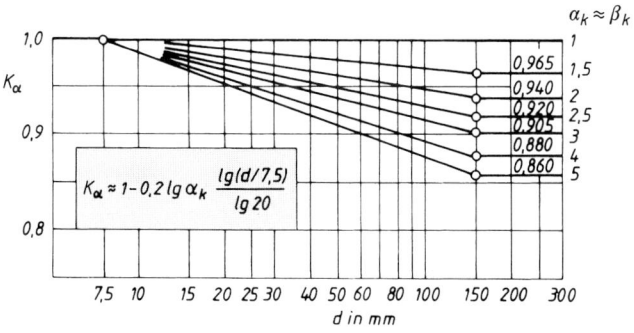

TB 3-11 Fortsetzung

e) gleichwertiger Durchmesser für andere Bauteilquerschnitte

Form des Querschnitts					
$d = ^{1)}$	d	t	t	b	t
$d = ^{2)}$	d	$2t$	$2t$	b	$\dfrac{2b \cdot t}{b+t}$

[1] Für unlegierte Baustähle, Feinkornstähle, normalgeglühte Vergütungsstähle und Stahlguss
[2] Für vergüteten Vergütungsstahl, Einsatzstahl, Nitrierstahl, Vergütungsstahlguss, GJS, GJL, GJMB, GJMW, Schmiedestücke

TB 3-12 Einflussfaktor der Oberflächenverfestigung K_V; Richtwerte für Stahl

Verfahren	Probe		$K_V^{1)}$	Verfahren	Probe		$K_V^{1)}$
	Art	d in mm			Art	d in mm	
Chemisch-thermische Verfahren				**Mechanische Verfahren**			
Nitrieren Nitrierhärtetiefe: 0,1 bis 0,4 mm	u	8 ... 25 25 ... 40	1,15 (1,25) 1,10 (1,15)	**Festwalzen**	u	7 ... 25 25 ... 40	1,2 (1,4) 1,1 (1,25)
Oberflächenhärte: 700 bis 1000 HV10	g	8 ... 25 25 ... 40	1,5 (2,5) 1,2 (2,0)		g	7 ... 25 25 ... 40	1,5 (2,2) 1,3 (1,8)
Einsatzhärten Einsatzhärtetiefe: 0,2 bis 0,8 mm	u	8 ... 25 25 ... 40	1,2 (2,1) 1,1 (1,5)	**Kugelstrahlen**	u	7 ... 25 25 ... 40	1,1 (1,3) 1,1 (1,2)
Oberflächenhärte: 670 bis 750 HV10	g	8 ... 25 25 ... 40	1,5 (2,5) 1,2 (2,0)		g	7 ... 25 25 ... 40	1,4 (2,5) 1,1 (1,5)
Karbonierhärten Härtetiefe: 0,2 bis 0,4 mm	u	8 ... 25 25 ... 40	1,1 (1,9) 1 (1,4)	**Thermische Verfahren**			
				Induktivhärten Flammhärten Härtetiefe: 0,9 bis 1,5 mm	u	7 ... 25 25 ... 40	1,2 (1,6) 1,1 (1,4)
Oberflächenhärte: mind. 670 HV10	g	8 ... 25 25 ... 40	1,4 (2,25) 1,1 (1,8)	Oberflächenhärte: 51 bis 64 HRC	g	7 ... 25 25 ... 40	1,4 (2,0) 1,2 (1,8)
Alle Verfahren	u	>40	1,0	**Alle Verfahren**	g	40 ... 250 >250	1,1 1,0

[1] Wert in ( ) dient zur Orientierung und muss experimentell bestätigt werden.
Für ungekerbte Wellen ist bei Zug/Druck $K_V = 1$. Erfolgt die Berechnung über Stützzahlen, die für verfestigte Werkstoffe gelten oder mit experimentell bestimmten Kerbwirkungszahlen, gültig für den verfestigten Zustand, ist ebenfalls $K_V = 1$ zu setzen.
u ungekerbt   g gekerbt

TB 3-13 Faktoren zur Berechnung der Mittelspannungsempfindlichkeit

Werkstoffgruppe	Walzstahl	GS	GJS	GJM	GJL
a_M mm²/N	0,00035	0,00035	0,00035	0,00035	0
b_M	−0,1	0,05	0,08	0,13	0,5

TB 3-14 Sicherheitswerte, Mindestwerte

a) Allgemeine Sicherheitswerte

	Walz- und Schmiedestähle	duktile Eisengusswerkstoffe	
		nicht geprüft	zerstörungsfrei geprüft
S_F	1,5	2,1	1,9
S_B	2,0	2,8	2,5
S_D	1,5	2,1	1,9

b) Spezifizierte Sicherheitswerte

S_F (S_B)		Walz- und Schmiedestähle		duktile Eisengusswerkstoffe			
		Schadensfolgen		nicht geprüft Schadensfolgen		zerstörungsfrei geprüft Schadensfolgen	
		groß	gering	groß	gering	groß	gering
Wahrscheinlichkeit des Auftretens der größten Spannungen oder der ungünstigsten Spannungskombination	groß	1,5	1,3	2,1	1,8	1,9	1,65
		(2,0)	(1,75)	(2,8)	(2,45)	(2,5)	(2,2)
	gering	1,35	1,2	1,9	1,65	1,7	1,5
		(1,8)	(1,6)	(2,55)	(2,2)	(2,25)	(2,0)
S_D							
regelmäßige Inspektion	nein	1,5	1,3	2,1	1,8	1,9	1,65
	ja	1,35	1,2	1,9	1,7	1,7	1,5

c) Sicherheitsfaktor S_z (für den vereinfachten dynamischen Festigkeitsnachweis)

Bedingung	S_z
Biegung und Torsion rein wechselnd	1,0
Biegung wechselnd, Torsion statisch oder schwellend	1,2
nur Biegung schwellend bzw. nur Torsion schwellend	1,2
Torsionsmittelspannung größer Biegeausschlagspannung	1,4
Biegung und Torsion mit hohen statischen Anteilen (Mittelspannungen)	1,4

Hinweis: Beim vereinfachten dynamischen Festigkeitsnachweis werden nur die Ausschlagspannungen von Biegung und Torsion (nicht die Mittelspannungen) berücksichtigt, was zu höheren Sicherheiten als bei der genaueren Berechnung führt.
Sie sollte nur für Überschlagsrechnungen verwendet werden. Bei Berücksichtigung von S_z liegt sie in der Regel auf der sicheren Seite.

4 Klebverbindungen

TB 4-1 Oberflächenbehandlungsverfahren

Werkstoff	Behandlungsfolge[1] für		
	niedrige[2] Beanspruchung	mittlere[2] Beanspruchung	hohe[2] Beanspruchung
Stähle	a–b–f–g	a–h–b–f–g	a–i–b–f–g
Stähle, verzinkt	a–b–f–g	a–b–f–g	a–b–f–g
Stähle, brüniert	a–c–f–g	a–c–f–g	a–i–b–f–g
Titan	a–b–f–g	a–h–b–f–g	a–i–b–f–g
Gusseisen	k	h	i
Al-Legierungen	a–b–f–g	a–c–h–f–g	a–i–c–f–g
Magnesium	a–b–f–g	a–b–h–f–g	a–i–b–e–f–g
Kupfer, -Legierungen	a–b–f–g	a–h–b–f–g	a–i–b–f–g

[1] **a** Reinigen von Schmutz, Farbresten, Zunder, Rost o.ä.; **b** Entfetten mit organischen Lösungsmitteln (gesetzliche Schutzvorschriften beachten!) oder mit wässrigen Reinigungsmitteln; **c** Beiz-Entfetten; **d** Beizen in wässriger Lösung von 27,5 % konz. Schwefelsäure und 7,5 % Natriumdichromat (30 min bei 60 °C); **e** Beizen in einer Lösung von 20 % Salpetersäure und 15 % Kaliumdichromat in Wasser (1 min bei 20 °C); **f** Spülen mit vollentsalztem oder destilliertem Wasser; **g** Trocknen in Warmluft; **h** mechanisches Aufrauhen der Fügeflächen (Schleifen, Bürsten); **i** mechanisches Aufrauhen der Fügeflächen durch Strahlen; **k** Gusshaut entfernen.

[2] *niedrig:* Zugscherfestigkeit bis 5 N/mm²; Klima in geschlossenen Räumen; für Feinwerktechnik, Elektrotechnik, Modellbau, Schmuckindustrie, Möbelbau, einfache Reparaturen.
mittel: Zugscherfestigkeit bis 10 N/mm²; gemäßigtes Klima; Kontakt mit Ölen und Treibstoffen; für Maschinen- und Fahrzeugbau, Reparaturen.
hoch: Zugscherfestigkeit über 10 N/mm²; sämtliche Klimate; direkte Berührung mit wässrigen Lösungen, Ölen, Treibstoffen; für Fahrzeug-, Flugzeug-, Schiff- und Behälterbau.

TB 4-2 Klebstoffe (Auszug aus VDI-Richtlinie 2229)

Handelsname		Hersteller[1]	chemische Basis[2]	Abbinde-temperatur °C	Abbinde-druck (bar)[3]	Zugscherfestigkeit τ_{KB} (N/mm²) bei °C						vorzugsweise zu verkleben[4]
						−25	+20	+55	+80	+105	+155	
überwiegend kalt abbindende Klebstoffe												
Agomet	P76	A	4	20 … 50	Kd	20	21	19	6	–	–	ME, HK, HO, GL
Agomet	M	A	6	20	Kd	32,5	37,5	32,8	22,5	–	–	AL, ST, HK
Araldit	AW2101/HW2951	B	4, 2	20	Kd	17	20	17	5	–	–	ME, KE, HO, KU
Araldit	Ay103/Hy991	B	4, 9	20	Kd	13	17	14	6	3	–	ME, (KU) TP
Pattex		C	1	20	>10	8	7	3	1	0,3	–	ME, KU
Stabilit-Express		C	3	20	Kd	–	6	–	–	–	–	ME, GL, KU, KE, PO
Sicomet	85	D	3	23	Kd	15,2	25,8	16	18	15,2	5,2	ME, KU, EL
Sicomet	50	D	3	23	Kd	15,8	25,2	14	13,8	10,6	1,3	ME, KU, EL
Technicoll	8300	D	3	23	Kd	20,4	26	13,6	12	9,4	0,9	ME, KU, EL
Technicoll	8202	E	4	20	Kd	12	19	6	6	–	–	ME, (KU), KE
Technicoll	8258/59	F	5	20	Kd	28	33	30	8	3	2	ME und andere
Loctite	638	F	5	20	Kd	–	12	11	9	7	–	ME, KU
Loctite	648	F	5	20	Kd	–	20	20	20	18	14	ME, KU
warmbindende Klebstoffe												
Araldit	AT1	B	4	150 … 200	Kd	32	32	32	30	17	2	ME, KE
Araldit	AW142	B	4	150 … 200	Kd	23	23	25	25	23	3	ME, KE
Metallon	E2701	C	4	180	Kd	30	31	30	29	28	9	ME
Metallon	E2706	C	4	180	Kd	36	32	31	30	23	6	ME
Technicoll	8280	E	4	150 … 200	Kd	36	39	41	42	36	15	ME und andere
Technicoll	8282	E	4	120 … 150	Kd	–	40	39	27	11	–	ME und andere
Loctite	307	F	5	20 … 120	Kd	–	23	22	18	14	5	ME
Loctite	317	F	5	20 … 120	Kd	–	35	29	19	12	7	GL, ME
Klebfilme (Klebfolien), bei erhöhten Temperaturen abbindend												
Redux	609	B	4	100 … 170	Kd	30	34	30	22	12	–	ME, KE, BM
Technicoll	8401	E	8, 11	120 … 200	5	–	32	16	12	9	–	ME, WK
Tegofilm	EP375	G	4	≥100	>1	21	23	22	17	10	–	AL, ST, CU, KU, HO
Tegofilm	M12B	G	11	130 … 165	4 … 15	31	33	24	13	7	–	AL, ST, RB
FM-73		H	7	120	1 … 5	40	40	–	28	–	–	AL, TI, ST
FM-1000		H	10	175	1 … 3	50	48	25	25	–	–	AL, TI, ST

[1] **A** Degussa GB Chemie, Postfach 602, Hanau; **B** CIBA-GEIGY GmbH, Postfach, Wehr/Baden; **C** HENKEL, KGaA, Postfach 1100, Düsseldorf; **D** Sichel-Werke GmbH, Postfach 91 13 80, Hannover; **E** Beiersdorf AG, Unnastraße 48, Hamburg; **F** Loctite Deutschland GmbH, Postfach 810580, München; **G** Th. Goldschmidt AG, Postfach 17, Essen; **H** Cyanamid B.V., P.O. Box 1523, NL-BM Rotterdam.

[2] **1** Acrylharz; **2** Amin; **3** Cyanacrylat; **4** Epoxidharz; **5** Methacrylat; **6** Methylmethacrylat; **7** Nitrilepoxid; **8** Nitrilkautschuk; **9** Polyaminoamid; **10** Polyamidepoxid; **11** Phenolharz.

[3] **Kd** Kontaktdruck.

[4] **AL** Aluminium; **BM** Buntmetalle; **CU** Kupfer; **EL** Elastomere; **GL** Glas; **HK** Hartkunststoff; **HO** Holz; **KE** Keramik; **KU** Kunststoff; **ME** Metalle; **PO** Porzellan; **RB** Reibbeläge; **ST** Stahl; **TI** Titan; **TP** Thermoplaste; **VB** Verbundwerkstoffe; **WK** wärmefeste Kunststoffe; **( )** bedingt zu verkleben.

4

53

5 Lötverbindungen

TB 5-1 Lote (Auswahl) und ihre Anwendung

Lotart	Lotgruppe	Typische Lote Kurzzeichen	Wesentliche Bestandteile	Arbeitstemperatur °C	Flussmittel nach DIN 8511 (Beispiele)	Bevorzugte Lötverfahren	Bau-stähle	Hochleg.-Stähle	Guss-eisen	Temper-guss	Hart-metall	Al und Al-Leg.	Cu und Cu-Leg.	Ni und Ni-Leg.	Molybdän Wolfram	Co und Co-Leg.	Gas Keramik	Sonder-metalle	Anwendungsbeispiel
Hartlote nach DIN 8513 T1 bis T4	Kupferbasislote [1]	L-SFCu	Cu (sauerstofffrei)	1100	ohne	Ofenlöten im Vakuum, mit Schutzgas	x				x								Gerätebau
		L-CuSn12	Cu, Sn	990	ohne	Flammlöten	x	x					x						Gerätebau
		L-CuZn39Sn	Cu, Zn, Sn	900	F-SH2	Flammlöten	x	x		x			x	x					Rohrleitungs- und Fahrzeugbau
		L-CuNi10Zn42	Cu, Ni, Zn	910	F-SH2	Flammlöten	x		x	x			x	x					Verschleißfeste Auftragsschichten
		L-CuP7	Cu, P	720	ohne	Flammlöten							x						Flussmittelfreies Löten
	silberhaltige Lote	L-Ag12	Ag, Cu, Zn	830	F-SH2	Flammlöten	x	x			x		x	x					Wärmeunempfindliche Werkstücke
		L-Ag5P	Ag, P, Cu	710	ohne	Flammlöten							x						Flussmittelfreies Löten von Cu
		L-Ag40Cd	Ag, Cd, Cu, Zn	610	F-SH1	Induktionslöten Flammlöten	x	x	x	x	x		x	x					Mengenfertigung auf Lötanlagen, niedrigschmelzend
		L-Ag45Sn	Ag, Cu, Sn, Zn	670	F-SH1	Induktionslöten Flammlöten	x	x					x	x					Cadmiumfrei
		L-Ag49	Ag, Cu, Mn, Ni	690	F-SH1	Induktionslöten	x	x			x		x		x				Auflöten von Hartmetallen
		L-Ag72	Ag, Cu	780	ohne	Ofenlöten (Schutzgas)	x	x					x						Turbinenteile
	Aluminiumbasislote	L-AlSi12	Al, Si	590	F-LH1	Ofenlöten Salzbadlöten						x							Verdampfer, Behälter
Hochtemperaturlote	Nickelbasislote (DIN 8513 T5)	L-Ni1 bis	Ni, Cr, Fe, Si, B	ca. 1000	ohne	Ofenlöten, im Vakuum, mit Schutzgas	x	x						x	x	x	x		Luft- und Raumfahrt, Reaktortechnik, Gasturbinen
		L-Ni8	Ni, Mn, Si, Cu	ca. 1000	ohne		x	x						x	x	x	x		
	Palladiumhaltige Lote [2]	L-PdNi40	Pd, Ni	1250	ohne	Ofenlöten, im Vakuum, mit Schutzgas									x	x	x	x	Metall-Keramik
		L-AgPd18	Ag, Pd	1095	F-SH3	Flammlöten	x	x					x	x	x	x	x	x	Düsengehäuse
Weichlote nach DIN 1707	Ah (antimonhaltig)	L-PbSn20Sb	Pb, Sn, Sb	270	F-SW12	Flammlöten	x	x					x	x			x		Kühlerbau
		L-PbSn40 (Sb)	Pb, Sn, Sb	235	F-SW21	Lotbadlöten	x	x					x	x			x		Klempnerarbeiten
	Aa (antimonarm)	L-PbSn40	Pb, Sn	235	F-SW23	Kolbenlöten	x	x					x	x			x		Feinblechpackungen
	Af (antimonfrei)	L-Sn50PbCu	Sn, Pb, Cu	215	F-SW23	Kolbenlöten	x	x					x	x			x		Elektrogerätebau
	C (Sonderlote)	L-SnIn50	Sn, In	125	F-SW12	Kolbenlöten	x	x					x						Glas-Metall-Lötungen
		L-SnCu3	Sn, Cu	250	F-SW23	Flammlöten	x						x		x				Metallwaren
	D (für Al)	L-SnZn10	Sn, Zn	250	ohne	Ultraschalllöten						x							Feinlötungen

[1] teilweise Hochtemperaturlote
[2] nicht genormt

TB 5-2 Richtwerte für Lötspaltbreiten

Art der Lötstelle	günstiger Spaltbreitenbereich mm	Lötverfahren
Spaltlöten	0,01 ... 0,05	Ofenlöten im Hochvakuum (ohne Flussmittel)
	0,01 ... 0,1	Ofenlöten in Schutzgas oder im Vakuum (ohne Flussmittel)
	0,05 ... 0,2	Löten mit Flussmittel, mechanisiert bzw. automatisiert
	0,05 ... 0,5	Löten mit Flussmittel, manuell
Fugenlöten	> 0,5 (Fuge)	Löten mit Flussmittel, manuell

5

TB 5-3 Zug- und Scherfestigkeit von Hartlötverbindungen nach DIN 8525 (nach Degussa)

Hartlot nach DIN 8513	Arbeits-temperatur des Lotes	Zugfestigkeit σ_{lB} in N/mm^2 [1] bei Grundwerkstoff					Scherfestigkeit τ_{lB} N/mm^2 [1] [2] bei Grundwerkstoff	
	°C	S235	E295	E335	X10CrNi188	CuZn37	S235	E335
L-Ag40Cd	610	410	540	640	520	230	170	250
L-Ag30Cd	680	380	470	480	510	250	200	240
L-Ag44	730	390	480	520	530	280	205	280
L-Ag20Cd	750	370	420	440	500	260	170	260
L-Ag12	830	370	460	460	440	210	170	200

[1] Mittelwerte bei Spaltbreite 0,1 mm
[2] Einstecktiefe 4 mm

6 Schweißverbindungen

TB 6-1 Zeichnerische Darstellung von Schweißnähten nach DIN EN 22553

a) Grundsymbole für Nahtarten (Auszug)

Nr.	Benennung	Darstellung	Symbol
1	Bördelnaht	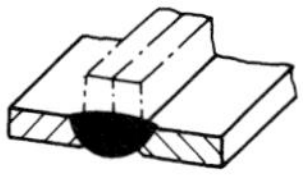	)(
2	I-Naht	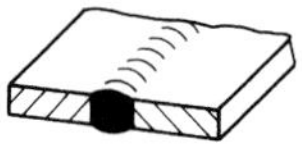	‖
3	V-Naht	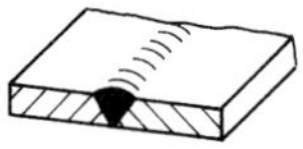	V
4	HV-Naht	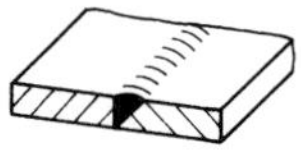	|/
5	Y-Naht	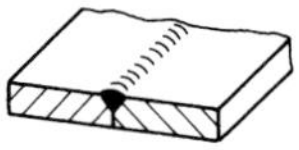	Y
6	HY-Naht	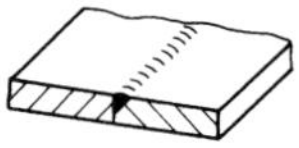	⊬
7	U-Naht		Ɣ
8	HU-Naht (Jot-Naht)	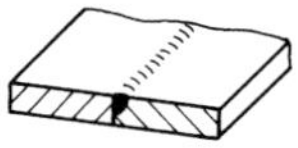	Ƿ
9	Gegennaht (Gegenlage)	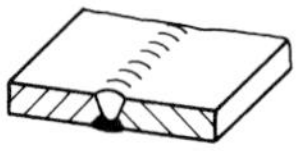	◡
10	Kehlnaht	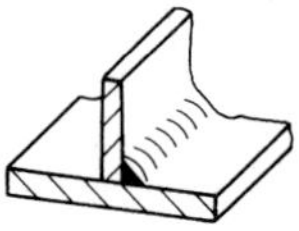	◺
11	Lochnaht	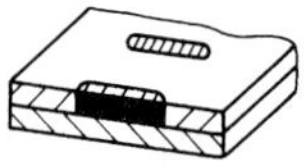 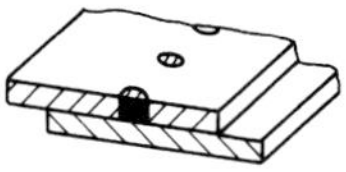	⊓
12	Punktnaht	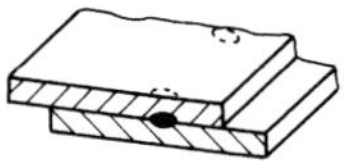 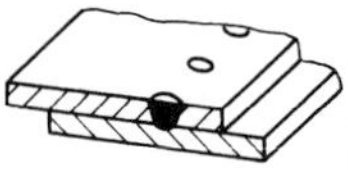	○

b) Zusammengesetzte Symbole (Beispiele)

Nummern nach TB 6-1a	Benennung	Darstellung	Symbol
3-3	D(oppel)-V-Naht (X-Naht)		X
4-4	D(oppel)-HV-Naht (K-Naht)	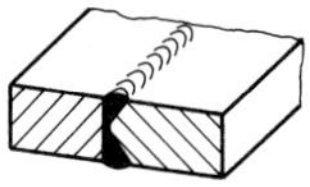	K
5-5	D(oppel)-Y-Naht	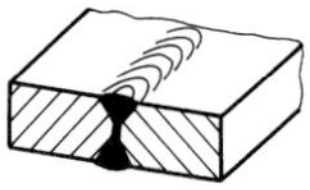	Ӿ
6-6	D(oppel)-HY-Naht (K-Stegnaht)	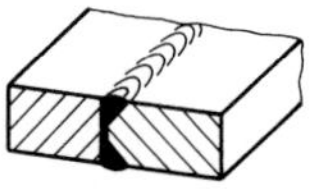	Ƙ

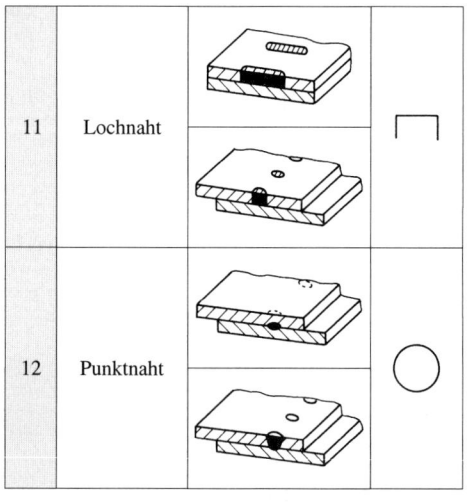

TB 6-1 Fortsetzung

Nummern nach TB 6-1a	Benennung	Darstellung	Symbol
7-7	D(oppel)-U-Naht		 ⋎
3-7	V-U-Naht		 Y
3-9	V-Naht mit Gegennaht		 ⋎
10-10	Doppel-Kehlnaht	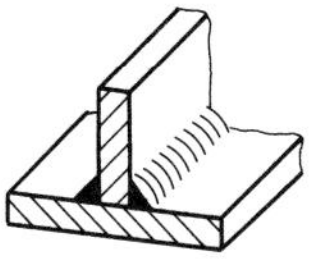	 ▷

c) Zusatzsymbole

Nr.	Oberflächenform der Naht	Symbol
1	flach	—
2	gewölbt (konvex)	⌢
3	hohl (konkav)	⌣
	Nahtausführung	
4	Wurzel ausgearbeitet und Gegennaht ausgeführt	▼ [1]
5	Naht eingeebnet durch zusätzliche Bearbeitung	◁ [1]
6	Nahtübergänge kerbfrei gegebenenfalls bearbeitet	⊥
7	verbleibende Beilage benutzt	⌐M⌐
8	Unterlage benutzt	⌐MR⌐

[1] Nicht mehr genormt

d) Ergänzungssymbole

Bedeutung	Symbol
ringsumverlaufende Naht	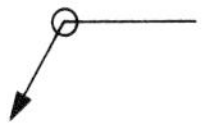
Baustellennaht	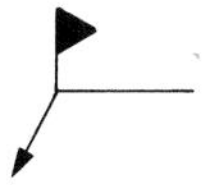

e) Anwendungsbeispiele für Zusatzsymbole

Benennung	Darstellung	Symbol
Flache V-Naht mit flacher Gegennaht		⋎
Y-Naht mit ausgearbeiteter Wurzel und Gegennaht		Y
Kehlnaht mit hohler Oberfläche	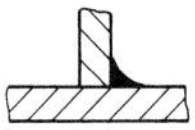	⊵
Kehlnaht mit kerbfreiem Nahtübergang (ggf. bearbeitet)	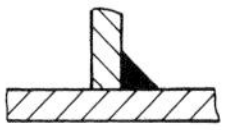	⊵
Flache V-Naht von der oberen Werkstückfläche durch zusätzliche Bearbeitung eingeebnet		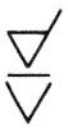 ⋎

TB 6-2 Empfehlungen für die Auswahl von Bewertungsgruppen nach DIN EN 25817 für Stumpf- und Kehlnähte bei vorwiegend ruhender Beanspruchung (Merkblatt DVS 0705)

Nr.	Unregelmäßigkeit Benennung	Bewertungsgruppe bei Ausnutzung der zulässigen Spannungen		
		etwa 50 %	etwa 75 %	etwa 100 %
1	Risse	nicht zulässig	nicht zulässig	nicht zulässig
2	Endkraterriss	D	nicht zulässig	nicht zulässig
3	Porosität und Poren	D	C	B
4	Porennest	D	C	B
5	Gaskanal, Schlauchporen	D	C	B
6	Feste Einschlüsse (außer Kupfer)	D	C	B
7	Kupfer-Einschlüsse	nicht zulässig	nicht zulässig	nicht zulässig
8	Bindefehler	D	nicht zulässig	nicht zulässig
9	Ungenügende Durchschweißung	D	C	B
10	Schlechte Passung, Kehlnaht	D	C	B
11	Einbrandkerbe	C	C	B
12	Zu große Nahtüberhöhung, Stumpfnaht	D	D	D
13	Zu große Nahtüberhöhung, Kehlnaht	D	D	D
14	Nahtdickenüberschreitung, Kehlnaht	D	D	D
15	Nahtdickenunterschreitung, Kehlnaht	D	C	B
16	Zu große Wurzelüberhöhung	D	D	D
17	Örtlicher Vorsprung	D	C	B
18	Kantenversatz	D	C	B
19	Decklagenunterwölbung – Verlaufenes Schweißgut	D	C	B
20	Übermäßige Ungleichschenkligkeit bei Kehlnähten	D	C	C
21	Wurzelrückfall; Wurzelkerbe	D	C	B
22	Schweißgutüberlauf	D	nicht zulässig	nicht zulässig
23	Ansatzfehler	D	nicht zulässig	nicht zulässig
24	Zündstelle	x)	x)	x)
25	Schweißspritzer	x)	x)	x)
26	Mehrfachunregelmäßigkeiten im Querschnitt	D	C	B
Vorschlag für die Auswahl einer einheitlichen Bewertungsgruppe für Unregelmäßigkeiten	ohne Sonderbestimmungen	C	C	B
	mit Sonderbestimmungen	D*	C	B

x) Zulässigkeit hängt von Anwendung ab (z. B. von Werkstoff, Korrosionsschutz oder Funktion).

Sonderbestimmung für D*: bei Unregelmäßigkeit Nr. 11 (Einbrandkerbe) ist bei Ausnutzung von etwa 50 % die Bewertungsgruppe C zu wählen.

TB 6-3 Allgemeintoleranzen für Schweißkonstruktionen nach DIN EN ISO 13 920

a) Grenzabmaße für Längen- und Winkelmaße

Toleranz-klasse	Nennmaßbereich in mm										
	2 bis 30	über 30 bis 120	über 120 bis 400	über 400 bis 1000	über 1000 bis 2000	über 2000 bis 4000	über 4000 bis 8000	über 8000 bis 12000	bis 400[2]	über 400 bis 1000[2]	über 1000[2]
		Grenzabmaße für *Längenmaße*[1] in mm							Grenzabmaße für *Winkelmaße*[3] in Grad und Minuten		
A	±1	±1	±1	±2	± 3	± 4	± 5	± 6	±20′	±15′	±10′
B		±2	±2	±3	± 4	± 6	± 8	±10	±45′	±30′	±20′
C		±3	±4	±6	± 8	±11	±14	±18	± 1°	±45′	±30′
D		±4	±7	±9	±12	±16	±21	±27	±1°30′	±1°15′	±1°

[1] Nennmaßbereiche bis über 20 000 mm s. Normblatt.
[2] Länge des kürzeren Schenkels.
[3] Gelten auch für nicht eingetragene Winkel von 90° oder Winkel regelmäßiger Vielecke.

b) Geradheits-, Ebenheits- und Parallelitätstoleranzen (Maße in mm)

Toleranz-klasse	Nennmaßbereich (größere Seitenlänge der Fläche)									
	über 30 bis 120	über 120 bis 400	über 400 bis 1000	über 1000 bis 2000	über 2000 bis 4000	über 4000 bis 8000	über 8000 bis 12000	über 12000 bis 16000	über 16000 bis 20000	über 20000
E	0,5	1	1,5	2	3	4	5	6	7	8
F	1	1,5	3	4,5	6	8	10	12	14	16
G	1,5	3	5,5	9	11	16	20	22	25	25
H	2,5	5	9	14	18	26	32	36	40	40

TB 6-4 Zulässige Abstände von Schweißpunkten nach DIN 18 801

Abstand		Bezeichnung (Bild 6-30)	Kraft-verbindung	Heftverbindung außenliegende Bauteile			
				nicht umgebördelt Beanspruchung auf		umgebördelt Beanspruchung auf	
				Druck	Zug	Druck	Zug
Abstand der Schweißpunkte untereinander		e_1	(3 … 6) d	max. 8 d oder 20 t	max. 12 d oder 30 t	max. 12 d oder 30 t	max. 18 d oder 45 t
Rand-abstand[1]	in Kraftrichtung	e_2	(2,5 … 5) d	max. 4 d oder 10 t	max. 6 d oder 15 t	max. 6 d oder 15 t	max. 9 d oder 22,5 t
	rechtwinklig zur Kraftrichtung	e_3	(2 … 4) d				

d Schweißpunktdurchmesser
t Dicke des dünnsten außen liegenden Teils
[1] Das Merkblatt DVS 2902 T3 empfiehlt für den Randabstand nur $e_2 = e_3 = 1,25d$.

59

TB 6-5 Festgelegte Rechenwerte (charakteristische Werte) im Stahlbau für Walzstahl und Stahlguss nach DIN 18800-1

Zu verwendende Stahlsorten		Erzeugnisdicke t mm	Streckgrenze R_e N/mm^2	Zugfestigkeit R_m N/mm^2
Baustahl		$t \leq 40$	240	
	S235JR S235JRG1 S235JRG2 S235J2G2	$40 < t \leq 80$	215	360
Baustahl	S355J2G3	$t \leq 40$	360	
		$40 < t \leq 80$	325	510
Feinkorn- baustahl		$t \leq 40$	360	
	S355N S355NH S355NL1 S355NL2	$40 < t \leq 80$	325	510
Stahlguss (Sonderbauteile)	GS-52		260	520
	GS-20Mn5	$t \leq 100$	260	500
Vergütungsstahl (Lager, Gelenke)		$t \leq 16$	300	
	C35N	$16 < t \leq 80$	270	480

Für alle genannten Stahlsorten gilt: E-Modul E = 210000 N/mm^2, Schubmodul G = 81000 N/mm^2, Temperatur-dehnzahl $\alpha_T = 12 \cdot 10^{-6}$ K^{-1}

TB 6-6 Zulässige Spannungen für Schweißnähte im Stahlbau $\sigma_{w\,zul}(\tau_{w\,zul})$ in N/mm^2 nach DIN 18800-1 (Grenzschweißnahtspannungen)

Nahtarten	Nahtgüte (Ausführung nach DIN 18800-7, Abschnitt 3.4.3)	Bean-spruchungsart	Stahlsorten	
			S235JR S235JRG1 S235JRG2 S235J2G2	S355J2G3 S355N
Durch- oder gegengeschweißte Nähte (Stumpf- und HV-Nähte)	alle Nahtgüten	Druck	218[1]	327[1]
	nachgewiesen	Zug		
	nicht nachgewiesen			
nicht durchgeschweißte Nähte (z. B. HY-, DHY-, Kehl- und Dreiblechnähte) Bild 6-12 und 6-13	alle Nahtgüten	Zug Druck	207[2]	262
alle Nahtarten		Schub		

[1] Diese Nähte müssen nicht nachgewiesen werden. Maßgebend ist die Bauteilfestigkeit.
[2] Bei Stumpfstößen von Formstahl aus S235JR und S235JRG1 mit $t \geq 16$ mm ist bei Zugbeanspruchung $\alpha_w = 0{,}55$ und somit $\sigma_{w\,zul} = 120$ N/mm^2.

Hinweis: $\sigma_{w\,zul} = \alpha_w \cdot R_e / S_M$; mit $\alpha_w = 0{,}95$ bzw. 0,8 für S235 bzw. S355, R_e nach TB 6-5 und $S_M = 1{,}1$.
Diese für Erzeugnisdicken $t \leq 40$ mm gültigen Werte sind auch anzusetzen bei Schweißnähten in Bauteilen mit $t > 40$ mm.

TB 6-7 Grenzwerte $(b/t)_{\text{grenz}}$ [1] von ein- und zweiseitig gelagerten Plattenstreifen für volles Mittragen unter Druckspannungen

Lagerung	Spannungsverlauf [2] − Druck + Zug	$(b/t)_{\text{grenz}}$ allgemein	Beulwert k_σ bzw. k_τ	$(b/t)_{\text{grenz}}$ [3] für Stahlsorte S235	S355
beidseitig gelagerter Plattenstreifen		$133\sqrt{\dfrac{240}{R_e}}$	23,9	133	109
		$75,8\sqrt{\dfrac{240}{R_e}}$	7,81	76	62
		$37,8\sqrt{\dfrac{240}{R_e}}$	4,0	38	31
		$0,506\sqrt{k_\tau\dfrac{E}{\tau}}$	5,34	47	39
einseitig gelagerter Plattenstreifen / freier Rand		$305\sqrt{\dfrac{k_\sigma}{R_e}}$	23,8	96	78
			1,70	26	21
			0,43	13	11
			0,57	15	12
			0,85	18	15

[1] Für Nachweisverfahren Elastisch–Elastisch
[2] $(b/t)_{\text{grenz}}$-Werte für beliebigen Spannungsverlauf s. DIN 18800-1
[3] Mit $\sigma \cdot 1,1 = \tau \cdot 1,1 \cdot \sqrt{3} = R_e$

6

TB 6-8 Zuordnung der Druckstabquerschnitte zu den Knickspannungslinien nach TB 6-9 (DIN 18 800-1)

Querschnitt		Ausweichen rechtwinklig zur Achse	Knick-spannungslinie
Hohlprofile	warm gefertigt	$x - x$ $y - y$	a
	kalt gefertigt	$x - x$ $y - y$	b
geschweißte Kastenquerschnitte		$x - x$ $y - y$	b
	dicke Schweißnaht[1] und $\left.\begin{array}{l} h_x/t_x < 30 \\ h_y/t_y < 30 \end{array}\right\}$	$x - x$ $y - y$	c
gewalzte I-Profile	$h/b > 1{,}2; \quad t \le 40$ mm	$x - x$ $y - y$	a b
	$h/b > 1{,}2; \quad 40 < t \le 80$ mm $h/b \le 1{,}2; \qquad t \le 80$ mm	$x - x$ $y - y$	b c
	$t > 80$ mm	$x - x$ $y - y$	d
geschweißte I-Querschnitte	$t_i \le 40$ mm	$x - x$ $y - y$	b c
	$t_i > 40$ mm	$x - x$ $y - y$	c d
U-, L-, T- und Vollquerschnitte und mehrteilige Stäbe nach 6.3.1-3.3		$x - x$ $y - y$	c

[1] Als dicke Schweißnähte sind solche mit einer vorhandenen Nahtdicke $a \ge t_{min}$ zu verstehen.

Hinweis: Hier nicht aufgeführte Profile sind sinngemäß einzuordnen. Die Einordnung soll dabei nach den möglichen Eigenspannungen und Blechdicken erfolgen.

TB 6-9 Abminderungsfaktoren κ für Biegeknicken (Knickspannungslinien a, b, c und d für Querschnitte nach TB 6-8)

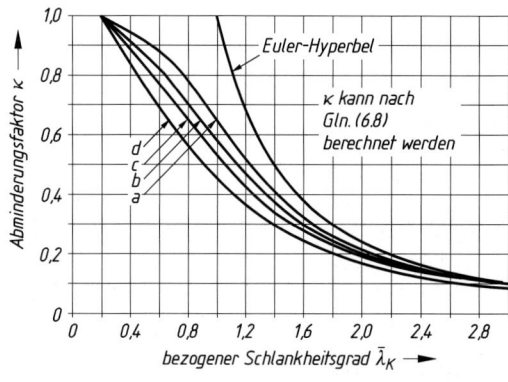

TB 6-10 Momentenbeiwerte β_m für Biegeknicken (DIN 18800-1, Auszug)

Momentenverlauf	β_m
Stabendmomente M_1 ◿ $\psi \cdot M_1$ $-1 \leq \psi \leq 1$	$\beta_{m\psi} = 0{,}66 + 0{,}44\psi$ jedoch $\beta_{m\psi} \geq 1 - \dfrac{1}{\eta_{ki}}$ [1] und $\quad \beta_{m\psi} \geq 0{,}44$ [2]
Momente aus Querlast M M	$\beta_m = 1{,}0$

[1] Verzweigungslastfaktor des Systems $\eta_{ki} = F_{ki}/F$, mit Eulerscher Knicklast $F_{ki} = \pi^2 \cdot E \cdot I / (l_k^2 \cdot S_M)$ und einwirkender Druckkraft F.

[2] $\beta_m \leq 1$ ist nur zulässig bei Stäben mit unverschieblicher Lagerung der Stabenden, gleichbleibendem Querschnitt, konstanter Druckkraft und ohne Querlast.

TB 6-11 Zulässige Spannungen in N/mm² für Schweißnähte beim allgemeinen Spannungsnachweis[1] im Kranbau nach DIN 15018-1

Spalte	a		b	c	d	e	f	g
Zeile	Nahtart		Nahtgüte[2]	Spannungsart[3]	Werkstoff			
					S235JRG2		S355J2G3	
					Lastfall[5]			
		Bild			H	HZ	H	HZ
1	Stumpfnaht	6–11	alle Nahtgüten	Zug $\quad \sigma_{\perp z\,zul}$ Druck $\quad \sigma_{\perp d\,zul}$	160	180	240	270
2	DHV-Naht (K-Naht)	6–14a	Sondergüte	Zug[4] $\quad \sigma_{\perp z\,zul}$	160	180	240	270
3			alle Nahtgüten	Druck $\quad \sigma_{\perp d\,zul}$				
4	alle Nähte			Vergleichswert $\sigma_{wv\,zul}$				
5	DHY-Naht (K-Stegnaht)	6–14d	Normalgüte	Zug[4] $\quad \sigma_{\perp z\,zul}$	140	160	210	240
6	Kehlnaht	6–13	alle Nahtgüten	Druck $\quad \sigma_{\perp d\,zul}$	130	145	195	220
7				Zug[4] $\quad \sigma_{\perp z\,zul}$	113	127	170	191
8	alle Nähte			Schub in Nahtrichtung $\tau_{w\,zul}$				

[1] Außer dem allgemeinen Spannungsnachweis auf Sicherheit gegen Erreichen der Fließgrenze ist für Krane mit mehr als 20 000 Spannungsspielen noch ein Betriebsfestigkeitsnachweis auf Sicherheit gegen Bruch bei zeitlich veränderlichen, häufig wiederholten Spannungen für die Lastfälle H zu führen. Zulässige Spannungen beim Betriebsfestigkeitsnachweis s. Normblatt.

[2] Neben Schweißnähten mit den im Stahlbau üblichen Anforderungen sind im Kranbau Schweißnähte mit weitergehenden Güteeigenschaften festgelegt, s. DIN 15018-1 und DIN 18800-7. So muss bei der DHV-Naht-Sondergüte zusätzlich die Wurzel ausgeräumt und durchgeschweißt und der Nahtübergang kerbfrei, erforderlichenfalls bearbeitet, sein.

[3] Gilt für Spannungen senkrecht zur Nahtrichtung (außer Zeilen 4 und 8). Für Spannungen in der Nahtrichtung gelten die Werte für Bauteile nach TB 3-3a.

[4] Zerstörungsfreie Prüfung des quer zu seiner Ebene auf Zug beanspruchten Bleches auf Doppelung und Strukturfehler im Nahtbereich (z. B. Durchschallung) erforderlich.

[5] Für die Lastfälle HS sind die 1,1fachen Spannungen des Lastfalles HZ zulässig.

TB 6-12 Beispiele für die Ausführung von Schweißverbindungen im Maschinenbau nach DS 95201 zugehörige Spannungslinien siehe TB 6-13

Linie nach TB 6-13	Anordnung, Stoß- und Nahtform, Belastung, Prüfung	
	Darstellung	Beschreibung
A		Auf Biegung oder durch Längskraft beanspruchte *nicht geschweißte Bauteile* (Vollstab).
B		1. *Bauteil mit* quer zur Kraftrichtung beanspruchter *Stumpfnaht*. Wurzel gegengeschweißt, Schweißnaht kerbfrei bearbeitet und 100 % durchstrahlt. 2. *Bauteile verschiedener Dicke mit* quer zur Kraftrichtung beanspruchter *Stumpfnaht*. Wurzel gegengeschweißt, Schweißnaht kerbfrei bearbeitet und 100 % durchstrahlt. 3. *Trägerstegblech*: Querkraft-Biegung mit überlagerter Längskraft. Wurzel gegengeschweißt, Schweißnaht kerbfrei bearbeitet und 100 % durchstrahlt. 4. *Bauteile mit* längs zur Kraftrichtung beanspruchter *Stumpfnaht*. Wurzel gegengeschweißt, Schweißnaht kerbfrei bearbeitet und 100 % durchstrahlt. 5. *Bauteile mit* längs zur Kraftrichtung beanspruchten *DHV-(K-) oder Kehlnähten*. Schweißnahtübergänge ggf. bearbeitet und auf Risse geprüft. 6. *Blechkonstruktionen* mit Gurtstößen (R ≥ 0,5 b). Wurzeln gegengeschweißt, Schweißnähte in Kraftrichtung bearbeitet und 100 % durchstrahlt.
C		1. *Durchlaufendes Bauteil* mit nicht belasteten Querversteifungen. DHV-(K-) Nähte kerbfrei bearbeitet und auf Risse geprüft. 2. *Durchlaufendes Bauteil* mit angeschweißten Scheiben. DHV-(K-) Nähte kerbfrei bearbeitet und auf Risse geprüft.
D		1. *Bauteile mit* quer zur Kraftrichtung beanspruchter *Stumpfnaht*. Wurzel gegengeschweißt. Schweißnaht stichprobenweise (mindestens 10 %) durchstrahlt. 2. *Bauteile mit* längs zur Kraftrichtung beanspruchter *Stumpfnaht*. Wurzel gegengeschweißt. Schweißnaht stichprobenweise (mindestens 10 %) durchstrahlt. 3. *Trägerstegbleche*: Querkraftbiegung mit überlagerter Längskraft. Wurzel gegengeschweißt. Schweißnaht stichprobenweise (mindestens 10 %) durchstrahlt. 4. *Rohrverbindungen* mit unterlegten Stumpfnähten. Schweißnähte stichprobenweise (mindestens 10 %) durchstrahlt. 5. *Blechkonstruktionen* mit Stumpfstößen in Eckverbindungen (R ≥ 0,5 b). Wurzeln gegengeschweißt. Schweißnähte stichprobenweise (mindestens 10 %) durchstrahlt.

TB 6-12 Fortsetzung

Linie nach TB 6-13	Anordnung, Stoß- und Nahtform, Belastung, Prüfung	
	Darstellung	Beschreibung
E1		1. *Bauteil mit* quer zur Kraftrichtung beanspruchter *Stumpfnaht.* Abhängig von den Anforderungen: Wurzel gegengeschweißt, nicht gegengeschweißt. Schweißnähte nicht bearbeitet. 2. *Bauteile mit* längs zur Kraftrichtung beanspruchter *Stumpfnaht.* Schweißnaht nicht bearbeitet. 3. *Trägerstegbleche*: Querkraftbiegung mit überlagerter Längskraft. Abhängig von den Anforderungen: Wurzel gegengeschweißt, nicht gegengeschweißt. Schweißnaht nicht bearbeitet. 4. *Eckverbindungen* mit Stumpfstößen und Eckblechen. Schweißnähte nicht bearbeitet. 5. *Rohrverbindung* (auch mit Vollstab) mit quer zur Kraftrichtung beanspruchter *Stumpfnaht.* Schweißnaht nicht bearbeitet. 6. *Verbindung verschiedener Werkstoffdicken* durch eine Stumpfnaht. Wurzel gegengeschweißt. Schweißnaht nicht bearbeitet. 7. Durch *Kreuzstoß* mittels DHV-(K-) Nähten verbundene Bauteile. Schweißnähte bearbeitet. (Nicht bearbeitete Nähte: Linie E5) 8. Durch DHV-(K-) Nähte verbundene, auf *Biegung und Schub* beanspruchte Bauteile. Schweißnähte bearbeitet. (Nicht bearbeitete Nähte: Linie E5).
E5		9. *Durchlaufendes Bauteil*, an das quer zur Kraftrichtung Teile mit bearbeiteten DHV-(K-) Nähten angeschweißt sind. 10. *Bauteil mit* aufgeschweißter *Gurtplatte*. Die Kehlnähte sind an den Stirnflächen bearbeitet. (Nicht bearbeitete Nähte: Linie F).
F		1. *Stumpfstöße von Profilen* ohne Eckbleche. Schweißnähte nicht bearbeitet. 2. *Durchlaufendes Bauteil* mit einem durch nichtbearbeitete Kehlnähte aufgeschweißtem Bauteil. 3. *Durchlaufendes Bauteil* mit einem durchgesteckten, durch Kehlnähte verbundenen Bauteil. Die Schweißnähte sind nicht bearbeitet. 4. Durch *Kreuzstoß* mittels Kehlnähten verbundene Bauteile. Die Schweißnähte sind nicht bearbeitet. 5. Auf *Schub und Biegung* durch nicht bearbeitete Kehlnähte verbundene Bauteile.
G		*Stegblechquerstoß*, maximale Schubbeanspruchung in Trägernulllinie. Die Linie gilt auch für auf *Torsion* beanspruchte, *nicht geschweißte* Bauteile.
H		*Schubverbindung* mit DHV-(K-) oder Kehlnähten zwischen Stegblech und Gurt bei Biegeträgern (Halsnähte).

6

TB 6-13 Zulässige Spannungen für Schweißverbindungen im Maschinenbau nach DS 95201 (Werkstückdicke ≤ 10 mm)
Erläuterung der Spannungslinien A bis H siehe TB 6-12

a) für Bauteile aus S235JRG2

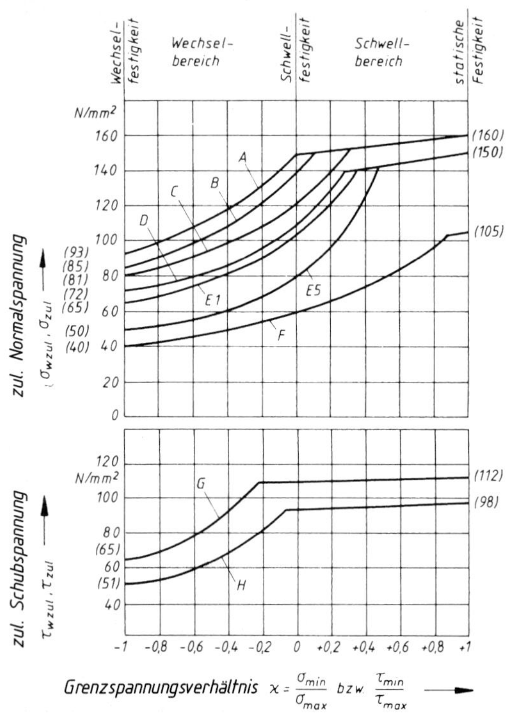

b) für Bauteile aus S355J2G3

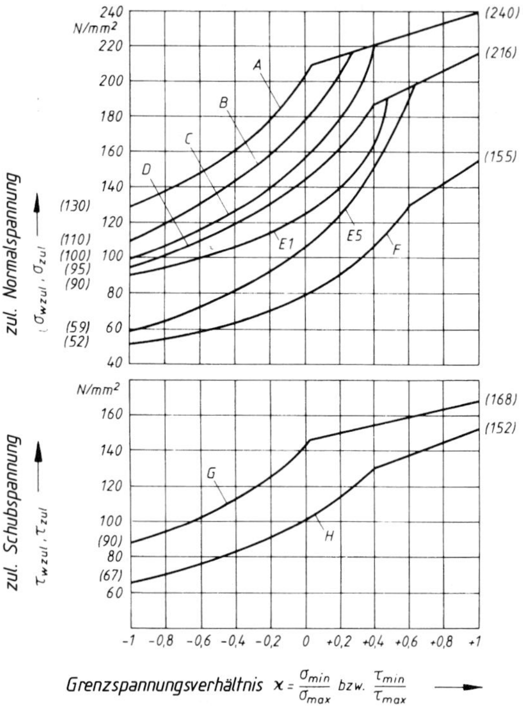

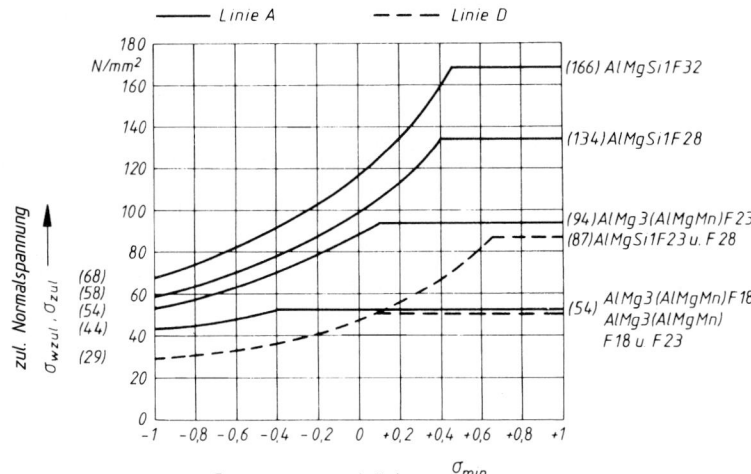

c) für Bauteile aus AlMgSi1 und AlMg3 (AlMgMn)
Grundwerkstoff mit Walzhaut, Schweißraupe nicht bearbeitet

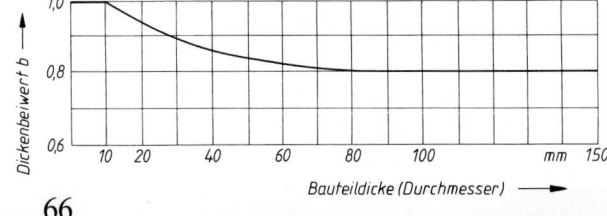

Beachte: Bei Vollquerschnitten sind die Festigkeitswerte bei Biegung mit 1,2 und bei Schub mit 0,65 zu multiplizieren

TB 6-14 Dickenbeiwert für geschweißte Bauteile im Maschinenbau nach DS 95201

TB 6-15 Festigkeitskennwerte K im Druckbehälterbau bei erhöhten Temperaturen

a) für Flacherzeugnisse aus Druckbehälterstählen (warmfeste Stähle) nach DIN EN 10028-2

1. 0,2%-Dehngrenze bei erhöhten Temperaturen (Mindestwerte)[1]

Stahlsorte Kurzname	Werkstoffnummer	Erzeugnisdicke[2] mm über	bis	Zugfestigkeit N/mm²	Streckgrenze R_{eH} (bzw. $R_{p0,2}$) N/mm²	50	100	150	200	250	300	350	400	450	500
						\multicolumn{10}{Festigkeitskennwert K[1] in N/mm² bei der Berechnungstemperatur in °C 0,2%-Dehngrenze $R_{p0,2/\theta}$}									
P235GH	1.0345		16	360 bis 480	235	206	190	180	170	150	130	120	110	–	–
		16	40		225										
		40	60		215										
P265GH	1.0425		16	410 bis 530	265	234	215	205	195	175	155	140	130	–	–
		16	40		255										
		40	60		245										
P295GH	1.0481		16	460 bis 580	295	272	250	235	225	205	185	170	155	–	–
		16	40		290										
		40	60		285										
P355GH	1.0473		16	510 bis 650	355	318	290	270	255	235	215	200	180	–	–
		16	40		345										
		40	60		335										
16Mo3	1.5415		16	440 bis 590	275	–	–	–	215	200	170	160	150	145	140
		16	40		270										
		40	60		260										
13CrMo4-5	1.7335	16	16	450 bis 600	300	–	–	–	230	220	205	190	180	170	165
			60		295										
10CrMo9-10	1.7380		16	480 bis 630	310	–	–	–	245	230	220	210	200	190	180
		16	40		300										
		40	60		290										
11CrMo9-10	1.7383		60	520 bis 670	310	–	–	–	–	255	235	225	215	205	195

2. Langzeitwarmfestigkeitswerte (Mittelwerte)[3]

Festigkeitskennwerte K in N/mm² für Stahlsorte

Berechnungstemperatur °C	1%-Zeitdehngrenze für 100000 h $R_{p1,0/10^5/\theta}$ P235GH P265GH	P295GH P355GH	16Mo3	13CrMo4-5	10CrMo9-10	11CrMo9-10	Zeitstandfestigkeit für 100000 h $R_{m/10^5/\theta}$ P235GH P265GH	P295GH P355GH	16Mo3	13CrMo4-5	10CrMo9-10	11CrMo9-10
380	118	153					165	227				
390	106	137					148	203				
400	95	118					132	179				
410	84	105					118	157				
420	73	92					103	136				
430	65	80					91	117				
440	57	69					79	100				
450	49	59	167	191	166	keine	69	85	239	285	221	221
460	42	51	146	172	155		59	73	208	251	205	205
470	35	44	126	152	145	Angaben	50	63	178	220	188	188
480	30	38	107	133	130		42	55	148	190	170	170
490		33	89	116	116			47	123	163	152	152
500		29	73	98	103			41	101	137	135	135
510			59	83	90				81	116	118	118
520			46	70	78				66	94	103	103
530			36	57	68				53	78	90	
540				46	58					61	78	
550				36	49					49	68	
560				30	41					40	58	
570				24	35					33	51	
580					30						44	
590					26						38	
600					22						34	

[1] Für Temperaturen zwischen 20 und 50 °C ist linear zwischen den für Raumtemperatur und 50 °C angegebenen Werten zu interpolieren; dabei ist von der Raumtemperatur auszugehen, und zwar von dem für die jeweilige Erzeugnisdicke angegebenen Streckgrenzenwert.

[2] Festigkeitskennwerte für Erzeugnisdicken > 60 mm s. Normblatt.

[3] Die Angaben von Festigkeitskennwerten bis zu den aufgeführten Temperaturen bedeuten nicht, dass die Stähle im Dauerbetrieb bis zu diesen Temperaturen eingesetzt werden können. Maßgebend dafür sind die Gesamtbeanspruchung im Betrieb, besonders die Verzunderungsbedingungen.

[4] Beanspruchung, bei welcher nach 100000 h eine bleibende Dehnung von 1% gemessen wird. Anhaltswerte für 10000 h s. Normblatt.

[5] Beanspruchung, bei welcher ein Bruch nach 100000 h eintritt. Anhaltswerte für 10000 h und 200000 h s. Normblatt.

b) für sonstige Stähle, Gusswerkstoffe und NE-Metalle (Auswahl nach AD-Merkblätter Reihe W)

Werkstoff Art Verwendung	Kurzname	Kennwert	zulässig bis Produktwert[7]	Festigkeitskennwerte K[6] in N/mm² bei der Berechnungstemperatur in °C										
				20	100	150	200	250	300	350	400	450	500	550
Allgemeine Baustähle nach DIN EN 10025 Bleche, Bänder, warmgewalzte Teile, Schmiedestücke	S235JRG1, S235JRG2, S235J2G3	R_{eH}	$D_i \cdot p_e$ $\leq 20\,000$	235	187	—	161	143	122	—	—	—	—	—
	S275JR, S275J2G3			275	220	—	190	180	150	—	—	—	—	—
	S355J2G3, S355K2G3			355	254	—	226	206	186	—	—	—	—	—
Nahtlose und geschweißte Rohre aus unlegierten Stählen nach DIN 1626 1628, 1629 und 1630 und warmfesten Stählen nach DIN 17175	St37.0, St37.4	$R_{p0,2}$	8)	235	—	—	185	165	140	—	—	—	—	—
	St44.0, St44.4			275	—	—	215	195	165	—	—	—	—	—
	St52.0, St52.4			355	—	—	245	225	195	—	—	—	—	—
	St35.8			235	—	—	185	165	140	120	110	105	—	—
	St45.8			255	—	—	205	185	160	140	130	125	—	—
	15Mo3			270	—	—	225	205	180	170	160	155	150	—
	13CrMo4-4			290	—	—	240	230	215	200	190	180	175	—
Nicht rostende (austenitische) Stähle nach DIN 17440, 17441, 17457 und 17458 Bleche, Rohre, Stäbe, Schmiedestücke	X5CrNi8-10	$R_{p1,0}$		230	191	172	157	145	135	129	125	122	120	120
	X5CrNiMo17-12-2			240	211	191	177	167	156	150	144	141	139	137
	X6CrNiMoTi17-12-2			245	218	206	196	186	175	169	164	160	158	157
	X2CrNiMoN17-13-3			330	260	227	208	195	185	180	175	170	168	166
Stahlguss ferritisch, warmfest, ferritisch, nicht rostend und kaltzäh nach DIN 1681, 17245, 17182, 17445 und SEW 685	GS-38	$R_{p0,2}$		200	181	167	157	137	118	—	—	—	—	—
	GS-45			230	216	196	176	157	137	—	—	—	—	—
	GS-C25N			245	—	—	175	—	145	135	130	125	—	—
	GS-20Mn5N			300	216	205	197	193	186	178	—	—	—	—
	GS-20Mn5V			360	264	253	246	241	234	226	—	—	—	—
	G-X5CrNi 13-4			550	515	500	485	470	455	440	—	—	—	—
	GS-26CrMo 4			340	220	200	195	190	180	—	—	—	—	—
	G-X6CrNi 18-10			180	130	115	105	95	90	—	—	—	—	—
Gusseisen mit Kugelgraphit nach DIN EN 1563	EN-GJS-350-22-LT	$R_{p0,2}$	$l \cdot p_e$ —	220	210	200	180	170	150	140	—	—	—	—
	EN-GJS-400-18-LT		$\leq(100\,000)$	250	240	230	210	200	180	160	—	—	—	—
	EN-GJS-500-7		$\leq 80\,000$	320	300	290	270	250	230	200	—	—	—	—
	EN-GJS-600-3		$\leq 65\,000$	380	360	350	330	310	280	230	—	—	—	—
	EN-GJS-700-2		$\leq 65\,000$	440	420	410	390	370	340	300	—	—	—	—
Aluminium und Aluminiumlegierungen (Knetwerkstoffe)[9] Bleche, nahtlose Rohre, Profile, Stangen	Al99,8W6 und F6	$R_{p1,0}$		22	18	—	—	—	—	—	—	—	—	—
	Al99,5W7, F7 und F8	$R_{p1,0}$		30	27	—	—	—	—	—	—	—	—	—
	AlMg2Mn0,8F20	$R_{m/10^5}$		—	(120)	60	25	20	—	—	—	—	—	—
	AlMg4,5MnF27, W28	$R_{p0,2}$		125	(120)	—	—	—	—	—	—	—	—	—
	AlMg2Mn0,8W18, F19	$R_{m/10^5}$			(100)	48	22	16	—	—	—	—	—	—
Kupfer und Kupferlegierungen[10]	SF-Cu F20	R_m		200	200	175	150	125	—	—	—	—	—	—
	SF-Cu F20	$R_{p1,0}$		60	55	55	—	—	—	—	—	—	—	—
	CuZn40 F34	$R_{p1,0}$		140	137	137	132	—	—	—	—	—	—	—
	CuZn28Sn1 F36	$R_{p1,0}$		150	144	140	135	—	—	—	—	—	—	—

Für Gusseisen mit Lamellengraphit nach DIN EN 1561 und austenitisches Gusseisen nach DIN 1694 darf bis zu einer Wandtemperatur von 300 °C bzw. 350 °C für K die Zugfestigkeit bei Raumtemperatur eingesetzt werden (Wanddickeneinfluss berücksichtigen!)

[6] Die für 20 °C angegebenen Werte gelten bis 50 °C, die bis 100 °C angegebenen Werte bis 120 °C (außer bei Al und Cu). In den übrigen Bereichen ist zwischen den angegebenen Werten linear zu interpolieren, wobei eine Aufrundung nicht zulässig ist. Die angegebenen Festigkeitswerte sind abhängig von der Erzeugnisdicke. Für Dicken bei St über 16 mm und bei GJS und GS über 40 mm s. AD-Merkblätter.

[7] Die Zeichen bedeuten: p_e innerer Überdruck in bar, D_i innerer Durchmesser des Behälters in mm, l Behälterinhalt in Liter.

[8] s. AD-Merkblätter W4 und W12.

[9] Die für 20 °C angegebenen Werte gelten im Temperaturbereich von −270 °C bis +20 °C.

[10] Zeitdehngrenzwerte und zulässige Spannungen K/S in Abhängigkeit von Temperatur und Auslegungsdauer s AD-Merkblatt W6/2.

TB 6-16 Berechnungstemperatur für Druckbehälter nach AD-Merkblatt B0

Beheizung	Berechnungstemperatur
keine	höchste Temperatur des Beschickungsgutes
durch Gase, Dämpfe oder Flüssigkeiten	höchste Temperatur des Heizmittels
Feuer-, Abgas- oder elektrische Beheizung	höchste Temperatur des Beschickungsgutes $+20\,°C$ bei abgedeckter Wand $+50\,°C$ bei unmittelbar berührter Wand

TB 6-17 Sicherheitsbeiwerte[1] für Druckbehälter nach AD-Merkblatt B0 (Auszug)

Sicherheit gegen	Werkstoff und Ausführung	Sicherheitsbeiwert S für den Werkstoff bei Berechnungstemperatur	Sicherheitsbeiwert S' beim Prüfdruck p' $p' = 1,3 \cdot p$
Streck-, Dehngrenze oder Zeitstandfestigkeit (R_e, $R_{p\,0,2/\vartheta}$ oder $R_{m/10^5/\vartheta}$)	Walz- und Schmiedestähle	1,5	1,1
	Stahlguss	2,0	1,5
	Gusseisen mit Kugelgraphit nach DIN EN 1563 EN-GJS-700-2 EN-GJS-600-3 EN-GJS-500-7 EN-GJS-400-15 EN-GJS-400-18-LT EN-GJS-350-22-LT	5,0 4,0 3,5 2,4	2,5 2,0 1,7 1,2
	Aluminium und Aluminium-legierungen (Knetwerkstoffe)	1,5	1,1
Zugfestigkeit (R_m)	Gusseisen (Grauguss) nach DIN EN 1561 – ungeglüht – geglüht oder emailliert	9,0[2] 7,0[3]	3,5 3,5
	Kupfer und Kupferlegierungen einschließlich Walz- und Gussbronze – bei nahtlosen und geschweißten Behältern – bei gelöteten Behältern	3,5 4,0	2,5 2,5

[1] Bei allen Nachweisen für äußeren Überdruck gelten um 20 % höhere Werte (ausgenommen Grauguss und Gussbronze).
[2] Für gewölbte Böden 7,0.
[3] Für gewölbte Böden 6,0.

TB 6-18 Berechnungsbeiwerte C für ebene Platten und Böden nach AD-Merkblatt B5 (Auszug)

Ausführungsform	Bild	Voraussetzungen					C
Gekrempter ebener Boden	6-50a	Krempenhalbmesser $r \geq 1,3t$ bzw.					0,30
		bei D_a mm	bis 500	> 500 ≤ 1400	> 1400 ≤ 1600	> 1600 ≤ 1900	über 1900
		r mind. mm	30	35	40	45	50
		Bordhöhe: $h \geq 3,5\,t$					
Beidseitig eingeschweißte Platte	6-50b	Plattenwanddicke: $\quad t \leq 3\,t_1$ $\qquad\qquad\qquad\quad t > 3\,t_1$					0,35 0,40
Ebene Platte mit Entlastungsnut	6-50c	$t_R \geq p_e\,(0,5\,D - r)\,\dfrac{1,3 \cdot S}{K}$, mindestens 5 mm; wenn $D_a > 1,2D : t_R \leq 0,77\,t_1$ $r \geq 0,2\,t$, mindestens 5 mm					0,40
Platte an einer Flanschverbindung mit durchgehender Dichtung	6-50d	$D \geq D_i$					0,35

6

69

7 Nietverbindungen

TB 7-1 Vereinfachte Darstellung von Verbindungselementen für den Zusammenbau nach DIN ISO 5845-1

Darstellung in der Zeichenebene parallel zur Achse der Verbindungselemente				
Loch	ohne Senkung	Loch Senkung auf einer Seite	Senkung auf beiden Seiten	Schraube mit Lageangabe der Mutter
in der Werkstatt gebohrt				───────
auf der Baustelle gebohrt				───────
Schraube oder Niet				
in der Werkstatt eingebaut				
auf der Baustelle eingebaut				
Loch auf der Baustelle gebohrt und Schraube oder Niet auf der Baustelle eingebaut				

Darstellung in der Zeichenebene senkrecht zur Achse der Verbindungselemente				
Loch und Schraube oder Niet	ohne Senkung	Loch Senkung auf der Vorderseite	Senkung auf der Rückseite	Senkung auf beiden Seiten
in der Werkstatt gebohrt und eingebaut				
in der Werkstatt gebohrt und auf der Baustelle eingebaut				
auf der Baustelle gebohrt und eingebaut				

Anwendungsbeispiel:

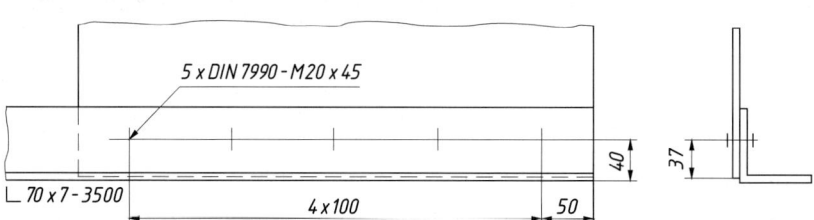

70

TB 7-2 Zulässige Rand- und Lochabstände von Nieten und Schrauben

Abstand		Bezeichnung (Bild 7-13)	d = Lochdurchmesser, t = Dicke des dünnsten außenliegenden Teiles		
			Stahlbau[4)] DIN 18800-1	**Kranbau** DIN 15018-2	**Aluminiumkonstruktionen** DIN 4113-1
kleinster Randabstand	in Kraftrichtung	e_1	$1,2\,d$ $(3d)$	$2\,d$	
	senkrecht zur Kraftrichtung	e_2	$1,2\,d$ $(1,5\,d)$	$1,5\,d$	
größter Randabstand[1) 2)]		e_1 e_2	$3\,d$ oder $6\,t$ $(8\,t)$	$4\,d$ oder $8\,t$ $(10\,t)$	$10\,t$ $(15\,t)$
kleinster Lochabstand	in Kraftrichtung	e	$2,2\,d$ $(3,5\,d)$	$3d$	
	senkrecht zur Kraftrichtung	e_3	$2,4\,d$ $(3\,d)$		
größter Lochabstand[1)]	im Druckbereich	e bzw. e_3	$6\,d$ oder $12\,t$	$6\,d$ oder $12\,t^{3)}$	$15\,t$
	im Zugbereich Heftverbindungen		$10\,d$ oder $20\,t$		$40\,t$

[1)] Der jeweils kleinere Wert ist maßgebend.
[2)] Größere Werte in ( ) gelten für Stab- und Formstähle am ausreichend versteiften Rand (s. Bild 7-13).
[3)] In untergeordneten Bauteilen oder wenn die Spannungen in den Schrauben und Nieten unter 50 % der zulässigen Werte liegen, sind größere Lochabstände zugelassen (s. DIN 15018-2).
[4)] Der größtmögliche rechnerisch nutzbare Lochleibungsdruck wird mit den in ( ) angegebenen Rand- und Lochabständen erreicht.

7

TB 7-3 Blindniete mit Sollbruchdorn nach DIN 7337, Bild 7-2

Maße in mm

Nenndurchmesser d_1		Kopfdurchmesser d_2 Form		Kopfhöhe k Form		Mindest-Scherkraft (einschnittig) in N darunter Mindest-Zugkraft in N für Niethülse aus					
Reihe 1	Reihe 2	A[1)]	B[1)]	A[1)]	B[1)]	Al	St	A2	NiCu	CuNi	Cu
–	2,4	5	–	0,55	–	300 300	–	–	–	–	–
3	–	6,5	6	0,8	0,9	500 400	800 900	1600 2000	–	800 900	600 700
–	3,2	6,5	6	0,8	0,9	600 500	1000 1100	1800 2300	1400 2000	1000 1100	700 800
4	–	8	7,5	1	1	800 800	1500 2000	2500 3500	2000 2800	1500 2000	1000 1500
–	4,8	9,5	9	1,1	1,2	1400 1200	2400 3000	3800 4500	3300 3500	2300 3000	– –
5	–	9,5	9	1,1	1,2	1600 1300	2600 3200	4200 5000	–	–	–
6	–	12	11	1,5	1,5	2500 2000	3300 3800	–	–	–	–
–	6,4	13	12	1,8	1,6	2800 2100	3600 4000	–	–	–	–

[1)] Form A: Flachkopf   Form B: Senkkopf mit Senkwinkel 120°

Stufung der Länge l: 4 6 8 10 12 16 20 25 30 35 40 45 50
Klemmlängenbereiche für handelsübliche Längen l siehe Normblatt. Faustregel: erforderliche Nietlänge $l \approx \Sigma t + d_1$.
Nietlochdurchmesser $d = d_1 + 0,1$ mm.

TB 7-4 Richtwerte für Nietverbindungen im Stahl- und Kranbau

Rohnietdurchmesser d_1	mm	10	12	(14)	16	(18)	20	(22)	24	(27)	30	(33)	36
Nietlänge $l^{1)}$ (DIN 124 und DIN 302)	mm	16 (10) bis 50 (52)	18 (14) bis 60	20 (18) bis 70	24 bis 80	26 bis 90	30 bis 100	34 (32) bis 110	38 (36) bis 120	42 (40) bis 135	50 (45) bis 150	55 (50) bis 160	62 (55) bis 160
Durchmesser des geschlagenen Nietes Nietlochdurchmesser d	mm	10,5	13	15	17	19	21	23	25	28	31	34	37
Niet-(Loch-)Querschnitt $A = \dfrac{d^2 \cdot \pi}{4}$	mm²	87	133	177	227	284	346	415	491	616	755	908	1075
Grenzwerte der Blechdicke t_{lim} mm — Stahlbau³⁾ einschnittig		(2,3)	(2,8)	3,2	3,7	4,1	4,5	5,0	5,4	6,0	6,7	7,3	8,0
zweischnittig		4,5	5,6	6,5	7,3	8,2	9,1	9,9	10,8	12,1	13,4	14,7	16,0
Kranbau einschnittig		3,3	4,1	4,7	5,3	6,0	6,6	7,2	7,9	8,8	9,7	10,7	11,6
zweischnittig		6,6	8,2	9,4	10,7	11,9	13,2	14,4	15,7	17,6	19,5	21,4	23,2
Kleinste zu verbindende Blechdicke t mm konstruktiv gut möglich		4 … 5	4 … 6		6 … 8		8 … 11	10 … 14	13 … 17	16 … 21	16 … 21	20 …	
			4 … 7		5 … 10		6 … 13	8 … 17	11 … 20	14 … 24	14 … 24	18 …	
zugehörige Schraubendurchmesser		–	M12	–	M16	–	M20	M22	M24	M27	M30	–	M36

Eingeklammerte Größen möglichst vermeiden.

1) Stufung der Nietlänge l: 10 12 14 usw. bis 40, dann 42 45 48 50 usw. bis 80, dann 85 90 95 usw. bis 160 mm. Werte in ( ) für Senkniete nach DIN 302.
2) Bei ausgeführten Blechdicken $t_{min} > t_{lim}$ sind die Niete auf Abscheren und bei $t_{min} < t_{lim}$ auf Lochleibungsdruck zu berechnen.
3) Für Bauteile aus S235, Niete aus USt36 und Loch- und Randabständen für größte Lochleibungstragfähigkeit nach TB 7-2.

TB 7-5 Zulässige Wechselspannungen $\sigma_{W\,zul}$ in N/mm² für gelochte Bauteile aus S235 (S355) nach DIN 15018-1

Häufigkeit der Höchstlast	Gesamte Anzahl der vorgesehenen Spannungsspiele			
	über $2 \cdot 10^4$ bis $2 \cdot 10^5$	über $2 \cdot 10^5$ bis $6 \cdot 10^5$	über $6 \cdot 10^5$ bis $2 \cdot 10^6$	über $2 \cdot 10^6$
	Gelegentliche nicht regelmäßige Benutzung mit langen Ruhezeiten	Regelmäßige Benutzung bei unterbrochenem Betrieb	Regelmäßige Benutzung im Dauerbetrieb	Regelmäßige Benutzung im angestrengten Dauerbetrieb
selten	168 (199)	141 (161)	118 (129)	100 (104)
mittel	141 (160)	119 (129)	100 (104)	84 (84)
ständig	119 (129)	100 (104)	84 (84)	84 (84)

Für schwellende Beanspruchung auf Zug gelten die 1,6̄-fachen Werte.
Die zulässigen Spannungen entsprechen bei einer Sicherheit $S_D = 4/3$ den ertragbaren Spannungen bei 90 % Überlebenswahrscheinlichkeit.

7

TB 7-6 Zulässige Spannungen in N/mm² für Nietverbindungen aus thermoplastischen Kunststoffen (nach Erhard/Strickle)

Spannungsart	Bauteile und Niete aus			
	Polyoxymethylen Polyamid POM, PA66	Polyamid mit Glasfaserzusatz GF-PA	Polycarbonat PC	Acrylnitril-Butadien-Styrol ABS
Abscheren $\tau_{a\,zul}$	8	12	7	3
Lochleibungs-druck $\sigma_{l\,zul}$	20	30	17	8

Werte gelten für spitzgegossene Niete. Beim Warmstauchen gelten die 0,8-fachen und beim Ultraschall-Nieten die 0,9-fachen Werte.

73

8 Schraubenverbindungen

TB 8-1 Metrisches ISO-Gewinde (Regelgewinde) nach DIN 13 T1 (Auszug)

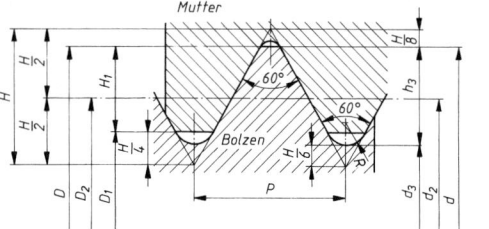

$$H = 0,86603P$$
$$h_3 = 0,61343P$$
$$H_1 = 0,54127P$$
$$R = \frac{H}{6} = 0,14434P$$

Maße in mm

Gewinde-Nenn-durchmesser $d = D$		Stei-gung	Flanken-durch-messer	Kern-durchmesser		Gewindetiefe		Span-nungs-quer-schnitt[1] A_s	Kern-quer-schnitt[1] A_3	Stei-gungs-winkel[1] φ
Reihe 1	Reihe 2	P	$d_2 = D_2$	d_3	D_1	h_3	H_1	mm²	mm²	Grad
1		0,25	0,838	0,693	0,729	0,153	0,135	0,460	0,377	5,43
1,2		0,25	1,038	0,893	0,929	0,153	0,135	0,732	0,626	4,38
1,6		0,35	1,373	1,170	1,221	0,215	0,189	1,27	1,075	4,64
2		0,4	1,740	1,509	1,567	0,245	0,217	2,07	1,788	4,19
2,5		0,45	2,208	1,948	2,013	0,276	0,244	3,39	2,980	3,71
3		0,5	2,675	2,387	2,459	0,307	0,271	5,03	4,475	3,41
	3,5	0,6	3,110	2,765	2,850	0,368	0,325	6,78	6,000	3,51
4		0,7	3,545	3,141	3,242	0,429	0,379	8,78	7,749	3,60
	4,5	0,75	4,013	3,580	3,688	0,460	0,406	11,3	10,07	3,41
5		0,8	4,480	4,019	4,134	0,491	0,433	14,2	12,69	3,25
6		1	5,350	4,773	4,917	0,613	0,541	20,1	17,89	3,41
8		1,25	7,188	6,466	6,647	0,767	0,677	36,6	32,84	3,17
	(9)	1,25	8,188	7,466	7,647	0,767	0,677	48,1	43,78	2,78
10		1,5	9,026	8,160	8,376	0,920	0,812	58,0	52,30	3,03
	(11)	1,5	10,026	9,160	9,376	0,920	0,812	72,3	65,90	2,73
12		1,75	10,863	9,853	10,106	1,074	0,947	84,3	76,25	2,94
	14	2	12,701	11,546	11,835	1,227	1,083	115	104,7	2,87
16		2	14,701	13,546	13,835	1,227	1,083	157	144,1	2,48
	18	2,5	16,376	14,933	15,294	1,534	1,353	193	175,1	2,78
20		2,5	18,376	16,933	17,294	1,534	1,353	245	225,2	2,48
	22	2,5	20,376	18,933	19,294	1,534	1,353	303	281,5	2,24
24		3	22,051	20,319	20,752	1,840	1,624	353	324,3	2,48
	27	3	25,051	23,319	23,752	1,840	1,624	459	427,1	2,18
30		3,5	27,727	25,706	26,211	2,147	1,894	561	519,0	2,30
	33	3,5	30,727	28,706	29,211	2,147	1,894	694	647,2	2,08
36		4	33,402	31,093	31,670	2,454	2,165	817	759,3	2,19
	39	4	36,402	34,093	34,670	2,454	2,165	976	913,0	2,00
42		4,5	39,077	36,477	37,129	2,760	2,436	1121	1045	2,10
	45	4,5	42,077	39,479	40,129	2,760	2,436	1306	1224	1,95
48		5	44,752	41,866	42,587	3,067	2,706	1473	1377	2,04
	52	5	48,752	45,866	46,587	3,067	2,706	1758	1652	1,87
56		5,5	52,428	49,252	50,046	3,374	2,977	2030	1905	1,91
	60	5,5	56,428	53,252	54,046	3,374	2,977	2362	2227	1,78
64		6	60,103	56,639	57,505	3,681	3,248	2676	2520	1,82
	68	6	64,103	60,639	61,505	3,681	3,248	3055	2888	1,71

Die Gewindedurchmesser der Reihe 1 sind zu bevorzugen. Die Gewinde in ( ) gehören zu der hier nicht aufgeführten Reihe 3 und sind möglichst zu vermeiden.
[1] Nach DIN 13 T28

TB 8-2 Metrisches ISO-Feingewinde; Auswahl nach DIN 13 T12

Maße in mm (s. Bild zu TB 8-1)

Bezeichnung (Nenndurchmesser d × Steigung P)	Flankendurchmesser d_2	Kerndurchmesser d_3	Gewinde-Tiefe h_3	Spannungsquerschnitt[1] A_s mm²	Kernquerschnitt[1] A_3 mm²	Steigungswinkel[1] φ Grad
M 8 × 1	7,35	6,773	0,613	39,2	36,0	2,48
M 12 × 1	11,35	10,773	0,613	96,1	91,1	1,61
M 16 × 1	15,35	14,773	0,613	178	171,4	1,19
M 20 × 1	19,35	18,773	0,613	285	276,8	0,942
M 10 × 1,25	9,188	8,466	0,767	61,2	56,3	2,48
M 12 × 1,25	11,188	10,466	0,767	92,1	86,0	2,04
M 16 × 1,5	15,026	14,16	0,92	167	157,5	1,82
M 20 × 1,5	19,026	18,16	0,92	272	259,0	1,44
M 24 × 1,5	23,026	22,16	0,92	401	385,7	1,19
M 30 × 1,5	29,026	28,16	0,92	642	622,8	0,942
M 36 × 1,5	35,026	34,16	0,92	940	916,5	0,781
M 42 × 1,5	41,026	40,16	0,92	1294	1267	0,667
M 48 × 1,5	47,026	46,16	0,92	1705	1674	0,582
M 24 × 2	22,701	21,546	1,227	384	364,6	1,61
M 30 × 2	28,701	27,546	1,227	621	596,0	1,27
M 56 × 2	54,701	53,546	1,227	2301	2252	0,667
M 64 × 2	62,701	61,546	1,227	3031	2975	0,582
M 72 × 2	70,701	69,546	1,227	3862	3799	0,516
M 80 × 2	78,701	77,546	1,227	4794	4723	0,463
M 90 × 2	88,701	87,546	1,227	6100	6020	0,411
M100 × 2	98,701	97,546	1,227	7560	7473	0,370
M110 × 2	108,701	107,546	1,227	9180	9084	0,336
M125 × 2	123,701	122,546	1,227	11900	11795	0,295
M 36 × 3	34,051	32,319	1,840	865	820,4	1,61
M 42 × 3	40,051	38,319	1,840	1206	1153	1,37
M 48 × 3	46,051	44,319	1,840	1604	1543	1,19
M160 × 3	158,051	156,319	1,840	19400	19192	0,346
M 56 × 4	53,402	51,093	2,454	2144	2050	1,37
M 64 × 4	61,402	59,093	2,454	2851	2743	1,19
M 72 × 4	69,402	67,093	2,454	3658	3536	1,05
M 80 × 4	77,402	75,093	2,454	4566	4429	0,942
M 90 × 4	87,402	85,093	2,454	5840	5687	0,835
M100 × 4	97,402	95,093	2,454	7280	7102	0,749
M125 × 4	122,402	120,093	2,454	11500	11327	0,596
M140 × 4	137,402	135,093	2,454	14600	14334	0,531
M 80 × 6	76,103	72,639	3,681	4344	4144	1,44
M 90 × 6	86,103	82,639	3,681	5590	5364	1,271
M100 × 6	96,103	92,639	3,681	7000	6740	1,139
M125 × 6	121,103	117,639	3,681	11200	10869	0,904

[1] Nach DIN 13 T28

8

75

TB 8-3 Metrisches ISO-Trapezgewinde nach DIN 103 (Auszug)

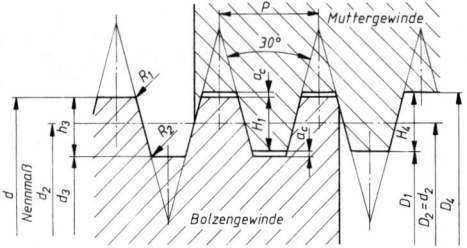

$$D_1 = d - 2H_1 = d - P$$
$$D_4 = d + 2a_c$$
$$d_2 = D_2 = d - 0,5P$$
$$R_1 = \max 0,5 \cdot a_c$$
$$R_2 = \max a_c$$

Maße in mm

Steigung P	1,5	2	3	4	5	6	7	8	9	10	12	14	16	18	20
Gewindetiefe $H_4 = h_3$	0,9	1,25	1,75	2,25	2,75	3,5	4	4,5	5	5,5	6,5	8	9	10	11
Spiel a_c	0,15	0,25	0,25	0,25	0,25	0,5	0,5	0,5	0,5	0,5	0,5	1	1	1	1

Hauptabmessungen in mm

Gewinde-Nenndurchmesser d	Steigung [2] P	Flanken-durchmesser[3] $d_2 = D_2$	Kern-durchmesser[3] d_3	Flanken-Überdeckung[3] $H_1 = 0,5 \cdot P$	Kern-querschnitt[3] A_3 in mm^2
8	1,5	7,25	6,2	0,75	30,2
10	(1,5) 2	9	7,5	1	44,2
12	(2) 3	10,5	8,5	1,5	56,7
16	(2) 4	14	11,5	2	104
20	(2) 4	18	15,5	2	189
24	(3) 5 (8)	21,5	18,5	2,5	269
28	(3) 5 (8)	25,5	22,5	2,5	398
32	(3) 6 (10)	29	25	3	491
36	(3) 6 (10)	33	29	3	661
40	(3) 7 (10)	36,5	32	3,5	804
44	(3) 7 (12)	40,5	36	3,5	1018
48	(3) 8 (12)	44	39	4	1195
52	(3) 8 (12)	48	43	4	1452
60	(3) 9 (14)	55,5	50	4,5	1963
65[1]	(4) 10 (16)	60	54	5	2290
70	(4) 10 (16)	65	59	5	2734
75[1]	(4) 10 (16)	70	64	5	3217
80	(4) 10 (16)	75	69	5	3739
85[1]	(4) 12 (18)	79	72	6	4071
90	(4) 12 (18)	84	77	6	4656
95[1]	(4) 12 (18)	89	82	6	5281
100	(4) 12 (20)	94	87	6	5945
110[1]	(4) 12 (20)	104	97	6	7390
120	(6) 14 (22)	113	104	7	8495

[1] Diese Nenndurchmesser (Reihe 2, DIN 103) nur wählen, wenn unbedingt notwendig.
[2] Die nicht in ( ) stehenden Steigungen bevorzugen.
[3] Die angegebenen Werte gelten für die Gewinde mit den zu bevorzugenden Steigungen P.

TB 8-4 Festigkeitsklassen, Werkstoffe und mechanische Eigenschaften von Schrauben nach DIN EN 20898 (Auszug)

Festigkeits-klasse (Kennzeichen)		Werkstoff und Wärmebehandlung	Zug-festigkeit[2] R_m N/mm^2	Streckgrenze[2] bzw. 0,2%-Dehngrenze R_{eL} bzw. $R_{p0,2}$ N/mm^2	Bruch-dehnung A_5 % min
3.6[3]		Stahl mit niedrigem C-Gehalt (z. B. QSt 36-2)	300 (330)	180 (190)	25
4.6[3]		Stahl mit niedrigem oder mittlerem C-Gehalt (z. B. UQSt 38-2)	400	240	22
4.8[3]			400 (420)	320 (340)	14
5.6		Stahl mit niedrigem oder mittlerem C-Gehalt (z. B. Cq22, Cq35)	500	300	20
5.8[3]			500 (520)	400 (420)	10
6.8[3]			600	480	8
8.8	≤M16	Stahl mit niedrigem C-Gehalt und Zusätzen (z. B. Bor, Mn, Cr) oder mit mittlerem C-Gehalt, jeweils abgeschreckt und angelassen (z. B. 22B2, Cq45)	800	640	12
	>M16		800 (830)	640 (660)	
9.8[4]			900	720	10
10.9		Stahl mit niedrigem C-Gehalt und Zusätzen[1] (z. B. Bor, Mn, Cr) bzw. mittlerem C-Gehalt, abgeschreckt und angelassen; oder mit mittlerem C-Gehalt mit Zusätzen oder legierter Stahl (z. B. 35B2, 34Cr4)	1000 (1040)	900 (940)	9
12.9		legierter Stahl, abgeschreckt und angelassen (z. B. 34CrMo4)	1200 (1220)	1080 (1100)	8

[1] Schrauben aus niedrig kohlenstoffhaltigen borlegierten Stählen müssen zusätzlich mit einem Strich unter dem Kennzeichen der Festigkeitsklasse versehen sein (z. B. 10.9).
[2] In ( ) Mindestwerte der Norm, wenn vom berechneten Nennwert abweichend.
[3] Automatenstahl zulässig mit S ≤ 0,34 %, P ≤ 0,11 %, Pb ≤ 0,35 %.
[4] Nur für Schrauben bis M16. In Deutschland kaum verwendet.

8

TB 8-5 Genormte Schrauben (Auswahl). Einteilung nach DIN ISO 1891 (zu den Bildern sind die Nummern der betreffenden DIN-Normen gesetzt)

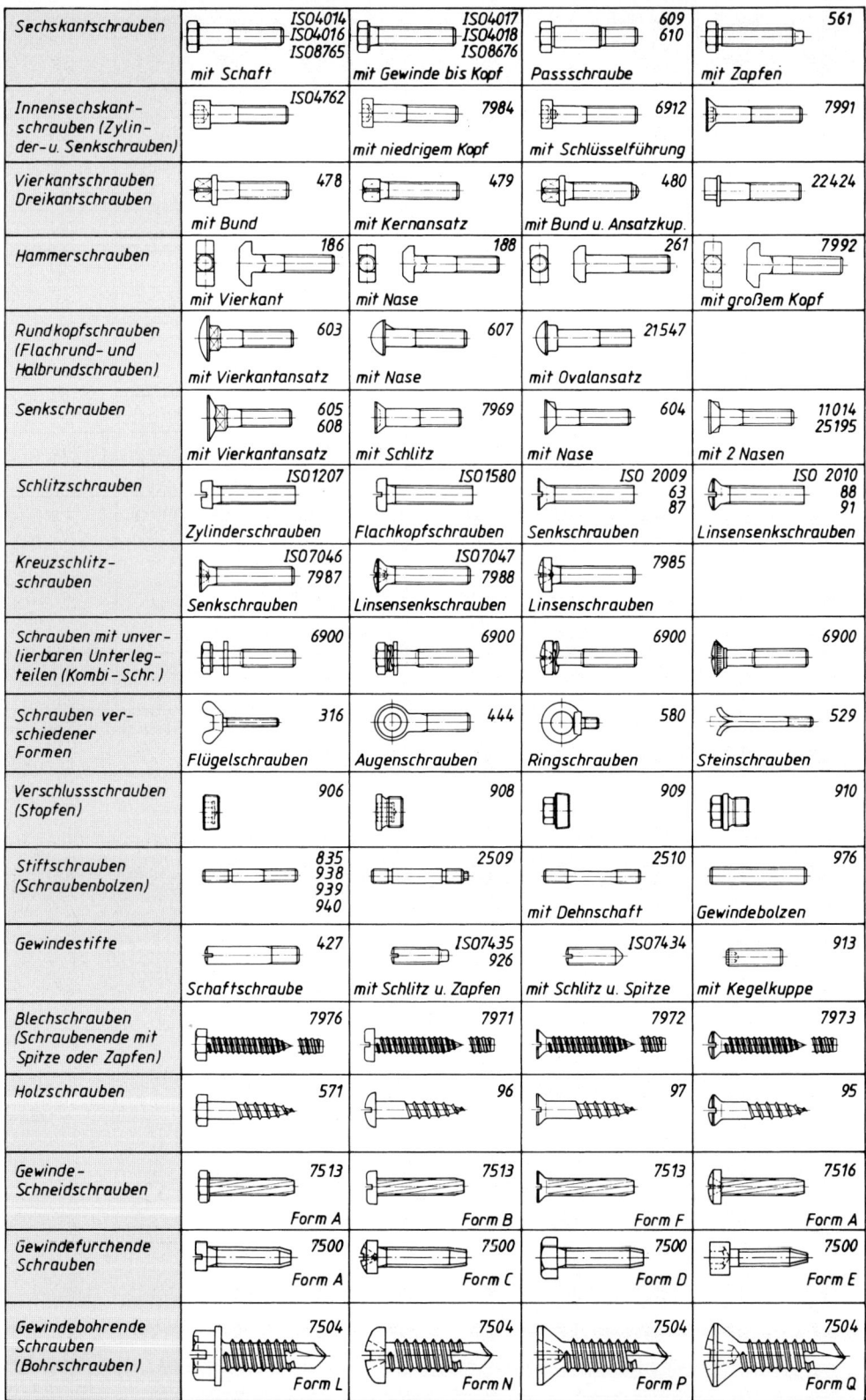

Sechskantschrauben	ISO4014 ISO4016 ISO8765 *mit Schaft*	ISO4017 ISO4018 ISO8676 *mit Gewinde bis Kopf*	609 610 *Passschraube*	561 *mit Zapfen*
Innensechskant-schrauben (Zylin-der-u. Senkschrauben)	ISO4762	7984 *mit niedrigem Kopf*	6912 *mit Schlüsselführung*	7991
Vierkantschrauben Dreikantschrauben	478 *mit Bund*	479 *mit Kernansatz*	480 *mit Bund u. Ansatzkup.*	22424
Hammerschrauben	186 *mit Vierkant*	188 *mit Nase*	261	7992 *mit großem Kopf*
Rundkopfschrauben (Flachrund- und Halbrundschrauben)	603 *mit Vierkantansatz*	607 *mit Nase*	21547 *mit Ovalansatz*	
Senkschrauben	605 608 *mit Vierkantansatz*	7969 *mit Schlitz*	604 *mit Nase*	11014 25195 *mit 2 Nasen*
Schlitzschrauben	ISO1207 *Zylinderschrauben*	ISO1580 *Flachkopfschrauben*	ISO 2009 63 87 *Senkschrauben*	ISO 2010 88 91 *Linsensenkschrauben*
Kreuzschlitz-schrauben	ISO7046 7987 *Senkschrauben*	ISO7047 7988 *Linsensenkschrauben*	7985 *Linsenschrauben*	
Schrauben mit unver-lierbaren Unterleg-teilen (Kombi-Schr.)	6900	6900	6900	6900
Schrauben ver-schiedener Formen	316 *Flügelschrauben*	444 *Augenschrauben*	580 *Ringschrauben*	529 *Steinschrauben*
Verschlussschrauben (Stopfen)	906	908	909	910
Stiftschrauben (Schraubenbolzen)	835 938 939 940	2509	2510 *mit Dehnschaft*	976 *Gewindebolzen*
Gewindestifte	427 *Schaftschraube*	ISO7435 926 *mit Schlitz u. Zapfen*	ISO7434 *mit Schlitz u. Spitze*	913 *mit Kegelkuppe*
Blechschrauben (Schraubenende mit Spitze oder Zapfen)	7976	7971	7972	7973
Holzschrauben	571	96	97	95
Gewinde-Schneidschrauben	7513 *Form A*	7513 *Form B*	7513 *Form F*	7516 *Form A*
Gewindefurchende Schrauben	7500 *Form A*	7500 *Form C*	7500 *Form D*	7500 *Form E*
Gewindebohrende Schrauben (Bohrschrauben)	7504 *Form L*	7504 *Form N*	7504 *Form P*	7504 *Form Q*

8

TB 8-6 Genormte Muttern (Auswahl). Einteilung nach DIN ISO 1891 (zu den Bildern sind die Nummern der betreffenden DIN-Normen gesetzt)

Sechskant-muttern	30386 70615 ISO 4032 ISO 4034 ISO 8673	ISO 4035 30389 ISO 4036 70616 ISO 8675 niedrige Form	1142 6331 mit Bund 74361	6923 mit Flansch
	2510 30387 mit Ansatz	929 Schweißmutter	431 2950 46320 80705 niedrige Form	6330 1,5d hoch
Vierkantmuttern	557	562 niedrige Form	928 Schweißmuttern	
Sicherungs-muttern	ISO 7040 ISO 7042 ISO 10511 Klemmteil aus Metall bzw. Polyamid	986 mit Polyamidring	Klemmteil 6924 6925 Klemmteil aus Metall bzw. Polyamid	Klemmteil 6926 6927 Klemmteil aus Metall bzw. Polyamid
	7967	Anwen- dungs- beispiel	987 Annietmuttern	
Kronen-muttern	935 30389	935 70618	979 (937) niedrige Form	979 937 70618 niedrige Form
Hutmuttern	1587 hohe Form	917 niedrige Form		
Rundmuttern	466 6303 hohe Rändelmuttern	467 flache Rändelmuttern	546 64032 Schlitzmuttern	981 1804 70851 70852 Nutmuttern
	1816 548 Kreuzlochmuttern	547 Zweilochmuttern		
Muttern ver-schiedener Formen	315 Flügelmuttern	582 Ringmuttern	1480 Spannschlösser	28129 Bügelmuttern

TB 8-8 Konstruktionsmaße für Verbindungen mit Sechskantschrauben
(Auswahl aus DIN-Normen) Gewindemaße s. TB 8-1

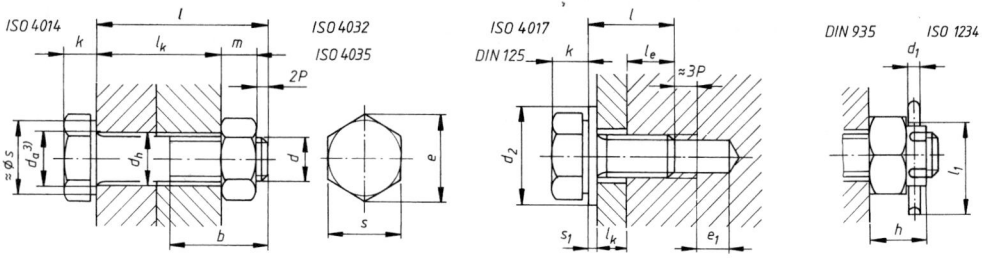

Maße in mm

1	2	3	4	5	6	7	8	9	10	11	12	13	14
ISO DIN EN DIN	272, 4014, 4032 u.a. 24014, 24032 u.a. 475		4014 24014	4014 24014	4017 24017	4014 24014	4014 24014	4032 24032	4035 24035	935	ISO 1234		125
Gewinde	Schlüsselweite SW	Eckenmaß	Kopfhöhe	Nennlängenbereich	Nennlängenbereich	Gewindelänge für $l \leq 125$ mm	Gewindelänge für $l \leq 125$ bis 200 mm	Mutterhöhe Typ 1	Mutterhöhe niedrige Form	Kronenmutter	Scheiben Splint		
d	s	e	k	$l^{1)}$	$l^{1)}$	b	b	$m^{2)}$	m	h	$d_1 \times l_1$	d_2	s_1
M 3	5,5	6,01	2	20 … 30	6 … 30	12	–	2,4	1,8	–	–	7	0,5
M 4	7	7,66	2,8	25 … 40	8 … 40	14	–	3,2	2,2	5	1 × 10	9	0,8
M 5	8	8,79	3,5	25 … 50	10 … 50	16	–	4,7	2,7	6	1,2 × 12	10	1
M 6	10	11,05	4	30 … 60	12 … 60	18	–	5,2	3,2	7,5	1,6 × 14	12	1,6
M 8	13	14,38	5,3	40 … 80	16 … 80	22	–	6,8	4	9,5	2 × 16	16	1,6
M10	16	17,77	6,4	45 …100	20 …100	26	–	8,4	5	12	2,5 × 20	20	2
M12	18	20,03	7,5	50 …120	25 …120	30	40	10,8	6	15	3,2 × 22	24	2,5
M14	21	23,38	8,8	60 …140	30 …140	34	40	12,8	7	16	3,2 × 25	28	2,5
M16	24	26,75	10	65 …160	30 …200	38	44	14,8	8	19	4 × 28	30	3
M20	30	33,53	12,5	80 …200	40 …200	46	52	18	10	22	4 × 36	37	3
M24	36	39,98	15	90 …240	50 …200	54	60	21,5	12	27	5 × 40	44	4
M30	46	51,28	18,7	110 …300	60 …200	66	72	25,6	15	33	6,3 × 50	56	4
M36	55	61,31	22,5	140 …360	70 …200	–	84	31	18	38	6,3 × 63	66	5

[1] Stufung der Längen l: … 6 8 10 12 16 20 25 30 35 40 45 50 55 60 65 70 80 90 100 110 120 130 140 150 160 180 200 220 240 260 280 300 320 340 … 500.

[2] Höhere Abstreiffestigkeit durch größere Mutterhöhen nach DIN EN 24033 mit $m/d \approx 1$.

[3] Übergangsdurchmesser d_a begrenzt den max. Übergang des Radius in die ebene Kopfauflage. Nach DIN 267 T2 gilt allgemein für die Produktklassen $A(m)$ und $B(mg)$ bis M18: d_a = Durchgangsloch „mittel" + 0,2 mm und für M20 bis M39: d_a = Durchgangsloch „mittel" + 0,4 mm. Für die Produktklasse $C(g)$ gelten die gleichen Formeln mit Durchgangsloch „grob".

[4] Für Schrauben der hauptsächlich verwendeten Produktklasse $A(m)$ Reihe „mittel" ausführen, damit $d_h \approx d_a$.

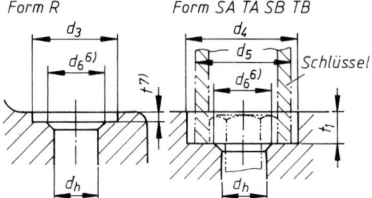

DIN 3110

Senkungen für normale Sechskantschrauben
und-muttern nach DIN 74 T3

Form R   Form SA TA SB TB

15	16	17	18	19	20	21	22	23	24	25	26	
273 20273				76	3129	3110			74T3 (974T2)			ISO DIN EN DIN
Durchgangs-loch[4) Reihe			Kopf- bzw. Mutterauflage-fläche in mm^2	Grundlochüberhang (Regel)	Steckschlüsseleinsatz Außendurchmesser	Maulschlüsselbreite	Form R	Form SA TA	Form SB TB	Form SA SB	Form TA TB	
fein	mittel	grob					Ansenkung für rohe Flächen	für Steckschlüssel, Steckschlüsselein-sätze nach DIN 3124	für gekröpfte Ringschlüssel Steckschlüsselein-sätze nach DIN 3129	für Schraubenköpfe ohne Unterlegteile	für Muttern ohne Unterlegteile	Gewinde
d_h	d_h	d_h	$A_p{}^{5)}$	e_1	d_5	b_1	d_3	d_4	d_4	t_1	t_1	d
3,2	3,4	3,6	7,5	2,8	9,7	19	9	11	11	2,4	2,8	M 3
4,3	4,5	4,8	11,4	3,8	12,8	20	10	13	15	3,4	3,8	M 4
5,3	5,5	5,8	13,6	4,2	15,3	22	11	15	18	4,2	4,7	M 5
6,4	6,6	7	28	5,1	17,8	27	13	18	20	4,8	5,8	M 6
8,4	9	10	42	6,2	21,5	34	18	24	26	6,5	7,5	M 8
10,5	11	12	72,3	7,3	27,5	38	22	28	33	8	9	M10
13	13,5	14,5	73,2	8,3	32,4	44	26	33	36	9	11	M12
15	15,5	16,5	113	9,3	36,1	49	30	36	43	10	12	M14
17	17,5	18,5	157	9,3	42,9	56	33	40	46	11,5	14,5	M16
21	22	24	244	11,2	50,4	66	40	46	53	14,5	17,5	M20
25	26	28	356	13,1	64,2	80	48	57	71	16,5	20,5	M24
31	33	35	576	15,2	76,7	96	61	71	82	21	26	M30
37	39	42	856	16,8	87,9	—	71	82	92	25	31	M36

[5)] Ringförmige Auflagefläche ermittelt mit dem Mindestdurchmesser d_w der Auflagefläche und dem Durchgangs-loch Reihe „mittel". Evtl. Anfasung des Durchgangsloches abziehen!

[6)] Ansenkung im Regelfall (Schraube der Produktklasse $A(m)$, Durchgangsloch Reihe „mittel") bei konzentrischem Sitz der Schraube und bei Verwendung von Unterlegteilen nicht erforderlich. Bei hochbeanspruchten Schrauben-verbindungen Ansenkung wegen des Verlustes an Auflagefläche vermeiden. Nach DIN 74 T2 und T3 gilt: 90°-Senkung oder gerundet, unter 12 mm Gewindedurchmesser nur entgratet: für $d = 12$ bis 16: $d_6 = d + 3,5$ mm, $d = 18$ bis 24: $d_6 = d + 4$ mm und für $d = 27$ bis 45: $d_6 = d + 6$ mm.

[7)] t braucht nicht größer zu sein, als zur Herstellung einer spanend erzeugten und rechtwinklig zur Achse des Durchgangsloches stehenden Kreisfläche notwendig ist.

8

TB 8-9 Konstruktionsmaße für Verbindungen mit Zylinder- und Senkschrauben (Auswahl aus DIN-Normen)
Gewindemaße s. TB 8-1. Maße für Sechskantmuttern, Scheiben und Durchgangslöcher s. TB 8-8

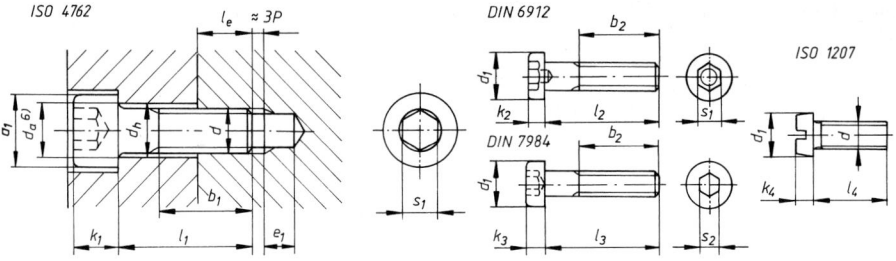

Maße in mm

1	2	3	4	5	6	7	8	9	10	11	12	13	14	15
DIN EN ISO		4762			1207	4762		4762			1207	4762	6912 7984	4762
DIN			6912	7984		6912	7984		6912	7984				6912
Gewinde		Kopfhöhe				Schlüssel-weite		Nennlängenbereich[1]						
	Kopfdurchmesser											Gewindelänge	Gewindelänge für $l \leq 125$	Kopfauflage-fläche in mm²
d	d_1	k_1	k_2	k_3	k_4	s_1	s_2	l_1	l_2	l_3	l_4	b_1	b_2[2]	A_p[3]
M 3	5,5	3		2	2	2,5	2	5 ... 30		5 ... 20	4 ... 30	18	12	11,1
M 4	7	4	2,8	2,8	2,6	3	2,5	6 ... 40	10 ... 50	6 ... 25	5 ... 40	20	14	17,6
M 5	8,5	5	3,5	3,5	3,3	4	3	8 ... 50	10 ... 60	8 ... 30	6 ... 50	22	16	26,9
M 6	10	6	4	4	3,9	5	4	10 ... 60	10 ... 70	10 ... 40	8 ... 60	24	18	34,9
M 8	13	8	5	5	5	6	5	12 ... 80	12 ... 80	12 ... 60	10 ... 80	28	22	55,8
M10	16	10	6,5	6	6	8	7	16 ... 100	16 ... 90	16 ... 70	12 ... 80	32	26	89,5
M12	18	12	7,5	7	–	10	8	20 ... 120	16 ... 100	20 ... 80	–	36	30	90
M14	21	14	8,5	8	–	12	10	25 ... 140	20 ... 120	30 ... 80	–	40	34	131
M16	24	16	10	9	–	14	12	25 ... 160	20 ... 140	30 ... 80	–	44	38	181
M20	30	20	12	11	–	17	14	30 ... 200	30 ... 180	40 ... 100	–	52	46	274
M24	36	24	14	13	–	19	17	40 ... 200	60 ... 200	50 ... 100	–	60	54	421
M30	45	30	17,5	–	–	22	–	45 ... 200	70 ... 200		–	72	66	638

TB 8-9 Fortsetzung

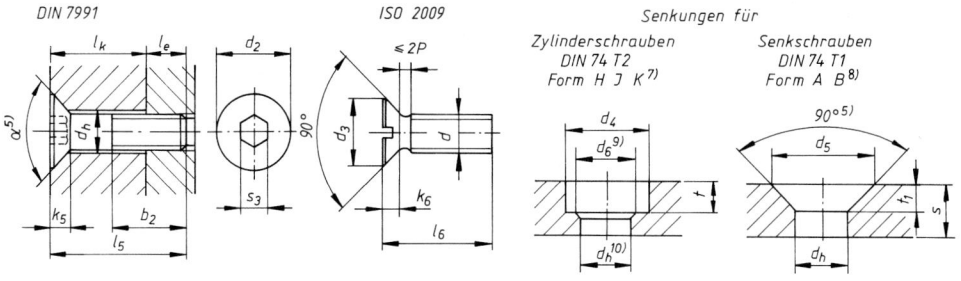

DIN 7991   ISO 2009   Senkungen für

Zylinderschrauben DIN 74 T2 Form H J K[7]   Senkschrauben DIN 74 T1 Form A B[8]

16	17	18	19	20	21	22	23	24	25	26	27	28	29	30	DIN EN ISO DIN
7991	963	7991	2009 7991	7991	7991	2009			74T2				74T1		
Kopf-durch-messer		Kopf-Höhe		Schlüsselweite	Nennlängenbereich[1)4]		Form HJK	Form H	Form J	Form K	Form A	Form B	Form A	Form B	Gewinde
								für DIN EN ISO 1207 und DIN 7984	für DIN 6912	für DIN EN ISO 4762	für DIN 963	für DIN 7991	für DIN 963	für DIN 7991	
d_2	d_3	k_5	k_6	s_3	l_5	l_6	d_4	t	t	t	d_5	d_5	$\approx t_1$	$\approx t_1$	d
6	5,6	1,7	1,65	2	8 … 30 (20)	4 … 30 (22)	6	2,4	–	3,4	6,5	6,6	1,6	1,6	M 3
8	7,5	2,3	2,2	2,5	8 … 40 (25)	5 … 40 (25)	8	3,2	3,4	4,6	8,6	9	2,1	2,3	M 4
10	9,2	2,8	2,5	3	8 … 50 (30)	6 … 50 (30)	10	4	4,2	5,7	10,4	11	2,5	2,8	M 5
12	11	3,3	3	4	8 … 50 (35)	8 … 50 (35)	11	4,7	4,8	6,8	12,4	13	2,9	3,2	M 6
16	14,5	4,4	4	5	10 … 60 (40)	10 … 55 (40)	15	6	6	9	16,4	17,2	3,7	4,1	M 8
20	18	5,5	5	6	12 … 70 (40)	12 … 60 (50)	18	7	7,5	11	20,4	21,5	4,7	5,3	M10
24	22	6,5	6	8	20 … 70 (50)	20 … 80 (60)	20	8	8,5	13	23,9	25,5	5,2	6	M12
27	25	7	7	10	25 … 80 (50)	22 … 80 (60)	24	9	9,5	15	26,9	28,5	5,7	6,5	M14
30	29	7,5	8	10	30 … 90 (60)	25 … 100 (70)	26	10,5	11,5	17,5	31,9	31,5	7,2	7	M16
36	36	8,5	10	12	35 … 100 (70)	30 … 100 (80)	33	12,5	13,5	21,5	40,4	38	9,2	8	M20
39	–	14	–	14	50 … 100 (90)	–	40	14,5	15,5	25,5	–	41	–	13,5	M24
–	–	–	–	–	–	–	48	–	19,5	32	–	–	–	–	M30

[1] Stufung der zu bevorzugenden Längen, in ( ) nur für DIN EN ISO 4762, DIN 7984, DIN EN ISO 1207 und DIN EN ISO 2009: 3 4 5 6 8 10 12 16 20 25 30 35 40 (45) 50 (55) 60 (65 nur DIN EN ISO 4762) 70 80 90 100 110 120 130 140 150 160 180 200, über $l = 200$ mm dann weiter von 20 zu 20.
[2] Für $l > 125$ bis 200: $b_2 = 2d + 12$, für $l > 200$: $b_2 = 2d + 25$.
[3] Ringförmige Auflagefläche ermittelt mit dem Mindestauflagedurchmesser des Kopfes und Durchgangsloch Reihe „mittel". Lochanfasung ggf. abziehen!
[4] Bis zu den Längen in ( ) werden die Senkschrauben mit Gewinde bis Kopf gefertigt.
[5] $\alpha = 90°$ bis M20, darüber $\alpha = 60°$.
[6] s. TB 8-8 unter [3]
[7] Für Schrauben ohne Unterlegteile, Durchgangslöcher Reihe „mittel" oder „fein".
[8] Ausführung „mittel" (m) für Durchgangslöcher Reihe „mittel", für $s \leq t_1$ ist das Anschlussteil ggf. nachzusenken.
[9] s. TB 8-8 unter [6]
[10] s. TB 8-8 unter [4]

TB 8-7 Mitverspannte Zubehörteile für Schraubenverbindungen nach DIN (Auswahl). Einteilung nach DIN ISO 1891 (zu den Bildern sind die Nummern der betreffenden DIN-Normen gesetzt)

Scheiben	125 126 433 440 1440 1441 / 9021 6902 6903 7349	125 6916	436	440 Rundloch (Form R) Vierkantloch (Form V) für Holzkonstruktionen
	434 6918 U-Scheibe (◁ 8%)	435 6917 I-Scheibe (◁14%)	U-Stahl Anwendungsbeispiel	
Federringe	128 gewellt (Form B)	128 6905 gewölbt (Form A)		
Federscheiben	137 gewölbt (Form A)	137 6904 gewellt (Form B)	6796 6908 Spannscheibe	6797 6906 Zahnscheibe (Form A)
	6797 Zahnscheibe (Form J)	6797 6906 Zahnscheibe (Form V)	6798 6907 Fächerscheibe (Form A)	6798 Fächerscheibe (Form J)
Scheiben mit Lappen oder Nasen	93 mit Lappen	Anwendungsbeispiel	432 mit Außennase	Anwendungsbeispiel
	462 Sicherungsblech für Nutmuttern	463 mit 2 Lappen		

TB 8-10 Richtwerte für Setzbetrag und Grenzflächenpressung (nach VDI-2230)

a) Richtwerte für Setzbeträge bei massiven Schraubenverbindungen

		Längskraft			Querkraft		
Rautiefe der Oberfläche R_z in μm		<10	10…<40	40…<160	<10	10…<40	40…<160
f_z in μm	im Gewinde	3	3	3	3	3	3
	je Kopf- oder Mutterauflage	2,5	3	4	3	4,5	6,5
	je innere Trennfuge	1,5	2	3	2	2,5	3,5
	Summe[1]	9,5	11	14	11	14,5	19,5

[1] Setzbetrag für Durchsteckschraube mit einer inneren Trennfuge

b) Richtwerte für die Grenzflächenpressung p_G an den Auflageflächen verschraubter Teile (nach VDI 2230)

Werkstoffgruppe	Werkstoff der gedrückten Teile	Zugfestigkeit R_m N/mm²	Grenzflächenpressung[1] p_G N/mm²
Unlegierte Baustähle	S235	360	490
	E295	490	710
	S355	510	760
Niedriglegierte Vergütungsstähle	C45E	700	630
	34CrMo4	1000	870
	34CrNiMo6	1200	1080
	16MnCr5	1000	900
Sintermetalle	SINT-D30	510	450
Nichtrostende Stähle	X5CrNi18-12	500	630
	X5CrNiMo17-12-2	520	460
	X5NiCrTi26-15	960	860
Nickel-Basis-Legierungen	NiCr20ZiAl	1000	700
	MP35N	1580	1500
Gusseisen	GJL-250	250	900
	GG-26Cr	260	600
	GJS-400-15	400	700
	GJS-500-7	500	900
	GJS-600-3	600	1000
Aluminium-Knetlegierungen	AlMgSi1F31 (ENAW-6082)	290	260
	AlMgSi1F28	260	230
	AlMg4,5MnF27 (ENAW-5083)	260	230
	AlZnMgCu1,5 (ENAW-7075)	540	410
Aluminium-Gusslegierungen	GK-AlSi9Cu3	180	220
	GD-AlSi9Cu3	240	290
	GK-AlSi7Mg wa	250	380
Magnesiumlegierungen	AZ91	310	280
	GD-AZ91 (MgAl9Zn1)	200	180
	GK-AZ91-T4	240	210
Titanlegierung	TiAl6V4	890	890

[1] Beim motorischen Anziehen können die Werte der Grenzflächenpressung bis zu 25 % kleiner sein.

TB 8-11 Richtwerte für den Anziehfaktor k_A (nach VDI 2230)

Anziehverfahren	Streuung der Vorspannkräfte	Bemerkungen	Anziehfaktor k_A
Längungsgesteuertes *Anziehen mit Ultraschall*	±2 % bis ±10 %	kleinerer Wert bei direkter mechanischer größerer bei indirekter Ankopplung	1,05 bis 1,2
Streckgrenzgesteuertes oder *drehwinkelgesteuertes Anziehen* von Hand oder motorisch	±9 % bis ±17 %	Schrauben werden mit $F_{V\,min}$ berechnet, d. h. $F_{V\,min} = F_{VM}$	1,2 bis 1,4
Hydraulisches Anziehen	±9 % bis ±23 %	kleinerer Wert für Schrauben $l_k/d \geq 5$ größerer Wert für Schrauben $l_k/d \leq 2$	1,2 bis 1,6
Drehmomentgesteuertes Anziehen mit *Drehmomentschlüssel, signalgebendem Schlüssel* oder *Drehschrauber* mit dynamischer Drehmomentmessung und versuchsmäßiger Bestimmung der Anziehdrehmomente am Originalverschraubungsteil	±17 % bis ±23 %	kleinerer Wert für große Anzahl von Einstell- und Kontrollversuchen (z. B. 20) und geringe Streuung des abgegebenen Momentes	1,4 bis 1,6
Drehmomentgesteuertes Anziehen mit *Drehmomentschlüssel, signalgebendem Schlüssel* oder *Drehschrauber* mit dynamischer Drehmomentmessung und Bestimmung der Anziehdrehmomente durch Schätzen der Reibungszahl (Oberflächen- und Schmierverhältnisse)	für $\mu_G = \mu_K = 0{,}04-0{,}10$ ±23 % bis ±33 % für $\mu_G = \mu_K = 0{,}08-0{,}16$ ±26 % bis ±43 %	kleinerer Wert für messende Drehmomentschlüssel bei gleichmäßigem Anziehen und für Präzisionsdrehschrauber größerer Wert für Signal gebende oder ausknickende Drehmomentschlüssel	1,6 bis 2,0 1,7 bis 2,5
Anziehen mit *Schlagschrauber* oder *Impulsschrauber Anziehen von Hand* ohne Messung des Anziehmomentes	±43 % bis ±60 %	kleinerer Wert für große Anzahl von Einstellversuchen (Nachziehmoment), spielfreie Impulsübertragung	2,5 bis 4,0

TB 8-12 Reibungszahlen für Schraubenverbindungen bei verschiedenen Oberflächen- und Schmierzuständen

a) Gesamtreibungszahl $\mu_{ges} = \mu_G = \mu_K$ bei Normalausführung
(nach Bauer & Schaurte Karcher)

schwarz oder phosphatiert		galvanisch verzinkt 6...12 μm	galvanisch verkadmet 6...10 μm	mikroverkapselter Klebstoff (VERBUS-PLUS)[1]
leicht geölt	MoS₂ geschmiert			
0,12...0,18	0,08...12	0,12...0,18	0,08...0,12	0,14...0,20

[1] Für andere Klebstoffe $\mu_{ges} = 0,2...0,3$.

Die Berechnung erfolgt mit der niedrigsten Reibungszahl. Die Streuung der Reibwerte wird durch den Anziehfaktor berücksichtigt.

b) Reibungszahl μ_G im Gewinde (nach Strelow)

Gewinde					Außengewinde (Schraube)								
Werkstoff					Stahl								
		Oberfläche			schwarzvergütet oder phosphatiert				galvanisch verzinkt (Zn6)		galvanisch cadmiert (Cd6)		Klebstoff
			Gewindefertigung		gewalzt			geschnitten	geschnitten oder gewalzt				
				Schmierung	trocken	geölt	MoS₂	geölt	trocken	geölt	trocken	geölt	trocken
Innengewinde (Mutter)	Stahl	blank	geschnitten	trocken	0,12 bis 0,18	0,10 bis 0,16	0,08 bis 0,12	0,10 bis 0,16	−	0,10 bis 0,18	−	0,08 bis 0,14	0,16 bis 0,25
		galvanisch verzinkt			0,10 bis 0,16	−	−	−	0,12 bis 0,20	0,10 bis 0,18	−	−	0,14 bis 0,25
		galvanisch cadmiert			0,08 bis 0,14	−	−	−	−	−	0,12 bis 0,16	0,12 bis 0,14	−
	Grauguss/ Temperguss	blank			−	0,10 bis 0,18	−	0,10 bis 0,18	−	0,10 bis 0,18	−	0,08 bis 0,16	−
	AlMg	blank			−	0,08 bis 0,20	−	−	−	−	−	−	−

TB 8-12 Fortsetzung

c) Reibungszahl μ_K in der Kopf- bzw. Mutterauflage (nach Strelow)

Auflagefläche					Schraubenkopf									
Werkstoff					Stahl									
Oberfläche					schwarz oder phosphatiert						galvanisch verzinkt (Zn6)		galvanisch cadmiert (Cd6)	
Fertigung					gepresst			gedreht		geschliffen	gepresst			
	Werkstoff	Oberfläche	Fertigung	Schmierung	trocken	geölt	MoS₂	geölt	MoS₂	geölt	trocken	geölt	trocken	geölt
Gegenlage	Stahl	blank	geschliffen	trocken	— / —	0,16 bis 0,22	— / —	0,10 bis 0,18	— / —	0,16 bis 0,22	0,10 bis 0,18	— / —	0,08 bis 0,16	— / —
		blank	spanend bearbeitet		0,12 bis 0,18	0,10 bis 0,18	0,08 bis 0,12	0,10 bis 0,18	0,08 bis 0,12	— / —	0,10 bis 0,18		0,08 bis 0,16	0,08 bis 0,14
		galvanisch verzinkt	spanend bearbeitet		0,10 bis 0,16		—	0,10 bis 0,16	—	0,10 bis 0,18	0,16 bis 0,20	0,10 bis 0,18	—	—
		galvanisch cadmiert	spanend bearbeitet		0,08 bis 0,16						—	—	0,12 bis 0,20	0,12 bis 0,14
	Grauguss/Temperguss	blank	geschliffen		—	0,10 bis 0,18	—	—	—	0,10 bis 0,18			0,08 bis 0,18	—
		blank	spanend bearbeitet		—	0,14 bis 0,20	—	0,10 bis 0,18	—	0,14 bis 0,22	0,10 bis 0,18	0,10 bis 0,16	0,08 bis 0,16	—
	AlMg		spanend bearbeitet		0,08 bis 0,20						—	—	—	—

TB 8-13 Richtwerte zur Vorwahl der Schrauben

Festigkeitsklasse	Nenndurchmesser in mm für Schaftschrauben bei Kraft je Schraube[1] F_B bzw. F_Q in kN bis											
	stat. axial	1,6	2,5	4	6,3	10	16	25	40	63	100	160	250
	dyn. axial	1	1,6	2,5	4,0	6,3	10	16	25	40	63	100	160
	quer	0,32	0,5	0,8	1,25	2	3,15	5	8	12,5	20	31,5	50
4.6		6	8	10	12	16	20	24	27	33	—	—	—
4.8, 5.6		5	6	8	10	12	16	20	24	30	—	—	—
5.8, 6.8		4	5	6	8	10	12	14	18	22	27	—	—
8.8		4	5	6	8	8	10	14	16	20	24	30	—
10.9		—	4	5	6	8	10	12	14	16	20	27	30
12.9		—	4	5	5	8	8	10	12	16	20	24	30

[1] Für Dehnschrauben oder bei exzentrisch angreifender Betriebskraft F_B sind die Durchmesser der nächsthöheren Laststufe zu wählen.

TB 8-14 Spannkräfte F_{sp} und Spannmomente M_{sp} für Schaft- und Dehnschrauben bei verschiedenen Gesamtreibungszahlen μ_{ges}

Regel- bzw. Feingewinde	μ_{ges} $= \mu_G$ $= \mu_K$	Schaftschrauben						Dehnschrauben $(d_T \approx 0{,}9\,d_3)$					
		Spannkraft F_{sp} in kN			Spannmoment M_{sp} in Nm			Spannkraft F_{sp} in kN			Spannmoment M_{sp} in Nm		
		bei Festigkeitsklasse[1]						bei Festigkeitsklasse[1]					
		8.8	10.9	12.9	8.8	10.9	12.9	8.8	10.9	12.9	8.8	10.9	12.9
M5	0,08	7,6	11,1	13,0	4,4	6,5	7,6	5,3	7,8	9,1	3,1	4,5	5,3
	0,10	7,4	10,8	12,7	5,2	7,6	8,9	5,1	7,6	8,9	3,6	5,3	6,2
	0,12	7,2	10,6	12,4	5,9	8,6	10,0	5,0	7,3	8,6	4,1	6,0	7,0
	0,14	7,0	10,3	12,0	6,5	9,5	11,2	4,8	7,1	8,3	4,5	6,6	7,7
M6	0,08	10,7	15,7	18,4	7,7	11,3	13,2	7,5	11,0	12,9	5,4	7,9	9,2
	0,10	10,4	15,3	17,9	9,0	13,2	15,4	7,3	10,7	12,5	6,2	9,1	10,7
	0,12	10,2	14,9	17,5	10,1	14,9	17,4	7,0	10,3	12,1	7,0	10,3	12,0
	0,14	9,9	14,5	17,0	11,3	16,5	19,3	6,8	9,9	11,6	7,7	11,3	13,2
M8	0,08	19,5	28,7	33,6	18,5	27,2	31,8	13,8	20,3	23,8	13,1	19,2	22,5
	0,10	19,1	28,0	32,8	21,3	31,8	37,2	13,4	19,7	23,1	15,2	22,3	26,1
	0,12	18,6	27,3	32,0	24,6	36,1	42,2	13,0	19,1	22,3	17,1	25,2	29,5
	0,14	18,1	26,6	31,1	27,3	40,1	46,9	12,5	18,4	21,5	18,9	27,8	32,5
M8 × 1	0,08	21,2	31,1	36,4	19,3	28,4	33,2	15,5	22,7	26,6	14,1	20,7	24,3
	0,10	20,7	30,4	35,6	22,8	33,5	39,2	15,0	22,1	25,8	16,6	24,3	28,5
	0,12	20,2	29,7	34,7	26,1	38,3	44,9	14,6	21,4	25,1	18,8	27,7	32,4
	0,14	19,7	28,9	33,9	29,2	42,8	50,1	14,1	20,7	24,3	20,9	30,7	35,9
M10	0,08	31,0	45,6	53,3	35,9	52,7	61,7	22,1	32,5	38,0	25,6	37,6	44,0
	0,10	30,3	44,5	52,1	42,1	61,8	72,3	21,5	31,5	36,9	29,8	43,7	51,2
	0,12	29,6	43,4	50,8	47,8	70,2	82,2	20,8	30,5	35,7	33,6	49,4	57,8
	0,14	28,8	42,3	49,5	53,2	78,1	91,3	20,1	29,5	34,6	37,1	54,5	63,8
M10 × 1,25	0,08	33,1	48,6	56,8	37,2	54,6	63,9	24,2	35,5	41,5	27,2	39,9	46,7
	0,10	32,4	47,5	55,6	43,9	64,5	75,4	23,5	34,5	40,4	31,9	46,8	54,8
	0,12	31,6	46,4	54,3	50,2	73,7	86,2	22,8	33,5	39,2	36,2	53,2	62,2
	0,14	30,8	45,2	53,0	56,0	82,3	96,3	22,1	32,4	37,9	40,2	59,0	69,0
M12	0,08	45,2	66,3	77,6	62,7	92,0	108	32,3	47,5	55,6	44,9	65,9	77,1
	0,10	44,1	64,9	75,9	73,5	108	126	31,4	46,1	54,0	52,3	76,8	89,8
	0,12	43,1	63,3	74,1	83,6	123	144	30,4	44,7	52,3	59,1	86,8	102
	0,14	41,9	61,6	72,1	93,1	137	160	29,4	43,1	50,6	65,3	95,9	112
M12 × 1,25	0,08	50,1	73,6	86,2	66,3	97,4	114	37,3	54,8	64,1	49,4	72,5	84,8
	0,10	49,1	72,1	84,4	78,8	116	135	36,4	53,4	62,5	52,3	85,6	100
	0,12	48,0	70,5	82,5	90,5	133	155	35,3	51,9	60,7	66,6	97,8	114
	0,14	46,8	68,8	80,5	101	149	174	34,2	50,3	58,9	74,2	109	127
M14	0,08	62,0	91,0	106	99,6	146	171	44,5	65,3	76,4	71,5	105	123
	0,10	60,6	88,9	104	117	172	201	43,2	63,4	74,2	83,4	122	143
	0,12	59,1	86,7	101	133	195	229	41,8	61,4	71,9	94,3	138	162
	0,14	57,5	84,4	98,8	148	218	255	40,4	59,4	69,5	104	153	179
M16	0,08	84,7	124	145	153	224	262	61,8	90,8	106	111	164	191
	0,10	82,9	122	142	180	264	309	60,1	88,3	103	131	192	225
	0,12	80,9	119	139	206	302	354	58,3	85,7	100	148	218	255
	0,14	78,8	116	135	230	338	395	56,5	82,9	97,0	165	242	283
M16 × 1,5	0,08	91,4	134	157	159	233	273	68,6	101	118	119	175	205
	0,10	89,6	132	154	189	278	325	66,9	98,3	115	141	207	243
	0,12	87,6	129	151	218	320	374	65,1	95,6	112	162	238	278
	0,14	85,5	125	147	244	359	420	63,1	92,7	108	181	265	310
M20	0,08	136	194	227	308	438	513	100	142	166	225	320	375
	0,10	134	190	223	363	517	605	97	138	162	264	376	440
	0,12	130	186	217	415	592	692	94	134	157	300	427	499
	0,14	127	181	212	464	661	773	91	130	152	332	473	554
M20 × 1,5	0,08	154	219	257	327	466	545	117	167	196	249	355	416
	0,10	151	215	252	392	558	653	115	163	191	298	424	496
	0,12	148	211	246	454	646	756	112	159	186	342	488	571
	0,14	144	206	241	511	728	852	108	154	181	384	547	640
M24	0,08	196	280	327	529	754	882	143	204	239	387	551	644
	0,10	192	274	320	625	890	1041	140	199	233	454	646	756
	0,12	188	267	313	714	1017	1190	135	193	226	515	734	859
	0,14	183	260	305	798	1136	1329	131	187	218	572	814	953
M24 × 2	0,08	217	310	362	557	793	928	165	235	274	422	601	703
	0,10	213	304	355	666	949	1110	161	229	268	502	715	837
	0,12	209	297	348	769	1095	1282	156	223	261	576	821	961
	0,14	204	290	339	865	1232	1442	152	216	253	645	919	1075

[1] Für Schrauben anderer Festigkeitsklassen sind die Tabellenwerte im Verhältnis der Streck- bzw. 0,2 %-Dehngrenzen proportional umzurechnen. Für die Spannkraft gilt $F_{sp} = \nu \cdot F_{VM} = 0{,}9 \cdot F_{VM}$

TB 8-15 Einschraublängen l_e für Grundlochgewinde

Werkstoff der Bauteile		Einschraublänge l_e[2] bei Festigkeitsklasse der Schrauben			
		3.6 4.6	4.8 ... 6.8	8.8	10.9
Stahl mit R_m N/mm²	≤ 400	$0,8 \cdot d$	$1,2 \cdot d$	–	–
	400 ... 600	$0,8 \cdot d$	$1,2 \cdot d$	$1,2 \cdot d$	–
	> 600 ... 800	$0,8 \cdot d$	$1,2 \cdot d$	$1,2 \cdot d$	$1,2 \cdot d$
	> 800	$0,8 \cdot d$	$1,2 \cdot d$	$1,0 \cdot d$	$1,0 \cdot d$
Gusseisen		$1,3 \cdot d$	$1,5 \cdot d$	$1,5 \cdot d$	–
Kupferlegierungen		$1,3 \cdot d$	$1,3 \cdot d$	–	–
Leicht-metalle[1]	Al-Gusslegierungen	$1,6 \cdot d$	$2,2 \cdot d$	–	–
	Rein-Aluminium	$1,6 \cdot d$	–	–	–
	Al-Leg. ausgehärtet	$0,8 \cdot d$	$1,2 \cdot d$	$1,6 \cdot d$	–
	nicht ausgehärtet	$1,2 \cdot d$	$1,6 \cdot d$	–	–
Weichmetalle, Kunststoffe		$2,5 \cdot d$	–	–	–

[1] Bei dynamischer Belastung ist hierfür l_e um etwa 20 % zu erhöhen.
[2] Feingewinde erfordern eine um etwa 25 % größere Einschraublänge.

TB 8-16 Wirksamkeit von Schraubensicherungen (nach Bauer & Schaurte Karcher)

Element bzw. Methode	Beispiel (TB 8-6, TB 8-7)		Wirksamkeit	Wieder-verwend-barkeit
Mitverspannte federnde Elemente	Federring	DIN 128	**unwirksam** ab Festigkeitsklasse 8.8	entfällt
	Federscheibe	DIN 137		
	Zahnscheibe	DIN 6797		
	Fächerscheibe	DIN 6798		
Formschlüssige Elemente	Sicherungsblech	DIN 432 einseitig aufgebogen zweiseitig aufgebogen	**unwirksam** ab Festigkeitsklasse 8.8	keine
	Kronenmutter	DIN 935 Schraube mit Bohrung Bohren nach dem Verspannen	**unwirksam** über Festigkeitsklasse 8.8 aber undefinierte Vorspannkraft, sonst Verliersicherung	ja, mit neuem Splint
	Drahtsicherung		**unwirksam** über Festigkeitsklasse 8.8 sonst Verliersicherung	ja, mit neuem Draht
	Wendelförmiger Gewindeeinsatz		Losdrehsicherung	ja
Kraftschlüssige (klemmende) Elemente	Mutter mit Polyamidstopfen [1]		**unwirksam**	entfällt
	Muttern mit Klemmteil DIN EN ISO 7040, 7042 und 10511, DIN 6924 und 6925		Verliersicherung	ja
	Schraube mit Kunststoffbeschichtung im Gewinde		Verliersicherung	ja
	Kontermutter		**unwirksam** Losdrehen möglich	entfällt
	Sicherungsmutter DIN 7967		**unwirksam** Losdrehen möglich	entfällt
sperrende Elemente	Schraube/Mutter mit Verzahnung		Losdrehsicherung Ausnahme: gehärtete Oberfläche	ja
	Schraube/Mutter mit Rippen		Losdrehsicherung bis 60 HRC	ja
Stoffschlüssige Elemente	Mikroverkapselter Klebstoff		Losdrehsicherung[1]	ja, 3mal
	Flüssigkeitsklebstoff		Losdrehsicherung[1]	nein
	Silikonpaste im Gewinde		Verliersicherung[1]	ja

[1] Temperaturabhängigkeit beachten

8

TB 8-17 Vorspannkräfte und Anziehdrehmomente für hochfeste Schrauben im Stahlbau nach DIN 18800 T7

Schraubengröße		M12	M16	M20	M22	M24	M27	M30	M36
Vorspannkraft F_V in kN		50	100	160	190	220	290	350	510
Anziehdrehmoment M_A[1] in Nm	MoS_2 geschmiert	100	250	450	650	800	1250	1650	2800
	leicht geölt	120	350	600	900	1100	1650	2200	3800

[1] Aufzubringende Vorspannkraft bzw. Voranziehmoment und Drehwinkel beim Vorspannen nach dem Drehimpuls- bzw. Drehwinkel-Verfahren s. Normblatt

TB 8-18 Richtwerte für die zulässige Flächenpressung p_{zul} bei Bewegungsschrauben

Gleitpartner (Werkstoff)		p_{zul} in N/mm^2
Schraube (Spindel)	Mutter	
Stahl (z. B. C15, 9SMn28K, E295)	Gusseisen GS, GJMW CuSn- und CuAl-Leg. Stahl (z. B. C35) Kunststoff „Turcite-A"[1] Kunststoff „Nylatron"[2]	3 ... 7 5 ... 10 10 ... 20 10 ... 15 5 ... 15 ... 55
CuSn- und CuAl-Legierung	Stahl (z. B. C35)	10 ... 20

Hohe Werte bei aussetzendem Betrieb, hoher Festigkeit der Gleitpartner und niedriger Gleitgeschwindigkeit. Bei seltener Betätigung (z. B. Schieber) bis doppelte Werte.

[1] Hersteller: Busak + Luyken, Stuttgart-Vaihingen
[2] Gusspolyamid mit MoS_2. Hersteller: Neff Gewindespindeln GmbH, Waldenbuch
[1] [2] wartungs- und geräuscharm, kein Spindelverschleiß, stick-slip-frei

9 Bolzen-, Stiftverbindungen und Sicherungselemente

TB 9-1 Richtwerte für die zulässige mittlere Flächenpressung (Lagerdruck) p_{zul} bei niedrigen Gleitgeschwindigkeiten (z. B. Gelenke, Drehpunkte)

p_{zul} wird durch die Verschleißrate des Lagerwerkstoffes bestimmt. ( )-Werte gelten für kurzzeitige Lastspitzen

Bei Schwellbelastung gelten die 0,7-fachen Werte.

Zeile	Gleitpartner (Lager-/Bolzenwerkstoff)[1]	p_{zul} in N/mm^2
	bei Trockenlauf (wartungsfrei):	
1	PTFE Composite[2]/St	80 (250)
2	iglidur X[3]/St gehärtet	150
3	iglidur G[3]/St gehärtet	80
4	DU-Lager[4]/St	60 (140)
5	Sinterbronze mit Festschmierstoff/St	80
6	Verbundlager (Laufschicht PTFE)/St	30 (150)
7	PA oder POM/St	20
8	PE/St	10
9	Sintereisen, ölgetränkt (Sint-B20)/St	8
	bei Fremdschmierung:	
10	Tokatbronze[5]/St	100
11	St gehärtet/St gehärtet	25
12	Cu-Sn-Pb-Legierung/St gehärtet	40 (100)
13	Cu-Sn-Pb-Legierung/St	20
14	GG/St	5
15	Pb-Sn-Legierung/St	3 (20)

[1] Harte und geschliffene Bolzenoberfläche ($R_a \approx 0,4\,\mu m$) günstig.
[2] Kunststoffbeschichteter Stahlrücken Hersteller: SKF.
[3] Thermoplastische Legierung mit Fasern und Festschmierstoffen. Hersteller: igus GmbH, Bergisch Gladbach
[4] Auf Stahlrücken (Buchse, Band) aufgesinterte Zinnbronzeschicht, deren Hohlräume mit PTFE und Pb gefüllt sind. Hersteller: Karl Schmidt GmbH, Neckarsulm.
[5] Mit Bleibronze beschichteter Stahl Hersteller: Kugler Bimetal, Le Lignon/Genf.

TB 9-2 Bolzen nach DIN EN 22340 (ISO 2340), DIN EN 22341 (ISO 2341) und DIN 1445, Lehrbuch Bild 9-1 (Auswahl)

Maße in mm

d_1	h11	5	6	8	10	12	16	20	24	30	36	40	50	60
d_2	h14	8	10	14	18	20	25	30	36	44	50	55	66	78
d_3	H13	1,2	1,6	2	3,2	3,2	4	5	6,3	8	8	8	10	10
d_4		–	–	M6	M8	M10	M12	M16	M20	M24	M27	M30	M36	M42
b min.		–	–	11	14	17	20	25	29	36	39	42	49	58
k	js14	1,6	2	3	4	4	4,5	5	6	8	8	8	9	12
w		2,9	3,2	3,5	4,5	5,5	6	8	9	10	10	10	12	14
z_1 max.		2	2	2	2	3	3	4	4	4	4	4	4	6
SW		–	–	11	13	17	22	27	32	36	46	50	60	70
Splint DIN EN ISO 1234		1,2×10	1,6×12	2×14	3,2×18	3,2×20	4×25	5×32	6,3×36	8×45	8×50	8×56	10×71	10×80
Scheibe DIN EN 28738	s	1	1,6	2	2,5	3	3	4	4	5	6	6	8	10
	d_5	10	12	15	18	20	24	30	37	44	50	56	66	78
Federstecker d_4 DIN 11024		–	–	–	2,5	3,2	4	5	5	6	7	7	8	–

Bolzen mit d_1 3 4 14 18 22 27 33 45 55 70 80 90 100 siehe Normen.
Die handelsüblichen Längen l_1 liegen zwischen $2d_1$ und $10d_1$.
Längen über 200 mm sind von 20 mm zu 20 mm zu stufen.
Stufung der Länge l_1: 6 8 10 12 14 16 18 20 22 24 26 28 30 32 35 40 45 50 55 60 65 70 75 80 85 90 95 100 120 140 160 180 200
Kopfanfasung $z_2 \times 45°$ mit $z_2 \approx z_1/2$.   Übergangsradius r: 0,6 mm bis $d_1 = 16$ mm, 1 mm ab $d_1 = 18$ mm.
Bei Bolzen der Form B mit Splintlöchern errechnet sich die Gesamtlänge aus der Klemmlänge l_K z. B. nach Bild 9-1b:
$l_1 = l_k + 2(s + w) + d_3$. Das so errechnete Kleinstmaß l_1 ist möglichst auf die nächstgrößere Länge l_1 der Tabelle aufzurunden. Sollte sich hierdurch eine konstruktiv nicht vertretbare zu große Klemmlänge l_k ergeben, so ist der erforderliche Splintabstand $l_2 = l_k + 2s + d_3$ in der Bezeichnung anzugeben.
Bezeichnung eines Bolzens ohne Kopf, Form B, mit Nenndurchmesser $d_1 = 16$ mm und Nennlänge $l_1 = 55$ mm, mit verringertem Splintlochabstand $l_2 = 40$ mm, aus Automatenstahl (St):
Bolzen ISO 2340 – B – 16 × 55 × 40 – St.
Bei Bolzen mit Gewindezapfen errechnet sich die Länge l_1 aus der Klemmlänge l_3 plus Zapfenlänge b. Die so ermittelte Länge l_1 ist auf den nächstgrößeren Tabellenwert aufzurunden.
Bezeichnung eines Bolzens mit Kopf und Gewindezapfen DIN 1445 von Durchmesser $d_1 = 30$ mm, mit Toleranzfeld h11, Klemmlänge $l_3 = 63$ mm und (genormter) Länge $l_1 = 100$ mm, aus 9SMnPb28+C (St):
Bolzen DIN 1445 – 30h11 × 63 × 100 – St.

TB 9-7 Sicherungsringe (Halteringe) DIN 471 und DIN 472 (Regelausführung, Auswahl)

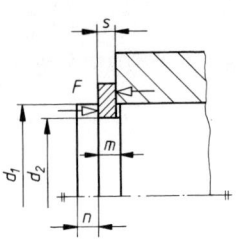
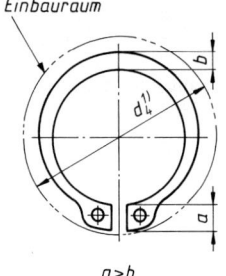

$a > b$

Maße in mm

DIN 471 für Wellen							
Wellen-durch-messer d_1	Ring		Nut[8]			Tragfähigkeit	
						Nut	Ring
	s [3]	a	d_2 [4]	m	n	F_N [6]	F_R [7]
		max		H13	min	kN	kN
6	0,7	2,7	5,7	0,8	0,5	0,46	1,45
8	0,8	3,2	7,6	0,9	0,6	0,81	3,0
10	1	3,3	9,6	1,1	0,6	1,01	4,0
12	1	3,3	11,5	1,1	0,8	1,53	5,0
15	1	3,6	14,3	1,1	1,1	2,66	6,9
17	1	3,8	16,2	1,1	1,2	3,46	8
20	1,2	4	19	1,3	1,5	5,06	17,1
25	1,2	4,4	23,9	1,3	1,7	7,05	16,2
30	1,5	5	28,6	1,6	2,1	10,73	32,1
35	1,5	5,6	33	1,6	3	17,8	30,8
40	1,75	6	37,5	1,85	3,8	25,3	51,0
45	1,75	6,7	42,5	1,85	3,8	28,6	49,0
50	2	6,9	47	2,15	4,5	38,0	73,3
55	2	7,2	52	2,15	4,5	42,0	71,4
60	2	7,4	57	2,15	4,5	46,0	69,2
65	2,5	7,8	62	2,65	4,5	49,8	135,6
70	2,5	8,1	67	2,65	4,5	53,8	134,2
75	2,5	8,4	72	2,65	4,5	57,6	130,0
80	2,5	8,6	76,5	2,65	5,3	71,6	128,4
85	3	8,7	81,5	3,15	5,3	76,2	215,4
90	3	8,8	86,5	3,15	5,3	80,8	217,2
95	3	9,4	91,5	3,15	5,3	85,5	212,2
100	3	9,6	96,5	3,15	5,3	90,0	206,4
105	4	9,9	101	4,15	6	107,6	471,8
110	4	10,1	106	4,15	6	113,0	457,0
120	4	11	116	4,15	6	123,5	424,6
130	4	11,6	126	4,15	6	134,0	395,5
140	4	12	136	4,15	6	144,5	376,5
150	4	13	145	4,15	7,5	193,0	357,5

Weitere Größen bis $d_1 = 300$ mm sowie Zwischengrößen siehe Normen.
Bei Umfangsgeschwindigkeiten der Wellen bis $\varnothing$ 100 mm ≤ 22 m/s und $\varnothing > 100$ mm ≤ 15 m/s ist das Aufspreizen der Ringe für Wellen nicht zu befürchten. Genaue Ablösedrehzahlen siehe Norm.

[1] $d_4 = d_1 + 2{,}1a$ [2] $d_4 = d_1 - 2{,}1a$

[3]
Dicke s	$\leq 0{,}8$	$1 \ldots 1{,}75$	$2 \ldots 2{,}5$	3	4
zul. Abw.	$-0{,}05$	$-0{,}06$	$-0{,}07$	$-0{,}08$	$-0{,}1$

[4]
Nutdurchm. d_2	$\leq 9{,}6$	$10{,}5 \ldots 21$	$22{,}9 \ldots 96{,}5$	≥ 101
Toleranzklasse	h10	h11	h12	h13

[5]
Nutdurchm. d_2	≤ 23	$25{,}2 \ldots 103{,}5$	≥ 106
Toleranzklasse	H11	H12	H13

9

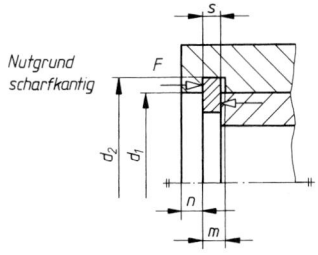

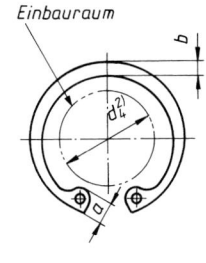

Einbauraum

$a > b$

DIN 472 für Bohrungen							
Wellen-durch-messer d_1	Ring		Nut[8]			Tragfähigkeit	
	$s^{3)}$	a max	$d_2{}^{5)}$	m H13	n min	Nut $F_N{}^{6)}$ kN	Ring $F_R{}^{7)}$ kN
16	1	3,8	16,8	1,1	1,2	3,4	5,5
19	1	4,1	20	1,1	1,5	5,1	6,8
22	1	4,2	23	1,1	1,5	5,9	8,0
24	1,2	4,4	25,2	1,3	1,8	7,7	13,9
26	1,2	4,7	27,2	1,3	1,8	8,4	13,85
28	1,2	4,8	29,4	1,3	2,1	10,5	13,3
32	1,2	5,4	33,7	1,3	2,6	14,6	13,8
35	1,5	5,4	37	1,6	3	18,8	26,9
40	1,75	5,8	42,5	1,85	3,8	27,0	44,6
42	1,75	5,9	44,5	1,85	3,8	28,4	44,7
47	1,75	6,4	49,5	1,85	3,8	31,4	43,5
52	2	6,7	55	2,15	4,5	42,0	60,3
55	2	6,8	58	2,15	4,5	44,4	60,3
62	2	7,3	65	2,15	4,5	49,8	60,9
68	2,5	7,8	71	2,65	4,5	54,5	121,5
72	2,5	7,8	75	2,65	4,5	58	119,2
75	2,5	7,8	78	2,65	4,5	60	118
80	2,5	8,5	83,5	2,65	5,3	74,6	120,9
85	3	8,6	88,5	3,15	5,3	79,5	201,4
90	3	8,6	93,5	3,15	5,3	84	199
95	3	8,8	98,5	3,15	5,3	88,6	195
100	3	9,2	103,5	3,15	5,3	93,1	188
110	4	10,4	114	4,15	6	117	415
120	4	11	124	4,15	6	127	396
130	4	11	134	4,15	6	138	374
140	4	11,2	144	4,15	6	148	350
150	4	12	155	4,15	7,5	191	326
160	4	13	165	4,15	7,5	212	321
170	4	13,5	175	4,15	7,5	225	349

[6] Tragfähigkeit der Nut bei $R_{eL} = 200\,\text{N/mm}^2$ ohne Sicherheit gegen Fließen und Dauerbruch. Bei stat. Belastung 2fache Sicherheit gegen Bruch. Für abweichende Nuttiefen t' und Streckgrenzen R'_{eL} gilt:

$$F'_N = F_N \cdot \frac{t'}{t} \cdot \frac{R'_{eL}}{200}.$$

[7] Tragfähigkeit des Sicherungsringes bei scharfkantiger Anlage der andrückenden Teile. Stark verringerte Tragfähigkeit bei Kantenabstand (Fase) siehe Norm.

[8] Die Ausrundung r des Nutgrundes darf auf der Lastseite maximal $0,1s$ betragen. Bewährte Nutausführungen s. Bild 9-12.

Bezeichnung eines Sicherungsringes für Wellendurchmesser $d_1 = 30$ mm und Ringdicke $s = 1,5$ mm: Sicherungsring DIN 471 − 30 × 1,5

9

TB 9-3 Abmessungen in mm von ungehärteten Zylinderstiften DIN EN ISO 2338 (Auszug), Lehrbuch Bild 9-6a bis c (Auswahl)

d m6/h8		1,5	2	2,5	3	4	5	6	8	10	12	16	20	25	30	40	50
$c \approx$		0,3	0,35	0,4	0,5	0,63	0,8	1,2	1,6	2	2,5	3	3,5	4	5	6,3	8
l	von	4	6	6	8	8	10	12	14	16	22	26	35	50	60	80	95
	bis	16	20	24	30	40	50	60	80	95	140	180	200	200	200	200	200

Stufung der Länge l: 4 5 6 bis 32 Stufung 2 mm, 35 bis 95 Stufung 5 mm, 100 bis 200 und darüber Stufung 20 mm
Werkstoff: St = Stahl mit Härte 125 HV30 bis 245 HV30
      A1 = austenitischer nichtrostender Stahl (Härte 210 HV30 bis 280 HV30)
Oberflächenbeschaffenheit: blank, falls nichts anderes vereinbart.
Bezeichnung eines ungehärteten Zylinderstiftes aus austenitischem nichtrostendem Stahl der Sorte A1, mit Nenndurchmesser $d = 12$ mm, Toleranzklasse h8 und Nennlänge $l = 40$ mm:
      Zylinderstift ISO 2338-12h8 × 40-A1

TB 9-4 Mindest-Abscherkraft in kN für zweischnittige Stiftverbindungen (Scherversuch nach DIN EN 28749, Höchstbelastung bis zum Bruch)

Stiftart	Stiftdurchmesser d in mm												
	1,5	2	2,5	3	4	5	6	8	10	12	16	20	25
Zylinderkerbstifte DIN EN ISO 8740 Stahl (Härte 125 bis 245 HV30)	1,6	2,84	4,4	6,4	11,3	17,6	25,4	45,2	70,4	101,8	181	283	444
Spannstifte (-hülsen) leichte Ausführung DIN EN ISO 13337[1]		1,5	2,4	3,5	8	10,4	18	24	40	48	98	158	202
Spannstifte (-hülsen) schwere Ausführung DIN EN ISO 8752[1]	1,58	2,82	4,38	6,32	11,24	17,54	26,04	42,76	70,16	104,1	171	280,6	438,5
Spiralspannstifte Regelausführung DIN EN ISO 8750[1]	1,45	2,5	3,9	5,5	9,6	15	22	39	62	89	155	250	

[1] Werkstoff: Stahl und martensitischer nichtrostender Stahl, gehärtet

TB 9-5 Abmessungen in mm von Pass- und Stützscheiben DIN 988 (Auswahl), Lehrbuch Bild 9-11c

d_1	D12	13 16 17	20 22 25	30 37 40	45 50 55 60	65 70 75 80 85 90 95 100
d_2	d12	19 22 24	28 32 35	42 47 50	55 62 68 75	85 90 95 100 105 110 115 120
Dicke s Stützscheibe		1,5 $^{0}_{-0,05}$	2 $^{0}_{-0,05}$	2,5 $^{0}_{-0,05}$	3 $^{0}_{-0,06}$	3,5 $^{0}_{-0,06}$
Dicke s Pass-Scheibe (für alle Durchmesser)		0,1 0,15 $^{0}_{-0,03}$	0,2 $^{0}_{-0,04}$	0,3 0,5 1 1,1 1,2 1,3 1,4 1,5 1,6 1,7 1,8 1,9 2 $^{0}_{-0,05}$		

Weitere Größen siehe Norm.
Bezeichnung einer Pass-Scheibe von Innendurchmesser $d_1 = 30$ mm, Außendurchmesser $d_2 = 42$ mm und Dicke $s = 1,2$ mm:
Pass-Scheibe DIN 988 − 30 × 42 × 1,2
Bezeichnung einer Stützscheibe (S) von Innendurchmesser $d_1 = 40$ mm und Außendurchmesser $d_2 = 50$ mm:
Stützscheibe DIN 988 − S40 × 50

TB 9-6 Stellringe DIN 705 − Abmessungen in mm (Auswahl), Lehrbuch Bild 9-15

d_1 H8	10	12	14	16	18	20	22	25	28	32	36	40	45	50	60	70	80	90	100
D h13	20	22	25	28	32	32	36	40	45	50	56	63	70	80	90	100	110	125	140
b js14	10	12	12	12	14	14	14	16	16	16	16	18	18	18	20	20	22	22	25
d_2	M5			M6					M8				M10				M12		
d_3	3		4			5			6			8			10			12	

Weitere Größen sowie Längen der Gewinde-, Kerb- bzw. Kegelstifte siehe Norm.
Die Gewindestifte, nicht aber die Kerb- bzw. Kegelstifte, sind Lieferbestandteil der Stellringe.
Bezeichnung eines Stellringes, Form A (mit Gewindestift), $d_1 = 25$ mm; Stellring DIN 705 − A25.

10 Elastische Federn

TB 10-1 Festigkeitsrichtwerte von Federwerkstoffen in N/mm^2 (Auswahl)

Federart	Werkstoff und Behandlungszustand	E-Modul G-Modul	statische Festigkeitswerte	dynamische Festigkeitswerte
Blattfedern	Federstahl, DIN 17221 vergütet 60CrSi7 50CrV4	E = 200000 G = 80000	R_m $R_{p\,0,2}$ 1320…1570 1130 1370…1670 1180	$\sigma_{bD} = \sigma_m \pm \sigma_A$
	Stahlbänder DIN 17222 kaltgewalzt (H + A)[1] 71Si7 50CrV4 Walzhaut Walzhaut entfernt, vergütet geschliffen	E = 206000 G = 78000	1500…2200 1400…2000	$\sigma_{bD} \approx 500 \pm 120…200$ $\sigma_{bD} \approx 500 \pm 300$ $\sigma_{bD} \approx 500 \pm 400$
			$\sigma_{b\,zul} \approx 0,7 \cdot R_m$	$\sigma_{b\,zul} \approx \sigma_m + 0,75 \cdot \sigma_A$
Drehfedern	Federstahldraht DIN 17223 T1 Drahtsorten A, B, C, D	E = 206000 G = 81500	abhängig von d σ_{zul} s. TB 10-3	σ_H nach TB 10-5
	DIN 17224 nichtrostend X12CrNi177 K	E = 185000 G = 70000		
Spiralfedern	Stahlbänder DIN 17222 C67, Ck67, 67SiCr5, 50CrV4	E = 206000 G = 78000	Banddicke bis 1 mm $\sigma_{zul} \approx 1100$ 1…3 mm ≈ 950 > 3 mm ≈ 800	nach Herstellerangaben
Tellerfedern	DIN 17221, 17222 Ck67, 50CrV4	E = 206000 G = 78000	bei $s_c = h_0$ $\sigma_{Ic} = -3400$ bei $R_e = 1400…1600$; σ_{OM} nach TB 10-6	$\sigma_O = f(\sigma_u)$ nach TB 10-9
Drehstabfedern	Warmgewalzte Stähle DIN 17221 vergütet 55Cr3, meist 50CrV4 Oberfläche geschliffen und kugelgestrahlt	E = 200000 G = 80000	Rundstäbe nicht vorgesetzt $\tau_{t\,zul} = 700$ vorgesetzt $\tau_{t\,zul} = 1020$ für $R_m = 1600…1800$	$\tau_m \pm \tau_A$ gesetzt $\tau_m \approx 600$ nach TB 10-10b
zylindrische Schraubenfedern (Druck- und Zugfedern aus rundem Federdraht)	runder Federstahldraht patentiert-gezogen DIN 17223 T1 z. B. Draht A, B, C, D	E = 206000 G = 81500	$\tau_{t\,zul} \approx 0,5 \cdot R_m$ nach TB 10-11 bzw. $\tau_{t\,zul} \approx 0,45 \cdot R_m$ nach TB 10-19 entsprechend für $R_m = 1370…1670$ für $d = 0,2…6$ mm	s. TB 10-13 bis TB 10-16
	vergütet DIN 17223 T2 z. B. Draht FD, VD	E = 206000 G = 81500		
	warmgewalzt DIN 17221 z. B. 55Cr3, 50CrV4	E = 200000 G = 80000		
	nicht rostend DIN 17224 X7CrNiAl177 K + A	E = 195000 G = 73000	$R_m = 2250…1300$ ($d \leq 0,2…6$ mm)	
	X5CrNiMo1810 K	E = 180000 G = 68000	$R_m = 1900…1050$ ($d \leq 0,2…8$ mm)	
	aus Cu-Knetlegierung DIN 17682, kaltverfestigt, angelassen z. B. CuZn36F70 (CuSn6F95)	E = 110000 (115000) G = 39000 (42000)	für $d \leq 3$ mm $R_m \approx 930…700$ ($\approx 900…1180$)	nach Herstellerangaben
	aushärtbar (ausgehärtet) z. B. CuBe2 F95 (CuBe2 F140)	E = 120000 (135000) G = 47000 (47000)	für $d \leq 3$ mm $R_m \approx 950…1150$ ($\approx 1400…1550$)	
Gummifedern	Weichgummi Shore-Härte 40…70	E = 2…8 G = 0,4…1,4	$\sigma_{z\,zul} \approx 1…2$ $\sigma_{d\,zul} \approx 3…5$ $\tau_{zul} \approx 1…2$	$\sigma_{z\,zul} \approx 0,5…1$ $\sigma_{d\,zul} \approx 1…1,5$ $\tau_{zul} \approx 0,3…0,8$

[1] kaltgewalzt + gehärtet + angelassen

TB 10-2 Runder Federstahldraht

a) Federdraht nach DIN 2076 (Auszug)

Nenn-maß	Durchmesser d Zulässige Abweichung für Maßgenauigkeit	
	B bei Drahtsorten A, B, FD	C bei Drahtsorten C, D, VD u. a.
mm	mm	mm
0,07 ⋮		
0,85 0,90 0,95 1,00 1,05 1,10 1,20 1,25 1,30 1,40	±0,025	±0,015
1,50 1,60 1,70 1,80 1,90 2,00 2,10 2,25 2,40 2,50 2,60 2,80 3,00 3,20	±0,035	±0,020

Durchmesser d	B	C
3,40 3,60 3,80 4,00 4,25 4,50 4,75 5,00 5,30 5,60	+0,045	±0,025
6,00 6,30 6,50 7,00 7,50 8,00 8,50	±0,060	±0,035
9,00 9,50 10,00	±0,070	±0,050
10,50 11,00 12,00 12,50 13,00 14,00 15,00	±0,090	±0,070
16,00 17,00	±0,12	±0,080
18,00 19,00 20,00	±0,15	±0,100

Bezeichnungsbeispiel: Dr(aht) DIN 2076-A4
d. h. Draht oder Dr der Sorte A mit $d = 4$ mm ($d_{max} = 4{,}045$ mm)

b) Federdraht, warmgewalzt nach DIN 2077 (Auszug)

Durchmesser d		Stufung der bestellbaren Durchmesser	Zulässige Abweichungen von d
≥	≤		
7	11,5	0,5	+0,15
12	21,5	0,5	±0,2
22	29,5	0,5	±0,25
30	39	1,0	±0,3
40	50	2,0	±0,4
52	60	2,0	±0,5
65[1]	80	5,0	±0,01 · d[1]

[1] Für den Durchmesser 65 mm beträgt die zulässige Abweichung ±0,5 mm

Bezeichnungsbeispiel: Rund (bzw. Rd) DIN 2077-50CrV4G25 d. h. warmgewalzter, runder Federstahl aus 50CrV4, geglüht mit Nenndurchmesser $d = 25$ mm ($d_{max} = 25{,}25$ mm; $d_{min} = 24{,}75$ mm)

c) Hinweise zur Wahl der Drahtsorten

Draht-Sorte	Verwendung für	Durchmesser d mm	Mindestzugfestigkeit[1] R_m N/mm^2
A	Zug-, Druck-, Dreh- und Formfedern mit geringer statischer oder selten dynamischer Beanspruchung	1…10	$R_m \approx 1720 - 660 \cdot \lg d$
B	Zug-, Druck-, Dreh- und Formfedern mit mittlerer statischer und geringer dynamischer Beanspruchung	0,3…20	$R_m \approx 1980 - 740 \cdot \lg d$
C	Zug-, Druck-, Dreh- und Formfedern mit hoher statischer und geringer dynamischer Beanspruchung	2…20	$R_m \approx 2220 - 820 \cdot \lg d$
D	Zug- und Druckfedern mit hoher statischer und mittlerer dynamischer Beanspruchung sowie bei Dreh- und Formfedern mit hoher statischer und hoher dynamischer Beanspruchung	0,2…20	$R_m \approx 2220 - 820 \cdot \lg d$
FD	Federstahldraht (unlegiert) für statische Beanspruchung	0,5…17	$R_m \approx 1846 - 480 \cdot \lg d$
VD	Ventilfederdraht (unlegiert) für hohe dynamische Torsionsbeanspruchung bei Raumtemperatur	0,5…10	$R_m \approx 1800 - 415 \cdot \lg d$

[1] Für Draht im angegebenen Durchmesserbereich (ca. Werte)

10

TB 10-3 Zulässige Biegespannung für kaltgeformte Drehfedern aus Federdraht A, B, C, D, FD bei überwiegend ruhender Beanspruchung

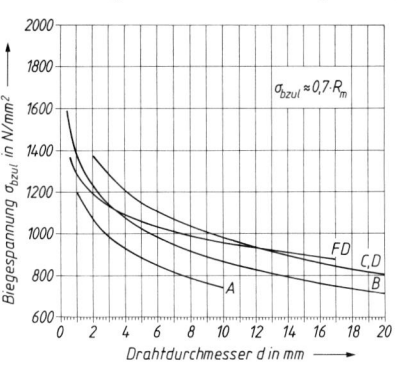

TB 10-4 Spannungsbeiwert q für Drehfedern

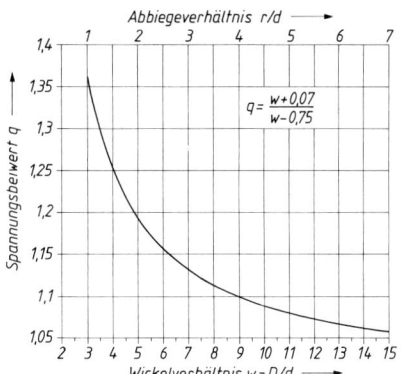

TB 10-5 Dauerfestigkeits-Schaubild für zylindrische Drehfedern aus patentiert-gezogenem Federdraht C (Grenzlastspielzahl $N = 10^7$). Durch Kugelstrahlen der fertigen Federn ist eine Steigerung der Dauerhubfestigkeit σ_H bis etwa 30 % möglich (Herstelleranfrage)

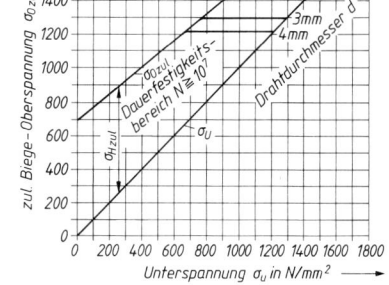

TB 10-6 Tellerfedern nach DIN 2093 (Auszug)

Hinweis: Für Federn der Reihe A kann eine angenähert gerade Kennlinie angenommen werden; für die Reihen B, C ergibt sich ein degressiver Kennlinienverlauf, der sich mit $F_{0,25}$, $F_{0,5}$, $F_{0,75}$ bzw. $\sigma_{0,25}$, $\sigma_{0,5}$, $\sigma_{0,75}$ bei $s_{0,25}$, $s_{0,5}$, $s_{0,75}$ genügend genau darstellen lässt. Die Tabellenwerte sind teilweise gerundet. Werte der rechnerischen Zugspannungen mit * entsprechen $\sigma_{II} = \sigma_{0,75}$ (Stelle II), ohne * entsprechen $\sigma_{III} = \sigma_{0,75}$ (Stelle III). Rechnerische Druckspannung σ_{OM} am oberen Mantelpunkt des Einzeltellers (s. Lehrbuch Bild 10-19).

a) Tellerfedern der Reihe A mit $D_e/t \approx 18$, $h_0/t \approx 0,4$

Gruppe	D_e h12 mm	D_i H12 mm	t bzw. (t') $l_0 = t + h_0$ mm	h_0 mm	$F_{0,75}$ N	σ_{OM} bei $s_{0,75} = 0,75\,h_0$ N/mm²	σ_{II}, σ_{III} N/mm²
1	8	4,2	0,4	0,2	210	−1200	1220*
	10	5,2	0,5	0,25	329	−1210	1240*
	12,5	6,2	0,7	0,3	673	−1280	1420*
	14	7,2	0,8	0,3	813	−1190	1340*
	16	8,2	0,9	0,35	1000	−1160	1290*
	18	9,2	1	0,4	1250	−1170	1300*
	20	10,2	1,1	0,45	1530	−1180	1300*
2	22,5	11,2	1,25	0,5	1950	−1170	1320*
	25	12,2	1,5	0,55	2910	−1210	1410*
	28	14,2	1,5	0,65	2850	−1180	1280*
	31,5	16,3	1,75	0,7	3900	−1190	1310*
	35,5	18,3	2	0,8	5190	−1210	1330*
	40	20,4	2,25	0,9	6540	−1210	1340*
	45	22,4	2,5	1	7720	−1150	1300*
	50	25,4	3	1,1	12000	−1250	1430*
	56	28,5	3	1,3	11400	−1180	1280*
	63	31	3,5	1,4	15000	−1140	1300*
	71	36	4	1,6	20500	−1200	1330*
	80	41	5	1,7	33700	−1260	1460*
	90	46	5	2	31400	−1170	1300*
	100	51	6	2,2	48000	−1250	1420*
	112	57	6	2,5	43800	−1130	1240*
3	125	64	8 (7,5)	2,6	85900	−1280	1330*
	140	72	8 (7,5)	3,2	85300	−1260	1280*
	160	82	10 (9,4)	3,5	139000	−1320	1340*
	180	92	10 (9,4)	4	125000	−1180	1200
	200	102	12 (11,25)	4,2	183000	−1210	1230*
	225	112	12 (11,25)	5	171000	−1120	1140
	250	127	14 (13,1)	5,6	249000	−1200	1220

TB 10-6 Fortsetzung

b) Tellerfedern der Reihe B mit $D_e/t \approx 28$, $h_0/t \approx 0,75$

Gruppe	D_e h12 mm	D_i H12 mm	t bzw. (t') $l_0 = t + h_0$ mm	h_0 mm	$F_{0,75}$ N	σ_{OM} bei $s_{0,75} = 0,75 \cdot h_0$ N/mm²	σ_{II}, σ_{III} N/mm²	$F_{0,5}$ bei $s_{0,5} = 0,5 \cdot h_0$ N	$\sigma_{0,5}$ N/mm²	$F_{0,25}$ bei $s_{0,25} = 0,25 \cdot h_0$ N	$\sigma_{0,25}$ N/mm²
1	8	4,2	0,3	0,25	119	−1140	1330	89	945	52	505
	10	5,2	0,4	0,3	213	−1170	1300	155	919	88	489
	12,5	6,2	0,5	0,35	291	−1000	1110	215	798	120	423
	14	7,2	0,5	0,4	279	− 970	1100	210	792	120	423
	16	8,2	0,6	0,45	412	−1010	1120	304	796	172	423
	18	9,2	0,7	0,5	572	−1040	1130	417	798	233	424
	20	10,2	0,8	0,55	745	−1030	1110	547	799	304	424
	22,5	11,2	0,8	0,65	710	− 962	1080	533	778	306	415
	25	12,2	0,9	0,7	868	− 938	1030	644	736	367	392
	28	14,2	1	0,8	1110	− 961	1090	832	781	476	417
2	31,5	16,3	1,25	0,9	1920	−1090	1190	1410	850	791	452
	35,5	18,3	1,25	1	1700	− 944	1070	1280	772	731	412
	40	20,4	1,5	1,15	2620	−1020	1130	1950	816	1110	435
	45	22,4	1,75	1,3	3660	−1050	1150	2700	821	1520	437
	50	25,4	2	1,4	4760	−1060	1140	3490	816	1950	433
	56	28,5	2	1,6	4440	− 963	1090	3340	784	1910	418
	63	31	2,5	1,75	7180	−1020	1090	5270	779	2940	414
	71	36	2,5	2	6730	− 934	1060	5050	759	2890	405
	80	41	3	2,3	10500	−1030	1140	7840	820	4450	437
	90	46	3,5	2,5	14200	−1030	1120	10400	798	5840	424
	100	51	3,5	2,8	13100	− 926	1050	9820	749	5620	402
	112	57	4	3,2	17800	− 963	1090	13300	784	7640	418
	125	64	5	3,5	30000	−1060	1150	21900	823	12200	437
	140	72	5	4	27900	− 970	1110	21000	792	12000	423
	160	82	6	4,5	41100	−1000	1110	30400	828	17200	445
	180	92	6	5,1	37500	− 895	1040	28600	776	16600	419
3	200	102	8 (7,5)	5,6	76400	−1060	1250	58000	892	33400	475
	225	112	8 (7,5)	6,5	70800	− 951	1180	55400	842	32900	450
	250	127	10 (9,4)	7	119000	−1050	1240	90200	886	52000	470

c) Tellerfedern der Reihe C mit $D_e/t \approx 40$, $h_0/t \approx 1,3$

Gruppe	D_e h12 mm	D_i H12 mm	t bzw. (t') $l_0 = t + h_0$ mm	h_0 mm	$F_{0,75}$ N	σ_{OM} bei $s_{0,75} = 0,75 \cdot h_0$ N/mm²	σ_{II}, σ_{III} N/mm²	$F_{0,5}$ bei $s_{0,5} = 0,5 \cdot h_0$ N	$\sigma_{0,5}$ N/mm²	$F_{0,25}$ bei $s_{0,25} = 0,25 \cdot h_0$ N	$\sigma_{0,25}$ N/mm²
1	8	4,2	0,2	0,25	39	−762	1040	33	759	21	411
	10	5,2	0,25	0,3	58	−734	980	48	706	30	383
	12,5	6,2	0,35	0,45	152	−944	1280	130	940	84	511
	14	7,2	0,35	0,45	123	−769	1060	106	775	68	421
	16	8,2	0,4	0,5	155	−751	1020	131	740	84	402
	18	9,2	0,45	0,6	214	−789	1110	186	815	121	443
	20	10,2	0,5	0,65	254	−772	1070	219	782	141	425
	22,5	11,2	0,6	0,8	425	−883	1230	370	904	240	492
	25	12,2	0,7	0,9	601	−936	1270	515	926	331	503
	28	14,2	0,8	1	801	−961	1300	681	957	435	519
	31,5	16,3	0,8	1,05	687	−810	1130	594	831	384	451
	35,5	18,3	0,9	1,15	831	−779	1080	712	792	548	430
	40	20,4	1	1,3	1020	−772	1070	876	782	565	425
2	45	22,4	1,25	1,6	1890	−920	1250	1620	922	1040	501
	50	25,4	1,25	1,6	1550	−754	1040	1330	761	854	413
	56	28,5	1,5	1,95	2620	−879	1220	2260	896	1460	487
	63	31	1,8	2,35	4240	−985	1350	3660	995	2360	541
	71	36	2	2,6	5140	−971	1340	4430	987	2860	537
	80	41	2,25	2,95	6610	−982	1370	5720	1010	3700	548
	90	46	2,5	3,2	7680	−935	1290	6580	945	4230	513
	100	51	2,7	3,5	8610	−895	1240	7410	908	4780	493
	112	57	3	3,9	10500	−882	1220	9040	896	5830	487
	125	64	3,5	4,5	15400	−956	1320	13200	968	8510	526
	140	72	3,8	4,9	17200	−904	1250	14800	918	9510	499
	160	82	4,3	5,6	21800	−892	1240	18800	911	12200	495
	180	92	4,8	6,2	26400	−869	1200	22700	883	14600	480
	200	102	5,5	7	36100	−910	1250	30980	916	19800	498
3	225	112	6,5 (6,2)	7,1	44600	−840	1140	36300	816	22300	443
	250	127	7 (6,7)	7,8	50500	−814	1120	41300	805	25600	437

10

98

TB 10-7 Reibungsfaktor w_M (w_R) zur Abschätzung der Paketfederkräfte (Randreibung) in $1 \cdot 10^{-3}$

Schmierung	Öl	Fett	Molykote + Öl (1 : 1)
Reihe A	15…32 (27…40)	12…27 (24…37)	5…22 (27…33)
Reihe B	10…22 (17…26)	8…19 (16…24)	3…15 (17…21)
Reihe C	8…17 (12…18)	7…15 (11…17)	3…12 (12…15)

TB 10-8 Tellerfedern; Kennwerte und Bezugsgrößen

a) Kennwert K_1

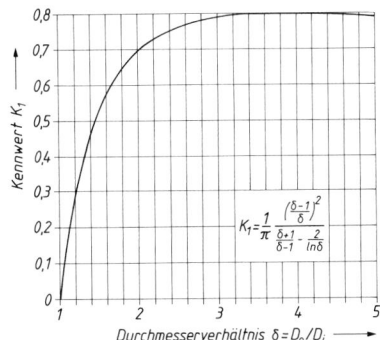

b) Kennwerte K_2 und K_3

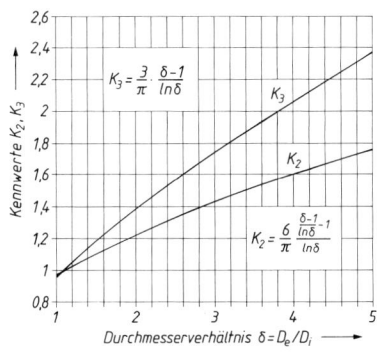

c) Bezogener rechnerischer Kennlinienverlauf des Einzeltellers bei unterschiedlichem h_0/t bzw. h_0'/t', für F/F_c und Federwegverhältnis s/h_0 bzw. s/h_0'

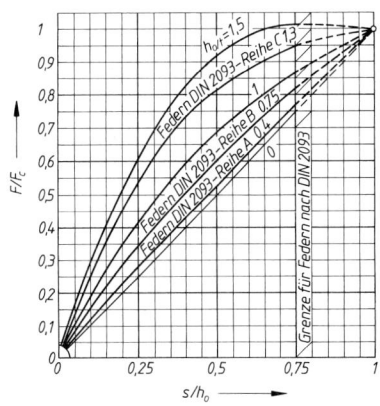

d) Bezogene rechnerische Spannungen an den Querschnittsecken I…IV und OM für Federn der Gruppen 1 und 2 (nach Mubea)

Beispiel: Für eine Feder der Reihe B wird bei einem Federweg $s = 0,6 \cdot h_0$ die bezogene Spannung an der Querschnittsecke III $\sigma_{III}/\sigma_c \approx 0,35$ abgelesen. Mit der nach Gl. (10.30) mit $s = h_0$ ermittelten Spannung σ_c (Planlage) wird bei dem o. a. Federweg s die Spannung $\sigma_{III} = 0,35 \cdot \sigma_c$ ermittelt.

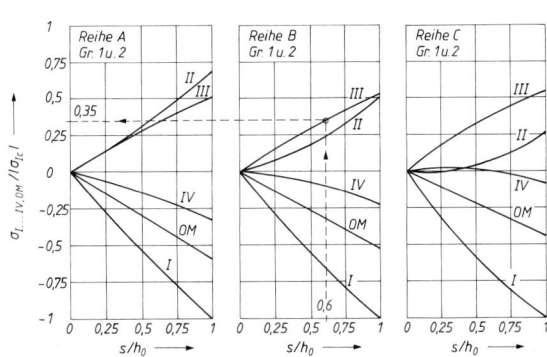

TB 10-9 Dauer- und Zeitfestigkeitsschaubilder für Tellerfedern der Gruppen 2 und 3 aus 50CrV4, der Gruppe 1 aus Ck67c (nach Mubea)

a) für $N = 10^5$ Lastspiele

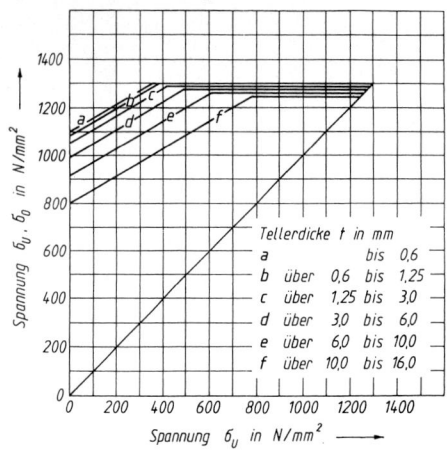

b) für $N = 5 \cdot 10^5$ Lastspiele

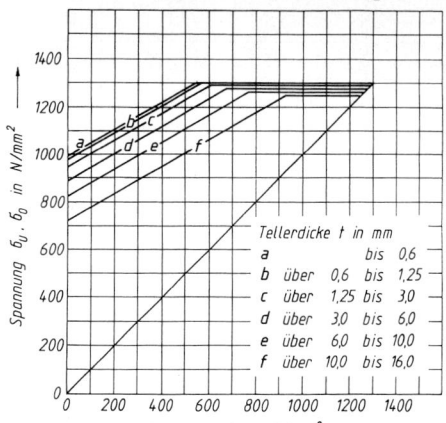

c) für $N = 2 \cdot 10^6$ Lastspiele

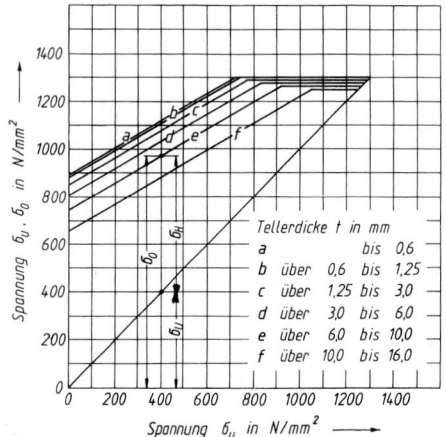

d) Wöhlerlinien für $N < 2 \cdot 10^6$ Lastspiele

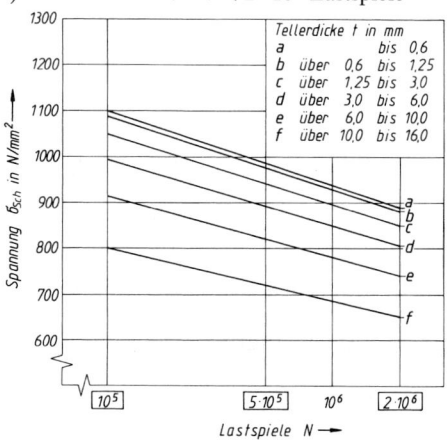

TB 10-10 Drehstabfedern mit Kreisquerschnitt

a) Kurven zur Ermittlung der Ersatzlänge l_e

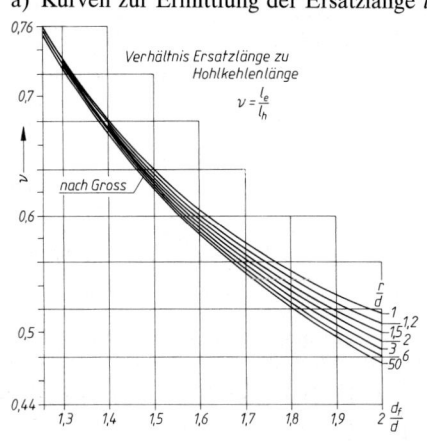

b) Dauerfestigkeitsschaubild für Drehstabfedern aus warmgewalztem Stahl nach DIN 17221 mit geschliffener und kugelgestrahlter Oberfläche (Vorsetzgrad 2 %)

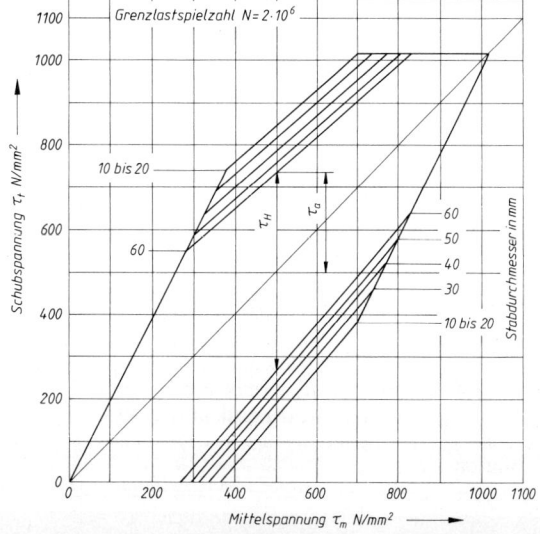

TB 10-11 Zulässige Spannungen für Druckfedern aus Werkstoffen nach DIN 17223 bzw. DIN 17221 bei statischer Beanspruchung

a) Zulässige Schubspannung $\tau_{zul} = f(d)$

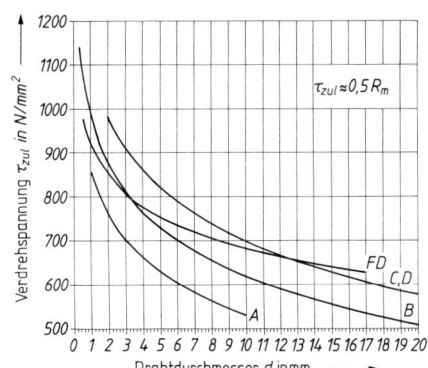

b) Zulässige Schubspannung bei Blocklänge $\tau_{czul} = f(d)$

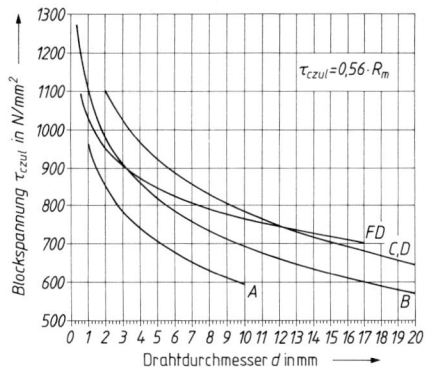

c) Zulässige Schubspannung bei Blocklänge für *warmgeformte* Druckfedern aus Edelstahl nach DIN 17221; $\tau_{czul} = f(d)$

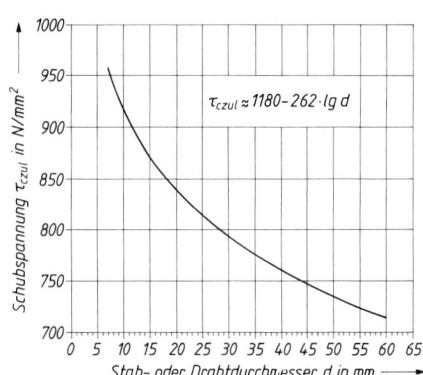

d) Spannungsbeiwert k

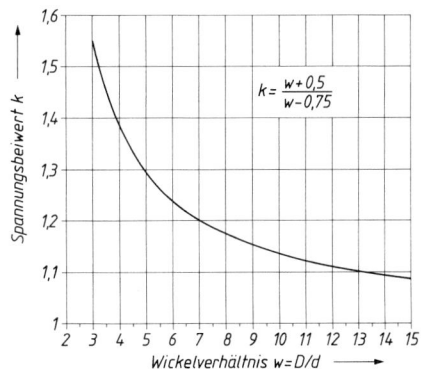

TB 10-12 Theoretische Knickgrenze von Schraubendruckfedern nach DIN 2089 T1

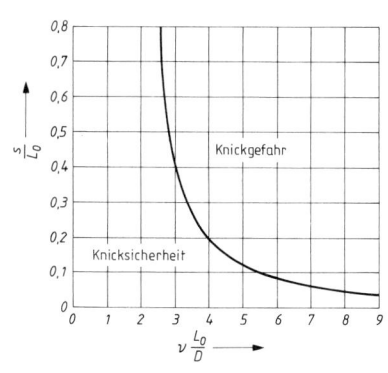

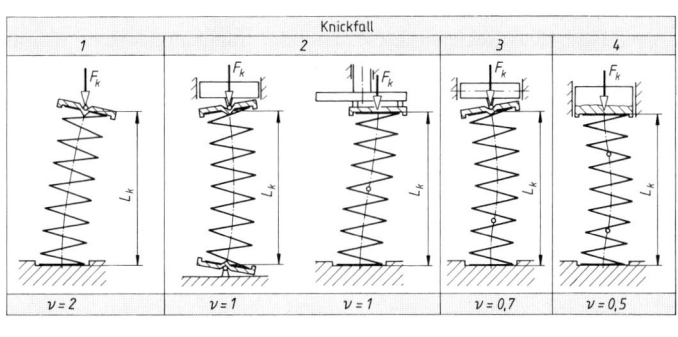

Für Federn aus Federdraht nach DIN 17223 ($E = 206\,000$ N/mm², $G = 81\,500$ N/mm²) wird mit $G/E \approx 0,396$ die Knicklänge $L_k = L_0 - s_k$ mit $s_k = 0,827 \cdot L_0 \cdot \left\{ 1 - \sqrt{1 - 6,66[D/(\nu \cdot L_0)]^2} \right\}$.

TB 10-13 Dauerfestigkeitsschaubilder für kaltgeformte Schraubendruckfedern aus patentiert-gezogenem Federstahldraht der Klasse C und D nach DIN 17223 T1; Grenzlastspielzahl $N = 10^7$

a) kugelgestrahlt

b) nicht kugelgestrahlt

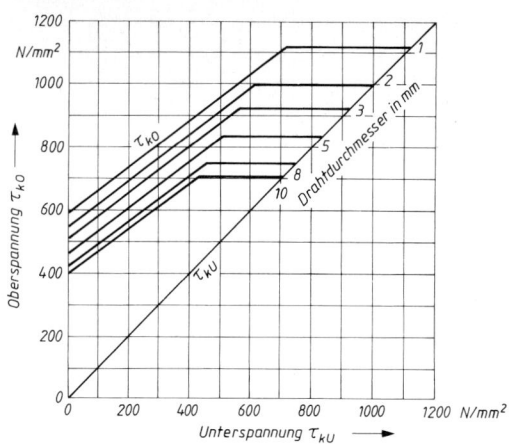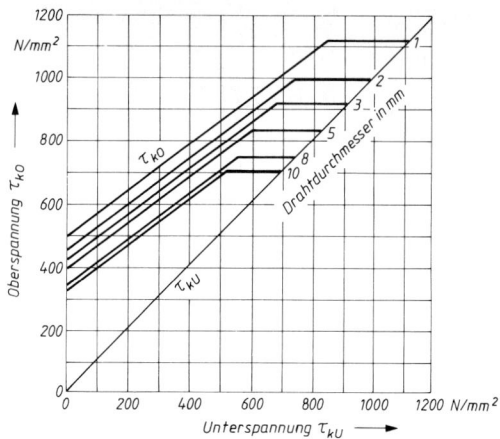

TB 10-14 Dauerfestigkeitsschaubilder für kaltgeformte Schraubendruckfedern aus vergütetem Federstahldraht (FD) nach DIN 17223 T2; Grenzlastspielzahl $N = 10^7$

a) kugelgestrahlt

b) nicht kugelgestrahlt

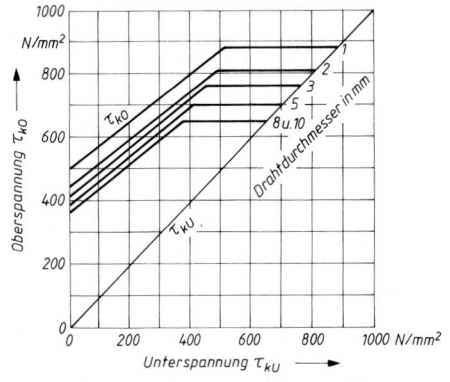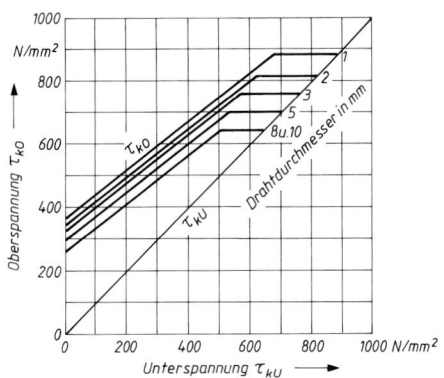

TB 10-15 Dauerfestigkeitsschaubilder für kaltgeformte Schraubendruckfedern aus vergütetem Ventilfederstahldraht (VD) nach DIN 17223 T2; Grenzlastspielzahl $N = 10^7$

a) kugelgestrahlt

b) nicht kugelgestrahlt

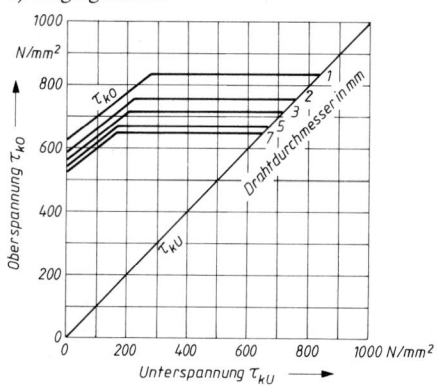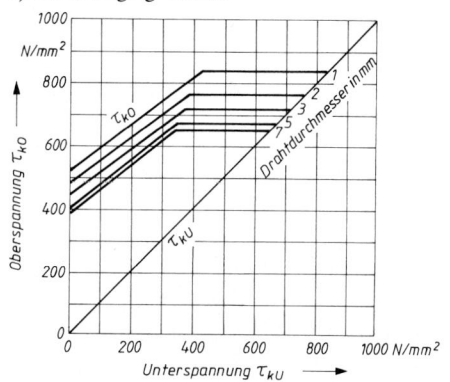

10

TB 10-16 Zeit- und Dauerfestigkeitsschaubild für warmgeformte Schraubendruckfedern aus Edelstahl nach DIN 17221 mit geschliffener oder geschälter Oberfläche; kugelgestrahlt

a) Bruchlastspielzahl $N = 10^5$

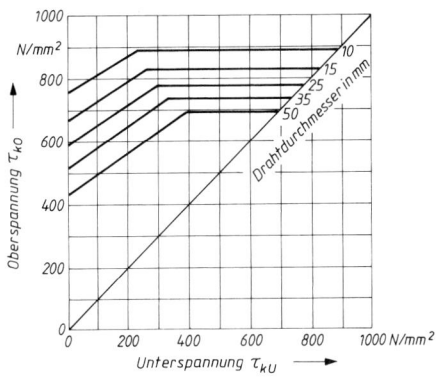

b) Grenzlastspielzahl $N = 2 \cdot 10^6$

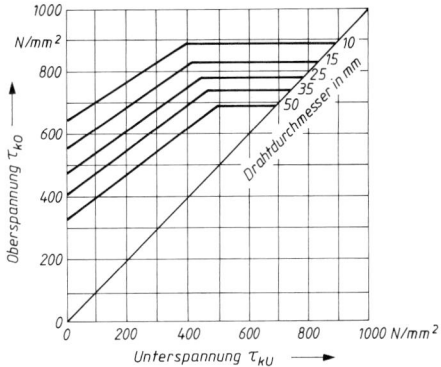

TB 10-17 Abhängigkeit des E- und G-Moduls von der Arbeitstemperatur

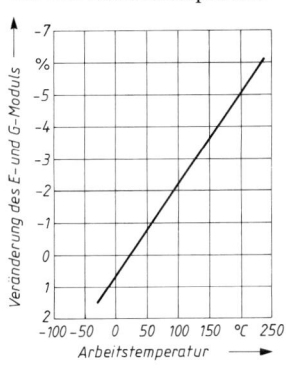

TB 10-18 Relaxation nach 48 Stunden von warmgeformten Druckfedern bei Betriebstemperaturen (als Anhaltswerte) für $R_m = 1500$ N/mm^2

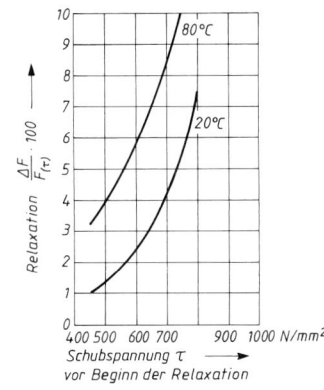

TB 10-19 Zulässige Spannungen für Zugfedern aus Werkstoffen nach DIN 17223 bzw. DIN 17221 bei statischer Beanspruchung

a) Zulässige Schubspannung

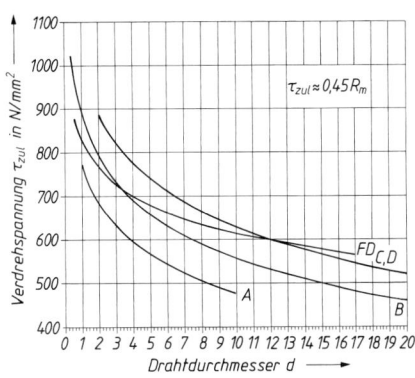

b) Korrekturfaktoren zur Ermittlung der inneren Schubspannung
α_1 Wickeln auf Wickelbank
α_2 Winden auf Federwindeautomat

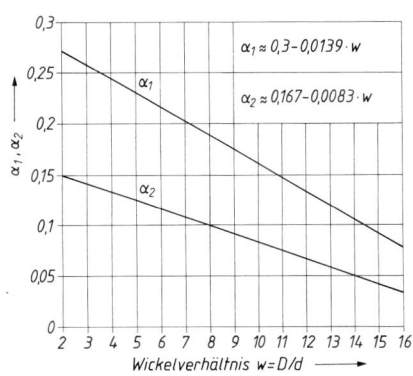

103

11 Achsen, Wellen und Zapfen

TB 11-1 Zylindrische Wellenenden nach DIN 748, T1 (Auszug)

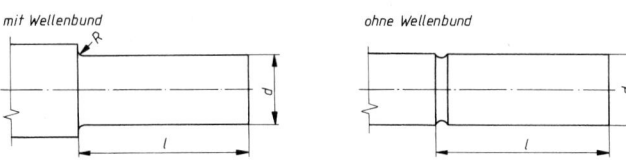

mit Wellenbund   *ohne Wellenbund*

Maße in mm

Durchmesser d		6	7	8	9	10	11	12	14	16	19	20	22	24	25	28
Länge l	lang	16		20		23		30		40		50			60	
	kurz	–		–		15		18		28		36			42	
Toleranzklasse[1]		k6														
Rundungsradius R[2]		0,6													1	

Durchmesser d		30	32	35	38	40	42	45	48	50	55	60	65	70	75	80
Länge l	lang	80				110						140			170	
	kurz	58				82						105			130	
Toleranzklasse[1]		k6								m6						
Rundungsradius R[1]		1								1,6						

[1] Andere Toleranzen sind in der Bezeichnung anzugeben.
[2] Die Rundungsradien sind max. Werte: an Stelle der Rundungen können auch Freistriche nach DIN 509 (siehe TB 11-4) vorgesehen werden.
Bezeichnung eines Wellenendes mit $d = 40$ mm Durchmesser und $l = 110$ mm Länge:
Wellenende DIN 748 – 40k6 × 110

TB 11-2 Kegelige Wellenenden mit Außengewinde nach DIN 1448, T1 (Auszug)

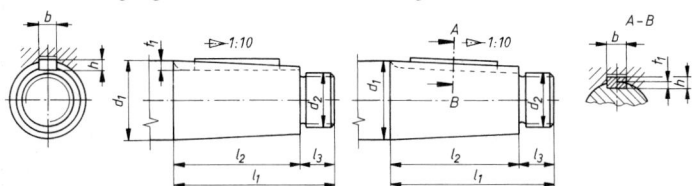

Maße in mm

Durchmesser d_1		6	7	8	9	10	11	12	14	16	19	20	22	24	25	28
Kegel-	lang	10		12		15		18		28		36			42	
länge l_2	kurz	–		–		–		–		16		22			24	
Gewindelänge l_3		6		8		8		12				14			18	
Gewinde d_2		M4		M6				M8 × 1		M10 × 1,25		M12 × 1,25			M16 × 1,5	
Passfeder[1] $b × h$		–					2 × 2		3 × 3		4 × 4				5 × 5	
Nut-	lang	–					1,6	1,7	2,3	2,5	3,2	3,4		3,9	4,1	
tiefe t_1	kurz	–					–	–	–	2,2	2,9	3,1		3,6	3,6	

Durchmesser d_1		30	32	35	38	40	42	45	48	50	55	60	65	70	75	80
Kegel-	lang	58				82						105			130	
länge l_2	kurz	36				54						70			90	
Gewindelänge l_3		22				28						35			40	
Gewinde d_2		M20 × 1,5		M24 × 2			M30 × 2		M36 × 3		M42 × 3		M48 × 3		2)	
Passfeder $b × h$		5 × 5	6 × 6			10 × 8		12 × 8		14×9		16 × 10		18 × 11		20×12
Nut-	lang	4,5	5				7,1			7,6		8,6		9,6		10,8
tiefe t_1	kurz	3,9	4,4				6,4			6,9		7,8		8,8		9,8

[1] Passfeder nach DIN 6885, Blatt 1   [2] Gewinde M56 × 4
Bezeichnung eines langen kegeligen Wellenendes mit Passfeder und Durchmesser $d_1 = 40$ mm:
Wellenende DIN 1448 – 40 × 82

TB 11-3 Flächenmomente 2. Grades und Widerstandsmomente für häufig vorkommende Wellenquerschnitte (ca.-Werte)

	Biegung		Torsion	
	I_b	W_b	$I_t \cong I_p$	$W_t \cong W_p$
	$\dfrac{\pi}{64} \cdot d^4$	$\dfrac{\pi}{32} \cdot d^3$	$\dfrac{\pi}{32} \cdot d^4$	$\dfrac{\pi}{16} \cdot d^3$
	$\dfrac{\pi}{64} \cdot (D^4 - d^4)$	$\dfrac{\pi}{32} \cdot \dfrac{D^4 - d^4}{D}$	$\dfrac{\pi}{32} \cdot (D^4 - d^4)$	$\dfrac{\pi}{16} \cdot \dfrac{D^4 - d^4}{D}$
	$0,003 \cdot (D + d)^4$	$0,012 \cdot (D + d)^3$	$0,1 \cdot d^4$	$0,2 \cdot d^3$
			$0,006 \cdot (D + d)^4$	$0,024 \cdot (D + d)^3$
	$0,01 \cdot D^3 \cdot (5 \cdot D - 8,5 \cdot d)$	$0,1 \cdot D^2 \cdot (D - 1,7 \cdot d)$	$0,02 \cdot D^3 \cdot (5 \cdot D - 8,5 \cdot d)$	$0,2 \cdot D^2 \cdot (D - 1,7 \cdot d)$
	$0,05 \cdot d_1^2 \cdot (d_1^2 - 24 \cdot e_1^2)$	$0,1 \cdot \dfrac{d_1^2}{d_2}\,(d_1^2 - 24 \cdot e_1^2)$	$0,1 \cdot d_1^2 \cdot (d_1^2 - 24 \cdot e_1^2)$	$0,162 \cdot d_1^3$
	$0,075 \cdot d_2^4$	$0,15 \cdot d_2^3$	$0,15 \cdot d_2^4$	$0,2 \cdot d_2^3$

11

TB 11-6 Stützkräfte und Durchbiegungen bei Achsen und Wellen von gleichbleibendem Querschnitt

	Belastungsfall	Auflagerkräfte	Biegemomente
1		$F_A = F_B = \dfrac{F}{2}$	$0 \le x \le \dfrac{l}{2}:$ $M(x) = \dfrac{F}{2} \cdot x$ $M_{max} = \dfrac{F \cdot l}{4}$
2		$F_A = \dfrac{F \cdot b}{l}$ $F_B = \dfrac{F \cdot a}{l}$	$0 \le x \le a:$ $M(x) = \dfrac{F \cdot b \cdot x}{l}$ $a \le x \le l:$ $M(x) = F \cdot \left(\dfrac{b \cdot x}{l} - x + a \right)$ $M_{max} = \dfrac{F \cdot b \cdot a}{l}$
3		$F_A = F_B = \dfrac{M}{l}$	$0 \le x_1 \le a:$ $M_{(x_1)} = \dfrac{M}{l} \cdot x_1$ $0 \le x_2 \le b:$ $M_{(x_2)} = \dfrac{M}{l} \cdot x_2$
4		$F_A = F_B = \dfrac{F' \cdot l}{2}$	$M(x) = \dfrac{F' \cdot x}{2} \cdot (l - x)$ $M_{max} = \dfrac{F' \cdot l^2}{8}$
5		$F_A = \dfrac{F \cdot a}{l}$ $F_B = \dfrac{F \cdot (a + l)}{l}$	$0 \le x \le l:$ $M(x) = -\dfrac{F \cdot a \cdot x}{l}$ $M_{(B)} = -F \cdot a$ $0 \le x_1 \le a:$ $M(x_1) = F \cdot (a - x_1)$ $M_{max} = F \cdot a$
6		$F_A = \dfrac{F' \cdot a^2}{2 \cdot l}$ $F_B = F' \cdot a \cdot \left(1 + \dfrac{a}{2 \cdot l} \right)$	$0 \le x \le l:$ $M(x) = -\dfrac{F' \cdot a^2 \cdot x}{2 \cdot l}$ $M_{(B)} = -\dfrac{F' \cdot a^2}{2}$ $0 \le x_1 \le a:$ $M(x_1) = -\dfrac{F' \cdot x_1^2}{2}$ $M_{max} = \dfrac{F' \cdot a^2}{2}$

11

TB 11-6 Fortsetzung

Gleichung der Biegelinie	Durchbiegung	Neigungswinkel
$0 \le x \le \dfrac{l}{2}$: $f(x) = \dfrac{F \cdot l^3}{16 \cdot E \cdot I} \cdot \dfrac{x}{l} \cdot \left[1 - \dfrac{4}{3} \cdot \left(\dfrac{x}{l}\right)^2 \right]$	$f_{\mathrm{m}} = \dfrac{F \cdot l^3}{48 \cdot E \cdot I}$	$\tan \alpha_{\mathrm{A}} = \dfrac{F \cdot l^2}{16 \cdot E \cdot I}$ $\tan \alpha_{\mathrm{B}} = \tan \alpha_{\mathrm{A}}$
$0 \le x \le a$: $f(x) = \dfrac{F \cdot a \cdot b^2}{6 \cdot E \cdot I} \cdot \left[\left(1 + \dfrac{l}{b}\right) \cdot \dfrac{x}{l} - \dfrac{x^3}{a \cdot b \cdot l} \right]$ $a \le x \le l$: $f(x) = \dfrac{F \cdot a^2 \cdot b}{6 \cdot E \cdot I} \cdot \left[\left(1 + \dfrac{l}{a}\right) \cdot \dfrac{l - x}{l} - \dfrac{(l-x)^3}{a \cdot b \cdot l} \right]$	$f = \dfrac{F \cdot a^2 \cdot b^2}{3 \cdot E \cdot I \cdot l}$ $a > b \colon f_{\mathrm{m}} = \dfrac{F \cdot b \cdot \sqrt{(l^2 - b^2)^3}}{9 \cdot \sqrt{3} \cdot E \cdot I \cdot l}$ in $x_{\mathrm{m}} = \sqrt{(l^2 - b^2)/3}$ $a < b \colon f_{\mathrm{m}} = \dfrac{F \cdot a \cdot \sqrt{(l^2 - a^2)^3}}{9 \cdot \sqrt{3} \cdot E \cdot I \cdot l}$ in $x_{\mathrm{m}} = l - \sqrt{(l^2 - a^2)/3}$	$\tan \alpha_{\mathrm{A}} = \dfrac{F \cdot a \cdot b \cdot (l + b)}{6 \cdot E \cdot I \cdot l}$ $\tan \alpha_{\mathrm{B}} = \dfrac{F \cdot a \cdot b \cdot (l + a)}{6 \cdot E \cdot I \cdot l}$
$0 \le x_1 \le a$: $f_{(x_1)} = \dfrac{-M}{6 \cdot E \cdot I \cdot l} \cdot x_1 \cdot (l^2 - 3 \cdot b^2 - x_1^2)$ $0 \le x_2 \le b$: $f_{(x_2)} = \dfrac{M}{6 \cdot E \cdot I \cdot l} \cdot x_2 \cdot (l^2 - 3 \cdot a^2 - x_2^2)$	$f_{\mathrm{mC}} = \dfrac{M}{3 \cdot E \cdot I} \cdot \dfrac{a \cdot b}{l} \cdot (a - b)$ (negativ für $a > b$)	$\tan \alpha_{\mathrm{A}} = \dfrac{M}{6 \cdot E \cdot I \cdot l} \cdot (l^2 - 3 \cdot b^2)$ $\tan \alpha_{\mathrm{B}} = \dfrac{M}{6 \cdot E \cdot I \cdot l} \cdot (l^2 - 3 \cdot a^2)$
$f(x) = \dfrac{F' \cdot l^4}{24 \cdot E \cdot I} \cdot \left[\dfrac{x}{l} - 2 \cdot \left(\dfrac{x}{l}\right)^3 + \left(\dfrac{x}{l}\right)^4 \right]$	$f_{\mathrm{m}} = \dfrac{5 \cdot F' \cdot l^4}{384 \cdot E \cdot I}$	$\tan \alpha_{\mathrm{A}} = \dfrac{F' \cdot l^3}{24 \cdot E \cdot I}$ $\tan \alpha_{\mathrm{B}} = \tan \alpha_{\mathrm{A}}$
$0 \le x \le l$: $f(x) = -\dfrac{F \cdot a \cdot l^2}{6 \cdot E \cdot I} \cdot \left[\dfrac{x}{l} - \left(\dfrac{x}{l}\right)^3 \right]$ $0 \le x_1 \le a$: $f(x_1) = \dfrac{F \cdot a^3}{6 \cdot E \cdot I} \cdot \left[2 \cdot \dfrac{l \cdot x_1}{a^2} + 3 \cdot \left(\dfrac{x_1}{a}\right)^2 - \left(\dfrac{x_1}{a}\right)^3 \right]$	$f = \dfrac{F \cdot a^2 \cdot (l + a)}{3 \cdot E \cdot I}$ $f_{\mathrm{m}} = \dfrac{F \cdot a \cdot l^2}{9 \cdot \sqrt{3} \cdot E \cdot I}$ in $x_{\mathrm{m}} = \dfrac{l}{\sqrt{3}}$	$\tan \alpha = \dfrac{F \cdot a \cdot (2 \cdot l + 3 \cdot a)}{6 \cdot E \cdot I}$ $\tan \alpha_{\mathrm{A}} = \dfrac{F \cdot a \cdot l}{6 \cdot E \cdot I}$ $\tan \alpha_{\mathrm{B}} = \dfrac{F \cdot a \cdot l}{3 \cdot E \cdot I}$
$0 \le x \le l$: $f(x) = -\dfrac{F' \cdot a^2 \cdot l^2}{12 \cdot E \cdot I} \cdot \left[\dfrac{x}{l} - \left(\dfrac{x}{l}\right)^3 \right]$ $0 \le x_1 \le a$: $f(x_1) = \dfrac{F' \cdot a^4}{24 \cdot E \cdot I} \cdot \left[\dfrac{4 \cdot l \cdot x_1}{a^2} + 6 \cdot \left(\dfrac{x_1}{a}\right)^2 \right.$ $\left. - 4 \cdot \left(\dfrac{x_1}{a}\right)^3 + \left(\dfrac{x_1}{a}\right)^4 \right]$	$f = \dfrac{F' \cdot a^3 \cdot (4 \cdot l + 3 \cdot a)}{24 \cdot E \cdot I}$ $f_{\mathrm{m}} = \dfrac{F' \cdot a^2 \cdot l^2}{18 \cdot \sqrt{3} \cdot E \cdot I}$ in $x_{\mathrm{m}} = \dfrac{l}{\sqrt{3}}$	$\tan \alpha = \dfrac{F' \cdot a^2 \cdot (l + a)}{24 \cdot E \cdot I}$ $\tan \alpha_{\mathrm{A}} = \dfrac{F' \cdot a^2 \cdot l}{12 \cdot E \cdot I}$ $\tan \alpha_{\mathrm{B}} = \dfrac{F' \cdot a^2 \cdot l}{6 \cdot E \cdot I}$

11

TB 11-4 Freistiche nach DIN 509 (Auszug)

Forn E für Werkstücke mit *einer*
Bearbeitungsfläche

Form F für Werkstücke mit *zwei* rechtwinklig
zueinander stehenden Bearbeitungsflächen

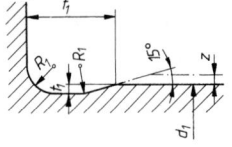

z Bearbeitungszugabe
d_1 Fertigmaß

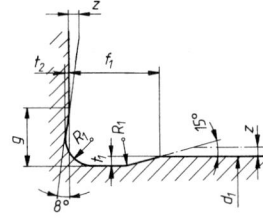

Maße in mm

d_1	$\leq 1,6$	$>1,6$ ≤ 3	>3 ≤ 10	>10 ≤ 18	>18 ≤ 80	>80	>18 ≤ 50	>50 ≤ 80	>80 ≤ 125	>125
							empfohlene Zuordnung zum Durchmesser d_1			
	übliche Beanspruchung						mit erhöhter Wechselfestigkeit			
R_1	0,1	0,2	0,4	0,6		1	1,6	2,5	4	
t_1	0,1		0,2		0,3	0,4	0,2	0,3	0,4	0,5
f_1	0,5	1	2		2,5	4	2,5	4	5	7
$\approx g$	0,8	0,9	1,1	1,4	2,1	3,2	1,8	3,1	4,8	6,4
t_2	0,1				0,2	0,3	0,1	0,2	0,3	

Bezeichnung eines Freistiches Form E von Halbmesser $R_1 = 0,4$ mm und Tiefe $t_1 = 0,2$ mm:
Freistich DIN 509 – E0,4 × 0,2

TB 11-5 Richtwerte für zulässige Verformungen

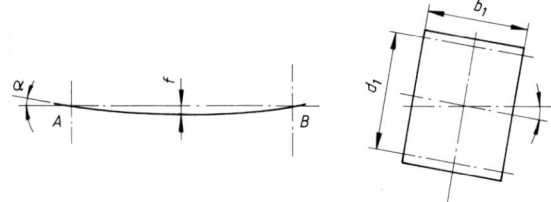

a) zulässige Neigungen

Anwendungsfall	$\tan \alpha_{zul}$
Gleitlager mit feststehenden Schalen	$3 \cdot 10^{-4}$
Gleitlager mit beweglichen Schalen und starre Wälzlager	$10 \cdot 10^{-4}$
unsymmetrische oder fliegende Anordnung von Zahnrädern	$d_1/(b_1/2) \cdot 10^{-4}$

b) zulässige Durchbiegungen

Anwendungsfall	f_{zul}
Allgemeiner Maschinenbau	$l/3000$
Werkzeugmaschinenbau	$l/5000$
Zahnradwellen (unterhalb des Zahnrades)	$m_n/100$
Schneckenwellen, Schnecke vergütet	$m_n/100$
Schnecke gehärtet	$m_n/250$

11

12 Elemente zum Verbinden von Wellen und Naben

TB 12-1 Welle-Nabe-Verbindungen (Richtwerte für den Entwurf)

a) Nabenabmessungen D und L (d = Wellendurchmesser)

Verbindungsart	Nabendurchmesser D		Nabenlänge L	
	Grauguss	Stahl, GS	Grauguss	Stahl, GS
Passfederverbindung	$(2,0\dots2,2)\,d$	$(1,8\dots2,0)\,d$	$(1,6\dots2,1)\,d$	$(1,1\dots1,4)\,d$
Keilwelle, Zahnwelle	$(1,8\dots2,0)\,d_1$	$(1,8\dots2,0)\,d_1$	$(1,0\dots1,3)\,d_1$	$(0,6\dots0,9)\,d_1$
längsbewegliche Nabe	$(1,8\dots2,0)\,d$	$(1,6\dots1,8)\,d$	$(2,0\dots2,2)\,d$	$(1,8\dots2,0)\,d$
Polygonverbindung	$(1,6\dots1,8)\,d$	$(1,3\dots1,6)\,d$	$(1,8\dots2,0)\,d$	$(1,6\dots1,8)\,d$
zylindr. Pressverband, Kegelpressverband	$(2,2\dots2,6)\,d$	$(2,0\dots2,5)\,d$	$(1,2\dots1,5)\,d$	$(0,8\dots1,0)\,d$
Spannverbindung, Klemm-, Keilverbindung	$(2,0\dots2,2)\,d$	$(1,8\dots2,0)\,d$	$(1,6\dots2,0)\,d$	$(1,2\dots1,5)\,d$

Die Werte für Keilwelle und Kerbverzahnung gelten bei einseitig wirkendem T für leichte Reihe, bei mittlerer Reihe $\approx70\,\%$, bei schwerer Reihe $\approx45\,\%$ der Werte annehmen (d_1 = „Kerndurchmesser").
Bei größeren Scheiben oder Rädern mit seitlichen Kippkräften ist die Nabenlänge noch zu vergrößern.
Allgemein gelten die größeren Werte bei Werkstoffen geringerer Festigkeit, die kleineren Werte bei Werkstoffen mit höherer Festigkeit.

b) Zulässige Fugenpressung $p_{F\,zul}$

Verbindungsart	Nabenwerkstoff	
	Stahl, GS $p_{F\,zul} = R_e/S_F$	Grauguss $p_{F\,zul} = R_m/S_B$
Passfeder[1]	$S_F \approx 1,1\dots1,5$	$S_B \approx 1,5\dots2,0$
Gleitfeder[2] und Keile	$3,0\dots4,0$	$3,0\dots4,0$
Polygonverbindung	$1,5\dots2,0$	$2,0\dots3,0$
Profilwelle[2] einseitig, stoßfrei	$1,3\dots1,5$	$1,7\dots1,8$
wechselnd, stoßhaft	$2,7\dots3,6$	$3,4\dots4,0$
Pressverband[3]	$2,5\dots3,0$	$2,5\dots3,0$
Kegelpressverband[4]	$2,5\dots3,0$	$2,5\dots3,0$
Spannverbindung, Keilverbindung	$1,5\dots3,0$	$2,0\dots3,0$

[1] für einseitig wirkendes Moment
[2] $S_F(S_B)$ sind zu erhöhen
      für unbelastet verschiebbare Radnabe um Faktor $\geq3(3)$
      für unter Last verschiebbare Nabe um Faktor $\geq6(12)$
[3] für $Q_A = D_F/D_{Aa} \approx 0,6(0,4)$ für Stahl (Grauguss) mit oben angegebenen Werten für $d \cong D_F$
[4] für $Q_A = D_{mF}/D_{Aa} \approx 0,6(0,4)$ für Stahl (Grauguss) mit oben angegebenen Werten für $d \cong D_{mF}$

12

TB 12-2 Angaben für Passfederverbindungen

a) Abmessungen und Nuttiefen für Federn und Keile (Auszug)

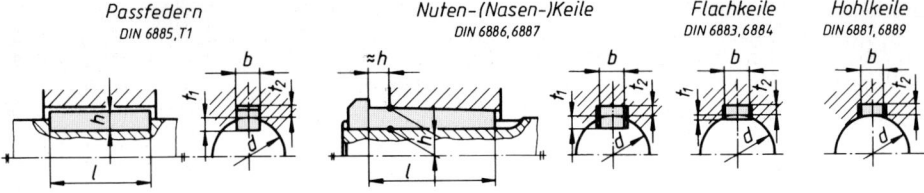

Passfedern DIN 6885, T1 Nuten-(Nasen-)Keile DIN 6886, 6887 Flachkeile DIN 6883, 6884 Hohlkeile DIN 6881, 6889

Maße in mm

Wellen-durch-messer d über ... bis	Nutenkeile und Federn				Flach- und Hohlkeile			
	Breite × Höhe $b \times h$	Wellen-Nuttiefe t_1	Nabennuttiefe für		Flachkeile Breite × Höhe $b \times h$	Hohlkeile Breite × Höhe $b \times h$	Wellen-abflachung t_1	Naben-nuttiefe t_2
			Keile t_2	Federn t_2				
10 ... 12	4 × 4	2,5	1,2	1,8	–	–	–	–
12 ... 17	5 × 5	3	1,7	2,3	–	–	–	–
17 ... 22	6 es 6	3,5	2,2	2,8	–	–	–	–
22 ... 30	8 × 7	4	2,4	3,3	8 × 5	8 × 3,5	1,3	3,2
30 ... 38	10 × 8	5	2,4	3,3	10 × 6	10 × 4	1,8	3,7
38 ... 44	12 × 8	5	2,4	3,3	12 × 6	12 × 4	1,8	3,7
44 ... 50	14 × 9	5,5	2,9	3,8	14 × 6	14 × 4,5	1,4	4,0
50 ... 58	16 × 10	6	3,4	4,3	16 × 7	16 × 5	1,9	4,3
58 ... 65	18 × 11	7	3,4	4,4	18 × 7	18 × 5	1,9	4,5
65 ... 75	20 × 12	7,5	3,9	4,9	20 × 8	20 × 6	1,9	5,5
75 ... 85	22 × 14	9	4,4	5,4	22 × 9	22 × 7	1,8	6,5
85 ... 95	25 × 14	9	4,4	5,4	25 × 9	25 × 7	1,9	6,4
95 ... 110	28 × 16	10	5,4	6,4	28 × 10	28 × 7,5	2,4	6,9
110 ... 130	32 × 18	11	6,4	7,4	32 × 11	32 × 8,5	2,3	7,9
130 ... 150	36 × 20	12	7,1	8,4	36 × 12	36 × 9	2,8	8,4
150 ... 170	40 × 22	13	8,1	9,4	40 × 14	–	4,0	9,1
170 ... 200	45 × 25	15	9,1	10,4	45 × 16	–	4,7	10,4

Passfeder- und Keillängen l	8	10	12	14	16	18	20	22	25	28	32
	36	40	45	50	56	63	70	80	90	100	110
	125	140	160	180	200	220	250	280	320	360	400

Bezeichnung einer Passfeder Form A mit Breite $b = 10$ mm, Höhe $h = 8$ mm und Länge $l = 50$ mm nach DIN 6885:
Passfeder DIN 6885 – A10 × 8 × 50

b) Empfohlene Passungen bzw. Toleranzen
b1 Passung Wellen- und Nabendurchmesser

Anordnung der Nabe	Passung bei	
	Einheitsbohrung	Einheitswelle
auf längeren Wellen, fest	H7/j6	J7/h6, h8, h9
auf Wellenenden, fest	H7/k6, m6	K7, M7/h6, N7/h8
auf Wellen, verschiebbar	H7/h6, j6	H7, J7/h6, h8

b2 Toleranzfelder für Nutenbreite

Sitzcharakter	Nutenbreite		Passungscharakter
	Welle	Nabe	
beweglich	H9	D10	Gleitsitz
leicht montierbar	N9	JS9	Übergangssitz
für wechselseitiges Drehmoment	P9	P9	Festsitz

c) Lastverteilungsfaktor K_λ (Richtwerte)[1]

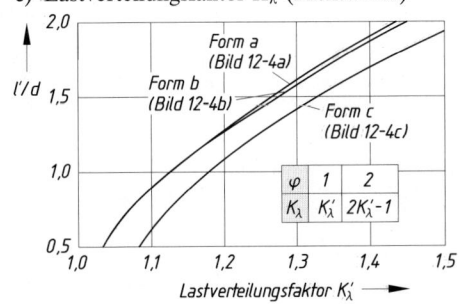

d) Stützfaktor f_S und Härteeinflussfaktor f_H

	Passfeder	Welle	Nabe
f_S	1,0	1,2[1]	1,5[1]
f_H	1,0[2]	1,0[2]	1,0[2]

[1] Bei Gusseisen mit Lamellengrafit ist $f_S = 1,0$ (Welle) bzw. $f_S = 2,0$ (Nabe)
[2] Bei Einsatzstahl (einsatzgehärtet) ist $f_H = 1,15$

[1] für $D/d = 1,6 ... 3,0$, bei dünneren Naben gelten größere Werte bei Form a, kleinere Werte bei Form b und c

TB 12-3 Keilwellen-Verbindungen

a) Abmessungen (n = Anzahl der Keile)

Maße in mm

Leichte Reihe DIN ISO 14 (Auszug)				
Zentrierung	n	d	D	b
Innen-Zentrierung	6	23	26	6
		26	30	6
		28	32	7
Innen- oder Flanken zentrierung	8	32	36	6
		36	40	7
		42	46	8
		46	50	9
		52	58	10
		56	62	10
		62	68	12
	10	72	78	12
		82	88	12
		92	98	14
		102	108	16
		112	120	18

Mittlere Reihe DIN ISO 14 (Auszug)				
Zentrierung	n	d	D	b
Innen-zentrierung	6	11	14	3
		13	16	3,5
		16	20	4
		18	22	5
		21	25	5
		23	28	6
		26	32	6
		28	34	7
Innen- oder Flanken-zentrierung	8	32	38	6
		36	42	7
		42	48	8
		46	54	9
		52	60	10
		56	65	10
		62	72	12
	10	72	82	12
		82	92	12
		92	102	14
		102	112	16
		112	125	18

Schwere Reihe DIN 5464 (Auszug)				
Zentrierung	n	d	D	b
Innen- oder Flanken-zentrierung	10	16	20	2,5
		18	23	3
		21	26	3
		23	29	4
		26	32	4
		28	35	4
		32	40	5
		36	45	5
		42	52	6
		46	56	7
Flanken-zentrerierung	16	52	60	5
		56	65	5
		62	72	6
		72	82	7
	20	82	92	6
		92	102	7
		102	115	8
		112	125	9

Bezeichnungsbeispiel Nabe:
Keilnaben-Profil DIN ISO 14-8 × 62 × 72
Bezeichnungsbeispiel Welle:
Keilwellen-Profil DIN ISO 14-8 × 62 × 72

b) Toleranzen für Nabe und Welle (Profil nach DIN ISO 14)

Toleranzen für die Nabe						Toleranzen für die Welle			
Nach dem Räumen nicht behandelt			Nach dem Räumen behandelt						
b	d	D	b	d	D	b	d	D	Einbauart
H9	H7	H10	H11	H7	H10	d10	f7	a11	Gleitsitz
						f9	g7	a11	Übergangssitz
						h10	h7	a11	Festsitz

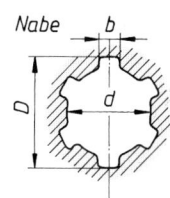

Nabe

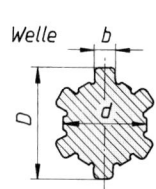

Welle

c) Toleranzen für Nabe und Welle (Profil nach DIN 5464)

Bauteil	Art der Zentrierung		b		d	D
Nabe	Innen- und Flankenzentrierung		unge-härtet D9	gehärtet F10	H7	H11
Welle	Innen-zentrierung	in Nabe beweglich	h8		e8	f7
		in Nabe fest	p6		h6	f6
	Flanken-zentrierung	in Nabe beweglich	h8		e8	—
		in Nabe fest	u6		k6	—

(Welle, d-Spalte: a11)

111

TB 12-4 Zahnwellenverbindungen

a) Kerbverzahnung nach DIN 5481 (Auszug)

Maße in mm

Nenn-durch-messer $d_1 \times d_2$	Nenn-maß d_1 A11	er-rechnet d_2	Nenn-maß d_3 a11	er-rechnet d_4	d_5	Teilung errechnet für d_5 t	Zähne-zahl z
8 × 10	8,1	9,9	10,1	8,26	9	1,010	28
10 × 12	10,1	12	12	10,2	11	1,152	30
12 × 14	12	14,18	14,2	12,06	13	1,317	31
15 × 17	14,9	17,28	17,2	14,91	16	1,571	32
17 × 20	17,3	20	20	17,37	18,5	1,761	33
21 × 24	20,8	23,76	23,9	20,76	22	2,033	34
26 × 30	26,5	30,06	30	26,40	28	2,513	35
30 × 34	30,5	34,17	34	30,38	32	2,792	36
36 × 40	36	40,16	39,9	35,95	38	3,226	37
40 × 44	40	44,42	44	39,72	42	3,472	38
45 × 50	45	50,2	50	44,97	47,5	3,826	39
50 × 55	50	55,25	54,9	49,72	52,5	4,123	40
55 × 60	55	60,39	60	54,76	57,5	4,301	42

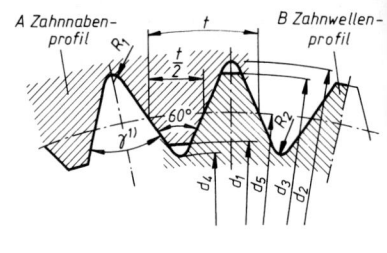

A Zahnnaben-profil   B Zahnwellen-profil

[1] Flankenwinkel $\gamma \approx 47\ldots51°$ mit wachsendem Nenndurchmesser

b) Zahnwellen mit Evolventenflanken (Eingriffswinkel 30°) nach DIN 5480 (Auszug)

Maße in mm

Bezugs-durch-messer d_B	Zähne-zahl z	Modul m	Teil-kreis d	Welle		Nabe	
				Kopfkreis d_{a1}	Fußkreis d_{f1}	Kopfkreis d_{a2}	Fußkreis d_{f2}
20	14	1,25	17,5	19,75	17,25	17,5	20
22	16	1,25	20	21,75	19,25	19,5	22
25	18	1,25	22,5	24,75	22,25	22,5	25
26	19	1,25	23,75	25,75	23,25	23,5	26
28	21	1,25	26,25	27,75	25,25	25,5	28
30	22	1,25	27,5	29,75	27,25	27,5	30
32	24	1,25	30	31,25	29,25	29,5	32
35	16	2	32	34,6	30,6	31	35
37	17	2	34	36,6	32,6	33	37
40	18	2	36	39,6	35,6	36	40
42	20	2	40	41,6	37,6	38	42
45	21	2	42	44,6	40,6	41	45
48	22	2	44	47,6	43,6	44	48
50	24	2	48	49,6	45,6	46	50
55	17	3	51	54,4	48,4	49	55
60	18	3	54	59,4	53,4	54	60
65	20	3	60	64,4	58,4	59	65
70	22	3	66	69,4	63,4	64	70
75	24	3	72	74,4	68,4	69	75
80	25	3	75	79,4	73,4	74	80
90	16	5	80	89	79	80	90
100	18	5	90	99	89	90	100

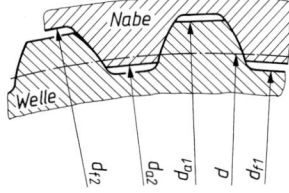

Nabe   Welle

TB 12-5 Abmessungen der Polygonprofile in mm

a) A Polygonwellen-Profil P3G
   B Polygonnaben-Profil P3G
   (DIN 32711, Auszug)

Welle	d_1 [1]	d_2	d_3	e_1
Nabe	d_4 [2]	d_5	d_6	e_2
	14	14,88	13,12	0,44
	16	17	15	0,5
	18	19,12	16,88	0,56
	20	21,26	18,74	0,63
	22	23,4	20,6	0,7
	25	26,6	23,4	0,8
	28	29,8	26,2	0,9
	30	32	28	1
	32	34,24	29,76	1,12
	35	37,5	32,5	1,25
	40	42,8	37,2	1,4
	45	48,2	41,8	1,6
	50	53,6	46,4	1,8
	55	59	51	2
	60	64,5	55,5	2,25
	65	69,9	60,1	2,45
	70	75,6	64,4	2,8
	75	81,3	68,7	3,15
	80	86,7	73,3	3,35
	85	92,1	77,9	3,55
	90	98	82	4
	95	103,5	86,5	4,25
	100	109	91	4,5

[1] für nicht unter Drehmoment längsverschiebbare
    Verbindungen: g6
    für ruhende Verbindungen: k6
[2] H7

Bezeichnung eines Polygonwellen-Profils P3G mit
$d_1 = 20$ und $d_2 = 21{,}26$ k6:
Profil DIN 32711 – AP3G20k6

b) A Polygonwellen-Profil P4C
   B Polygonnaben-Profil P4C
   (DIN 32712, Auszug)

Welle	d_1 [1]	d_2 [2]	e_1
Nabe	d_3 [3]	d_4 [4]	e_2
	14	11	1,6
	16	13	2
	18	15	2
	20	17	3
	22	18	3
	25	21	5
	28	24	5
	30	25	5
	32	27	5
	35	30	5
	40	35	6
	45	40	6
	50	43	6
	55	48	6
	60	53	6
	65	58	6
	70	60	6
	75	65	6
	80	70	8
	85	75	8
	90	80	8
	95	85	8
	100	90	8

[1] e9
[2] s. Fußnote [1] zu a)
[3] H11
[4] H7

Bezeichnung eines Polygonnaben-Profils P4C
mit $d_3 = 80$ und $d_4 = 70$ H7;
Profil DIN 32712 – BP4C40H7

12

TB 12-6 Haftbeiwert, Querdehnzahl und Längenausdehnungskoeffizient, max. Fügetemperatur

a) Haftbeiwert für Längs- und Umfangsbelastung (Richtwerte)

Innenteil Stahl		Längspresspassung – Haftbeiwert		Querpresspassung – Haftbeiwert μ
Außenteil	Schmierung	bei Lösen μ_e	bei Rutschen μ	(Schrumpfpassung)
Stahl, GS	Öl	0,07 ... 0,08	0,06 ... 0,07	0,12
	trocken	0,1 ... 0,11	0,08 ... 0,09	0,18 ... 0,2
Grauguss	Öl	0,06	0,05	0,1
	trocken	0,10 ... 0,12	0,09 ... 0,11	0,16
Cu-Leg. u. a.	Öl	–	–	–
	trocken	0,07	0,06	0,17 ... 0,25
Al-Leg. u. a.	Öl	0,05	0,04	–
	trocken	0,07	0,06	0,1 ... 0,15

TB 12-6 Fortsetzung

b) Querdehnzahl, E-Modul, Längenausdehnungskoeffizient

Werkstoff	Querdehnzahl $\nu =$	E-Modul in N/mm^2	Längenausdehnungskoeffizient α in K^{-1}		Dichte $\varrho \approx$ in kg/m^3
			Erwärmen	Unterkühlen	
Stahl	0,3	s. TB 1-1 bis TB 1-3	$11 \cdot 10^{-6}$	$-8,5 \cdot 10^{-6}$	7800
Grauguss	0,24 … 0,26		$10 \cdot 10^{-6}$	$-8 \cdot 10^{-6}$	7200
Cu-Leg.	0,35 … 0,37		$(16…18) \cdot 10^{-6}$	$(-14…-16) \cdot 10^{-6}$	$\leq 8900^{1)}$
Al-Leg.	0,3 … 0,34		$23 \cdot 10^{-6}$	$-18 \cdot 10^{-6}$	$\geq 2700^{1)}$

[1] je nach Legierungsbestandteilen

c) maximale Fügetemperatur

Werkstoff der Nabe	Fügetemperatur °C
Baustahl niedriger Festigkeit Stahlguss Gusseisen mit Kugelgrafit	350
Stahl oder Stahlguss vergütet	300
Stahl randschichtgehärtet	250
Stahl einsatzgehärtet oder hochvergüteter Baustahl	200

12

TB 12-7 Bestimmung der Hilfsgröße K für Vollwellen aus Stahl

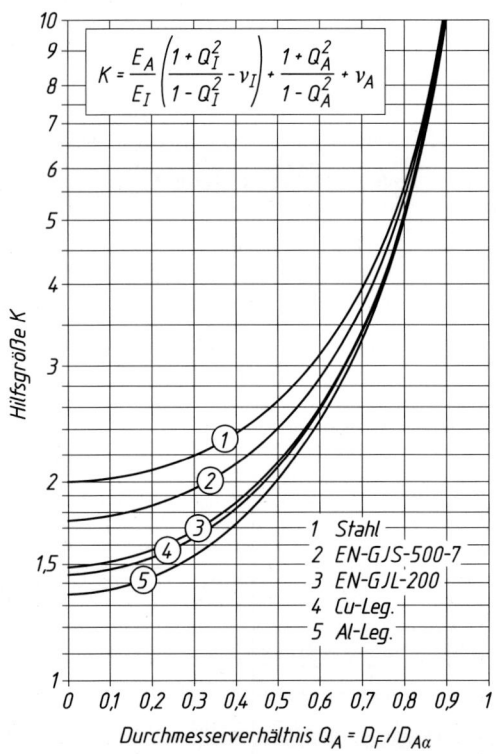

$$K = \frac{E_A}{E_I}\left(\frac{1+Q_I^2}{1-Q_I^2} - \nu_I\right) + \frac{1+Q_A^2}{1-Q_A^2} + \nu_A$$

Hilfsgröße K

1 Stahl
2 EN-GJS-500-7
3 EN-GJL-200
4 Cu-Leg.
5 Al-Leg.

Durchmesserverhältnis $Q_A = D_F / D_{A\alpha}$

114

TB 12-8 Kegel nach DIN 254 (Auszug)

Kegelverhältnis C	Kegelwinkel α	Einstellwinkel (α/2)	Beispiele und Verwendung
1 : 0,2887	120°	60°	Schutzsenkungen für Zentrierbohrungen
1 : 0,5000	90°	45°	Ventilkegel, Kegelsenker, Senkschrauben
1 : 0,8660	60°	30°	Dichtungskegel für leichte Rohrverschraubung, V-Nuten, Zentrierspitzen, Spannzangen
1 : 3,429	16°35'40"	8°17'50"	Steilkegel für Frässpindelköpfe, Fräsdorne
1 : 5	11°25'16"	5°42'38"	Spurzapfen, Reibungskupplungen, leicht abnehmbare Maschinenteile bei Beanspruchung quer zur Achse und bei Verdrehbeanspruchung
1 : 6	9°31'38"	4°45'49"	Dichtungskegel an Armaturen
1 : 10	5°43'30"	2°51'45"	Kupplungsbolzen, nachstellbare Lagerbuchsen, Maschinenteile bei Beanspruchung quer zur Achse, auf Verdrehung und längs der Achse, Wellenenden
1 : 12	4°46'18"	2°23'9"	Wälzlager (Spannhülsen), Bohrstangenkegel
1 : 20	2°51'22"	1°25'56"	metrischer Kegel, Schäfte von Werkzeugen und Aufnahmekegel der Werkzeugmaschinenspindeln
1 : 30	1°54'34"	57'17"	Bohrungen der Aufsteckreibahlen und Aufstecksenker
1 : 50	1°8'46"	34'23"	Kegelstifte, Reibahlen

Bezeichnung eines Kegels mit dem Kegelwinkel α = 60°: **Kegel 60°**
Bezeichnung eines Kegels mit dem Kegelverhältnis C = 1 : 10: **Kegel 1 : 10**

TB 12-9 Kegel-Spannelemente (Auszüge aus Werksnormen)

a) Ringfeder Spannelement RfN 8006	b) Tollok-Konus-Spannelement RLK 250

D_F	Abmessungen			übertragbar		Pressung Welle Nabe		Spannkraft $F_S=F_o+F_{So}$		Abmessungen					übertragbar		Pressung Welle Nabe		M_s
	D	B	L	T	F_a	p_W	p_N	F_o	F_{So}	D	D_1	B	L_1	L_2	T	F_a	p_W	p_N	
mm	mm	mm	mm	Nm	kN	N/mm²	N/mm²	kN	kN	mm	mm	mm	mm	mm	Nm	kN	N/mm²	N/mm²	Nm
15	19	6,3	5,3	22,5	3	100	78,9	10,8	13,5	25	32	16,5	6,5	9,5	29	4	120	72	46
16	20	6,3	5,3	25,5	3,19	100	80,0	10,1	14,4	25	32	16,5	6,5	9,5	33	4	120	76	49
17	21	6,3	5,3	28,9	3,4	100	81,0	9,55	15,3	–	–	–	–	–	–	–	–	–	–
18	22	6,3	5,3	32,4	3,6	100	81,8	9,1	16,2	–	–	–	–	–	–	–	–	–	–
19	24	6,3	5,3	36	3,79	100	79,2	12,6	17,1	30	38	18	6,5	10	46	5	120	76	72
20	25	6,3	5,3	40	4	100	80,0	12,1	18	30	38	18	6,5	10	51	5	120	80	75
22	26	6,3	5,3	48	4,4	100	84,6	9,05	19,8	–	–	–	–	–	–	–	–	–	–
24	28	6,3	5,3	58	4,8	100	85,7	8,35	21,6	35	45	18	6,5	10	73	6	120	82	106
25	30	6,3	5,3	62	5	100	83,3	9,9	22,5	35	45	18	6,5	10	79	6	120	85	111
28	32	6,3	5,3	78	5,6	100	87,5	7,4	25,2	–	–	–	–	–	–	–	–	–	–
30	35	6,3	5,3	90	6	100	85,7	7,85	27	40	52	19,5	7	10,5	123	8	120	90	164
32	36	6,3	5,3	102	6,4	100	88,9	7,85	28,8	–	–	–	–	–	–	–	–	–	–
35	40	7	6	138	7,9	100	87,5	10,1	35,6	45	58	21,5	8	10,5	191	11	120	93	247
36	42	7	6	147	8,2	100	85,7	11,6	36,6	45	58	21,5	8	10,5	202	11	120	96	254
38	44	7	6	163	8,6	100	86,4	11	38,7	–	–	–	–	–	–	–	–	–	–
40	45	8	6,6	199	9,95	100	88,9	13,8	45	52	65	24,5	10	12,5	312	16	120	92	401
42	48	8	6,6	219	10,4	100	87,5	15,6	47	–	–	–	–	–	–	–	–	–	–
45	52	10	8,6	328	14,6	100	86,5	26,2	66	57	70	25,5	10	12,5	395	18	119	94	496
48	55	10	8,6	373	15,6	100	87,3	24,6	70	62	75	25,5	10	12,5	450	19	120	92	583
50	57	10	8,6	405	16,2	100	87,7	23,5	73	62	75	25,5	10	12,5	488	20	120	96	607
55	62	10	8,6	490	17,8	100	87,3	21,8	80	68	80	27,5	12	15	618	23	104	84	762
56	64	12	10,4	615	22	100	87,5	29,4	99	68	80	27,5	12	15	629	23	102	84	762
60	68	12	10,4	705	23,5	100	88,2	27,4	109	73	85	28,5	12	16,5	727	24	103	85	886
63	71	12	10,4	780	24,8	100	88,7	26,3	111	79	92	30,5	14	17	892	28	98	78	1115
65	73	12	10,4	830	25,6	100	89,0	24,5	115	79	92	30,5	14	17	920	28	95	78	1115
70	79	14	12,2	1120	32	100	88,6	31	145	84	98	31,5	14	17	1075	31	96	80	1290
71	80	14	12,2	1160	32,6	100	88,8	31	147	–	–	–	–	–	–	–	–	–	–
75	84	14	12,2	1290	34,4	100	89,3	34,6	155	–	–	–	–	–	–	–	–	–	–
80	91	17	15	1810	45	100	87,9	48	203	–	–	–	–	–	–	–	–	–	–
85	96	17	15	2040	48	100	88,5	45,6	216	–	–	–	–	–	–	–	–	–	–
90	101	17	15	2290	51	100	89,1	43,4	229	–	–	–	–	–	–	–	–	–	–
95	106	17	15	2550	54	100	89,6	41,2	242	–	–	–	–	–	–	–	–	–	–
100	114	21	18,5	3520	70	100	87,7	60,7	317	–	–	–	–	–	–	–	–	–	–

Schrumpfscheiben HSD Baureihe 22

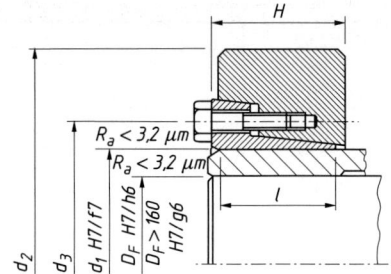

		Abmessungen				über-tragbar		Spann-schrauben		Ge-wicht
d_1	D_F	d_2	l	H	d_3	T	F_a		M_A	m
mm	mm	mm	mm	mm	mm	Nm	kN		Nm	kg
24	19	50	14	18	36	160	17	M6	12	0,2
	20					210	20			
	22					280	25			
30	24	60	16	20	44	270	23	M6	12	0,3
	25					320	25			
	26					360	28			
36	27	72	18	22	52	440	32	M8	29	0,5
38	30					610	41			
	33					820	50			
44	34	80	20	24	61	690	41	M8	29	0,6
40	35					770	44			
	37					920	50			
50	38	90	22	26	68	1110	58	M8	29	0,8
	40					1290	65			
	42					1510	71			
55	42	100	23	29	72	1230	59	M8	29	1,1
	45					1530	68			
	48					1860	78			
62	48	110	23	29	80	1670	70	M8	29	1,3
60	50					1890	76			
	52					2120	81			
68	50	115	23	29	86	1870	75	M8	29	1,3
	55					2450	89			
	60					3120	104			
75	55	138	25	31	100	2330	85	M10	58	2,3
	60					3020	101			
	65					3810	117			
80	60	141	25	31	104	3190	106	M10	58	2,3
	65					4060	123			
	70					4910	140			
90	65	155	30	38	114	5400	166	M10	58	3,2
85	70					6500	187			
	75					7800	208			
100	70	170	34	43	124	6000	171	M10	58	4,3
95	75					7200	192			
	80					8500	213			
110	80	185	39	49	138	10000	149	M12	100	5,8
105	85					11700	275			
	90					13600	302			
120	85	197	42	53	147	11900	280	M12	100	6,9
115	90					13800	307			
	95					15900	334			

12

13 Kupplungen und Bremsen

TB 13-1 Scheibenkupplungen nach DIN 116, Lehrbuch Bild 13-9, Formen A, B und C

Hauptmaße und Auslegungsdaten

Bau-größe	Maße in mm						Passschrauben DIN 609, 8.8		max. Dreh-zahl	Dreh-moment	axiale Trag-kraft[1]	Trägheits-moment[1] Form B	Gewicht[1] Form B
d_1 N7	d_2	d_3	l_1	l_3	l_4	l_6	An-zahl	Größe Form B	n_{max} min^{-1}	T_k Nm	Form C kN	J kg m^2	m kg
25	58	125	101	117	50	31	3	M10 × 60	2120	46,2	3	0,0104	5,5
30	58	125	101	117	50	31	3	M10 × 60	2120	87,5	5	0,0104	5,3
35	72	140	121	141	60	31	3	M10 × 60	2000	150	7,5	0,0167	7,3
40	72	140	121	141	60	31	3	M10 × 60	2000	236	7,5	0,0167	7
45	95	160	141	169	70	34	3	M10 × 65	1900	355	14	0,0297	11,4
50	95	160	141	169	70	34	3	M10 × 65	1900	515	14	0,0323	11
55	110	180	171	203	85	37	4	M12 × 70	1800	730	22	0,0572	16
60	110	180	171	203	85	37	4	M12 × 70	1800	975	22	0,0569	15,4
70	130	200	201	233	100	41	6	M12 × 80	1700	1700	22	0,108	23,6
80	145	224	221	261	110	41	8	M12 × 80	1600	2650	32	0,179	31,2
90	164	250	281	281	120	54	8	M16 × 100	1500	4120	32	0,332	45
100	180	280	261	301	130	54	8	M16 × 100	1400	5800	32	0,516	57,5
110	200	300	281	329	140	60	8	M16 × 105	1320	8250	50	0,760	72,9
120	225	335	311	359	155	60	10	M16 × 105	1250	12500	50	1,254	99,5
140	250	375	341	397	170	70	10	M20 × 125	1180	19000	75	2,181	135
160	290	425	401	457	200	75	10	M24 × 125	1120	30700	75	4,036	199
180	325	450	451	–	225	80	12	M24 × 140	1060	45000	–	6,115	262
200	360	500	501	–	250	80	16	M24 × 140	1000	61500	–	9,870	348
220	400	560	541	–	270	95	14	M30 × 160	950	82500	–	17,00	478
250	450	630	601	–	300	95	16	M30 × 160	900	118000	–	28,47	645

Bezeichnung einer vollständigen Scheibenkupplung Form A von Durchmesser $d_1 = 80$ mm: Scheibenkupplung DIN 116 – A80

[1] nach Desch KG, Arnsberg
l_7 und t_1 in ( ) für $d_1 = 25 \ldots 60$: 16 (3); 70 $\ldots$ 160: 18 (4); 180 $\ldots$ 250: 20 (5)
$l_2 = l_1 + 9$ d_7: M10 bis $d1 = 120$, darüber M12
Passschraubenlänge bei Form A und C um 15 mm bzw. 20 mm (bei $d_1 > 50$) kürzer als bei Form B

TB 13-2 Biegenachgiebige Ganzmetallkupplung, Lehrbuch Bild 13-14b
(Thomas-Kupplung, Bauform 923, nach Werknorm)

Hauptmaße und Auslegungsdaten

Bau-größe	Maße in mm						max. Dreh-zahl	Nenn-dreh-moment[1]	Nachgiebigkeiten			Federsteifen				Trägheits-moment	Gewicht
d_1 H7 max	d_2	d_3	l_1	l_2	l_3	n_{max} min^{-1}	T_{KN} Nm	$\pm \Delta K_a$ mm	ΔK_r[2] mm	ΔK_w °	C_a N/mm	C_r N/mm	C_w Nm/rad	$C_{T dyn}$ Nm/rad	J kg m^2	m kg
10	28	42,5	80	40	95	71,5	36000	200	1,4	1,2		83	250	5155	24150	0,0022	2,51
16	35	51	95	45	97	72,5	29000	320	1,6	1,3		105	531	5730	42250	0,0040	3,43
25	50	70	110	50	102	77	23000	500	1,8	1,3		130	650	6015	80100	0,0086	4,81
40	65	90	140	55	120	91	18600	800	2,4	1,6		245	1100	6100	169550	0,0265	9,29
63	70	98	147	70	128	97	17600	1260	2,6	1,7		475	475	7735	285000	0,0385	11,9
100	80	109	173	75	153	116	14700	2000	3,0	2,0		590	520	8020	438500	0,0818	18,5
160	100	134	200	80	179	139	13100	3200	3,4	2,4	2	670	625	8310	858000	0,1634	26,1
250	110	148	225	90	195	148	11300	5000	3,8	2,6		660	810	12605	1247500	0,3029	37,8
400	125	165	250	125	219	166,5	10300	8000	4,2	2,9		985	1300	16615	1725000	0,5739	58,0
630	145	190	290	150	245	184,5	9000	12600	5,0	3,2		1270	2000	21485	2614000	1,1980	94,2
1000	160	210	330	185	278	205,5	8200	20000	5,6	3,6		1515	3100	28650	4107000	1,9720	126
1600	180	238	370	190	296	218	7700	32000	6,4	3,8		2390	4700	37245	5789500	3,3280	167
2500	200	262	410	240	315	234	6800	50000	7,0	4,1		2475	6500	57295	7585000	5,8200	242

[1] Maximaldrehmoment $T_{K max} = 2,5 T_{KN}$, Dauerwechseldrehmoment $T_{KW} = 0,25 T_{KN}$
[2] $\Delta K_r = l_3 \cdot \tan \Delta K_w/2$, mit dem zul. Beugungswinkel eines Lamellenpaketes $\Delta K_w/2 = 1°$ bei $\Delta K_a = 0$ (vgl. Beispiel 13.2)

TB 13-3 Elastische Klauenkupplung, Lehrbuch Bild 13-26 (N-Eupex-Kupplung, Bauform B, nach Werknorm)

Hauptmaße und Auslegungsdaten

Bau-größe	Maße in mm									max. Dreh-zahl n_{max} min^{-1}	Nenn-dreh-moment T_{KN} Nm	Träg-heits-moment J kg m^2	Gewicht m kg
	d_1 H7 max	d_2 H7 max	d_3	d_4	d_5	l_1	l_2	l_3	s				
B 58	19	24	–	40	58	20	20	8	2…4	5000	19	0,0002	0,45
B 68	24	28	–	46	68	20	20	8	2…4	5000	34	0,0003	0,63
B 80	30	38	–	68	80	30	20	10	2…4	5000	60	0,0012	2,51
B 95	42	42	76	76	95	35	30	12	2…4	5000	100	0,0027	2,6
B110	48	48	86	86	110	40	34	14	2…4	5000	160	0,0055	3,9
B125	55	55	100	100	125	50	36	18	2…4	5000	240	0,0107	6,2
B140	60	60	100	100	140	55	34	20	2…4	4900	360	0,014	6,9
B160	65	65	108	108	160	60	39	20	2…6	4250	560	0,025	9,4
B180	75	75	125	125	180	70	42	20	2…6	3800	880	0,045	14
B200	85	85	140	140	200	80	47	24	2…6	3400	1340	0,08	20
B225	90	90	150	150	225	90	52	18	2…6	3000	2000	0,135	24,5
B250	100	100	165	165	250	100	60	18	3…8	2750	2800	0,23	34
B280	110	110	180	180	280	110	65	20	3…8	2450	3900	0,37	45

Elastische Elemente (Pakete) aus Perbunan

13

TB 13-4 Elastische Klauenkupplung, Lehrbuch Bild 13-27 (Hadeflex-Kupplung, Bauform XW1, nach Werknorm)

Hauptmaße und Auslegungsdaten

Bau-größe	Maße in mm								max. Dreh-zahl n_{max} min^{-1}	Nenn-dreh-moment[1] T_{KN} Nm	Nach-giebigkeiten			Drehfedersteife $C_{T\,dyn}$ Nm/rad bei		Träg-heits-moment[2] J kg m^2	Ge-wicht[2] m kg
	d_1 H7 min	max	d_2	d_3	l	l_1	l_2	s			$\pm\Delta K_a$ mm	ΔK_r mm	ΔK_w °	$1/2\,T_{KN}$	T_{KN}		
24	–	24	55	55	66	24	–	18	12500	30	1,2	0,3	0,7	2750	4200	0,0001	0,55
28	–	28	62	62	76	28	–	20	11100	50	1,2	0,3	0,7	3700	6400	0,0002	0,76
32	–	32	52	70	86	32	22	22	9800	70	1,2	0,3	0,7	4600	8000	0,0003	1,09
38	16	38	60	84	100	38	27	24	8100	120	1,5	0,4	0,7	7300	12600	0,0007	1,76
42	16	42	68	92	110	42	31	26	7400	160	1,5	0,4	0,7	9450	16800	0,001	2,38
48	19	48	76	105	124	48	36	28	6500	240	1,5	0,4	0,7	13350	24800	0,002	3,38
55	19	55	88	120	140	55	43	30	5700	360	1,8	0,5	0,7	19500	36350	0,004	4,89
60	24	60	96	130	152	60	47	32	5200	460	1,8	0,5	0,7	24700	45850	0,006	6,29
65	26	65	104	142	165	65	51	35	4800	600	1,8	0,5	0,7	34800	59900	0,009	8,15
75	32	75	120	165	190	75	59	40	4100	900	2,1	0,6	0,7	54150	93650	0,019	12,6
85	42	85	136	185	214	85	68	44	3700	1350	2,1	0,7	0,7	74350	135450	0,034	17,9
100	60	100	160	220	250	100	80	50	3100	2250	2,4	0,8	0,7	138800	220400	0,078	29,3
110	70	110	176	240	275	110	88	55	2800	3000	2,4	0,9	0,7	171000	309500	0,123	38,5
125	70	125	200	275	310	125	100	60	2500	4400	3,0	1,0	0,7	284900	463400	0,235	56,7
140	80	140	224	310	345	140	113	65	2200	6000	3,0	1,1	0,7	356000	602400	0,412	79,0
160	90	160	255	360	395	160	130	75	1900	9000	3,0	1,2	0,7	409000	823000	0,827	119,0

[1] Maximaldrehmoment $T_{K\,max} = 3\,T_{KN}$, Dauerwechseldrehmoment $T_{KW} = 0,5\,T_{KN}$
Resonanzfaktor $V_R = 6$, Elastisches Element (einteiliger Stern) aus Vulkollan
Passfedernuten nach DIN 6886
[2] Gewichte und Massenträgheitsmomente beziehen sich auf die max. Bohrungen d_1 ohne Nut

TB 13-5 Hochelastische Wulstkupplung, Lehrbuch Bild 13-29 (Radaflex-Kupplung, Bauform 300, nach Werknorm)

Hauptmaße und Auslegungsdaten

Bau-größe	d_1 H7 max	d_2	d_3	l_1	l_2	l_3	max. Drehzahl n_{max} min^{-1}	Nenn-drehmoment$^{1)}$ T_{KN} Nm	$\pm\Delta K_a$ mm	ΔK_r mm	ΔK_w °	C_a N/mm	C_r N/mm	C_w Nm/rad	$C_{T\,dyn}$ Nm/rad bei $0{,}5T_{KN}$	$C_{T\,dyn}$ Nm/rad bei T_{KN}	Trägheitsmoment J kg m²	Gewicht m kg
1,6	25	40	85	28	60	64	4000	16	0,5	0,5	0,5	180	120	85	352	305	0,0014	1,7
4	30	50	110	35	75	85	4000	40	1	1	1	185	130	138	573	573	0,0042	2,9
10	50	75	150	55	88	125	3000	100	1,5	1,5	1,5	300	210	535	1146	917	0,0156	7
16	55	85	175	60	106	135	3000	160	2	2	2	330	215	600	1117	1146	0,0366	10
25	60	100	205	65	120	150	2000	250	2,5	2,5	2,5	340	240	900	1432	1364	0,0795	16
40	70	115	240	75	140	170	2000	400	3	3	3	345	270	1500	2292	2578	0,1750	26
63	80	130	275	85	156	195	2000	630	3,5	3,5	3,5	440	280	1800	4985	4584	0,3090	37
100	90	150	325	100	188	225	1500	1000	4	4	4	510	290	2200	5959	6016	0,7780	60

$^{1)}$ Maximaldrehmoment $T_{K\,max} = 3T_{KN}$, Dauerwechseldrehmoment $T_{KW} = 0{,}4T_{KN}$
Verhältnismäßige Dämpfung $\psi = 1{,}2$
Elastisches Element (Reifen) aus Vollgummi

TB 13-6 Mechanisch betätigte BSD-Lamellenkupplungen, Lehrbuch Bild 13-37a und b (Bauformen 493 und 491, nach Werknorm)

Hauptmaße und Auslegungsdaten

Bau-größe	d_1 H7$^{1)}$ max	d_2	d_3	d_4	d_5 H7	l_1	l_2	l_3	l_4	s	h	Hub	max. Drehzahl$^{2)}$ Nasslauf n_{max} min^{-1}	Schaltkraft Ein F_1 N	Schaltkraft Aus F_2 N	Drehmoment$^{3)}$ Nasslauf $T_{KNü}$ Nm	Drehmoment$^{3)}$ Nasslauf T_{KNs} Nm	Trägheitsmoment J in kg m² innen	außen Bauform 493	außen Bauform 491	zul. Schaltarbeit/Schaltung$^{4)}$ W_{zul} Nm	Gewicht m in kg Bauform 493	Gewicht m in kg Bauform 491
4	30	70	82	55	50	60	35	29	47,5	10	8,5		3000	100	50	55	40	0,0006	0,00098	0,00045	7 · 10³	1,6	1,2
6,3	35	80	92	60	60	60	40	34	47,5	10	8,5		3000	120	50	90	63	0,00083	0,00185	0,00075	11 · 10³	1,8	1,4
10	40	90	110	70	65	70	40	34	56	10	11		3000	150	50	140	100	0,0025	0,00375	0,00213	15,5 · 10³	3,5	3,1
16	45	90	120	85	75	75	50	44	58	15	11		2500	300	100	220	160	0,00375	0,0050	0,00275	20,5 · 10³	5,0	4,0
25	50	100	130	85	85	78	50	42	61	15	12		2200	400	120	350	250	0,0050	0,0075	0,00425	27 · 10³	6,5	4,3
40	65	120	160	105	110	97	60	52	79	15	14		2000	500	160	550	400	0,015	0,0208	0,0125	39 · 10³	15	8,5
63	70	140	180	130	120	111	70	60	91	18	14		1800	700	200	900	630	0,025	0,0378	0,020	49 · 10³	19	11

Reibpaarung: Stahl – Sinterbronze

$^{1)}$ Innenmitnehmer und Nabengehäuse auf ca. $0{,}5d_{1\,max}$ vorgebohrt.
$^{2)}$ Von den Schmierungsverhältnissen am Schaltring abhängig. Im Trockenlauf niedrigere Drehzahlen oder Kugellagerschaltringe verwenden.
$^{3)}$ Im Trockenlauf gelten ungefähr für $T_{KNü}$ die 1,6fachen und für T_{KNs} die 1,8fachen Werte.
$^{4)}$ Für Nass- und Trockenlauf. Die bei Dauerschaltungen pro Stunde zulässige Schaltarbeit $W_{h\,zul}$ beträgt bei Trockenlauf $20W_{zul}$ und bei Nasslauf $40W_{zul}$.

TB 13-7 Elektromagnetisch betätigte BSD-Lamellenkupplung, Lehrbuch Bild 13-41 (Bauform 100, nach Werknorm)

Hauptmaße und Auslegungsdaten

Bau-größe	Maße in mm											max. Dreh-zahl	Dreh-moment[2] Nasslauf		Trägheits-moment J		Leis-tung[3]	zul. Schalt-arbeit/ Schaltung[4]	Ge-wicht
	d_1 H7 max	d_2 H7	d_3	d_4	$d_6{}^{1)}$	l_1	l_2	l_3	l_4	l_5	l_6	n_{max} min^{-1}	$T_{KNü}$ Nm	T_{KNs} Nm	innen kg m^2	außen kg m^2	P W	W_{zul} Nm	m kg
2,5	22	68	82	106	6 × M6	59	55	6	6	8,5	4,5	3000	35	25	0,003	0,001	25	30 · 10³	2,0
4	30	85	100	124	6 × M6	63	59	6	6	8,5	4,5	3000	55	40	0,004	0,002	24	40 · 10³	3,8
6,3	36	90	110	138	6 × M8	68	64	7	6	8,5	4,5	3000	90	63	0,006	0,004	23,6	50 · 10³	4,7
10	42	105	122	154	6 × M8	69	65	8	6	8,5	5	2500	140	100	0,010	0,005	26,1	60 · 10³	6,2
16	48	115	135	170	6 × M8	75	70	8	6	9	5,5	2500	220	160	0,017	0,008	38,7	70 · 10³	8,3
25	55	135	155	190	6 × M10	80	72	9	6	9	5,5	2000	350	250	0,03	0,013	40,0	90 · 10³	10,5
40	62	140	170	212	6 × M10	90	80	10	7	11	6,5	2000	550	400	0,06	0,03	59,4	0,11 · 10⁶	16
63	72	170	200	254	6 × M12	97	87	12	7	11,5	6,5	1500	900	630	0,11	0,05	62,5	0,27 · 10⁶	23
100	82	190	235	280	6 × M12	110	99	13	7	11,5	7	1500	1400	1000	0,21	0,09	74,5	0,32 · 10⁶	34
160	95	230	260	324	6 × M16	120	109	15	8	13,5	7,5	1250	2200	1600	0,41	0,19	100	0,38 · 10⁶	50
250	110	270	305	370	6 × M16	148	133	17	9	14	9	1250	3500	2500	0,88	0,38	142	0,54 · 10⁶	75
400	130	310	350	420	12 × M20	204	185	20	9	14	7,5	1000	5500	4000	2,25	0,88	144	0,67 · 10⁶	135
630	135	350	400	480	12 × M24	260	237	25	9	14	7,5	900	9000	6300	4,50	2,38	130	0,76 · 10⁶	220
1000	170	420	475	560	12 × M24	280	252	25	9	14	7,5	750	14000	10000	10,4	4,00	133	0,98 · 10⁶	340

Reibpaarung: Stahl − Sinterbronze
$d_5 = d_4 − 1$ bis Größe 16 bzw. $d_4 − 2$ ab Größe 25, $d_5 = 252$ mm ab Größe 400

[1] Bei Montage gebohrt.
[2] Im Trockenlauf gelten ungefähr für $T_{KNü}$ die 1,6-fachen und für T_{KNs} die 1,8-fachen Werte.
[3] Gleichspannung 24 V.
[4] Für Nass- und Trockenlauf. Die bei Dauerschaltungen pro Stunde zulässige Schaltarbeit $W_{h\,zul}$ beträgt bei Trockenlauf $10W_{zul}$ und bei Nasslauf $20W_{zul}$.

TB 13-8 Faktoren zur Auslegung drehnachgiebiger Kupplungen nach DIN 740 T2

a) Anlauffaktor S_z

Anläufe je Stunde $z^{1)}$	≤120	120…240	>240
S_z	1,0	1,3	Rückfrage beim Hersteller erforderlich

[1] Bei Anläufen und Bremsungen oder bei Reversieren ist z zu verdoppeln.

b) Temperaturfaktor S_t

Werkstoffmischung	Umgebungstemperatur t in °C[1]			
	über −20 bis +30	über +30 bis +40	über +40 bis +60	über +60 bis +80
Naturgummi (NR)	1,0	1,1	1,4	1,8
Polyurethan Elastomere (PUR)	1,0	1,2	1,5	nicht zulässig
Acrylnitril-Budatienkautschuk (NBR) (Perbunan N)	1,0	1,0	1,0	1,2

[1] Einwirkende Strahlungswärme ist besonders zu berücksichtigen für Stahl bis +270 °C: $S_1 = 1,0$

Anmerkung: Vulkollan ist ein Urethan-Kautschuk (UR)
Temperaturfaktor ungefähr wie für NR bzw. PUR.

c) Frequenzfaktor S_f (für gummielastische Kupplungen)

bei $\omega \le 36\,\text{s}^{-1}$: $S_f = 1$

bei $\omega > 63\,\text{s}^{-1}$: $S_f = \sqrt{\dfrac{\omega}{63}}$, mit ω in s^{-1}

13

120

TB 13-9 Positionierbremse ROBA-stopp, Lehrbuch Bild 13-64b (nach Werknorm)

Hauptmaße und Auslegungsdaten

Bau-größe	Maße in mm								max. Dreh-zahl n_{max} min^{-1}	Brems-moment T_{Br} Nm	Träg-heits-moment[1] J_{Br} kg m$^2 \times 10^{-4}$	zul. Reibarbeit pro Bremsung W_{zul}		zul. Reib-leistung P_{zul} W	Ge-wicht[1] m kg
	d_1 H7		d_2 H7	d_3	d_4	d_5	l_1	l_2				bei Schalt-betrieb Nm	bei Einzel-bremsung Nm		
	min	max													
3	8	12	21,9	58	79	3 × M4	30,2	15	6000	3	0,077	250	500	50	0,6
4	10	15	26,9	72	98	3 × M4	32,2	20	5000	6	0,23	500	900	70	0,95
5	10	20	30,9	90	114	3 × M5	39,3	20	4800	12	0,68	1000	1800	105	1,8
6	15	25	38,9	112	142	3 × M6	43,2	25	4000	26	1,99	2000	3500	155	3,1
7	20	32	50,9	124	165	3 × M6	58,2	30	3800	50	4,02	2800	5000	250	5,4
8	25	45	73,9	156	199	3 × M8	66,7	35	3400	100	13,2	5300	10000	300	9,4
9	30	50	80,4	175	220	6 × M8	74,3	35	3000	200	24,2	8000	20000	370	15,5
10	30	60	90	215	275	6 × M8	96,3	50	3000	400	56,4	13800	30000	450	30
11	30	80	129	280	360	6 × M12	116,3	60	3000	800	242	27700	50000	900	55

[1] Gewichte und Massenträgheitsmomente beziehen sich auf die max. Bohrungen d_1 ohne Nut.

13

14 Wälzlager

TB 14-1 Maßpläne für Wälzlager

a) Maßplan für Radiallager (ausgenommen Kegelrollenlager), Auszug aus DIN 616
Lagerart s. TB 14-2 (Lagerreihe)

Vgl. Lehrbuch Bilder 14-7, 14-8, 14-9, 14-14 und TB 14-2: alle Maße in mm
DR Durchmesserreihe. MR Maßreihe r_{1s} Kantenabstand. Abstandmaße a für Schrägkugellager (s. Lehrbuch Bilder 14-8b und 14-23)

d	Kennzahl	DR 0 / MR 10			DR 2 / MR 02			MR 22	MR 32	DR 3 / MR 03			MR 23	MR 33	DR 4 / MR 04			Schrägkugellager Reihe[1] 72	73	32	33	03[4]
		D	B	r_{1s}[2]	D	B	r_{1s}[2]	B[3]	B[3]	D	B	r_{1s}[2]	B[3]	B[3]	D	B	r_{1s}[2]	a	a	a	a	a
10	00	26	8	0,3	30	9	0,6	14	14,3	35	11	0,6	17	19	–	–	–	13	15	20	–	–
12	01	28	8	0,3	32	10	0,6	14	15,9	37	12	1,6	17	19	–	–	–	14	16	22	–	–
15	02	32	9	0,3	35	11	0,6	14	15,9	42	13	1,0	17	19	–	–	–	16	18	23	30	–
17	03	35	10	0,3	40	12	0,6	16	17,5	47	14	1,0	19	22,2	62	17	1,0	18	20	25	34	–
20	04	42	12	0,6	47	14	1,0	18	20,6	52	15	1,1	21	22,2	72	19	1,1	21	23	30	36	26
25	05	47	12	0,6	52	15	1,0	18	20,6	62	17	1,1	24	25,4	80	21	1,5	24	27	33	43	31
30	06	55	13	1,0	62	16	1,0	20	23,8	72	19	1,1	27	30,2	90	23	1,5	27	31	44	51	36
35	07	62	14	1,0	72	17	1,1	23	27	80	21	1,5	31	34,9	100	25	1,5	31	35	44	57	41
40	08	68	15	1,0	80	18	1,1	23	30,2	90	23	1,5	33	36,5	110	27	2,0	34	39	57	64	46
45	09	75	16	1,0	85	19	1,1	23	30,2	100	25	1,5	36	39,7	120	29	2,0	37	43	53	72	51
50	10	80	16	1,0	90	20	1,1	23	30,2	110	27	2,0	40	44,4	130	31	2,1	39	47	56	79	56
55	11	90	18	1,1	100	21	1,5	25	33,3	120	29	2,0	43	49,2	140	33	2,1	43	51	71	87	61
60	12	95	18	1,1	110	22	1,5	28	36,5	130	31	2,5	46	54	150	35	2,1	47	55	78	96	67
65	13	100	18	1,1	120	23	1,5	31	38,1	140	33	2,5	48	58,7	160	37	2,1	50,5	60	84	102	72
70	14	110	20	1,1	125	24	1,5	31	39,7	150	35	2,1	51	63,5	180	42	3,0	53	64	88	109	77
75	15	115	20	1,1	130	25	1,5	31	41,3	160	37	2,1	55	68,3	190	45	3,0	56	68	92	117	82
80	16	125	22	1,1	140	26	2,0	33	44,4	170	39	2,1	58	68,3	200	48	3,0	59	72	99	123	88
85	17	130	22	1,1	150	28	2,0	36	49,2	180	41	3,0	60	73	210	52	4,0	63	76	106	131	93
90	18	140	24	1,5	160	30	2,0	40	52,4	190	43	3,0	64	73	225	54	4,0	67	80	113	136	98
95	19	145	24	1,5	170	32	2,1	43	55,6	200	45	3,0	67	77,8	–	–	–	72	84	120	143	103
100	20	150	24	1,5	180	34	2,1	46	60,3	215	47	3,0	73	82,6	–	–	–	76	90	127	153	110
105	21	160	26	2,0	190	36	2,1	50	65,1	225	49	3,0	77	87,3	–	–	–	80	94	135	–	103
110	22	170	28	2,0	200	38	2,1	53	69,8	240	50	3,0	80	92,.1	–	–	–	84	98	144	171	123
120	24	180	28	2,0	215	40	2,1	58	76	260	55	3,0	86	106	–	–	–	90	107	–	–	133

[1] siehe TB 14-2   [2] r_{1s} min nach FAG   [3] D, r_{1s} wie für 02 bzw. 03   [4] Vierpunktlager

b) Maßplan für Kegelrollenlager, Auszug aus DIN 616
Lagerart s. TB 14-2 (Lagerreihe)

Vgl. Lehrbuch Bild 14-13 und TB 14-2: alle Maße in mm
Abstandsmaße a und Kantenabstand min, r_{1s}, r_{2s} nach FAG

d	Kennzahl	DR 2 / MR 02							DR 3 / MR 03							DR 2 / MR 22				DR 3 / MR 23				DR 2 / MR 32		
		D	B	C	T	r_{1s}	r_{2s}	$\approx a$	D	B	C	T	r_{1s}	r_{2s}	$\approx a$	B[1]	C	T	$\approx a$	B[2]	C	T	$\approx a$	B/T[1]	C	$\approx a$
15	02	35	11	10	11,75	0,6	0,6	10	42	13	11	14,25	1,0	1,0	10	–	–	–	–	–	–	–	–	–	–	–
17	03	40	12	11	13,25	1,0	1,0	10	47	14	12	15,25	1,0	1,0	10	–	–	–	–	19	16	20,25	12	–	–	–
20	04	47	14	12	15,25	1,0	1,0	11	52	15	13	16,25	1,5	1,5	11	–	–	–	–	21	18	22,25	14	–	–	–
25	05	52	15	13	16,25	1,0	1,0	13	62	17	15	18,25	1,5	1,5	13	18	15	19,25	13	24	20	25,25	16	22	18	14
30	06	62	16	14	17,25	1,0	1,0	14	72	19	16	20,75	1,5	1,5	15	20	17	21,25	16	27	23	28,75	18	25	19,5	16
35	07	72	17	15	18,25	1,5	1,5	16	80	21	18	22,75	2,0	1,5	16	23	19	24,25	18	31	25	32,75	20	18	22	18
40	08	80	18	16	19,75	1,5	1,5	17	90	23	20	25,25	2,0	1,5	20	23	19	24,75	19	33	27	35,25	23	32	25	21
45	09	85	19	16	20,75	1,5	1,5	18	100	25	22	27,25	2,0	1,5	20	23	19	24,75	20	35	30	38,25	25	32	25	22
50	10	90	20	17	21,75	1,5	1,5	19	110	27	23	29,25	2,5	2,0	23	23	19	24,75	21	40	33	42,25	28	32	24,5	23
55	11	100	21	18	22,75	2,0	1,5	21	120	29	25	31,5	2,5	2,0	25	25	21	26,75	23	43	35	45,5	30	35	27	26
60	12	110	22	19	23,75	2,0	1,5	22	130	31	26	33,5	3,0	2,5	26	28	24	29,75	24	46	37	48,5	32	38	29	28
65	13	120	23	20	24,75	2,0	1,5	23	140	33	28	36	3,0	2,5	28	31	27	32,75	27	48	39	51	34	41	32	31
70	14	125	24	21	26,75	2,0	1,5	25	150	35	30	38	3,0	2,5	30	31	27	33,25	28	51	42	54	37	41	32	31
75	15	130	25	22	27,75	2,0	1,5	27	160	37	31	40	3,0	2,5	32	31	27	33,25	29	55	45	58	39	41	31	32
80	16	140	26	22	28,75	2,5	2,0	28	170	39	33	42,5	3,0	2,5	34	33	28	35,25	31	58	48	61,5	42	46	35	35
85	17	145	28	24	30,5	2,5	2,0	30	180	41	34	44,5	4,0	3,0	36	36	30	38,5	34	60	49	63,5	44	49	37	37
90	18	160	30	26	32,5	2,5	2,0	32	190	43	36	46,5	4,0	3,0	37	40	34	42,5	36	64	53	67,5	47	–	–	–
95	19	170	32	27	34,5	3,0	2,5	34	200	45	38	49,5	4,0	3,0	40	43	37	45,5	39	67	55	71,5	49	–	–	–
100	20	180	34	29	37	3,0	2,5	36	215	47	39	51,5	4,0	3,0	42	46	39	49	42	73	60	77,5	53	63	48	46
105	21	190	36	30	39	3,0	2,5	38	–	–	–	–	4,0	3,0	–	50	43	53	44	77	63	81,5	56	–	–	–
110	22	200	38	32	41	3,0	2,5	39	240	50	42	54,5	4,0	3,0	45	53	46	56	46	80	65	84,5	58	–	–	–
120	24	215	40	34	43,5	3,0	2,5	43	260	55	46	59,5	4,0	3,0	48	58	50	61,5	51	86	69	90,5	65	–	–	–

[1] D, r_{1s}, r_{2s} wie bei MR 02   [2] D, r_{1s}, r_{2s} wie bei MR 03

TB 14-1 Fortsetzung

c) Maßplan für einseitig und zweiseitig wirkende Axiallager mit ebenen Gehäusescheiben (vgl. Lehrbuch Bild 14-15c). Auszug aus DIN 616 und FAG, s. auch TB 14-2; scheibe U (vgl. Lehrbuch Bild 14-15a, b) bzw. kugeliger Gehäuse- und Unterlagalle Maße in mm (erste Ziffer von MR: Höhenreihe ≙ Breitenreihe), Lagerart s. TB 14-2 (Lagerreihe)

einseitig wirkend

d_w	Kenn-zahl	DR1 / MR 11				2 / 12				3 / 13				32				2 mit U2				
		d_g	$D_g=D_w$	H	r_{1s}	d_g	$D_g=D_w$	H	r_{1s}	d_g	$D_g=D_w$	H	r_{1s}	d_g	$D_g=D_w$	H	r_{1s}	R/A	d_u	D_u	s_u	H_u
10	00	11	24	9	0,3	12	26	11	0,6	–	–	–	–	–	–	–	–	–	–	–	–	–
12	01	13	26	9	0,3	14	28	11	0,6	–	–	–	–	–	–	–	–	–	–	–	–	–
15	02	16	28	9	0,3	17	32	12	0,6	–	–	–	–	–	–	–	–	–	–	–	–	–
17	03	18	30	9	0,3	19	35	12	0,6	–	–	–	–	19	35	13,2	0,6	32/16	26	38	4	15
20	04	21	35	10	0,3	22	40	14	0,6	–	–	–	–	22	40	14,7	0,6	36/18	30	42	5	17
25	05	26	42	11	0,6	27	47	15	0,6	27	52	18	1	27	47	16,7	0,6	40/19	36	50	5,5	19
30	06	32	52	12	0,6	32	52	16	0,6	32	60	21	1	32	52	17,8	0,6	45/22	42	55	5,5	20
35	07	37	52	12	0,6	37	62	18	1	37	68	24	1	37	62	19,9	1	50/24	48	65	7	22
40	08	42	60	13	0,6	42	68	19	1	42	78	26	1	42	68	20,3	1	56/28,5	55	72	7	22
45	09	47	65	14	0,6	47	73	20	1	47	85	28	1	47	73	21,3	1	56/26	55	78	7	23
50	10	52	70	14	0,6	52	78	22	1	52	95	31	1	52	78	23,5	1	64/32,5	62	82	7,5	24
55	11	57	78	16	0,6	57	90	25	1	57	105	35	1,1	57	90	27,3	1,1	72/35	72	95	9	26
60	12	62	85	17	1	62	95	26	1	62	110	35	1,1	62	95	28	1,1	72/32,5	78	100	9	30
65	13	67	90	18	1	67	100	27	1	67	115	36	1,1	67	100	28,7	1,1	80/40	82	105	9	31
70	14	72	95	18	1	72	105	27	1	72	125	40	1,5	72	105	28,8	1,1	80/38	88	110	9,5	32
75	15	77	100	19	1	77	110	27	1	77	135	44	1,5	77	110	28,3	1,5	90/49	92	115	10	32
80	16	82	105	19	1	82	115	28	1	82	140	44	1,5	82	115	29,5	1,5	90/46	98	120	–	33
85	17	87	110	19	1	88	125	31	1	88	150	49	1,5	88	125	33,1	1,5	100/52	105	130	11	37
90	18	92	120	22	1	93	135	35	1,1	93	155	50	1,5	93	135	38,5	1,5	100/45	110	140	13,5	42
100	20	102	135	25	1	103	150	38	1,1	103	170	55	1,5	103	150	40,9	2	112/52	125	155	14	45
110	22	112	145	25	1	113	160	38	1,1	113	187/190	63	2	113	160	40,2	2,1	125/65	135	165	14	45
120	24	122	155	25	1	123	170	39	1,1	123	205/210	70	2,1	123	170	40,8	2,1	125/61	145	175	15	46

zweiseitig wirkend [1]

Kenn-zahl	2 / 22					3 / 23				
	d_g	D_g	H	s_w	r_{1s}/r_{2s}	d_g	D_g	H	s_w	r_{1s}/r_{2s}
02	17	32	22	5	0,6/0,3	–	–	–	–	–
04	22	40	26	6	0,6/0,3	–	–	–	–	–
05	27	47	28	7	0,6/0,3	27	52	34	8	1/0,3
06	32	52	29	7	0,6/0,3	32	60	38	9	1/0,3
07 [2]	37	62	34	8	1/0,3	37	68	44	10	1/0,3
09	47	73	37	9	1/0,6	47	85	52	12	1/0,6
10	52	78	39	9	1/0,6	52	95	58	14	1,1/0,6
12	57	90	45	10	1/0,6	57	105	58	15	1,1/0,6
13 [3]	62	95	46	10	1/0,6	62	110	64	15	1,1/0,6
15	67	100	47	10	1/0,6	67	115	65	15	1,1/0,6
16	77	110	47	10	1/1	77	135	79	18	1,5/1
17	82	115	48	12	1/1	82	140	79	18	1,5/1
18	88	125	55	14	1/1	87	150	87	19	1,5/1
20	93	135	62	15	1,1/1	93	155	88	19	1,5/1
22 [4]	103	150	67	15	1,1/1	103	170	97	21	1,5/1
24	113	160	67	15	1,1/1	113	190	110	24	2/1
26	123	190	80	18	1,5/1,1	123	210	123	27	2,1/1,1
28	143	200	81	18	1,5/1,1	134	225	130	30	2,1/1,1
						144	240	140	31	2,1/1,1

[1] Beachte für d_w die entsprechenden Kennzahlen der zweiseitig wirkenden Axiallager.

[2] Kennzahl 08 auch für d_w = 30 mm:
MR 22: d_g = 42; D_g = 68; H = 36; s_w = 9; r_{1s}/r_{2s} = 1/0,6
MR 23: d_g = 42; D_g = 78; H = 49; s_w = 12; r_{1s}/r_{2s} = 1/0,6

[3] Kennzahl 14 auch für d_w = 55 mm:
MR 22: d_g = 72; D_g = 105; H = 47; s_w = 10; r_{1s}/r_{2s} = 1/1
MR 23: d_g = 72; D_g = 125; H = 72; s_w = 16; r_{1s}/r_{2s} = 1,1/1

[4] Kennzahl 22 für d_w = 95 mm

14

d) Spannhülsen mit Mutter und Sicherung (Auszug aus DIN 5415)

Maße in mm

d_1 Nennmaß der Spannhülsenbohrung = Nennmaß des Wellendurchmessers

Die Spannhülsen sind einmal durchgehend geschlitzt.
Spannhülsen mit Mutter und Sicherungsblech sind nur als Ganzes austauschbar.
Einzelteile verschiedener Herkunft sind nicht untereinander austauschbar.

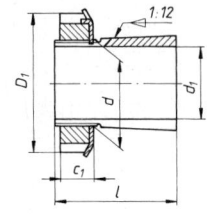

Kurz-zeichen	d	d_1	l	D_1	c_1	Kurz-zeichen	d	d_1	l	D_1	c_1	Kurz-zeichen	d	d_1	l	D_1	c_1
Reihe H 2[1]						Reihe H 3[2]						Reihe H 23[3]					
H 204	20	17	24	32	7	H 304	20	17	28	32	7	H 2304	20	17	31	32	7
H 205	25	20	26	38	8	H 305	25	20	29	38	8	H 2305	25	20	35	38	8
H 206	30	25	27	45	8	H 306	30	25	31	45	8	H 2306	30	25	38	45	8
H 207	35	30	29	52	9	H 307	35	30	35	52	9	H 2307	35	30	43	52	9
H 208	40	35	31	58	10	H 308	40	35	36	58	10	H 2308	40	35	46	58	10
H 209	45	40	33	65	11	H 309	45	40	39	65	11	H 2309	45	40	50	65	11
H 210	50	45	35	70	12	H 310	50	45	42	70	12	H 2310	50	45	55	70	12
H 211	55	50	37	75	12	H 311	55	50	45	75	12	H 2311	55	50	59	75	12
H 212	60	55	38	80	13	H 312	60	55	47	80	13	H 2312	60	55	62	80	13
H 213	65	60	40	85	14	H 313	65	60	50	85	14	H 2313	65	60	65	85	14
H 214	70	60	41	92	15	H 314	70	60	52	92	15	H 2314	70	60	68	92	15
H 215	75	65	43	98	15	H315	75	65	55	98	15	H 2315	75	65	73	98	15
H 216	80	70	46	105	17	H 316	80	70	59	105	17	H 2316	80	70	78	105	17
H 217	85	75	50	110	18	H 317	85	75	63	110	18	H 2317	85	75	82	110	18
H 218	90	80	52	120	18	H 318	90	80	65	120	18	H 2318	90	80	86	120	18
H 219	95	85	55	125	19	H 319	95	85	68	125	19	H 2319	95	85	90	125	19
H 220	100	90	58	130	20	H 320	100	90	71	130	20	H 2320	100	90	97	130	20
H 222	110	100	63	145	21	H 322	110	100	77	145	21	H 2322	110	100	105	145	21

passend für Wälzlager [1] MR 02, [2] MR 03 und 22, [3] MR 23

14

e) Abziehhülsen (Auszug aus DIN 5416)

Maße in mm

d_1 Nennmaß der Spannhülsenbohrung = Nennmaß des Wellendurchmessers

Abdrückmuttern müssen eigens bestellt werden.
Zeichen X wegen Angleichung an ISO-Empfehlung R 113.
Abstand a vor dem Einpressen der Abziehhülse.

Kurz-zeichen	d	d_1	Gewinde d_2	l	a	b	Kurz-zeichen	d	d_1	Gewinde d_2	l	a	b	Kurz-zeichen	d	d_1	Gewinde d_2	l	a	b
Reihe AH 2[1]							Reihe AH 3[2]							Reihe AH 23[3]						
AH 208	40	35	M 45 × 1,5	25	2	6	AH 308	40	35	M 45 × 1,5	29	3	6	AH 2308	40	35	M 45 × 1,5	40	3	7
AH 209	45	40	M 50 × 1,5	26	3	6	AH 309	45	40	M 50 × 1,5	31	3	6	AH 2309	45	40	M 50 × 1,5	44	3	7
AH 210	50	45	M 55 × 2	28	3	7	AHX 310	50	45	M 55 × 2	35	3	7	AHX 2310	50	45	M 55 × 2	50	3	9
AH 211	55	50	M 60 × 2	29	3	7	AHX 311	55	50	M 60 × 2	37	3	7	AHX 2311	55	50	M 60 × 2	54	3	10
AH 212	60	55	M 65 × 2	32	3	8	AHX 312	60	55	M 65 × 2	40	3	8	AHX 2312	60	55	M 65 × 2	58	3	11
AH 213	65	60	M 75 × 2	32,5	3,5	8	AH 313	65	60	M 75 × 2	42	3	8	AH 2313	65	60	M 75 × 2	61	3	12
AH 214	70	65	M 80 × 2	33,5	3,5	8	AH 314	70	65	M 80 × 2	43	4	8	AHX 2314	70	65	M 80 × 2	64	4	12
AH 215	75	70	M 85 × 2	34,5	3,5	8	AH 315	75	70	M 85 × 2	45	4	8	AHX 2315	75	70	M 85 × 2	68	4	12
AH 216	80	75	M 90 × 2	35,5	3,5	8	AH 316	80	75	M 90 × 2	48	4	8	AHX 2316	80	75	M 90 × 2	71	4	12
AH 217	85	80	M 95 × 2	38,5	3,5	9	AHX 317	85	80	M 95 × 2	52	4	9	AHX 2317	85	80	M 95 × 2	74	4	13
AH 218	90	85	M 100 × 2	40	4	9	AHX 318	90	85	M 100 × 2	53	4	9	AHX 2318	90	85	M 100 × 2	79	4	14
AH 219	95	90	M 105 × 2	43	4	10	AHX 319	95	90	M 105 × 2	57	4	10	AHX 2319	95	90	M 105 × 2	85	4	16
AH 220	100	95	M 110 × 2	45	4	10	AHX 320	100	95	M 110 × 2	59	4	10	AHX 2320	100	95	M 110 × 2	90	4	16
AH 222	110	105	M 120 × 2	50	4	11	AHX 322	110	105	M 120 × 2	63	4	12	AHX 2322	110	105	M 125 × 2	95	4	16

passend für Wälzlager [1] MR 02, [2] MR 03 und 22, [3] MR 23

TB 14-2 Dynamische Tragzahlen C und statische Tragzahlen C_0 in kN (nach FAG-Angaben Ausg. 1999)

Maße s. TB 14-1a, b, c; d Bohrungskennzahl s. TB 14-1

Lagerart	Rillenkugellager								Schrägkugellager einreihig				Schrägkugellager zweireihig				Vierpunktlager	
Lagerreihe	60		62		63		64		72…B[1]		73…B[1]		32…B[2]		33…B[3]		QJ3[4]	
Maßreihe	10		02		03		04		02		03		32		33		03	
Tragzahlen	C	C_0	C	C_0	C	C_0	C	C_0	C	C_0	C	C_0	C	C_0	C	C_0	C	C_0
00	4,55	1,96	6	2,6	8,15	3,45	–	–	5	2,5	–	–	7,8	4,55	–	–	–	–
01	5,1	2,36	6,95	3,1	9,65	4,15	–	–	6,95	3,4	10,6	5	10,6	5,85	–	–	–	–
02	5,6	2,85	7,8	3,75	11,4	5,4	–	–	8	4,3	12,9	6,55	11,8	7,1	16,3	10	–	–
03	6	3,25	9,5	4,75	13,4	6,55	22,4	11,4	10	5,5	16	8,3	14,6	9	20,8	12,5	–	–
04	9,3	5	12,7	6,55	16	7,8	30,5	15	13,4	7,65	19	10,4	19,6	12,5	23,2	15	30	19,6
05	10	5,85	14	7,8	22,4	11,4	36	19,3	14,6	9,3	26	15	21,2	14,6	30	20	44	31,5
06	12,7	8	19,3	11,2	29	16,3	42,5	23,2	20,4	13,4	32,5	20	30	21,2	41,5	28,5	58,5	43
07	16	10,2	25,5	15,3	33,5	19	53	31,5	27	18,3	39	25	39	28,5	51	34,5	62	51
08	16,6	11,6	29	18	42,5	25	62	38	32	23,2	50	32,5	48	36,5	62	45	86,5	68
09	20	14,3	31	20,4	53	31,5	76,5	47,5	36	26,5	60	40	48	37,5	68	51	102	83
10	20,8	15,6	36,5	24	62	38	81,5	52	37,5	28,5	69,5	47,5	81,5	42,5	81,5	62	110	91,5
11	28,5	21,2	43	29	76,5	47,5	93	60	46,5	36	78	56	58,5	49	102	78	127	108
12	29	23,2	52	36	81,5	52	104	68	56	44	90	65,5	72	61	125	98	146	127
13	30,5	25	60	41,5	93	60	114	76,5	64	53	102	75	80	73,5	150	118	163	146
14	38	31	62	44	104	68	132	96,5	69,5	58,5	114	86,5	83	76,5	143	166	183	166
15	39	33,5	65,5	49	114	76,5	132	96,5	68	58,5	127	100	91,5	85	163	193	212	204
16	47,5	40	72	53	122	86,5	163	125	80	69,5	140	114	98	93	176	212	220	216
17	49	43	83	64	132	96,5	173	137	90	80	150	127	112	150	190	228	245	255
18	58,5	50	96,5	72	134	102	196	163	106	93	160	140	125	170	216	275	255	265
19	60	54	108	81,5	143	112	–	–	116	110	173	153	140	186	220	285	285	310
20	60	54	122	93	163	134	–	–	129	114	193	180	160	224	240	320	325	365
21	71	64	132	104	173	146	–	–	143	129	208	200	176	240	–	–	–	–
22	80	71	143	116	190	166	–	–	153	143	224	224	190	260	280	400	345	415
24	83	78	146	122	212	190	–	–	166	160	250	260	–	–	–	–	380	480

[1] Druckwinkel $\alpha = 40°$, Tragzahlen für Lagerpaare: $C = 1{,}625 \cdot C_{\text{Einzellager}}$; $C_0 = 2 \cdot C_{0\ \text{Einzellager}}$.
[2] bis Kennzahl 13 mit Druckwinkel $\alpha = 25°$, Zusatzzeichen … B; ab Kennzahl 14 Druckwinkel $\alpha = 35°$, ohne Zusatzzeichen
[3] bis Kennzahl 16 mit Druckwinkel $\alpha = 25°$, Zusatzzeichen … B; ab Kennzahl 17 Druckwinkel $\alpha = 35°$, ohne Zusatzzeichen
[4] Druckwinkel $\alpha = 35°$, ab Kennzahl 15 mit zwei Haltenuten, Zusatzzeichen … N2

TB 14-2 Fortsetzung

Lagerart	Pendelkugellager																	
Lagerreihe	12; 12…K[1], TV[5]						13; 13…K[2], TV[5]						22; 22…K[3], TV[5]					
Maßreihe	02						03						22					
	C	e	Y_1[4]	Y_2[4]	C_0	Y_0	C	e	Y_1[4]	Y_2[4]	C_0	Y_0	C	e	Y_1[4]	Y_2[4]	C_0	Y_0
00	5,5	0,32	1,95	3,02	1,2	2,05	–	–	–	–	–	–	8,3	0,58	1,09	1,69	1,73	1,14
01	5,6	0,37	1,69	2,62	1,27	1,77	–	–	–	–	–	–	9	0,53	1,2	1,85	1,96	1,25
02	7,5	0,34	1,86	2,88	1,76	1,95	–	–	–	–	–	–	9,15	0,46	1,37	2,13	2,08	1,44
03	8	0,33	1,93	2,99	2,04	2,03	12,5	0,32	1,94	3	3,2	2,03	9,3	0,46	1,37	2,12	2,75	1,43
04	10	0,28	2,24	3,46	2,65	2,34	12,5	0,29	2,17	3,35	3,35	2,27	14,3	0,44	1,45	2,24	3,55	1,51
05	12,2	0,27	2,37	3,66	3,35	2,48	18	0,28	2,29	3,54	5	2,4	17	0,35	1,78	2,75	4,4	1,86
06	15,6	0,25	2,53	3,91	4,65	2,65	21,2	0,26	2,39	3,71	6,3	2,51	25,5	0,3	2,13	3,29	6,95	2,23
07	16	0,22	2,8	4,34	5,2	2,94	25	0,26	2,47	3,82	8	2,59	32	0,3	2,13	3,29	9	2,23
08	19,3	0,22	2,9	4,49	6,55	3,04	29	0,25	2,52	3,9	9,65	2,64	31,5	0,26	2,43	3,76	9,5	2,54
09	22	0,21	3,04	4,7	7,35	3,18	38	0,25	2,5	3,87	12,9	2,62	28	0,26	2,43	3,76	9	2,54
10	22,8	0,2	3,17	4,9	8,15	3,32	41,5	0,24	2,6	4,03	14,3	2,73	28	0,24	2,61	4,05	9,5	2,74
11	27	0,19	3,31	5,12	10	3,47	51	0,24	2,66	4,12	18	2,79	39	0,22	2,92	4,52	12,7	3,06
12	30	0,18	3,47	5,37	11,6	3,64	57	0,23	2,77	4,28	20,8	2,9	47,5	0,23	2,69	4,16	16,6	2,82
13	31	0,18	3,57	5,52	12,5	3,74	62	0,23	2,75	4,26	22,8	2,88	57	0,23	2,78	4,31	19,3	2,92
14	34,5	0,19	3,36	5,21	13,7	3,52	75	0,23	2,79	4,32	27,5	2,93	44	0,27	2,34	3,62	17	2,45
15	39	0,19	3,32	5,15	15,6	3,48	80	0,23	2,77	4,29	30	2,9	44	0,26	2,47	3,83	18	2,59
16	40	0,16	3,9	6,03	17	4,08	88	0,22	2,87	4,44	32,5	3	49	0,25	2,48	3,84	20	2,6
17	49	0,17	3,73	5,78	20,4	3,91	98	0,22	2,88	4,46	38	3,02	58,5	0,26	2,46	3,81	23,6	2,58
18	57	0,17	3,74	5,79	23,6	3,92	108	0,22	2,83	4,38	43	2,97	71	0,27	2,33	3,61	28,5	2,44
19	64	0,17	3,73	5,78	27	3,91	132	0,23	2,73	4,23	51	2,86	83	0,27	2,32	3,59	34	2,43
20	69,5	0,18	3,58	5,53	29	3,75	143	0,23	2,68	4,15	58,5	2,87	98	0,27	2,68	3,61	40,5	2,44
21	75	0,18	3,54	5,48	32	3,71	156	0,23	2,75	4,23	65,5	2,88	–	–	–	–	–	–
22	88	0,17	3,61	5,59	38	3,78	–	–	–	–	–	–	125	0,28	2,23	3,45	52	2,33
24	120	0,2	3,11	4,01	53	3,25	–	–	–	–	–	–	–	–	–	–	–	–

[1] ab 1205 außer 1214, 1219, 1221, 1224 auch Ausführung K
[2] ab 1306 außer 1314, 1319, 1321 auch Ausführung K
[3] ab 2206 außer 2214 auch Ausführung K
[4] Es gilt $Y = Y_1$, wenn $F_a/F_r \leq e$, $Y = Y_2$, wenn $F_a/F_r > e$.
[5] TV Käfig aus glasfaserverstärktem Polyamid 66

14

TB 14-2 Fortsetzung

Lagerart	Pendelkugellager (Fortsetzung)						Zylinderrollenlager[2)3)]									
Lagerreihe	23; 23 … K[1)5)]						NU 10		N2; NJ2; NU2; NUP2		N3; NJ3; NU3; NUP3		NJ22; NU22; NUP22		NJ23; NU23; NUP23	
Maßreihe	23						10		02		03		22		23	
Bohrungskennzahl	C	e	Y_1[4)]	Y_2[4)]	C_0	Y_0	C	C_0	C	C_0	C	C_0	C	C_0	C	C_0
02	16	0,51	1,23	1,91	3,75	1,29	–	–	12,7	10,4	–	–	–	–	–	–
03	13,4	0,53	1,19	1,85	3,2	1,25	–	–	17,6	14,6	25,5	21,2	24	22	–	–
04	18	0,51	1,23	1,9	4,65	1,29	–	–	27,5	24,5	31,5	27	32,5	31	41,5	39
05	24,5	0,48	1,32	2,04	6,55	1,38	13,4	12	29	27,5	41,5	37,5	34,5	34,5	57	56
06	31,5	0,45	1,4	2,17	8,65	1,47	16,6	16	39	37,5	51	48	49	50	73,5	75
07	39	0,47	1,35	2,1	11,2	1,42	24,5	26	50	50	64	63	62	65,5	91,5	98
08	45	0,43	1,45	2,25	13,4	1,52	29	32	53	53	81,5	78	71	75	112	120
09	54	0,43	1,48	2,29	16,3	1,55	34,5	39	61	63	98	100	73,5	81,5	137	153
10	64	0,43	1,47	2,27	20	1,54	36	41,5	64	68	110	114	78	88	163	186
11	75	0,42	1,51	2,33	23,6	1,58	41,5	50	83	95	134	140	98	118	200	228
12	86,5	0,41	1,55	2,4	28	1,62	44	55	95	104	150	156	129	153	224	260
13	95	0,39	1,62	2,51	32,5	1,7	45	58,5	108	120	180	190	150	183	245	285
14	110	0,38	1,65	2,55	37,5	1,73	64	81,5	120	137	204	220	156	196	275	325
15	122	0,38	1,64	2,54	42,5	1,74	65,5	85	132	156	240	265	163	208	325	390
16	137	0,37	1,7	2,62	48	1,78	76,5	98	140	170	255	275	186	245	355	425
17	140	0,37	1,68	2,61	51	1,76	78	104	163	193	270	300	216	275	365	450
18	153	0,39	1,63	2,53	57	1,71	93	125	183	216	315	345	240	315	430	530
19	163	0,38	1,66	2,57	64	1,74	96,5	129	220	265	335	380	285	375	455	585
20	193	0,38	1,67	2,58	78	1,75	98	134	250	305	380	425	335	440	570	720
21	–	–	–	–	–	–	112	153	260	320	–	–	–	–	–	–
22	216	0,37	1,69	2,62	95	1,77	140	190	290	365	415	475	380	520	630	800
24	–	–	–	–	–	–	150	208	335	415	520	600	450	610	780	1020

1) ab 2307 auch Ausführung K
2) Lager mit Borden am Innen- und Außenring auch axial belastbar, wenn ν ≥ ν1 (vgl. Lehrbuch 14.2.4-2. Ölschmierung) gilt:
   $F_a = 0{,}025 \cdot C$ für Lagerreihe 10, 2, 3; $F_a = 0{,}015 \cdot C$ für 2E, 3E
   $F_a = 0{,}007 \cdot C$ für Lagerreihe 22E; 23E
3) Lagerreihe 2, 3, 22, 23 verstärkte Ausführung, Zusatzkennbuchstabe E (z. B. NJ 2205 E)
4) Es gilt: $Y = Y_1$, wenn $F_a/F_r \leq e$,
   $Y = Y_2$, wenn $F_a/F_r > e$.
5) Bis Bohrungskennzahl 13 Käfig aus glasfaserverstärktem Polyamid 66 (Zusatzkennbuchstaben TV), darüber Massivkäfig aus Messing (Zusatzkennbuchstaben M) (z. B. 2305 TV bzw. 2316 M)

14

TB 14-2 Fortsetzung

Lagerart	Kegelrollenlager[1)]																								
Lagerreihe	302 A[2)]					303 A[2)]					322 A[2)]					323 A[2)]					332				
Maßreihe	02					03					22					23					32				
Bohrungskennzahl	C	e	Y	C_0	Y_0	C	e	Y	C_0	Y_0	C	e	Y	C_0	Y_0	C	e	Y	C_0	Y_0	C	e	Y	C_0	Y_0
02	12,5*	0,46	1,31	11,8*	0,72	23,2	0,29	2,11	20,8	1,16	–	–	–	–	–	–	–	–	–	–	–	–	–	–	–
03	19,3	0,35	1,74	19	0,96	28	0,29	2,11	25	1,16	29	0,31	1,92	30	1,06	36,5	0,29	2,11	36,5	1,16	–	–	–	–	–
04	27,5	0,35	1,74	27,5	0,96	34,5	0,3	2	33,5	1,1	–	–	–	–	–	46,5	0,3	2	48	1,1	–	–	–	–	–
05	32,5	0,37	1,6	35,5	0,88	47,5	0,3	2	46,5	1,1	32,5*	0,33	1,81	36*	1	63	0,3	2	65,5	1,1	49	0,35	1,71	58,6	0,94
06	44	0,37	1,6	49	0,88	60	0,31	1,9	61	1,05	54	0,37	1,6	63	0,9	81,5	0,31	1,9	90	1,05	65,5	0,34	1,76	78	0,97
07	54	0,37	1,6	60	0,88	73,5	0,31	1,9	76,5	1,05	71	0,37	1,6	85	0,9	100	0,31	1,9	114	1,05	86,5	0,35	1,7	106	0,93
08	62	0,37	1,6	68	0,88	91,5	0,35	1,74	102	0,96	80	0,37	1,6	95	0,9	120	0,35	1,74	146	0,96	106	0,36	1,68	134	0,92
09	71	0,42	1,48	83	0,81	112	0,35	1,74	127	0,96	83	0,4	1,48	100	0,8	156	0,35	1,74	193	0,96	108	0,39	1,56	146	0,86
10	80	0,42	1,43	96,5	0,81	132	0,35	1,74	150	0,96	88	0,42	1,43	110	0,8	186	0,35	1,74	236	0,96	114	0,41	1,54	163	0,85
11	91,5	0,4	1,48	108	0,81	153	0,35	1,74	176	0,96	110	0,4	1,48	137	0,8	212	0,35	1,74	270	0,96	137	0,4	1,5	196	0,83
12	104	0,4	1,48	122	0,81	176	0,35	1,74	204	0,96	134	0,4	1,48	170	0,8	245	0,35	1,74	310	0,96	170	0,4	1,48	240	0,82
13	120	0,4	1,48	143	0,81	196	0,35	1,74	228	0,96	156	0,4	1,48	200	0,8	270	0,35	1,74	345	0,96	204	0,39	1,54	285	0,85
14	132	0,42	1,43	163	0,79	224	0,35	1,74	265	0,96	163	0,42	1,43	216	0,8	310	0,35	1,74	405	0,96	212	0,41	1,47	300	0,81
15	137	0,44	1,32	173	0,76	250	0,35	1,74	300	0,96	173	0,44	1,38	232	0,8	360	0,35	1,74	475	0,96	208	0,43	1,4	310	0,77
16	156	0,42	1,43	193	0,79	290	0,35	1,74	345	0,96	200	0,42	1,43	265	0,8	400	0,35	1,74	540	0,96	250	0,43	1,41	380	0,78
17	180	0,42	1,43	228	0,79	310	0,35	1,74	375	0,96	228	0,42	1,43	305	0,8	430	0,35	1,74	585	0,96	290	0,42	1,43	440	0,79
18	204	0,42	1,43	260	0,79	335	0,35	1,74	400	0,96	260	0,42	1,43	360	0,8	490	0,35	1,74	655	0,96	–	–	–	–	–
19	224	0,42	1,43	285	0,79	365	0,35	1,74	440	0,96	300	0,42	1,43	420	0,8	530	0,35	1,74	710	0,96	–	–	–	–	–
20	250	0,42	1,43	325	0,79	415	0,35	1,74	510	0,96	335	0,42	1,43	475	0,8	610	0,35	1,74	850	0,96	–	–	–	–	–
21	280	0,42	1,43	365	0,79	–	–	–	–	–	380	0,42	1,43	550	0,8	670	0,35	1,74	930	0,96	–	–	–	–	–
22	315	0,42	1,43	415	0,79	480	0,35	1,74	585	0,96	415	0,42	1,43	600	0,8	735	0,35	1,74	1020	0,96	–	–	–	–	–
24	340	0,44	1,38	455	0,76	560	0,35	1,74	710	0,96	480	0,44	1,38	735	0,8	670*	0,39	1,53	965*	0,84	–	–	–	–	–

1) Lagerpaar in O- oder X-Anordnung $C = 1{,}715 \cdot C_{Einzel}$; $P = F_r + 1{,}12Y \cdot F_a$ für $F_a/F_r \leq e$ und $P = 0{,}67 \cdot F_r + 1{,}68 \cdot Y \cdot F_a$ für $F_a/F_r > e$; $C_0 = 2 \cdot C_{0\,Einzel}$; $P_0 = F_r + 2 \cdot Y_0 \cdot F_a$
2) Nachsetzzeichen A – Lager mit geänderter Innenkonstruktion; Tragzahlen mit * Normalausführung (ohne A)

	Lagerart	Tonnenlager[1][4]				Pendelrollenlager[1]																
	Lagerreihe	202; 202 K		203;203 K		213 … E[2]; 213 … EK²						222 … E[2]; 222 … EK²						223 … E[2]; 223 … EK²					
	Maßreihe	02		03		13						22						23					
		C	C_0	C	C_0	C	e	Y_1[3]	Y_2[3]	C_0	Y_0	C	e	Y_1[3]	Y_2[3]	C_0	Y_0	C	e	Y_1[3]	Y_2[3]	C_0	Y_0
Bohrungskennzahl	04	20,4	19,3	27	24,5	34,5	0,3	2,25	3,34	33,5	2,2	–	–	–	–	–	–	–	–	–	–	–	–
	05	24	25	36	34,5	44	0,28	2,43	3,61	43	2,37	42,5	0,34	1,98	2,94	44	1,93	–	–	–	–	–	–
	06	27,5	28,5	49	49	62	0,27	2,49	3,71	63	2,43	58,5	0,31	2,15	3,2	62	2,1	–	–	–	–	–	–
	07	40,5	43	58,5	61	71	0,26	2,55	3,8	73,5	2,5	78	0,31	2,16	3,22	83	2,12	–	–	–	–	–	–
	08	49	53	76,5	81,5	91,5	0,26	2,62	3,9	100	2,56	90	0,28	2,41	3,59	96,5	2,85	129	0,36	1,86	2,77	143	1,82
	09	52	57	86,5	95	108	0,26	2,62	3,9	120	2,56	95	0,26	2,62	3,9	108	2,56	156	0,36	1,9	2,83	176	1,86
	10	58,5	68	108	118	122	0,24	2,79	4,15	137	2,73	100	0,24	2,81	4,19	116	2,75	196	0,36	1,86	2,77	216	1,82
	11	73,5	85	120	134	146	0,24	2,76	4,11	166	2,7	116	0,23	2,92	4,35	140	2,86	224	0,36	1,89	2,81	265	1,84
	12	85	100	146	170	166	0,24	2,87	4,27	193	2,8	146	0,24	2,84	4,23	173	2,78	260	0,35	1,91	2,85	300	1,87
	13	95	116	170	193	196	0,24	2,84	4,23	228	2,78	173	0,24	2,82	4,19	208	2,75	290	0,34	2	2,98	355	1,96
	14	106	134	183	216	220	0,23	2,92	4,35	265	2,86	173	0,23	2,95	4,4	216	2,89	325	0,34	2	2,90	375	1,96
	15	112	143	216	255	250	0,23	2,95	4,4	305	2,89	176	0,22	3,1	4,62	224	3,03	375	0,34	1,99	2,96	440	1,94
	16	125	163	245	285	275	0,23	2,92	4,35	340	2,86	216	0,22	3,11	4,67	275	3,07	415	0,34	1,99	2,96	500	1,94
	17	156	200	270	320	305	0,22	3,01	4,48	375	2,94	260	0,22	3,04	4,53	325	2,97	455	0,33	2,04	3,04	540	2
	18	173	220	300	360	335	0,22	3,01	4,48	415	2,94	285	0,23	2,9	4,31	360	2,83	510	0,33	2,03	3,02	620	1,98
	19	208	265	335	400	360	0,22	3,04	4,3	450	2,97	315	0,24	2,87	4,27	400	2,8	560	0,33	2,03	3,02	680	1,98
	20	224	290	365	440	425	0,22	3,14	4,67	530	3,07	360	0,24	2,84	4,23	465	2,78	655	0,34	2	2,98	815	1,96
	21	245	315	–	–	–	–	–	–	–	–	–	–	–	–	–	–	–	–	–	–	–	–
	22	285	375	430	520	510	0,21	3,24	4,82	640	3,16	455	0,25	2,71	4,04	585	2,65	800	0,33	2,07	3,09	1060	2,03
	24	305	415	490	630	–	–	–	–	–	–	540	0,25	2,71	4,04	720	2,65	900	0,33	2,06	3,06	2240	2,01

[1] K kegelige Bohrung 1:12 oder 1:30 (K30)

[2] E verstärkte Ausführung; mit Schmiernut und Schmierbohrungen im Außenring (Nachsetzzeichen ES); z. B. Pendelrollenlager DIN 635 – 22316 ES

[3] Es gilt: $Y = Y_1$, wenn $F_a/F_r \leq e$
$Y = Y_2$, wenn $F_a/F_r > e$.

[4] oberhalb der Stufenlinie: Käfige aus glasfaserverstärktem Polyamid 66 (Nachsetzzeichen T)
unterhalb der Stufenlinie: Massivkäfig aus Messing (Nachsetzzeichen MB)

TB 14-2 Fortsetzung

	Lagerart	Axial-Rillenkugellager einseitig wirkend[1]							Lagerart	Axial-Rillenkugellager zweiseitig wirkend			
	Lagerreihe	511		512, 532 U2		513, 533 U3			Lagerreihe	522, 542 U2		523, 543 U3	
	Maßreihe	11		12, 32		13, 33			Maßreihe	22, 42		23, 43	
		C	C_0	C	C_0	C	C_0			C	C_0	C	C_0
Bohrungskennzahl	00	10	14	12,7	17	–	–	Bohrungskennzahl[2]	02	16,6[3]	25[3]	–	–
	01	10,4	15,3	13,2	19	–	–		04	22,4[3]	37,5[3]	–	–
	02	10,4	15,3	16,6	25	–	–		05	28	50	34,5	55
	03	9,65	15,3	17,3	27,5	–	–		06	25,5	47,5	38	65,5
	04	12,7	20,8	22,4	37,5	–	–		07	35,5	67	50	88
	05	15,6	29	28	50	34,5	55		08	46,5	98	61[4]	112[4]
	06	16,6	33,5	25,5	47,5	38	65,5		09	39	80	75	140
	07	17,6	37,5	35,5	67	50	88		10	50	106	88	173
	08	23,2	50	46,5	98	61	112		11	61	134	102	208
	09	24,5	57	39	80	75	140		12	62	140	102	208
	10	25,5	60	50	106	88	173		13	64[3]	150[3]	106[4]	220[4]
	11	31	78	61	134	102	208		14	65,5[3]	160[3]	137	300
	12	36,5	93	62	140	102	208		15	67	170	163	360
	13	37,5	98	64	150	106	220		16	75	180	160	360
	14	37,5	104	65,5	160	137	300		17	98	250	190	425
	15	44	137	67	170	163	360		18	120	300	196	465
	16	45	140	75	190	160	360		20	122	320	232	560
	17	45,5	150	98	250	190	425		22	129[3]	360[3]	275	720
	18	60	190	120	300	196	465		24	140[3]	400[3]	325[4]	915[4]
	20	85	270	122	320	232	560		26	183[3]	540[3]	360[4]	1060[4]
	22	85,5	290	129	360	275	720		28	190[3]	570[3]	400[4]	1220[4]
	24	90	310	140	400	325	915		–	–	–	–	–

[1] vgl. TB 14-1 c

[2] Bohrungskennzahl für d_w siehe TB14-1c zweiseitig wirkend

[3] nur Lagerreihe 522

[4] nur Lagerreihe 523

14

TB 14-3 Richtwerte für Radial- und Axialfaktoren X, Y bzw. X_0, Y_0

a) bei dynamisch äquivalenter Beanspruchung

Lagerart	e	$\frac{F_a}{F_r} \leq e$		$\frac{F_a}{F_r} > e$	
		X	Y	X	Y
Rillenkugellager[1] ein- und zweireihig mit Radialluft normal übliche Passung k5 … j5 und J6	F_a/C_0 0,025 0,04 0,07 0,13 0,25 0,50	1	0,22 0,24 0,27 0,31 0,37 0,44 → 0	0,56	2,0 1,8 1,6 1,4 1,2 1,0
Schrägkugellager $\alpha = 40°$ Reihe 72, 73 Einzellager und Tandem-Anordnung O- oder X-Anordnung Reihe 32 B, 33 B $\alpha = 25°$ ohne Füllnuten Reihe 32, 33 $\alpha = 35°$ mit Füllnuten desgl. Vierpunktlager QJ, wenn $F_a \leq 1,2 \cdot F_r$	1,14 1,14 0,68 0,95 0,95	1 1 1 1 1	0 0,55 0,92 0,66 0,66	0,35 0,57 0,67 0,6 0,6	0,57 0,93 1,41 1,07 1,07
Pendelkugellager	s. TB 14-2	1	s. TB 14-2	0,65	s. TB 14-2
Kegelrollenlager	s. TB 14-2	1	0	0,4	s. TB 14-2
Tonnenlager	–	1	9,5	1	9,5
Pendelrollenlager	s. TB 14-2	1	s. TB 14-2	0,67	s. TB 14-2

[1] für $0,02 < F_a/C_0 \leq 0,5$, $e \approx 0,51 \cdot (F_a/C_0)^{0,233}$, $Y \approx 0,866(F_a/C_0)^{-0,229}$ bei $F_a/F_r > e$

b) bei statisch äquivalenter Beanspruchung

Lagerart	e	einreihige Lager[1]				zweireihige Lager			
		$F_a/F_r \leq e$		$F_a/F_r > e$		$F_a/F_r \leq e$		$F_a/F_r > e$	
		X_0	Y_0	X_0	Y_0	X_0	Y_0	X_0	Y_0
Rillenkugellager[1]	0,8	1	0	0,6	0,5	1	0	0,6	0,5
Schrägkugellager $\alpha = 40°$ Reihe 72, 73 und Tandem O- und X-Anordnung Reihe 32 B, 33 B $\alpha = 25°$ Reihe 32, 33 $\alpha = 35°$ desgl. Vierpunktlager	1,9 – – – –	1 1 – – 1	0 0,52 – – 0,58	0,5 1 – – 1	0,26 0,52 – – 0,58	– – 1 1 –	– – 0,76 0,58 –	– – 1 1 –	– – 0,76 0,58 –
Pendelkugellager	–	–	–	–	–	1	s. TB 14-2	1	s. TB 14-2
Kegelrollenlager	$\frac{1}{2Y_0}$	1	0	0,5	s. TB 14-2	–	–	–	–
Tonnenlager	–	1	5	1	5	–	–	–	–
Pendelrollenlager	–	–	–	–	–	1	s. TB 14-2	1	s. TB 14-2

[1] Es muss stets $P_0 \leq F_r$ sein.

TB 14-4 Drehzahlfaktor f_n für Wälzlager

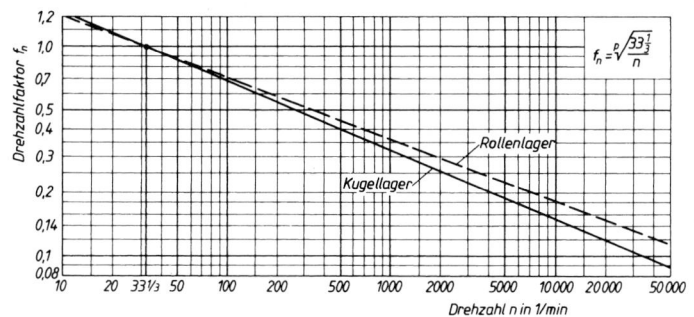

$$f_n = \sqrt[p]{\frac{33\frac{1}{3}}{n}}$$

TB 14-5 Lebensdauerfaktor f_L für Wälzlager

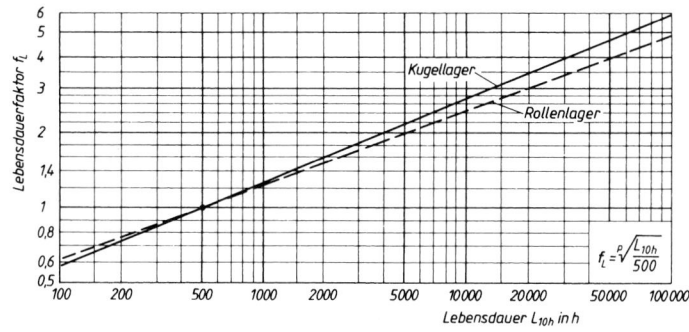

$$f_L = \sqrt[p]{\frac{L_{10h}}{500}}$$

TB 14-6 Härteeinflussfaktor f_H

a) bei verminderter Härte der Laufbahnoberfläche

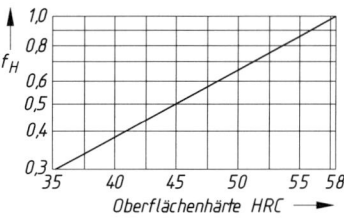

b) bei maßstabilisierten Lagern (S1 bis S4) und höheren Temperaturen

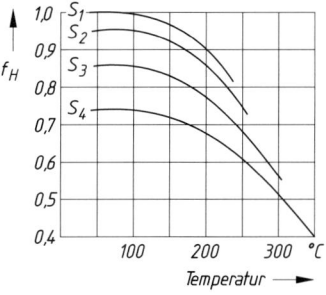

TB 14-7 Richtwerte für anzustrebende f_L-Werte (nach FAG) und zugeordnete nominelle Lebensdauerwerte für Wälzlagerungen

Nr.	Einsatzgebiet	anzustrebender f_L-Wert	Lebensdauer L_{10h} in h[1]
1	Haushaltsmaschinen	1,4 ... 2	1400 ... 5000
2	Landmaschinen	1,4 ... 2	1400 ... 5000
3	Werkzeugmaschinen	3 ... 4	13500 ... 50000
4	Hebezeuge, Fördermaschinen	3 ... 4,5	13500 ... 75000
5	Universalgetriebe (mittel)	2 ... 3	4000 ... 20000
6	Walzwerkgetriebe	3 ... 4	13500 ... 50000
7	Zentrifugen	2,5 ... 3	8000 ... 20000
8	kleine Elektromotoren (≤ 4 kW)	3 ... 4	13500 ... 50000
9	mittlere Elektromotoren	3,5 ... 4,5	21500 ... 75000
10	große Elektromotoren (>10 kW), Generatoren	4 ... 5	32000 ... 100000
11	elektrische Fahrmotoren	3 ... 3,5	13500 ... 32500
12	Motorräder, leichte Pkw	1 ... 1,5	500 ... 2000
13	schwere Pkw, leichte Lkw, Schlepper	1,6 ... 2,2	2000 ... 7000
14	schwere Lkw, Omnibusse	1,8 ... 2,8	3000 ... 15500
15	Achslager von Straßenbahnen	3,5 ... 4	21500 ... 50000
16	Achslager von Eisenbahnwagen	3 ... 3,5	13500 ... 32500
17	Achslager von Förderwagen	2,5 ... 3,5	8000 ... 32500
18	kleine Ventilatoren	3,5 ... 4,5	21500 ... 75000
19	Förderseilscheiben (Bergwerke)	4 ... 4,5	32000 ... 75000
20	Spinnereimaschinen	3 ... 4	13500 ... 50000
21	Papiermaschinen	5 ... 5,5	62500 ... 145000
22	Schiffswellenlager	4 ... 6	32000 ... 200000
23	Holzbearbeitungsmaschinen	3 ... 4	13500 ... 50000
24	Druckereimaschinen	4 ... 4,5	32000 ... 75000
25	Kreiselpumpen	3 ... 4,5	13500 ... 75000

[1] Zu beachten sind die, abhängig von f_L, unterschiedlichen Lebensdauerwerte bei Kugel- und Rollenlager (s. TB 14-5).

14

TB 14-8 Toleranzklassen für Wellen und Gehäuse bei Wälzlagerungen – allgemeine Richtlinien n. DIN 5425 (Auszug)

a) Toleranzklassen für Vollwellen

Voraussetzungen		Zylindrische Lagerbohrung								Kegelige Lagerbohrung mit Spannhülse nach DIN 5415 und Abziehhülse nach DIN 5416
		Reine Axialbeanspruchung	Punktbeanspruchung – Verschiebbarkeit des Innenringes erforderlich	nicht unbedingt erforderlich	Umfangsbeanspruchung – Mittlere Beanspruchungen und Betriebsverhältnisse					Größe und Richtung der Beanspruchung beliebig
Beispiele		–	Laufräder mit stillstehender Achse	Spannrollen, Seilrollen	Allgemeiner Maschinenbau Elektrische Maschinen, Turbinen, Pumpen, Zahnradgetriebe					Allgemeiner Maschinenbau
Wellendurchmesser mm	Radial-Kugellager	alle Durchmesser	alle Durchmesser	alle Durchmesser	bis 18	über 18 bis 100	über 100 bis 140	über 140 bis 200	–	–	alle Durchmesser
	Radial-Zylinder- und Kegelrollenlager	alle Durchmesser	alle Durchmesser	alle Durchmesser	–	bis 40	über 40 bis 100	über 100 bis 140	über 140 bis 200	–	alle Durchmesser
	Radial-Pendelrollenlager	alle Durchmesser	alle Durchmesser	alle Durchmesser	–	bis 40	über 40 bis 65	über 65 bis 100	über 100 bis 140	über 140 bis 200	alle Durchmesser
Toleranzklasse		j6	g6[1]	h6[1]	h5	k5[2,3]	m5[2,3]	m6[1]	n6[4]	p6	h9/IT 5[5]

[1] Für Lagerungen mit erhöhter Laufgenauigkeit Qualität 5 verwenden.

[2] Wird für zweireihige Schrägkugellager eine Toleranzklasse verwendet, die ein größeres oberes Abmaß als j5 hat, so sind Lager mit größerer Radialluft erforderlich.

[3] Für Radial-Kegelrollenlager kann in der Regel k6 bzw. m6 verwendet werden, weil Rücksichtnahme auf Verminderung der Lagerluft entfällt.

[4] Für Achslagerungen von Schienenfahrzeugen mit Zylinderrollenlagern bereits ab 100 mm Achsschenkeldurchmesser n6 bis p6.

[5] h9/IT 5 bedeutet, dass außer der Maßtoleranz der Qualität 9 eine Zylinderformtoleranz der Qualität 5 vorgeschrieben ist.

14

b) Toleranzklassen für Gehäuse

Voraussetzung		Punktbeanspruchung				Unbestimmte Richtung der Beanspruchung			Umfangsbeanspruchung		
	Reine Axialbeanspruchung	Wärmezufuhr durch die Welle	Beliebige Beanspruchungen	Stoßbeanspruchung Möglichkeit vollkommener Entlastung		Mittlere Beanspruchungen – Verschiebbarkeit des Außenringes erwünscht	nicht erforderlich	Große Stoßbeanspruchungen	Niedrige Beanspruchung $P \leq 0{,}07C$	Mittlere Beanspruchung $P \approx 0{,}1C$	Hohe Beanspruchung, dünnwandige Gehäuse $P > 0{,}15C$
		Außenring leicht verschiebbar				Außenring in der Regel noch | nicht verschiebbar			Außenring nicht verschiebbar		
Beispiele	Alle Lager	Trockenzylinder	Allgemeiner Maschinenbau	Achslager für Schienenfahrzeuge ungeteilt	geteilt	Elektrische Maschinen		Kurbelwellenhauptlager	Förderband- und Seilrollen, Riemenspannrollen	Dickwandige Radnaben, Pleuellager	Dünnwandige Radnaben
Toleranzklasse[6]	H8 … E8	G7	H7	H7	J7	J6		K7	M7	N7	P7

[6] Gilt für Gehäuse aus Grauguss und Stahl; für Gehäuse aus Leichtmetall in der Regel Toleranzklassen verwenden, die festere Passungen ergeben. Für genaue Lagerungen wird Qualität 6 empfohlen. Bei Schulterkugellagern, deren Mantel das obere Abmaß + 10 µm hat, ist die nächstweitere Toleranzklasse anzuwenden, z. B. H7 an Stelle von J7.

TB 14-9 Wälzlager-Anschlussmaße, Auszug aus DIN 5418
Maße in mm

a) Rundungen und Schulterhöhen der Anschlussbauteile bei Radial- und Axiallager (ausgenommen Kegelrollenlager)

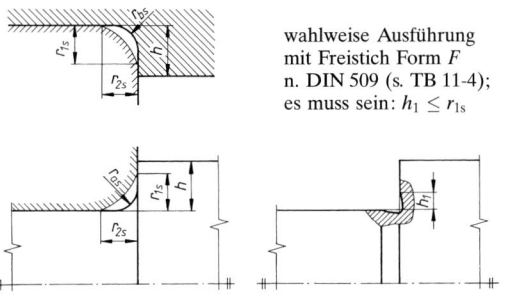

wahlweise Ausführung
mit Freistich Form F
n. DIN 509 (s. TB 11-4);
es muss sein: $h_1 \leq r_{1s}$

r_{1s}, r_{2s}	r_{as}, r_{bs}	h min Durchmesserreihe nach DIN 616			
min	max	8, 9, 0	1, 2, 3	4	
0,15	0,15	0,4	0,7	–	
0,2	0,2	0,7	0,9	–	
0,3	0,3	1	1,2	–	
0,6	0,6	1,6	2,1	–	
1	1	2,3	2,8	–	
1,1	1	3	3,5	4,5	
1,5	1,6[1]	3,5	4,5	5,5	
2	2	4,4	5,5	6,5	
2,1	2,1	5,1	6	7	
3	2,5	6,2	7	8	
4	3	7,3	8,5	10	
5	4	9	10	12	
6	5	11,5	13	15	

h Schulterhöhe bei Welle und Gehäuse
h_1 Einstichmaß
r_{as} Hohlkehlradius an der Welle
r_{bs} Hohlkehlradius am Gehäuse
r_{1s} Kantenabstand in radialer Richtung
r_{2s} Kantenabstand in axialer Richtung

Bei Axiallagern soll die Schulter mindestens bis zur Mitte der Wellen- bzw. Gehäusescheibe reichen

[1] Nur bei Freistichen nach DIN 509 (siehe TB 11-4); andernfalls nicht über 1,5 mm

b) Durchmessermaße der Anschlussbauteile bei Zylinderrollenlagern (D und d sind Nennwerte)

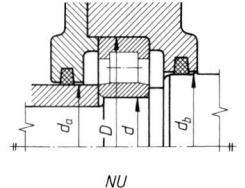

NU

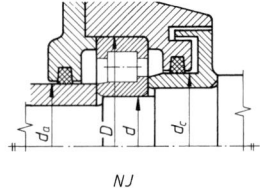

NJ

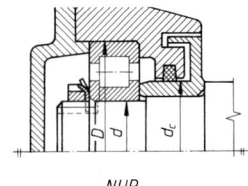

NUP

14

Mit verstärkter Ausführung, Nachsetzzeichen E (erhöhte Tragfähigkeit)

Lager-bohrung d	NU 10 NU 20 E			NU 2 NJ 2 NUP 2			NU 2 E NJ 2 E NUP 2 E	NU 22 NJ 22 NUP 22	NU 22 E NJ 22 E NUP 22 E	NU 3 NJ 3 NUP 3				NU 3 E NJ 3 E NUP 3 E	NU 23 NJ 23 NUP 23	NU 23 E NJ 23 E NUP 23 E	NU 4 NJ 4 NUP 4			
	D	d_a max	d_b min	D	d_a max	d_b min	d_c min	D	d_a max	d_b min	d_c min	D	d_a max	d_b min	d_c min
17	–	–	–	40	21	25	27	–	–	–	–	–	–	–	–
20	42	25	27	47	26	29	32	52	27	30	33	–	–	–	–
25	47	30	32	52	31	34	37	62	33	37	40	–	–	–	–
30	55	35	38	62	37	40	44	72	40	44	48	90	44	47	52
35	62	41	44	72	43	48	50	80	45	48	53	100	52	55	61
40	68	46	49	80	49	52	56	90	51	55	60	110	57	60	67
45	75	52	54	85	54	57	61	100	57	60	66	120	63	66	74
50	80	57	59	90	58	62	67	110	63	67	73	130	69	73	81
55	90	63	66	100	65	68	73	120	69	72	80	140	76	79	87
60	95	68	71	110	71	75	80	130	75	79	86	150	82	85	94
65	100	73	76	120	77	81	87	140	81	85	93	160	88	91	100
70	110	78	82	125	82	86	92	150	87	92	100	180	99	102	112
75	115	83	87	130	87	90	96	160	93	97	106	190	103	107	118
80	125	90	94	140	94	97	104	170	99	105	114	200	109	112	124
85	130	95	99	150	99	104	110	180	106	110	119	210	111	115	128
90	140	101	106	160	105	109	116	190	111	117	127	225	122	125	139
95	145	106	111	170	111	116	123	200	119	124	134	240	132	136	149
100	150	111	116	180	117	122	130	215	125	132	143	250	137	141	156
105	160	118	122	190	124	129	137	226	132	137	149	260	143	147	162
110	170	124	128	200	130	135	144	240	140	145	158	280	158	157	173
120	180	134	138	215	141	146	156	260	151	156	171	310	168	172	190
130	200	146	151	230	151	158	168	280	164	169	184	340	183	187	208

131

TB 14-10 Viskositätsverhältnis $\kappa = \nu/\nu_1$

a) Betriebsviskosität ν b) Bezugsviskosität ν_1

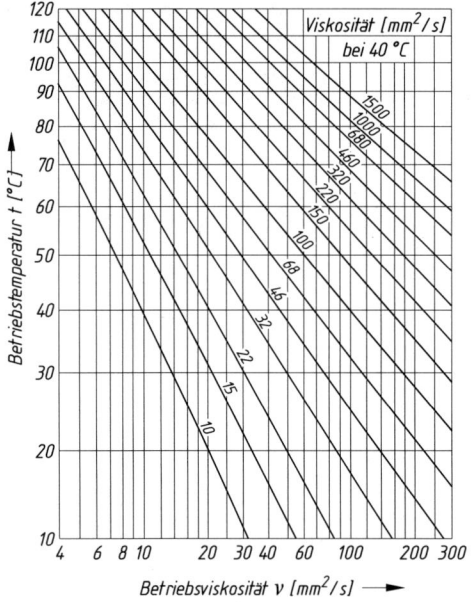

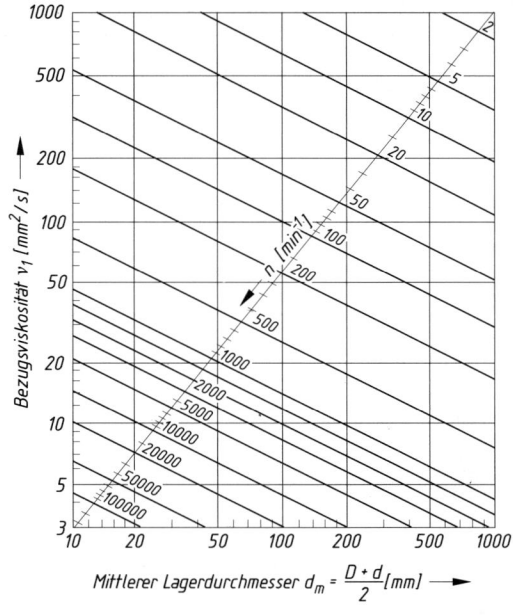

TB 14-11 Bestimmungsgröße $K = K_1 + K_2$

a) K_1 in Abhängigkeit von der Kennzahl f_s^* und der Lagerbauart

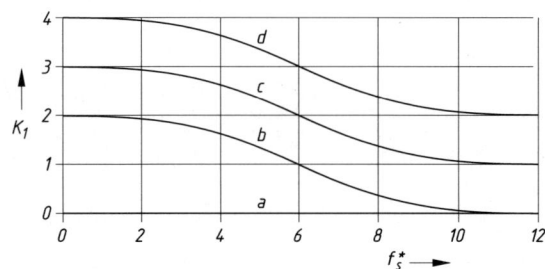

a Kugellager
b Kegelrollenlager, Zylinderrollenlager
c Pendelrollenlager, Axial-Pendelrollenlager[1]
d vollrollige Zylinderrollenlager[2,3]

[1] Mindestbelastung beachten.
[2] Nur in Verbindung mit Feinfilterung des Schmierstoffs entsprechend $V < 1$ erreichbar, sonst $K_1 \geq 6$ annehmen.
[3] Beachte bei der Bestimmung von V: Die Reibung ist mindestens doppelt so hoch wie bei Lagern mit Käfigen.

b) K_2 in Abhängigkeit von der Kennzahl f_s^* für nicht additivierte Schmierstoffe und für Schmierstoffe mit Additiven, deren Wirksamkeit in Wälzlagern nicht geprüft wurde

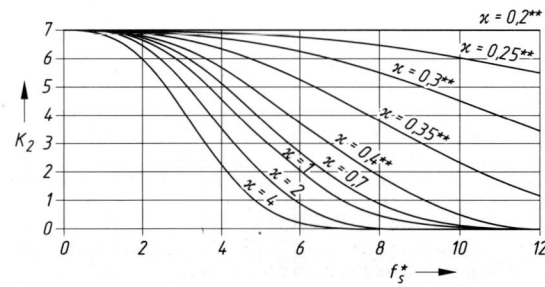

K_2 wird 0 bei Schmierstoffen mit Additiven, für die ein entsprechender Nachweis der Wirksamkeit in Wälzlagern vorliegt.

** Bei $\kappa \leq 0,4$ dominiert der Verschleiß im Lager, wenn er nicht durch geeignete Additive unterbunden wird.

132

TB 14-12 Basiswert $a_{23\text{II}}$

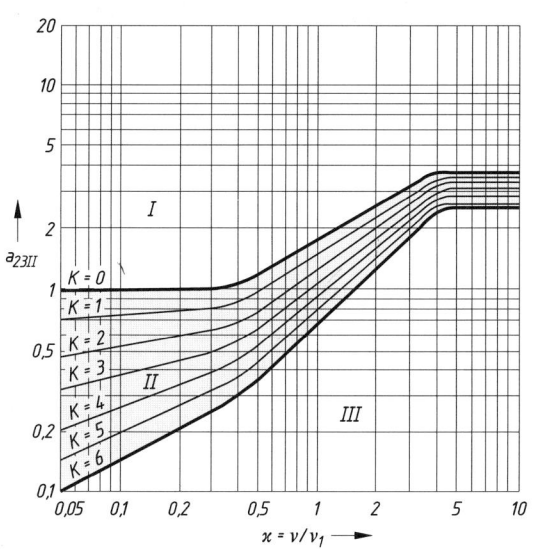

Bereich

I: Übergang zu Dauerfestigkeit
Voraussetzung: höchste Sauberkeit im Schmierspalt und nicht zu hohe Belastung, geeigneter Schmierstoff

II: Normale Sauberkeit im Schmierspalt (bei wirksamen, in Wälzlagern geprüften Additiven sind auch bei $\kappa < 0{,}4$ $a_{23\text{II}}$-Werte >1 möglich).

III: Ungünstige Schmierbedingungen
Verunreinigungen im Schmierstoff
Ungeeignete Schmierstoffe

TB 14-13 Sauberkeitsfaktor s

a) Sauberkeitsfaktor s für erhöhte ($V = 0{,}5$) bis höchste ($V = 0{,}3$) Sauberkeit

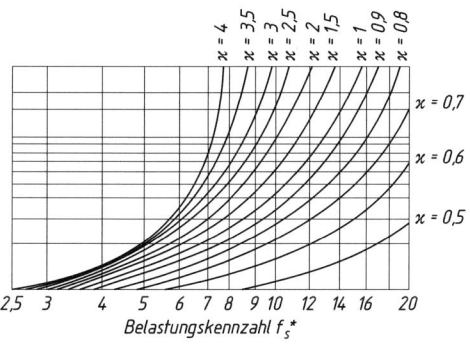

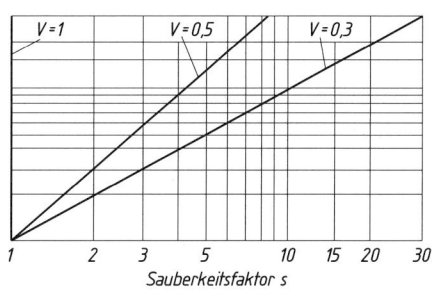

b) Sauberkeitsfaktor s für mäßig verunreinigten ($V = 2$) und stark verunreinigten ($V = 3$) Schmierstoff

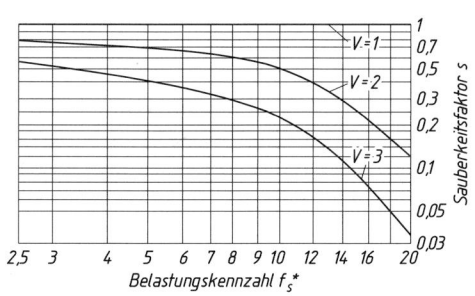

Ein Sauberkeitsfaktor $s > 1$ ist für vollrollige Lager nur erreichbar, wenn durch hochviskosen Schmierstoff und äußerste Sauberkeit (Ölreinheit nach ISO 4406 mindestens 11/7) Verschleiß in den Kontakten Rolle/Rolle ausgeschlossen ist.

Beispiel zur Berechnung der erreichbaren Lebensdauer

Pendelrollenlager 23248B ($C = 2450$ kN, $C_0 = 4250$ kN) läuft mit $n = 750$ min^{-1} in einem Schiffsgetriebe. Die dynamisch äquivalente Belastung wurde mit $P = 242$ kN ermittelt. Die Nennviskosität des Öles beträgt $v_{40} = 100$ mm^2/s. Bei einer Betriebstemperatur von 50 °C erhält man dann eine Betriebsviskosität $v = 60$ mm^2/s (TB 14-10a). Mit dem mittleren Lagerdurchmesser $d_m = (440 + 240)$ mm/2 = 340 mm ergibt sich bei $n = 750$ min^{-1} eine Bezugsviskosität $v_1 = 10$ mm^2/s und ein Viskositätsverhältnis $\kappa = v/v_1 = 6$. Es ergibt sich eine Belastungskennzahl $f_{s^*} = C_0/P_0 \approx 17$ und daraus $K_1 = 1$ und $K_2 = 0$ (TB 14-11) und somit $K = 1 + 0 = 1$. Aus dem Viskositätsverhältnis κ und der Bestimmungsgröße K ergibt sich der Basiswert $a_{23\text{II}} = 3{,}6$ (TB 14-12, Bereich II). Das Lager läuft unter erhöhter Sauberkeit ($V = 0{,}5$), TB 14-13. Unter Berücksichtigung von κ und f_{s^*} ergibt sich ein Sauberkeitsfaktor $s \approx 8$ (TB 14-13a) und somit ein Faktor $a_{23} = a_{23\text{II}} \cdot s \approx 29$. Mit der nominellen Ermüdungslebensdauer $L_{10h} = 50\,000$ h erhält man die erreichbare Lebensdauer $L_{nah} = 50\,000$ h $\cdot 29 \gg 200\,000$ h. Sie liegt im Bereich der Dauerfestigkeit.

15 Gleitlager

TB 15-1 Genormte Radial-Gleitlager (Auszüge)

Maße in mm zu Bild 15-25 im Lehrbuch

a) Flanschlager DIN 502

d_1 [1] D10 Form		a	b	c	d_2	d_3	d_5	d_6	d_7	f	h	m
A	B				D7	h9						±1
–	25 30	135	60	20	–	50	35	14	M12	20	60	100
25 30	35 40	155	60	20	35 40	65	35	14	M12	20	75	120
35 40	45 50	180	70	25	45 50	80	40	18	M16	20	90	140
45 50	55 60	210	80	30	55 60	90	50	22	M20	20	100	160
55 60	(65) 70	240	90	30	65 70	110	50	22	M20	25	120	190
(65) 70	(75) 80	275	100	35	75 80	130	55	26	M24	25	140	220

[1] eingeklammerte Größen möglichst vermeiden
Gussallgemeintoleranzen GTB18 nach DIN 1686

b) Flanschlager DIN 503

d_1 [1] D10 Form		a	b	c	d_2	d_3	d_4	d_5	d_6	d_7	f	h	m	n	t
B	D				D7	h9							±1	±1	
35 40	45 50	145	70	20	45 50	80		35	14	M12	20	85	110	50	
45 50	55 60	175	80	25	55 60	100		45	18	M16	20	105	130	60	
55 60	(65) 70	195	90	25	65 70	120	$R\frac{1}{4}$	45	18	M16	25	125	150	80	12
(65) 70	(75) 80	220	100	30	75 80	140		50	22	M20	25	150	170	100	
(75) 80	90	240	100	30	85 90	160		50	22	M20	30	170	190	120	
90	100 110	260	120	30	100	180		50	22	M20	30	190	210	140	

[1] eingeklammerte Größen möglichst vermeiden
Gussallgemeintoleranzen GTB18 nach DIN 1686

c) Augenlager, DIN 504

d_1[1) D10 Form] A	B	a	b_1	b_2	c	d_2 D7	d_3 max	d_4	d_6	d_7	h_1 +0.2	h_2 max	m GTB16[2)]	t
–	20	110	50	35	18	–	45		12	M10	30	56	75	
–	25 30	140	60	40	25	–	60		15	M12	40	75	100	
25 30	35 40	160	60	45	25	35 40	80		15	M12	50	95	120	
35 40	45 50	190	70	50	30	45 50	90		19	M16	60	110	140	
45 50	55 60	220	80	55	35	55 60	100	$R\frac{1}{4}$	24	M20	70	125	160	10
55 60	(65) 70	240	90	60	35	65 70	120		24	M20	80	145	180	
(65) 70	(75) 80	270	100	70	45	75 80	140		28	M24	90	165	210	
(75) 80	90	300	100	80	45	85 90	160		28	M24	100	185	240	
90	100 110	330	120	90	45	100	180		28	M24	100	195	270	

[1)] eingeklammerte Größen möglichst vermeiden, [2)] Gussallgemeintoleranzen GTB18 nach DIN 1686

d) Deckellager, DIN 505

d_1[1)] D10	a	b_1 0 −0,2	b_2[2)]	b_3	c	d_2 K7/h8	d_3	d_6	d_7	d_8	h_1 ±0,2	h_2 max	m_1 GTB16[3)]	m_2
25 30	165	45	35	40	22	35 40	45 50	15	M12	M10	40	85	125	65
35 40	180	50	40	45	25	45 50	55 60				50	100	140	75
45 50	210	55	45	50	30	55 60	65 70	19	M16	M12	60	120	160	90
55 60	225	60	50	55	35	65 70	75 80				70	140	175	100
(65) 70	270	65	53	60	40	80 85	95 100	24	M20	M16	80	160	210	120
(75) 80	290	75	63	70	45	90 95	105 110				90	160	230	130
90	330	85	73	80	50	105	120	28	M24	M20	100	200	265	150
100 110	355	95	81	90	55	115 125	130 140				110	220	290	170

[1)] eingeklammerte Größen möglichst vermeiden
[2)] Toleranzen: Lagerkörper 0/−0,1; Lagerschale +0,1/0
[3)] Gussallgemeintoleranzen nach DIN 1686

e) Steh-Gleitlager DIN 118 (Hauptmaße nach Bild 15-26a)

Wellendurchmesser d_1 D9 Form G	K	b_1 max	b_2 max	c	d_2[1)]	d_3	h_1 0 −0,2	h_2 max	l_1 max	l_2	zugehörige Sohlplatte DIN 189 l_1
25 30		45	100	20	M10	13	60	130	180	140	290
35 40	25 30	55	110	25	M12	15	65	140	200	150	330
45 50	35 40	65	125	25	M12	15	75	160	220	170	360
55 60	45 50	75	140	30	M16	20	90	190	260	200	410
70	55 60	85	160	30	M16	20	100	210	290	230	450
80 90	70 80	95 110	180 200	35 35	M20 M20	25 25	110 125	230 260	330 370	260 290	510 570
100 110	90	125	224	50	M24	30	140	290	410	320	650

[1)] Befestigung Hammerschrauben mit Nase (DIN 188)

TB 15-2 Buchsen für Gleitlager (Auszüge)

a) nach DIN ISO 4379-1, Form C und F, aus Kupferlegierungen, Maße in mm nach Lehrbuch Bild 15-23 a und b

Bezeichnungsbeispiel: Buchse Form C von $d_1 = 40$ mm, $d_2 = 48$ mm, $b_1 = 30$ mm, aus CuSn8P nach ISO 4382-2: Buchse ISO 4379 – C40 × 48 × 30 – CuSn8P

Form C

$d_1^{1)}$ E6	d_2 s6			b_1 h13			$C_1, C_2^{2)}$ 45° max
6	8	10	12	6	10	–	0,3
8	10	12	14	6	10	–	0,3
10	12	14	16	6	10	–	0,3
12	14	16	18	10	15	20	0,5
14	16	18	20	10	15	20	0,5
15	17	19	21	10	15	20	0,5
16	18	20	22	12	15	20	0,5
18	20	22	24	12	20	30	0,5
20	23	24	26	15	20	30	0,5
22	25	26	28	15	20	30	0,5
(24)	27	28	30	15	20	30	0,5
25	28	30	32	20	30	40	0,5
(27)	30	32	34	20	30	40	0,5
28	32	34	36	20	30	40	0,5
30	34	36	38	20	30	40	0,5
32	36	38	40	20	30	40	0,8
(33)	37	40	42	20	30	40	0,8
35	39	41	45	30	40	50	0,8
(36)	40	42	46	30	40	50	0,8
38	42	45	48	30	40	50	0,8
40	44	48	50	30	40	60	0,8
42	46	50	52	30	40	60	0,8
45	50	53	55	30	40	60	0,8
48	53	56	58	40	50	60	0,8
50	55	58	60	40	50	60	0,8
55	60	63	65	40	50	70	0,8
60	65	70	75	40	60	80	0,8
65	70	75	80	50	60	80	1
70	75	80	85	50	70	90	1
75	80	85	90	50	70	90	1
80	85	90	95	60	80	100	1
85	90	95	100	60	80	100	1
90	100	105	110	60	80	120	1
95	105	110	115	60	100	120	1
100	110	115	120	80	100	120	1

Form F

$d_1^{1)}$ E6	d_2 s6	d_3 d11	b_1 h13			b_2	$C_1, C_2^{2)}$ 45° max
6	12	14	–	10	–	3	0,3
8	14	18	–	10	–	3	0,3
10	16	20	–	10	–	3	0,3
12	18	22	10	15	20	3	0,5
14	20	25	10	15	20	3	0,5
15	21	27	10	15	20	3	0,5
16	22	28	12	15	20	3	0,5
18	24	30	12	20	30	3	0,5
20	26	32	15	20	30	3	0,5
22	28	34	15	20	30	3	0,5
(24)	30	36	15	20	30	3	0,5
25	32	38	20	30	40	4	0,5
(27)	34	40	20	30	40	4	0,5
28	36	42	20	30	40	4	0,5
30	38	44	20	30	40	4	0,5
32	40	46	20	30	40	4	0,8
(33)	42	48	20	30	40	5	0,8
35	45	50	30	40	50	5	0,8
(36)	46	52	30	40	50	5	0,8
38	48	54	30	40	50	5	0,8
40	50	58	30	40	60	5	0,8
42	52	60	30	40	60	5	0,8
45	55	63	30	40	60	5	0,8
48	58	66	40	50	60	5	0,8
50	60	68	40	50	60	5	0,8
55	65	73	40	50	70	5	0,8
60	75	83	40	60	80	7,5	0,8
65	80	88	50	60	80	7,5	1
70	85	95	50	70	90	7,5	1
75	90	100	50	70	90	7,5	1
80	95	105	60	80	100	7,5	1
85	100	110	60	80	100	7,5	1
90	110	120	60	80	120	10	1
95	115	125	60	100	120	10	1
100	120	130	80	100	120	10	1

$^{1)}$ vor dem Einpressen, Aufnahmebohrung H7; nach dem Einpressen etwa H8

$^{2)}$ Einpressfase C_2 von 15°: Y in der Bezeichnung angeben. Eingeklammerte Werte möglichst vermeiden.

b) nach DIN 8221, Maße nach Lehrbuch Bild 15-23 c aus Cu-Legierung DIN 1705

verwendbar

für Lager DIN 502, Form A $d_1 = 25 \ldots 70$ mm
DIN 503, Form B $d_1 = 35 \ldots 180$ mm
DIN 504, Form A $d_1 = 25 \ldots 150$ mm

Bezeichnung einer Lagerbuchse mit Bohrung $d_1 = 80$ mm:
Lagerbuchse DIN 8221 – 80

d_1 B8$^{1)}$	b	d_2 x8$^{1)}$	f
25 30	60 ± 0,2	35 40	0,6
35 40	70 ± 0,3	45 50	0,6
45 50	80 ± 0,3	55 60	0,8
55 60	90 ± 0,3	65 70	0,8
(65) 70	100 ± 0,3	75 80	0,8 1
(75) 80	100 ± 0,3	85 90	1
90 100 110	120 ± 0,3	100 115 125	1
(120) 125 (130)	140 ± 0,3	135 140 145	1 1,2
140 (150)	160 ± 0,3	155 165	1,2
160 180	180 ± 0,3	175 195	1,2 1,6

$^{1)}$ vor dem Einpressen
Eingeklammerte d_1 möglichst vermeiden.

15

TB 15-3 Lagerschalen DIN 7473, 7474, mit Schmiertaschen DIN 7477 (Auszug)

Maße in mm nach Lehrbuch Bild 15-24a, b, c. Bezeichnung: Gleitlager DIN 7474 – A80 × 80 – 2K. (Form A für $d_1 = 80$ mm, $b_1 = 80$ mm mit 2 Schmiertaschen DIN 7477 – K80)

d_1 Nennmaß	b_1 Bauform kurz	b_1 Bauform lang	b_2 Bauform kurz	b_2 Bauform lang	b_3	b_4 Bauform kurz	b_4 Bauform lang	c	d_2	d_2 Toleranzfeld	d_3	d_4	d_5	d_6	d_7	s	t_1	t_2	Schmiertaschen DIN 7477 ≈c a	Form K	Form L	d	t
50	35	50	25	35	10	29	44	10	65	m6	70	59	57	4	–	1,5	3	–	4	10	25	5	2
56	40	56	30	40	10	33	49	10	70	m6	75	64	63	4	–	1,5	3	–	4	11	30	5	2
60	45	60	30	40	12	38	53	10	80	m6	85	74	67	4	–	1,5	4	–	4	12	30	5	2
63	45	63	30	40	12	38	56	10	80	m6	85	74	70	4	–	1,5	4	–	4	12	30	5	2
70	50	70	35	50	12	42	62	12	90	m6	95	84	78	5	–	1,5	4	–	4	14	35	5	2
75	55	75	40	50	12	47	67	12	95	m6	101	87	83	5	–	2	4	–	4	15	35	5	2,8
80	60	80	40	55	15	52	72	15	105	m6	112	97	88	5	–	2	5	–	4	16	40	5	2,8
85	65	85	45	60	15	56	76	15	110	m6	117	102	93	6	–	2	5	–	5	17	45	8	2,8
90	65	90	45	65	15	56	81	15	115	m6	123	107	99	6	–	2	5	–	5	18	45	8	2,8
100	75	100	50	70	15	65	90	20	130	m6	138	122	110	7	–	2,5	6	–	5	20	50	8	2,8
110	80	110	55	75	20	69	99	20	140	k6	150	130	121	7	–	2,5	6	–	5	22	55	8	3,5
125	95	125	65	90	20	83	113	20	160	k6	170	150	137	9	–	2,5	8	–	6	25	60	8	3,5
130	100	130	70	90	20	88	118	25	170	k6	180	160	142	9	–	2,5	8	–	6	26	65	8	3,5
140	105	140	75	100	20	93	128	25	180	k6	190	170	152	9	–	2,5	8	–	6	28	70	8	3,5
150	115	150	80	105	20	102	137	32	195	k6	205	185	163	11	M8	2,5	10	15	6	30	75	12	3,5
160	120	160	85	110	25	106	146	32	205	k6	215	193	174	11	M8	2,5	10	15	6	32	80	12	3,5
170	130	170	90	120	25	115	155	32	220	k6	232	208	185	11	M8	2,5	10	15	10	34	85	12	3,5
180	135	180	95	125	25	119	164	32	230	k6	245	218	196	11	M8	2,5	10	15	10	36	90	12	3,5
190	145	190	100	135	25	129	174	40	245	k6	260	233	206	13	M8	3	15	15	10	38	95	12	3,5
200	150	200	105	140	25	134	184	40	260	k6	275	248	216	13	M8	3	15	15	10	40	100	12	3,5
225	170	225	120	160	32	152	207	40	290	k6	305	274	243	13	M10	3	15	20	12	45	110	12	4,2
250	190	250	130	175	32	170	230	50	325	k6	345	309	270	15	M10	3	18	20	15	50	125	12	4,2
265	200	265	140	185	32	180	245	50	345	j6	365	329	285	15	M10	3	18	20	15	53	130	15	4,2
280	210	280	145	195	32	190	260	60	360	j6	380	344	300	15	M10	3	20	20	15	56	140	15	4,2

Toleranzklasse für d_1: H7 vor Einbau: b_1: f7 Form B; b_2: E9 Form A, H7 Form B; Gleitflächen: $R_z = 6{,}3$ μm, Passflächen: $R_z = 25$ μm

[1] Schmiertaschen kreisförmig oder tangential verlaufend (Tiefe t, vgl. auch Lehrbuch Bild 15-22c). Ölzulaufbohrungen (d) an tiefster Stelle.

TB 15-4 Abmessungen für lose Schmierringe in mm nach DIN 322 (Auszug)

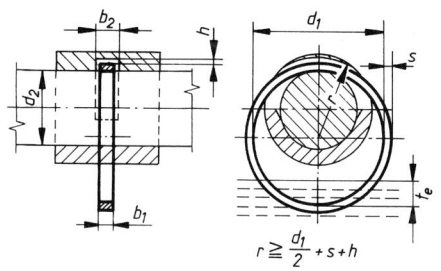

$$r \geqq \frac{d_1}{2} + s + h$$

U ungeteilt
G geteilt
Werkstoff: St
      CuZn
Innenflächen $R_z = 6{,}3$ μm
übrige Flächen $R_z = 25$ μm
Eintauchtiefe $t_e \approx 0{,}1 \ldots 0{,}4 \cdot d_1$

Bezeichnung z. B. ungeteilter Schmierring (U), $d_1 = 120$: Schmierring DIN 322 – U120 – Stahl

Wellendurchmesser d_2 über	Wellendurchmesser d_2 bis	Schmierring d_1	Schmierring b_1	Schmierring s	Schlitz b_2	h min
20	23	45	6	2	8	
23	28	50	8	3	10	2
28	30	55	8	3	10	
30	34	60	8	3	10	
34	36	65	10	3	12	
36	40	70	10	3	12	
40	44	75	10	3	12	
44	48	80	10	3	12	
48	55	90	12	4	15	3
55	60	100	12	4	15	
60	68	110	12	4	15	
68	75	120	12	4	15	
75	80	130	12	4	15	
80	85	140	15	5	18	
85	90	150	15	5	18	
90	100	160	15	5	18	
100	105	170	15	5	18	
105	110	180	15	5	18	
110	120	200	15	5	18	4
120	130	210	18	6	22	
130	140	235	18	6	22	
140	160	150	18	6	22	
160	170	265	18	6	22	
170	180	280	18	6	22	
180	190	300	20	8	24	8
190	200	315	20	8	24	

137

TB 15-5 Schmierlöcher, Schmiernuten, Schmiertaschen nach DIN 1591 (Auszug)

a) Schmierlöcher

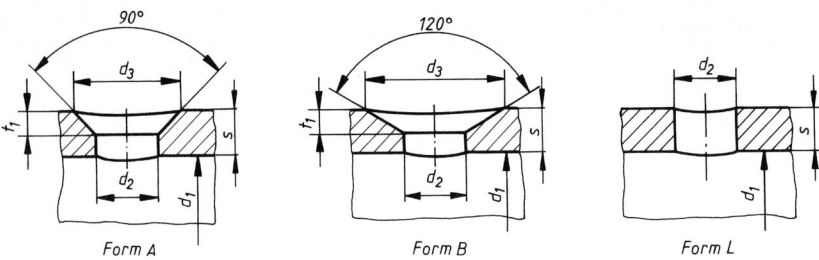

Form A   Form B   Form L

Bezeichnung eines Schmierloches Form B mit $d_2 = 4$ mm Bohrung: Schmierloch DIN 1591 – B4

d_1		> 14...25	> 25...36	> 36...56	> 56...70	> 70...100	> 100...160	> 160...200	> 200...250
d_2		2,5	3	4	5	6	8	10	12
t_1		1	1,5	2	2,5	3	4	5	6
$d_3 \approx$	Form A	4,5	6	8	10	12	16	20	24
	Form B	6	8,2	10,8	13,6	16,2	21,8	27,2	32,6
s		≤2	> 2...2,5	> 2,5...3	> 3...4	> 4...5	> 5...7,5	> 7,5...10	>10

b) Schmiernuten

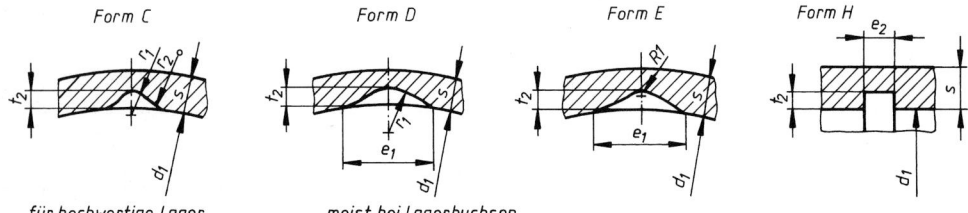

Form C   Form D   Form E   Form H

für hochwertige Lager   meist bei Lagerbuchsen

Bezeichnung einer Schmiernut Form C mit $t_2 = 1,2$ mm Nuttiefe: Schmiernut DIN 1591 – C1,2

d_1	t_2	e_1	e_2	Form C r_1	Form D r_1	r_2	s
14...25	0,8	5	3	1,5	2,5	3	>1,5...2
25...36	1	8	4	2	4	4,5	>2...2,5
36...56	1,2	10,5	5	2,5	6	6	>2,5...3
56...70	1,6	14	6	3	8	9	>3...4
70...100	2	19	8	4	12	12	>4...5
100...160	2,5	28	10	5	20	15	>5...7,5
160...200	3,2	38	12	7	28	21	>7,5...10
200...250	4	49	15	9	35	27	>10

c) Schmiertaschen

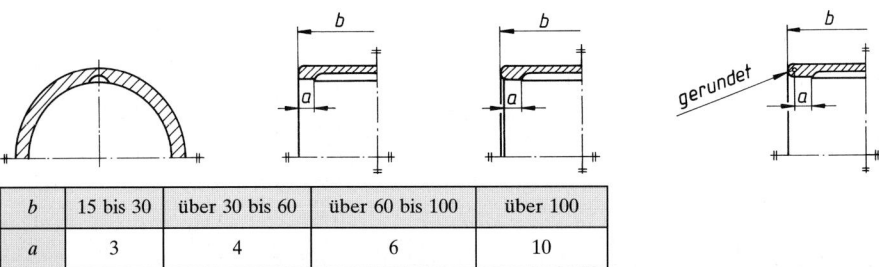

gerundet

b	15 bis 30	über 30 bis 60	über 60 bis 100	über 100
a	3	4	6	10

Schmiertaschen als in Gleitflächen eingearbeitete Vertiefungen sollen in Umfangsrichtung möglichst kurz sein (vgl. auch TB 15-3) und in Achsrichtung eine Breite $b_T \leq 0,7 \cdot b$ haben (vgl. TB 15-18b, Nr. 2, 4, 6).

15

TB 15-6 Lagerwerkstoffe (Auswahl)

Norm	Werkstoff Kurzzeichen Werkstoffnummer	0,2 %-Dehngrenze $R_{p0,2}$ N/mm² min.	Elastizitätsmodul E kN/mm²	Brinellhärte min.	Längenausdehnungskoeffizient α 10^{-6}/K	spezifische Lagerbelastung[1] p_L N/mm²	Mindesthärte der Welle	Merkmale und Hinweise für die Verwendung
Blei-Gusslegierungen DIN ISO 4381	PbSb15Sn10 2.3391	43	31	HB 10/250/180 21	24	7,2	160 HB	Geeignet bei mittleren Belastungen und mittleren Gleitgeschwindigkeiten ($u = 1\ldots4$ m/s); für Gleitlager, Gleitschuhe, Kreuzköpfe
Zinn-Gusslegierungen DIN ISO 4381	SnSb12Cu6Pb 2.3790	61	56	HB 10/250/180 25	22,7	10,2	160 HB	Geeignet bei mittleren Belastungen und hohen bis niedrigen Gleitgeschwindigkeiten ($u < 1$ bis >5 m/s), hoher Verschleißwiderstand bei rauen Zapfen; für Gleitlager in Turbinen, Verdichtern, Elektromaschinen
Kupfer-Blei-Zinn-Gusslegierungen DIN ISO 4382-1	G-CuPb10Sn10 2.1816 / G-CuPb15Sn8 2.1817 / G-CuPb20Sn5 2.1818	80 / 80 / 60	90 / 85 / 75	HB 10/1000/10 65 / 60 / 45	18 / 18 / 19	18,3 / 15 / 11,7	250 HB / 200 HB / 150 HB	Geeignet für mittlere bis hohe Gleitgeschwindigkeiten, zunehmender Pb-Gehalt vermindert die Empfindlichkeit gegen Fluchtungsfehler und kurzzeitigen Schmierstoffmangel, brauchbar für Wasserschmierung
Kupfer-Zinn-Gusslegierungen DIN ISO 4382-1	G-CuSn8Pb2 2.1810 / G-CuSn10P 2.1811	130 / 130	75 / 95	HB 10/1000/10 60 / 70	18 / 18	21,7 / 50	280 HB / 300 HB	Geeignet bei geringen bis mäßigen Belastungen, ausreichende Schmierung
Kupfer-Knetlegierungen DIN ISO 4382-2	CuSn8P 2.1830	200 300 400 480	115	HB 2,5/62,5/10 80 120 140 160	17	56,7	55 HRC	Für gehärtete Wellen, bei einer Kombination von hoher Belastung, hoher Gleitgeschwindigkeit, Schlag- oder Stoßbeanspruchung; ausreichende Schmierung und gute Fluchtung erforderlich
	CuZn31Si1 2.1831	250 350 450	105	100 135 160	18	58,3		
Gusseisen mit Lamellengraphit DIN EN 1561	EN-GJL-200 EN-JL 1030 / EN-GJL-300 EN-JL 1050	(100) $\sigma_{d0,1} \approx 260$ (200) $\sigma_{d0,1} \approx 390$	78 bis 103 / 108 bis 137	HB 30 150 / 200	11,7 / 11,7	(3) / (5)	55 HRC	Geeignet bei geringen Ansprüchen, Wellen gehärtet und geschliffen, für Hebezeuge, Landmaschinen
Thermoplastische Kunststoffe für Gleitlager DIN ISO 6691	Polyamid (PA6)	$\sigma_y \approx 50$	2,6		85	12	50 HRC	Schlagzäher Werkstoff, besonders stoß- und verschleißfest, empfohlener nichtmetallischer Gleitpartner: POM: für stoß- und schwingungsbeanspruchte Lager, Gelenksteine, Landmaschinen, Bremsgestänge
	Polyoxymethylen (POM)	$\sigma_y \approx 65$	2,8		120	18		Im Vergleich zu PA härter, stoßempfindlicher, weniger verschleißfest, kleinerer Reibwert; empfohlener nichtmetallischer Gleitpartner: PA; gut bei Trockenlauf- oder Mangelschmierung; Gleitlager für die Feinwerktechnik, Elektromechanik und Haushaltsgeräte

[1] nach VDI 2204-1

Bezeichnung eines thermoplastischen Kunststoffes für Gleitlager nach DIN ISO 6691, z. B. Polyamid 6 (PA6) für Spritzgussverarbeitung (M) mit Entformungshilfsmittel (R), der Viskositätszahl 140 ml/g (14), einem Elastizitätsmodul 2600 N/mm² (030) und schnell erstarrend (N): Thermoplast ISO 6691 –PA6, M R, 14 – 030 N

Bezeichnung eines Lagermetalls mit dem Kurzzeichen CuSn8P und einer Mindest-Brinell-Härte von 120: Lagermetall ISO 4382 – CuSn8P – HB120

15

139

TB 15-7 Höchstzulässige spezifische Lagerbelastung nach
DIN 31 652-1 (Erfahrungsrichtwerte)

Lagerwerkstoff-Gruppe[1]	Grenzrichtwerte $p_{L zul}$ in N/mm^2 [2] max.
Sn- und Pb-Legierungen	5 (15)
Cu-Pb-Legierungen	7 (20)
Cu-Sn-Legierungen	7 (25)
Al-Sn-Legierungen	7 (18)
Al-Zn-Legierungen	7 (20)

[1] s. DIN ISO 4381, 4382, 4383
[2] Klammerwerte nur in Einzelfällen verwirklicht, zugelassen aufgrund besonderer Betriebsbedingungen, z. B. bei sehr niedriger u.

TB 15-8 Vergleich und Eigenschaften von Lager-Schmierstoffen (Auswahl)

a) Schmieröle[1] (vgl. Lehrbuch 15.1.4)

ISO-Visko-sitätsklasse DIN 51519	DIN 51 501[2] v in mm^2/s		DIN 51 517[3] v_{40} in mm^2/s			Flammpunkt $\geq$ °C nach Cleveland für				Pourpoint $\leq$ °C			
	früher v_{50}	heute v_{40}	C	CL	CLP	AN	C	CL	CLP	AN	C	CL	CLP
ISO VG 2	–	–	–	–	–	–	–	–	–	–	–	–	–
ISO VG 3	N2	–	–	–	–	–	–	–	–	–	–	–	–
ISO VG 5	N2 (4)	AN5	–	5	–	80	–	105	–	–12	–	–21	–
ISO VG 7	N4	AN7	7	–	–	100	105	–	–	–12	–21	–	–
ISO VG 10	N9	AN10	10	10	–	120	125	125	–	–18	–21	–21	–
ISO VG 15	–	–	–	–	–	–	–	–	–	–	–	–	–
ISO VG 22	N16	AN22	22	22	–	145	165	165	–	–15	–15	–15	–
ISO VG 32	N25 (6)	–	–	32	–	–	–	170	–	–	–	–15	–
ISO VG 46	N36 (25)	AN46	46	46	46	145	175	175	175	15	–15	–15	–15
ISO VG 68	N49 (36)	AN68	68	68	68	145	185	185	185	–12	–15	–15	–15
ISO VG 100	N68	AN100	100	100	100	170	200	200	200	– 9	–12	–12	–12
ISO VG 150	N92	AN150	150	150	150	170	210	210	200	– 9	– 9	– 9	– 9
ISO VG 220	N114 (144)	AN220	220	220	220	200	220	220	200	– 6	– 6	– 6	– 6
ISO VG 320	N169	AN320	320	–	320	200	230	–	200	– 6	– 6	–	– 6
ISO VG 460	N225	–	460	460	460	–	240	240	200	–	– 6	– 6	– 6
ISO VG 680	N324	AN680	680	–	680	250	250	–	200	– 3	– 3	–	– 3
ISO VG 1000	N660	–	–	–	–	–	–	–	–	–	–	–	–
ISO VG 1500	(660)	–	–	–	–	–	–	–	–	–	–	–	–

[1] Allgemein gilt: Je größer p_L und je geringer u, desto höher v bzw. η; bei großer u ist eine geringere v bzw. η erwünscht (Lagerspiel)
[2] Bezeichnung eines Schmieröles L-AN vom Typ AN22:
Schmieröl DIN 51 501 – L-AN22
[3] Bezeichnung eines Schmieröles C vom Typ C68:
Schmieröl DIN 51 517 – C68

15

TB 15-8 Fortsetzung

b) Schmierfette K[1] nach DIN 51825
   (vgl. Lehrbuch 14.2.4-1 und 15.3.3-1)

Zusatzkennzahlen		Zusatz-Kennbuchstaben			Zusatzkennzahlen	
Konsistenz-kennzahl (NLGI-Klassen nach DIN 51818)	Walkpenetration nach DIN ISO 2137 (0,1 mm)	Zusatz-Kennbuch-stabe nach DIN 51502	Obere Gebrauchs-temperatur	Verhalten gegenüber Wasser[2] nach DIN 51807-1	Zusatzkennzahl nach DIN 51502	Untere Gebrauchs-temperatur
0	355 bis 385				−10	−10 °C
1	310 bis 340 (sehr weich)	C D	+60 °C	0 oder 1 2 oder 3	−20 −30	−20 °C −30 °C
2	265 bis 295 (mittelfest)	E F	+80 °C	0 oder 1 2 oder 3	−40 −50	−40 °C −50 °C
4	175 bis 205 (fest)	G H	+100 °C	0 oder 1 2 oder 3	−60	−60 °C
		K M	+120 °C	0 oder 1 2 oder 3		
		N P R S T U	+140 °C +160 °C +180 °C +200 °C +220 °C über +220 °C	nach Verein-barung		

[1] Zusätze von Wirkstoffen (P) und/oder Festschmierstoffen (F) sind zulässig: **Schmierfette KP** mit Wirkstoffen, **Schmierfette KF** mit Festschmierstoff-Zusätzen und **Schmierfette KPF** mit Wirkstoffen und Festschmierstoff-Zusätzen.

[2] Die Bewertungsstufen 0 bis 3 bedeuten: keine, geringe, mäßige und starke Veränderung.

Bezeichnung eines Schmierfettes (K) mit Wirkstoff-Zusätzen (P), Konsistenzkennzahl (NLGI-Klasse) (2), Zusatzkennzahl (−20): Schmierfett DIN 51825 − KP 2 H − 20

c) spezifische Wärmekapazität c von Mineralölen (Mittelwerte) in Abhängigkeit von Temperatur und Dichte

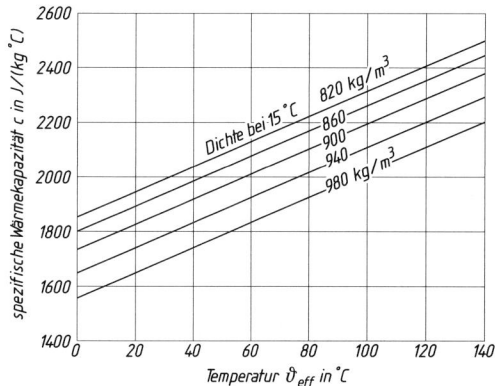

TB 15-9 Effektive dynamische Viskosität η_{eff} in Abhängigkeit von der effektiven Schmierfilmtemperatur ϑ_{eff} für Normöle (Dichte $\varrho = 900\ \text{kg/m}^3$)

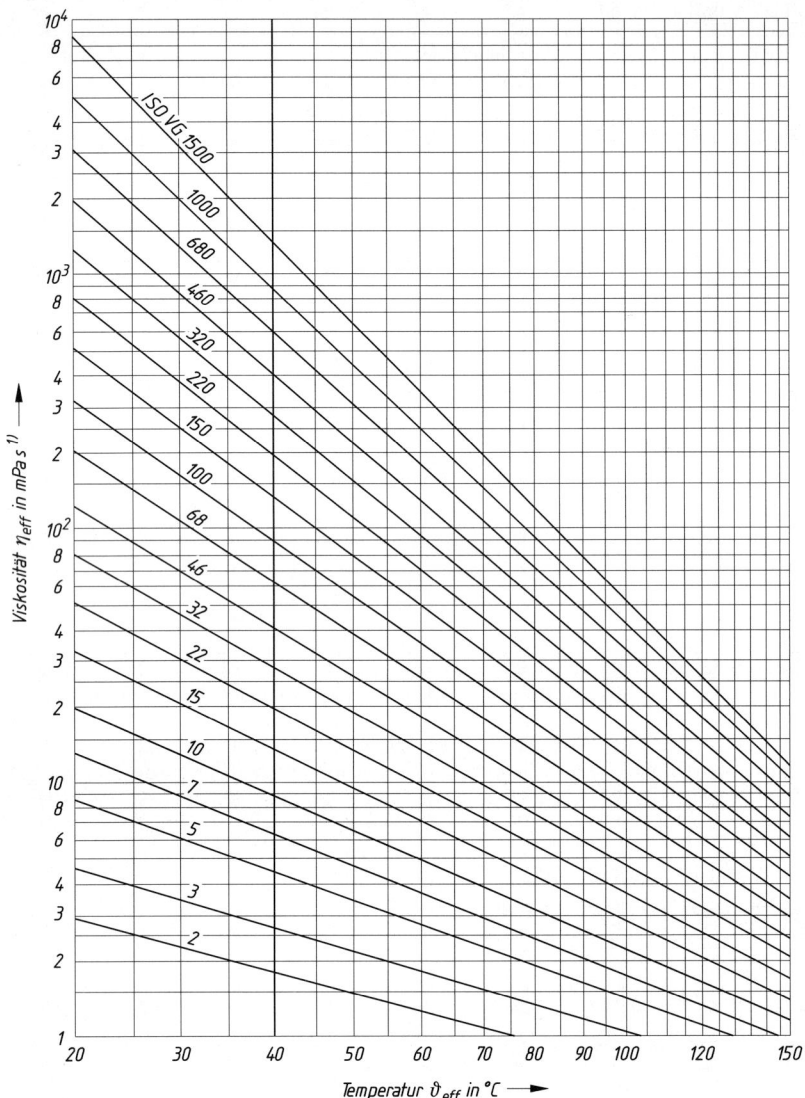

$^{1)}$ DIN 1342-2: $1\ \text{Pa s} = 1\ \text{N s m}^{-2} = 1\ \text{kg m}^{-1}\ \text{s}^{-1} = 10^3\ \text{m Pa s} = 10^{-6}\ \text{N s mm}^{-2}$

TB 15-10 Relative Lagerspiele ψ_E bzw. ψ_B in ‰

a) Richtwerte abhängig von der Gleitgeschwindigkeit u_w
   (vgl. Lehrbuch Gl. 15.6)

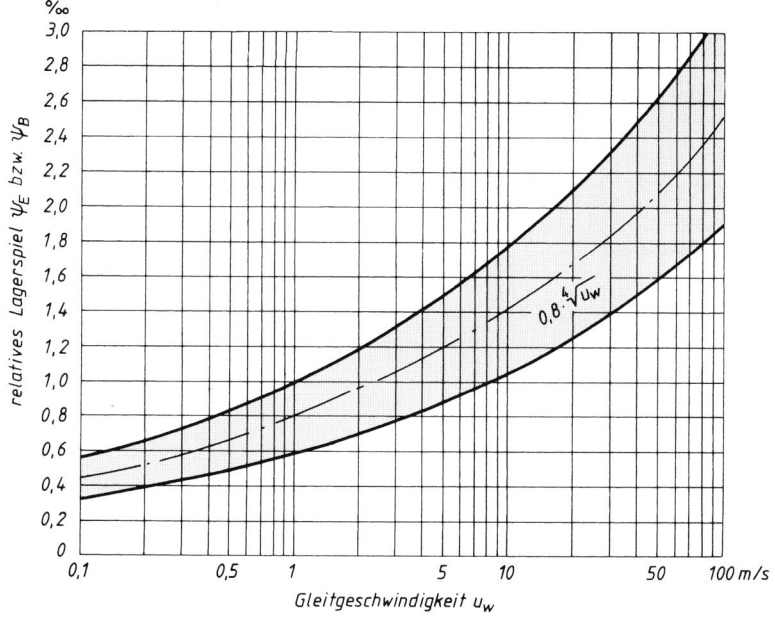

b) Richtwerte abhängig vom d_w und u_w

d_w mm		u_w m/s				
>		–	3	10	25	50
	≤	3	10	25	50	125
–	100	1,32	1,6	1,9	2,24	2,24
100	250	1,12	1,32	1,6	2,0	2,24
250	–	1,12	1,12	1,32	1,6	1,9

c) Richtwerte abhängig von u_w und p_L

u_w in m/s	$p_L < 2$	$> 2 \dots 10$	> 10 N/mm²
<20	0,3 ... 0,6	0,6 ... 1,2	1,2 ... 2
>20 ... 100	0,6 ... 1,2	1,2 ... 2	2 ... 3
>100	1,2 ... 2	2 ... 3	3 ... 4,5

d) Richtwerte abhängig von Lagerwerkstoff

Sn- und Pb-Legierungen	0,4 ... 1,0
Cu-Pb-Legierungen ⎫	
Cu-Sn-Legierungen ⎰	0,5 ... 2,5
Al-Legierungen	1,0 ... 2,5
Gusseisen	1,0 ... 3,0
Sinterwerkstoffe	1,0 ... 2,5

15

TB 15-11 Passungen für Gleitlager nach DIN 31 698 (Auswahl)

Für das Höchst- und Mindestspiel ergibt sich das mittlere absolute Einbau-Lagerspiel $s_E = 0{,}5\,(s_{max} + s_{min})$ in μm und mit dem arithmetischen Mittel des Nennmaßbereiches d_m in mm wird das mittlere relative Einbau-Lagerspiel $\psi_E \approx s_E/d_m$ in ‰

Nennmaßbereich mm über	bis	Abmaße der Welle[1] in μm für ψ_E in ‰ 0,56	0,8	1,12	1,32	1,6	1,9	2,24	3,15	Größt- und Kleinstspiel zwischen Welle und Lagerbohrung[2] in μm für ψ_E in ‰ 0,56	0,8	1,12	1,32	1,6	1,9	2,24	3,15
25	30	−	−15/−21	−23/−29	−29/−35	−37/−43	−45/−51	−51/−60	−76/−85	−	30/15	38/23	44/29	52/37	60/45	73/51	98/76
30	35	−	−17/−24	−27/−34	−34/−41	−43/−50	−48/−59	−59/−70	−89/−100	−	35/17	45/27	52/34	61/43	75/48	86/59	116/89
35	40	−12/−19	−21/−28	−33/−40	−36/−47	−47/−58	−58/−69	−71/−82	−105/−116	30/12	39/21	51/33	63/36	74/47	85/58	98/71	132/105
40	45	−14/−21	−25/−32	−34/−45	−43/−54	−55/−66	−67/−78	−82/−93	−120/−131	31/14	43/25	61/34	70/43	82/55	94/67	109/82	147/120
45	50	−18/−25	−25/−36	−40/−51	−50/−60	−63/−74	−77/−88	−93/−104	−136/−147	36/18	52/25	67/40	76/49	90/63	104/77	120/93	163/136
50	55	−19/−27	−26/−39	−43/−56	−53/−66	−68/−81	−84/−97	−102/−115	−149/−162	40/19	58/26	75/43	85/53	100/68	116/84	144/102	181/149
55	60	−22/−30	−30/−43	−48/−61	−60/−73	−76/−89	−93/−106	−113/−126	−165/−178	43/22	62/30	80/48	92/60	108/76	125/93	145/113	197/165
60	70	−20/−33	−36/−49	−57/−70	−70/−83	−80/−99	−99/−118	−121/−140	−180/−199	53/20	68/36	90/57	102/70	129/80	148/99	170/121	229/180
70	80	−26/−39	−44/−57	−60/−79	−75/−94	−96/−115	−118/−137	−144/−162	−212/−231	58/26	76/44	109/60	124/75	145/96	167/118	193/144	261/212
80	90	−29/−44	−50/−65	−67/−89	−84/−106	−108/−130	−133/−155	−162/−184	−239/−261	66/29	87/50	124/67	141/84	165/108	190/133	219/162	296/239
90	100	−35/−50	−58/−73	−78/−100	−97/−119	−124/−146	−152/−174	−184/−206	−271/−293	72/35	95/58	135/78	154/97	181/124	209/152	241/184	328/271
100	110	−40/−55	−56/−78	−89/−111	−110/−132	−140/−162	−171/−193	−207/−229	−302/−324	77/40	113/56	146/89	167/110	197/140	228/171	264/207	359/302
110	120	−36/−60	−64/−86	−100/−122	−122/−145	−156/−178	−190/−212	−229/−251	−334/−356	93/36	121/64	157/100	180/122	213/156	247/190	286/229	391/334
120	140	−40/−65	−72/−97	−113/−138	−139/−164	−176/−201	−215/−240	−259/−284	−377/−402	105/40	137/72	178/113	204/139	241/176	280/215	324/259	442/377
140	160	−52/−77	−88/−113	−136/−161	−166/−191	−208/−233	−253/−278	−304/−329	−440/−465	117/52	153/88	201/136	231/166	273/208	318/253	369/304	505/440
160	180	−63/−88	−104/−129	−158/−183	−192/−218	−240/−265	−291/−316	−348/−373	−503/−528	128/63	179/104	223/158	257/192	305/240	356/291	413/348	568/503
180	200	−69/−98	−115/−144	−175/−204	−213/−242	−267/−296	−324/−353	−388/−417	−561/−590	144/69	190/115	250/175	288/213	342/267	399/324	463/388	636/581

[1] Die Abmaße der Welle entsprechen oberhalb der Stufenlinie IT4, zwischen den Stufenlinien IT5 und unterhalb der Stufenlinie IT6.

[2] Das Höchst- und Mindestspiel entspricht für die Passung Welle/Lagerbohrung oberhalb der Stufenlinie IT4/H5, zwischen den Stufenlinien IT5/H6 und unterhalb der Stufenlinie IT6/H7.

15

144

TB 15-12 Streuungen von Toleranzklassen für ISO-Passungen bei relativen Einbau-Lagerspielen ψ_E in ‰ abhängig von d_L (nach VDI 2201)

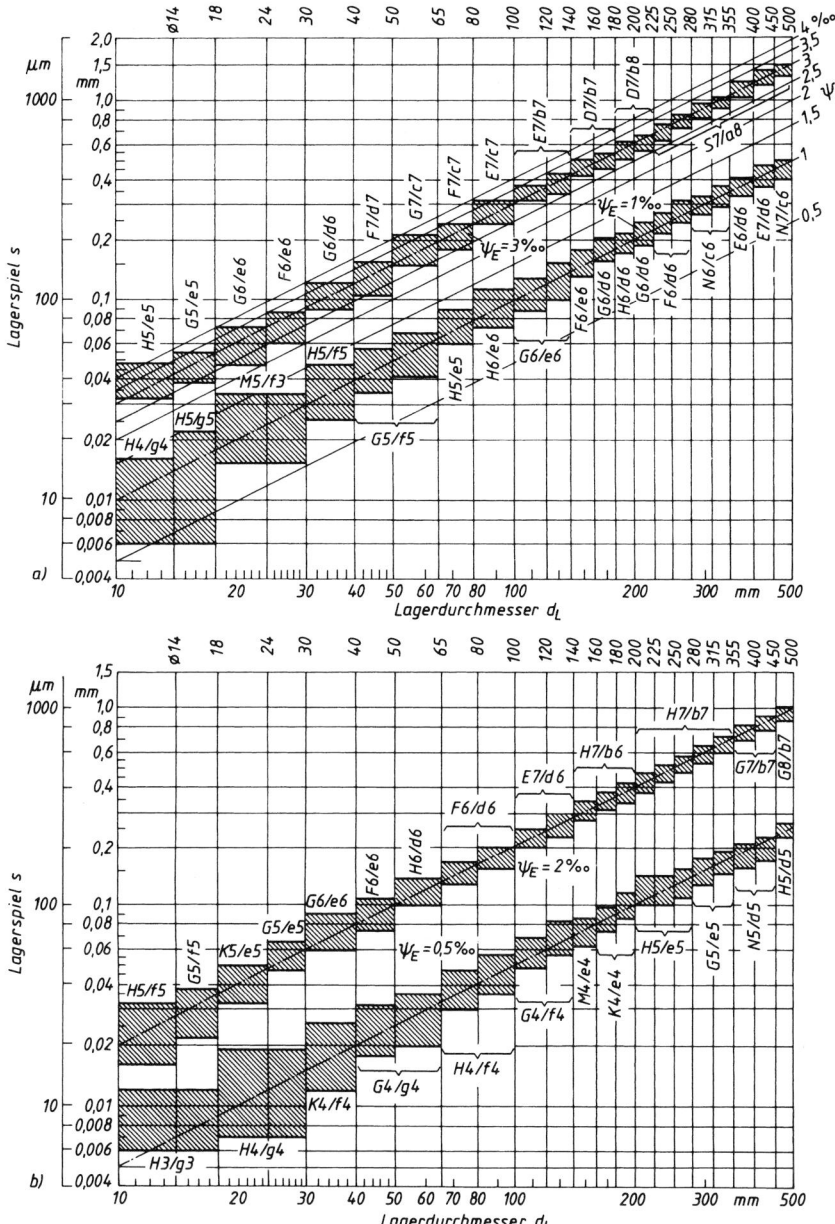

TB 15-13 Sommerfeld-Zahl $So = f(\varepsilon, b/d_L)$ bei reiner Drehung

a) für vollumschließende (360°)-Lager

$$So = \left(\frac{b}{d_L}\right)^2 \cdot \frac{\varepsilon}{2(1-\varepsilon^2)^2} \cdot \sqrt{\pi^2 \cdot (1-\varepsilon^2) + 16 \cdot \varepsilon^2} \cdot \frac{\alpha_1 \cdot (\varepsilon - 1)}{\alpha_2 + \varepsilon}$$

wenn $a_1 = 1{,}1642 - 1{,}9456 \cdot \left(\dfrac{b}{d_L}\right) + 7{,}1161 \cdot \left(\dfrac{b}{d_L}\right)^2 - 10{,}1073 \cdot \left(\dfrac{b}{d_L}\right)^3 + 5{,}0141 \cdot \left(\dfrac{b}{d_L}\right)^4$

$a_2 = -1{,}000\,026 - 0{,}023\,634 \cdot \left(\dfrac{b}{d_L}\right) - 0{,}4215 \cdot \left(\dfrac{b}{d_L}\right)^2 - 0{,}038\,817 \cdot \left(\dfrac{b}{d_L}\right)^3 - 0{,}090\,551 \cdot \left(\dfrac{b}{d_L}\right)^4$

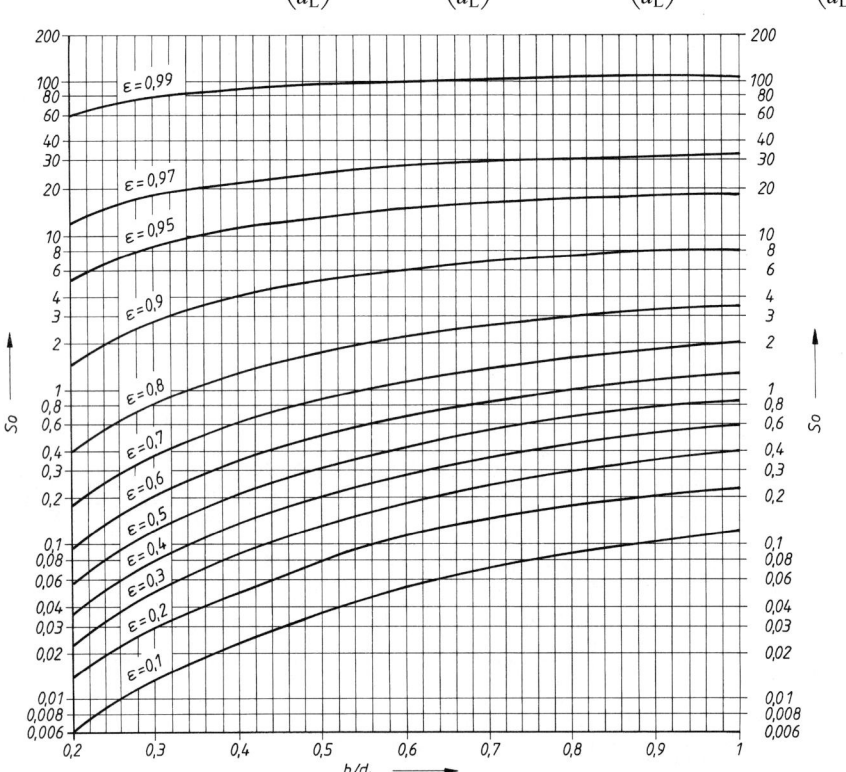

b) Verlagerungsbereiche A, B, C für 360°-Lager (s. Lehrbuch 15.4.1-1c unter Hinweis)

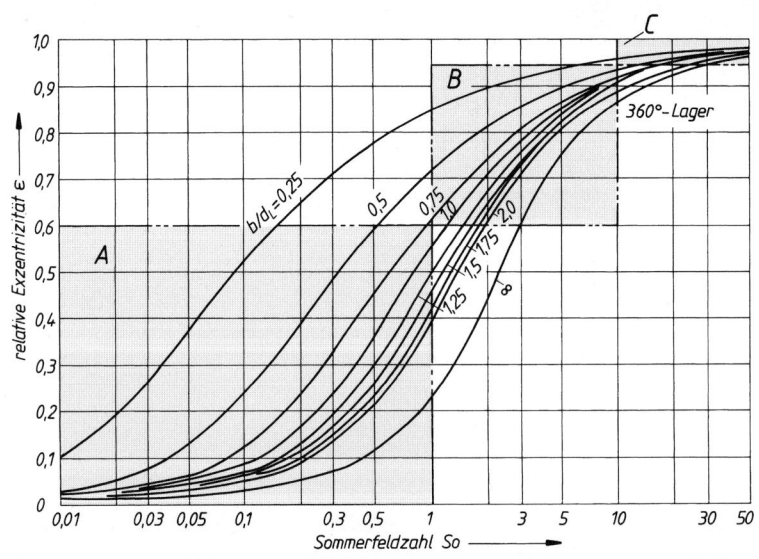

15

TB 15-14 Reibungskennzahl $\mu/\psi_B = f(\varepsilon, b/d_L)$ bei reiner Drehung

a) für vollumschließende Lager

b) für halbumschließende Lager

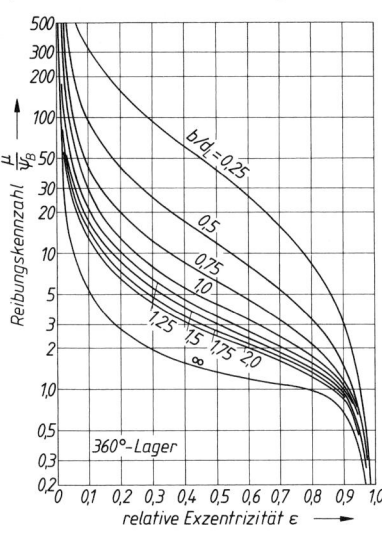

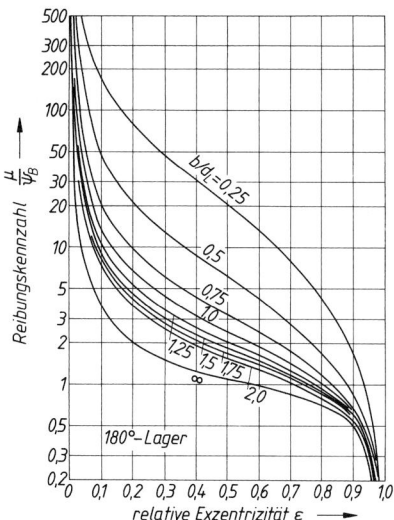

c) für vollumschließende Lager $\mu/\psi_B = f(So, b/d_L)$

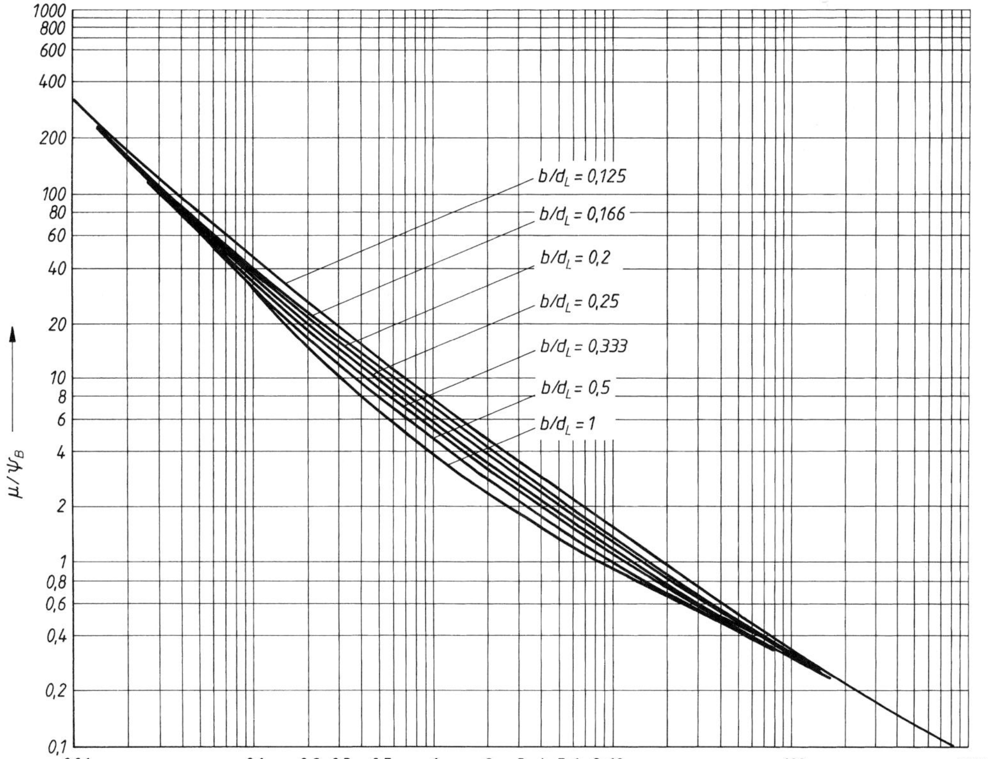

TB 15-15 Verlagerungswinkel $\beta = f(\varepsilon, b/d_L)$ bei reiner Drehung
(s. Lehrbuch unter Gl. 15.8)

a) für das vollumschließende Radiallager   b) für das halbumschließende Radiallager

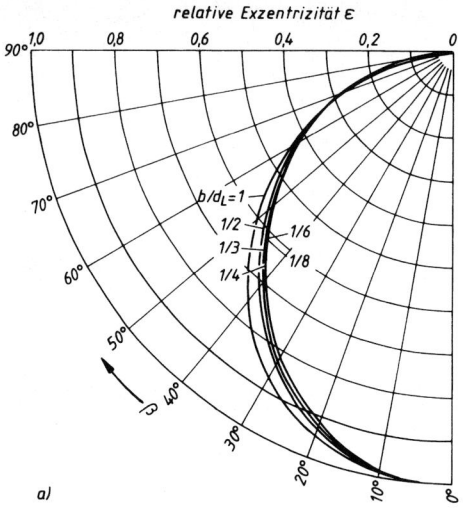

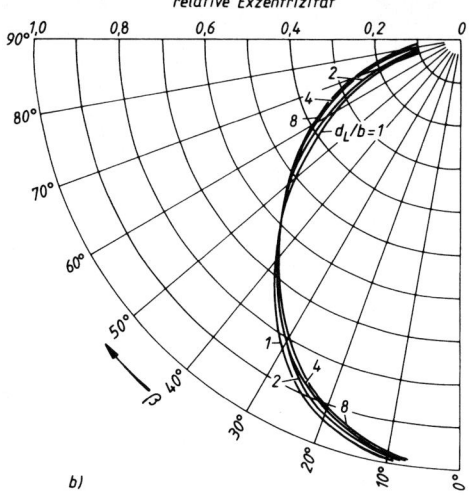

TB 15-16 Erfahrungswerte für die zulässige kleinste Spalthöhe $h_{0\,zul}$ nach DIN 31652, wenn Wellen-$R_{zW} \leq 4\,\mu m$ und Lagergleitflächen-$R_{zL} \leq 1\,\mu m$

Wellen-durchmesser d_w in mm		Grenzrichtwerte $h_{0\,zul}$ in μm				
		Wellenumfangsgeschwindigkeit u_w in m/s				
über	bis	0 bis 1	über 1 bis 3	über 3 bis 10	über 10 bis 30	über 30
25[1]	63	3	4	5	7	10
63	160	4	5	7	9	12
160	400	6	7	9	11	14
400	1000	8	9	11	13	16
1000	2500	10	12	14	16	18

[1] einschließlich

TB 15-17 Grenzrichtwerte für die maximal zulässige Lagertemperatur $\vartheta_{L\,zul}$ nach DIN 31652-3

Art der Lagerschmierung	$\vartheta_{L\,zul}$ in °C[2]
Druckschmierung[1] (Umlaufschmierung)	100 (115)
drucklose Schmierung (Eigenschmierung)	90 (110)

[1] Beträgt das Verhältnis von Gesamtschmierstoffvolumen zu Schmierstoffvolumen je Minute (Schmierstoffdurchsatz) über 5, so kann $\vartheta_{L\,zul}$ auf 110 (125) °C erhöht werden.
[2] Die in Klammern gesetzten Temperaturen können nur ausnahmsweise – z. B. aufgrund besonderer Betriebsbedingungen – zugelassen werden.

Hinweis: Die Lagertemperatur sollte einen Grenzwert $\vartheta_{L\,zul} = 80\,°C$ nicht überschreiten, da sonst eine verstärkte Alterung bei Schmierstoffen auf Mineralölbasis eintritt.

TB 15-18 Bezogener bzw. relativer Schmierstoffdurchsatz

a) $\dot{V}_{\mathrm{D\,rel}}$ für halbumschließende (180°)-Lager infolge Eigendruckentwicklung zu Gl. (15.16)

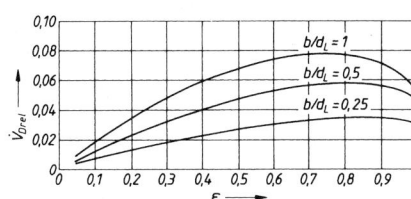

$$\dot{V}_{\mathrm{D\,rel}} = 0{,}125 \cdot (a_1 \cdot \varepsilon + a_2 \cdot \varepsilon^2 + a_3 \cdot \varepsilon^3 + a_4 \cdot \varepsilon^4) \text{ mit}$$

$$a_1 = 2{,}2346 \cdot (b/d_{\mathrm{L}}) + 0{,}1084 \cdot (b/d_{\mathrm{L}})^2 - 0{,}5641 \cdot (b/d_{\mathrm{L}})^3$$

$$a_2 = -1{,}5421 \cdot (b/d_{\mathrm{L}}) - 2{,}8215 \cdot (b/d_{\mathrm{L}})^2 + 1{,}955 \cdot (b/d_{\mathrm{L}})^3$$

$$a_3 = 2{,}2351 \cdot (b/d_{\mathrm{L}}) + 4{,}2087 \cdot (b/d_{\mathrm{L}})^2 - 3{,}4813 \cdot (b/d_{\mathrm{L}})^3$$

$$a_4 = -1{,}751 \cdot (b/d_{\mathrm{L}}) - 2{,}5113 \cdot (b/d_{\mathrm{L}})^2 + 2{,}3426 \cdot (b/d_{\mathrm{L}})^3$$

b) $\dot{V}_{\mathrm{pZ\,rel}}$ infolge des Zuführdrucks (nach DIN 31 652-2, vgl. Lehrbuch 15.4.1-3, Gl. (15.17))

Schmierlöcher mit $q_{\mathrm{L}} = 1{,}204 + 0{,}368 \cdot (d_0/b) - 1{,}046 \cdot (d_0/b)^2 + 1{,}942 \cdot (d_0/b)^3$	Schmiertaschen gültig für $0{,}05 \le (b_{\mathrm{T}}/b) \le 0{,}7$ mit $q_{\mathrm{T}} = 1{,}188 + 1{,}582 \cdot (b_{\mathrm{T}}/b) - 2{,}585 \cdot (b_{\mathrm{T}}/b)^2 + 5{,}563 \cdot (b_{\mathrm{T}}/b)^3$
entgegengesetzt zur Lastrichtung	
1.	2.
$\dot{V}_{\mathrm{pZrel}} = \dfrac{\pi}{48} \cdot \dfrac{(1+\varepsilon)^3}{\ln(b/d_0) \cdot q_{\mathrm{L}}}$	$\dot{V}_{\mathrm{pZrel}} = \dfrac{\pi}{48} \cdot \dfrac{(1+\varepsilon)^3}{\ln(b/b_{\mathrm{T}}) \cdot q_{\mathrm{T}}}$
um 90° gedreht zur Lastrichtung	
3.	4.
$\dot{V}_{\mathrm{pZrel}} = \dfrac{\pi}{48} \cdot \dfrac{1}{\ln(b/d_0) \cdot q_{\mathrm{L}}}$	$\dot{V}_{\mathrm{pZrel}} = \dfrac{\pi}{48} \cdot \dfrac{1}{\ln(b/b_{\mathrm{T}}) \cdot q_{\mathrm{T}}}$
2 Schmierlöcher senkrecht zur Lastrichtung 2 Schmiertaschen	
5.	6.
$\dot{V}_{\mathrm{pZrel}} = \dfrac{\pi}{48} \cdot \dfrac{2}{\ln(b/d_0) \cdot q_{\mathrm{L}}}$	$\dot{V}_{\mathrm{pZrel}} = \dfrac{\pi}{48} \cdot \dfrac{2}{\ln(b/b_{\mathrm{T}}) \cdot q_{\mathrm{T}}}$
Ringnut (360°-Nut) 7.	180°-Nut 8.
$\dot{V}_{\mathrm{pZrel}} = \dfrac{\pi}{24} \cdot \dfrac{1+1{,}5 \cdot \varepsilon^2}{(b/d_{\mathrm{L}})} \cdot \dfrac{b}{(b-b_{\mathrm{Nut}})}$	$\dot{V}_{\mathrm{pZrel}} = \dfrac{1}{48} \cdot \dfrac{\pi(1+1{,}5 \cdot \varepsilon^2) + 6 \cdot \varepsilon + 1{,}33 \cdot \varepsilon^3}{(b-b_{\mathrm{Nut}})/d_{\mathrm{L}}}$

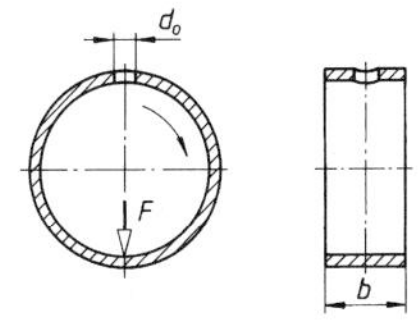

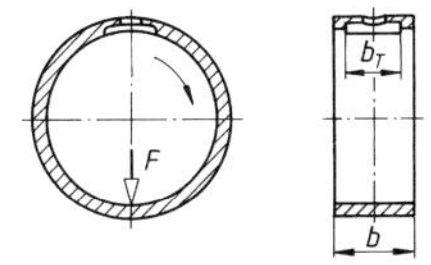

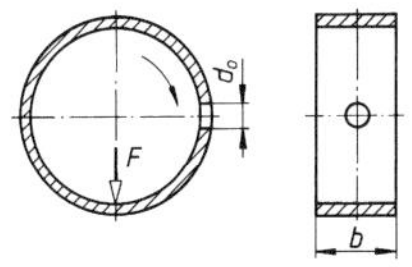

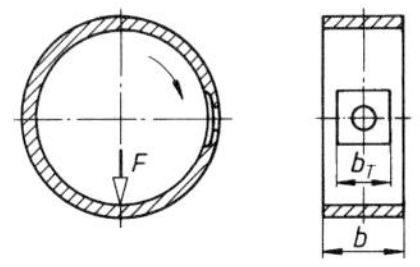

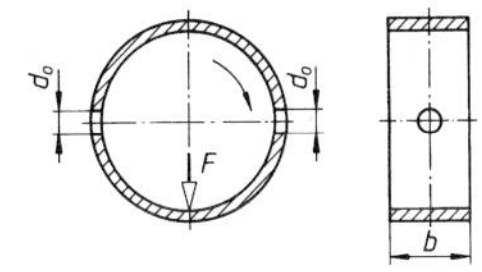

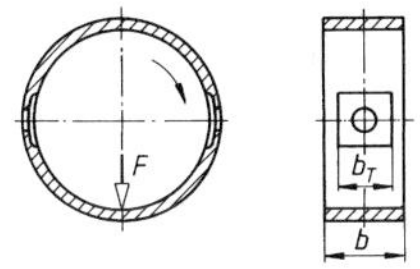

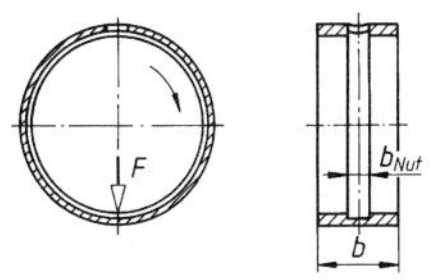

15

16 Riementriebe

TB 16-1 Mechanische und physikalische Kennwerte von Flachriemen-Werkstoffen (Anhaltswerte)

Riemenwerkstoff	Riemensorte	E_z N/mm²	E_b N/mm²	Dichte ϱ kg/dm³	zul. Riemenspannung σ_{zzul} N/mm²	max. Verhältnis t/d —	max. Biegehäufigkeit $f_{B\,max}$ [5] 1/s	zul. Nennumfangskraft $F'_{t\,max}$ N/mm	Riemengeschwindigkeit v_{max} [5] m/s	Reibungszahl μ [6] —	Temperatur ϑ_{max} °C
Leder	Standard S	250	50...90	1,0	3,6...4,1	0,033	5	–	30	Fleischseite $(0,25+0,02\sqrt{v})$	35
Leder	Geschmeidig G	350	40...80	0,95	4,3...5	0,04	10	–	40	Haarseite $(0,33+0,02\sqrt{v})$	35
Leder	Hochgeschmeidig HGL	450	30...70	0,9	4,3...6,5	0,05	25	–	50		45
Leder	HGC				4,3...7,5						70
Gewebe	einlagig: Gummi-Polyamid- bzw. Polyesterfasern	350...1200		1,1...1,4	3,3...5,4	0,35	10...50	100	80	(0,5)	–20...100
Gewebe	mehrlagig: Gummi-, Polyamid- bzw. Polyester- oder Baumwollfasern	900...1500					10...20	300	20...50		–20...100
Textil	Baumwolle	500...1400		1,3	2,3...5	0,05				(0,3)	–
Textil	Kunstseide (imprägniert)	–	40	1,0	3,3...5	0,04	40		50	(0,35)	–
Textil	Nylon, Perlon	500...1400		1,1	9	0,07	80		60	(0,3)	70
Mehrschicht	Kordfäden aus Polyamid oder Polyester in Gummi gebettet [3] — [1]	600...700	300	1,1...1,4	14...25	0,008...0,025	100	200	60...120	(0,7)	–20...100
Mehrschicht	[2]	500...600	250		4...12	0,01...0,035		400	60...120	(0,6)	–20...100
Mehrschicht	ein oder mehrere Polyamidbänder geschichtet und vorgereckt [4] — [1]	500...600	250		6...18	0,008...0,025		800	60 (80)	(0,7)	–20...100
Mehrschicht	[2]	400...500	200		4...15	0,01...0,035		800	60 (80)	(0,6)	–20...100

[1] Laufschicht Gummi
[2] Laufschicht Leder
[3] z. B. Extremultus 81 der Fa. Siegling, Hannover
[4] z. B. Extremultus 85/80 der Fa. Siegling, Hannover
[5] nur unter günstigen Verhältnissen erreichbar; von den Anwendungsbedingungen abhängig
[6] μ-Werte sind von vielen Einflussgrößen abhängig (z. B. Alter bzw. Laufzeit des Riemens, Umwelteinflüsse, Riemengeschwindigkeit).

TB 16-2 Keilriemen, Eigenschaften und Anwendungsbeispiele

Bauart	P'_{max} kW/Riemen	v_{max} [1] m/s	$f_{B\,max}$ [1] 1/s	i_{max} —	Eigenschaften, Anwendungsbeispiele
Normalkeilriemen (DIN 2215)	70	30	80	15	$b_0/h \approx 1,6$; universeller Einsatz im Maschinenbau (Größen 13...22); Größen 25...40 für Schwermaschinenbau und bei rauem Betrieb; Riemenwirklängen bis 18 000 mm (Größen 22...40)
Schmalkeilriemen (DIN 7753)	70	42	100	10	$b_0/h \approx 1,2$; für raumsparende Antriebe, meist verwendeter Riementyp; größere Leistungsfähigkeit als Normalkeilriemen bei gleicher Riemenbreite; größere Scheibendurchmesser gegenüber Normalkeilriemen; Riemenrichtlängen bis 12 500 mm (Größe SPC)
flankenoffene Keilriemen	70	50	120	20	$b_0/h \approx 1,2$; für raumsparende Antriebe; kleinere Scheibendurchmesser gegenüber Normalkeilriemen möglich; kostengünstig; höchste Leistungsübertragung
Verbundkeilriemen	65	30	60	15	Schwingungs- und stoßunempfindlich; kein Verdrehen in den (Keil)scheiben; Anwendung für Stoßbetrieb und große Trumlängen
Doppelkeilriemen	30	30	80	5	$b_0/h \approx 1,25$; für Vielwellenantriebe mit gegenläufigen Scheiben; übertragbare Leistung ca. 10 % geringer gegenüber den Normalkeilriemen
Keilrippenriemen	20 [2]	60	200	35	bis zu 75 Rippen möglich ($P_{max} \approx 350$ kW); kleine Biegeradien; für große Übersetzungen; Spezialscheiben erforderlich
Breitkeilriemen	70	25	40	9 [3]	$b_0/h \approx 2...5$; Spezialriemen für stufenlos verstellbare Getriebe

[1] nur unter günstigen Verhältnissen erreichbar; von den Anwendungsbedingungen abhängig, [2] kW/Rippe, [3] Stellbereich

TB 16-3 Synchronriemen, Eigenschaften und Anwendung

P_{max} kW/cm Riemenbreite	v_{max}[1] m/s	$f_{B\,max}$[1] s^{-1}	i_{max} —	Eigenschaften und Anwendung
60	80	200	10	universeller Einsatz im Maschinen-, Geräte- und Fahrzeugbau, besonders bei Umkehrantrieben (Lineartechnik), wenn Schlupffreiheit gefordert wird; Synchronriemen und Zahnscheiben teurer als andere Riemen und Riemenscheiben; Geräuschminderung durch bogenverzahnte Synchronriemen und Zahnscheiben, jedoch noch teurer

[1] nur unter günstigen Verhältnissen erreichbar; von den Anwendungsbedingungen abhängig

TB 16-4 Trumkraftverhältnis m; Ausbeute κ (bei Keil- und Keilrippenriemen gilt $\mu = \mu'$)

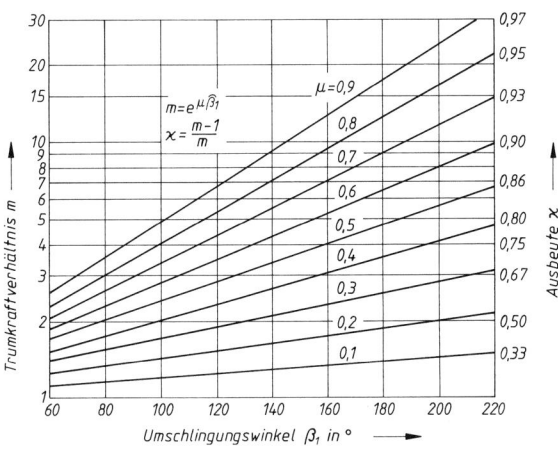

TB 16-5 Faktor k zur Ermittlung der Wellenbelastung für Flachriementriebe
Gilt näherungsweise auch für Keil- und Keilrippenriemen (μ entspricht dann μ')

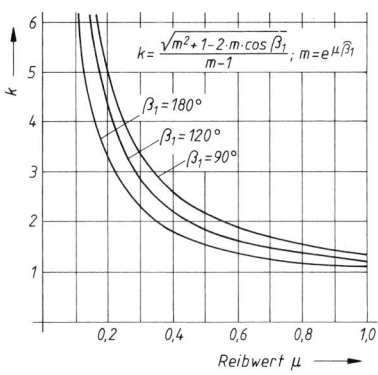

16

TB 16-6 Ausführungen und Eigenschaften der Mehrschichtflachriemen Extremultus (Bauart 80/85*, nach Werknorm)

* Für Antriebe mit höchsten Geschwindigkeiten wird noch die Bauart 81 angeboten

a) Ausführung

Extremultus	Aufbau			Einsatzfall	
Bauart	Zug-schicht	Reib-schicht	Deck-schicht		
80 LT			Pg	für Mehrscheibenantrieb mit einsei-tiger Leistungsübertragung	für normale sowie erschwerte Be-triebsbedingungen und wenn starker Einfluss von Öl und Fett zu erwarten ist
80 LL	Polyamidband	Ch	CH	für Mehrscheibenantrieb mit beid-seitiger Leistungsübertragung	
85 GT		E	Pg	für Mehrscheibenantrieb mit einsei-tiger Leistungsübertragung	normal, staubig, feucht, Einfluss von Öl und Fett nicht zu erwarten bzw. unbedeutend gering
85 GG			E	für Mehrscheibenantrieb mit beid-seitiger Leistungsübertragung	

Ch Chromleder, E Elastomer, Pg Polyamidgewebe

b) Eigenschaften

Riementyp ($\widehat{=} k_1$)		10	14	20	28	40	54[1]	80[1]
Zugfestigkeit in N/mm Riemenbreite		225	315	450	630	900	1200	1800
spezifische Umfangskraft F'_t [2] in N/mm Riemenbreite		12,5	17,5	25	35	48	67,5	110
Nenndurchmesser d_{1N} in mm		100	140	200	280	400	540	800
Bruchdehnung ε_B in %		22						
Riemendicke t in mm	80 LT	2,2	2,6	2,9	3,6	4,4	5,6	6,3
	80 LL	3,2	3,6	4,1	5,0	6,2	6,5	–
	85 GT	1,6	1,8	2,5	2,9	3,7	4,5	6,0
	85 GG[3]	1,9	2,1	2,6	3,1	–	–	–

[1] nur in den Ausführungen LT und GT
[2] die zulässige Spannung kann als fiktiver Wert ermittelt werden aus $\sigma_{z\,zul} \approx F'_t/t$ mit $F'_t = f(d_1, \beta_1,$ Riementyp) nach TB 16-8
[3] bei der Bauart 85 GG ist hinter der Zahl des Riementyps noch ein N anzufügen, z. B. 14 N

TB 16-7 Ermittlung des kleinsten Scheibendurchmessers (nach Fa. Siegling, Hannover)

P/n kW · min	d mm	P/n kW · min	d mm	P/n kW · min	d mm
0,00075	63	0,008	140	0,14	315
0,0009	71	0,01	160	0,17	355
0,001	80	0,015	180	0,2	400
0,0016	90	0,04	200	0,25	450
0,0018	100	0,06	224	0,3	500
0,003	112	0,1	250	0,4	560
0,0045	125	0,12	280	0,44	630

16

TB 16-8 Diagramme zur Ermittlung von F'_t, ε_1, Riementyp für Extremultus-Riemen (nach Fa. Siegling, Hannover)

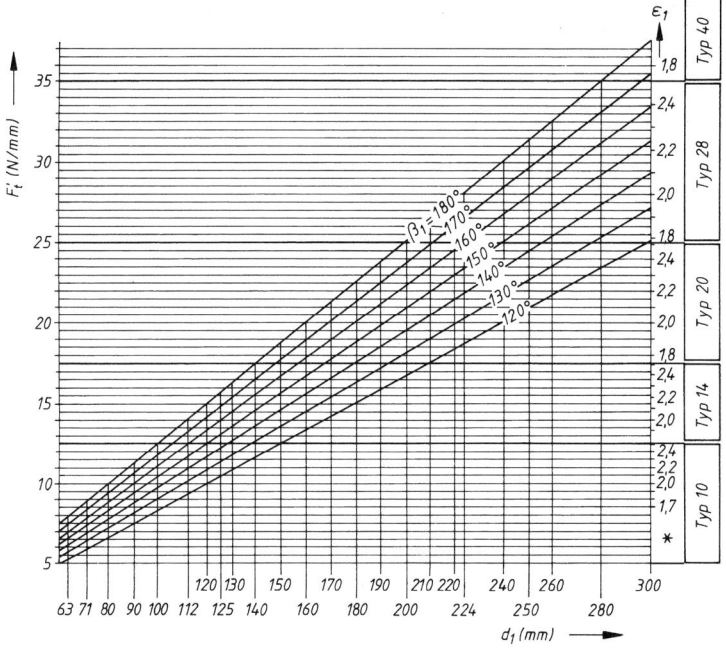

* bei $\varepsilon_1 < 1{,}7$ Rückfrage beim Hersteller

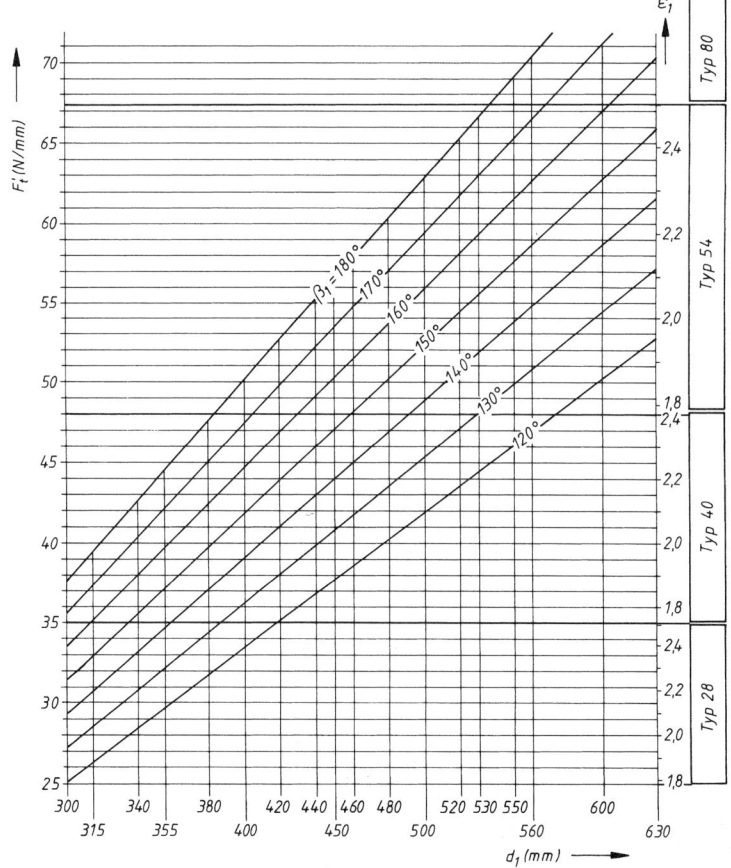

TB 16-9 Flachriemenscheiben, Hauptmaße, nach DIN 111 (Auszug)

a) Hauptmaße in mm

d	40	50	63	71	80	90	100	112	125	140
B min	25		32		40		50		63	
B max	50	100			140			200		
h	0,3								0,4	
d	160	180	200	224	250	280	315	355	400	450
B min	63									
B max	200			315						400
h	0,5		0,6		0,8				1,0	
d	500	560	630	710	800	900	1000	1120	1250	1400
B min	63			100				125		
B max	400									
h	1,0			1,2			1,2*		1,5**	

* bei Kranzbreiten > 250: h = 1,5,   ** bei Kranzbreiten > 250: h = 2

b) Zuordnung Riemenbreite b – kleinste Scheibenkranzbreite B

b	20	25	32	40	50	71	90	112	125
B	25	32	40	50	63	80	100	125	140
b	140	160	180	200	224	250	280	315	355
B	160	180	200	224	250	280	315	355	400

TB 16-10 Fliehkraft-Dehnung ε_2 in % für Extremultus-Mehrschichtriemen
(nach Fa. Siegling, Hannover)

Riemen-bezeichnung		Riemengeschwindigkeit v in m/s						
		10	20	30	40	50	60	70
GT	10		0,2	0,3	0,6	0,9		
GG	10N							
LL	10							
LT	10			0,4	0,8	1,1		
GT	14			0,3	0,5	0,8		
GG	14N							
LL	14							
LT	14			0,4	0,7	1,0		
GT	20			0,2	0,4	0,7		
GG	20N							
LL	20	< 0,1*						
LT	20			0,3	0,6	0,9		
GT	28			0,2	0,4	0,6	0,8	
GG	28N		0,1					
LL	28							
LT	28			0,3	0,6	0,8	1,0	
GT	40			0,2	0,3	0,5	0,7	
GG	40N							
LL	40							
LT	40			0,3	0,5	0,7	0,9	
GT	54			0,2	0,3	0,5	0,7	0,9
LT	54			0,3	0,5	0,7	0,9	1,0
GT	80			0,2	0,3	0,5	0,7	0,9
LT	80			0,3	0,5	0,7	0,9	1,0

* ohne nennenswerten Einfluss

TB 16-11 Wahl des Profils der Keil- und Keilrippenriemen

a) Normalkeilriemen

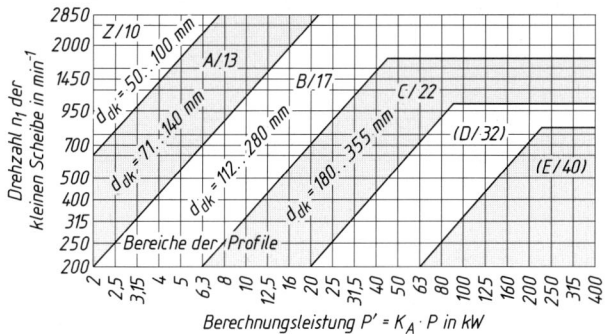

b) Schmalkeilriemen

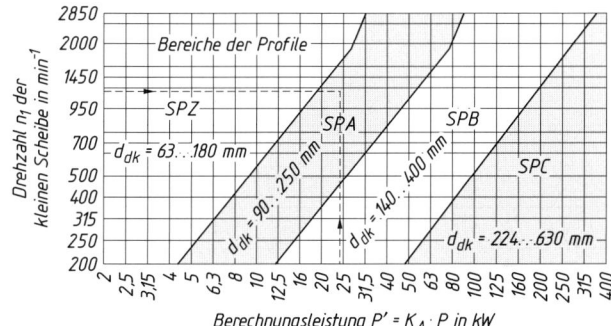

Beispiel: Für die Berechnungsleistung $P' = 24\,\text{kW}$ und $n_1 = 1200\,\text{min}^{-1}$ wird gewählt: Schmalkeilriemen **SPA**

c) Keilrippenriemen

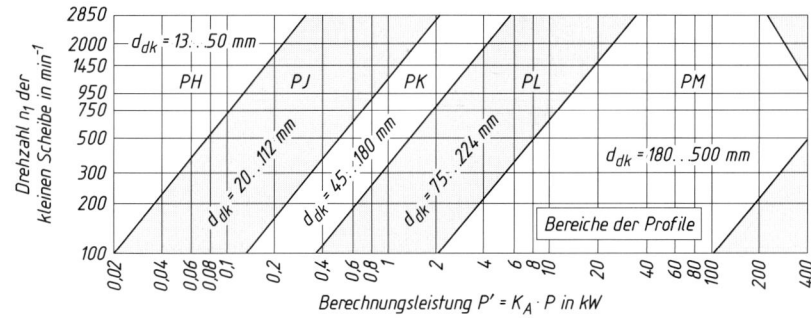

TB 16-12 Keilriemenabmessungen (in Anlehnung an DIN 2215, ISO 4184, DIN 7753 sowie Werksangaben; Auszug)

Normalkeilriemen								
Profilkurzzeichen nach	DIN 2215	6	10	13	17	22	32	40
	ISO 4184	Y	Z	A	B	C	D	E
obere Riemenbreite	$b_0 \approx$	6	10	13	17	22	32	40
Richtbreite	$b_d \approx$	5,3	8,5	11	14	19	27	32
Riemenhöhe	$h \approx$	4	6	8	11	14	20	25
Abstand	$h_d \approx$	1,6	2,5	3,3	4,2	5,7	8,1	12
Mindestscheibenrichtdurchmesser	$d_{d\,min} \approx$	28	50	71	112	180	355	500
Innenlängen [1] (= Bestelllänge) Richtlänge $L_d = L_i + \Delta l$)	L_i	185 bis 850	300 bis 2800	560 bis 5300	670 bis 7100	1180 bis 18000	2000 bis 18000	3000 bis 18000
Längendifferenz ΔL		15	22	30	40	58	75	80
Biegewechsel (s^{-1})	$f_{B\,max} \approx$	80						
Riemengeschwindigkeit (m/s)	v_{max}	30						
Schmalkeilriemen								
Profilkurzzeichen nach DIN 7753 T1		–	SPZ	SPA	SPB	SPC	–	–
obere Riemenbreite	$b_0 \approx$	–	9,7	12,7	16,3	22	–	–
Richtbreite	$b_d \approx$	–	8,5	11	14	19	–	–
Riemenhöhe	$h \approx$	–	8	10	13	18	–	–
Abstand	$h_d \approx$	–	2	2,8	3,5	4,8	–	–
Mindestscheibenrichtdurchmesser	$d_{d\,min} \approx$	–	63	90	140	224	–	–
Richtlängen [1] (= Bestelllänge)	L_d	–	587 bis 3550	732 bis 4500	1250 bis 8000	2000 bis 12500	–	–
Biegewechsel (s^{-1})	$f_{B\,max} \approx$	100						
Riemengeschwindigkeit (m/s)	v_{max}	42						

[1] Herstellerangaben beachten (vorzugsweise nach DIN 323, R40)

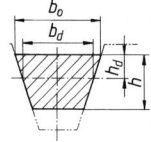

TB 16-13 Abmessungen der Keilriemenscheiben (nach DIN 2211; Auszug)

Nennabmessungen der Riemenscheiben								
für Keilriemen nach	DIN 2215	6	10	13	17	22	32	40
	ISO 4184	Y	Z	A	B	C	D	E
für Schmalkeilriemen nach DIN 7753 T1		–	SPZ	SPA	SPB	SPC	–	–
Rillenbreite	b_1 ≈	6,3	9,7	12,7	16,3	22	32	40
Rillenprofil	c ≈	1,6	2	2,8	3,5	4,8	8,1	12
	e ≈	8	12	15	19	25,5	37	44,5
	f ≈	6	8	10	12,5	17	24	29
	t ≈	7	11	14	18	24	33	38
Mindestscheibendurchmesser Normalkeilriemen	$d_{d\,min}$ ≈	28	50	71	112	180	355	500
Schmalkeilriemen		–	63	90	140	224	–	–
Keilwinkel α bei Richtdurchmesser d_d	32°	≤63	–	–	–	–	–	–
	34°	–	≤80	≤118	≤190	≤315	–	–
	36°	>63	–	–	–	–	≤500	≤630
	38°	–	>80	>118	>190	>315	>500	>630

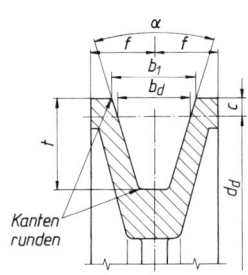
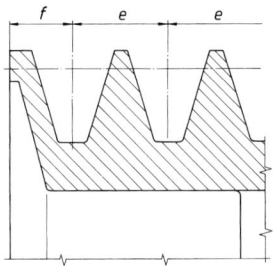

16

TB 16-14 Keilrippenriemen und Keilrippenscheiben nach DIN 7867
(Tabellenwerte in Anlehnung an DIN 7867 und Werksangaben)

	Profil-Kurzzeichen		PH	PJ	PK	PL	PM
Keilrippenriemen nach DIN 7867	Rippenabstand	s	$1{,}60 \pm 0{,}2$	$2{,}34 \pm 0{,}2$	$3{,}56 \pm 0{,}2$	$4{,}70 \pm 0{,}2$	$9{,}40 \pm 0{,}2$
	Riemenhöhe	h max[1]	3	4	6	10	17
	Anzahl der Rippen	z[2]	2...31	2...50	2...50	2...60	2...45
	Riemenbreite	b		$b = s \cdot z$			
	Rippengrundradius	r_g max	0,15	0,20	0,25	0,40	0,75
	Rippenkopfradius	r_k min	0,30	0,40	0,50	0,40	0,75
	Standard-Richtlänge L_d[2]	min	559	330	559	954	2286
		max	2155	2489	3492	6096	15266
	zul. Riemengeschwindigkeit	v max[2]	60 m/s	50 m/s	50 m/s	40 m/s	30 m/s
Keilrippenscheiben nach DIN 7867	Profil-Kurzzeichen		H	J	K	L	M
	Rillenabstand	e	$1{,}60 \pm 0{,}03$	$2{,}34 \pm 0{,}03$	$3{,}56 \pm 0{,}05$	$4{,}70 \pm 0{,}05$	$9{,}40 \pm 0{,}08$
	Gesamtabstand	c		$c = $ (Rippenanzahl $n - 1$) e Toleranz für c: $\pm 0{,}30$			
	Richtdurchmesser	$d_{\mathrm{d}\,\min}$	13	20	45	75	180
		Stufung		nach DIN 323 Normzahlreihe R20 (s. TB 1-16)			
	Innenradius	$r_{\mathrm{i}\,\max}$	0,30	0,40	0,50	0,40	0,75
	Außenradius	$r_{\mathrm{a}\,\min}$	0,15	0,20	0,25	0,40	0,75
	Profiltiefe	$t_{\min}$[2]	1,33	2,06	3,45	4,92	10,03
	Randabstand	$f_{\min}$	1,3	1,8	2,5	3,3	6,4
	Wirkdurchmesser	d_w		$d_\mathrm{w} = d_\mathrm{d} + 2h_\mathrm{b}$			
	Bezugshöhe	h_b	0,8	1,25	1,6	3,5	5,0

[1] Maße nach Wahl des Herstellers
[2] Hersteller-Angaben; vorzugsweise nach DIN 323 R'40

16

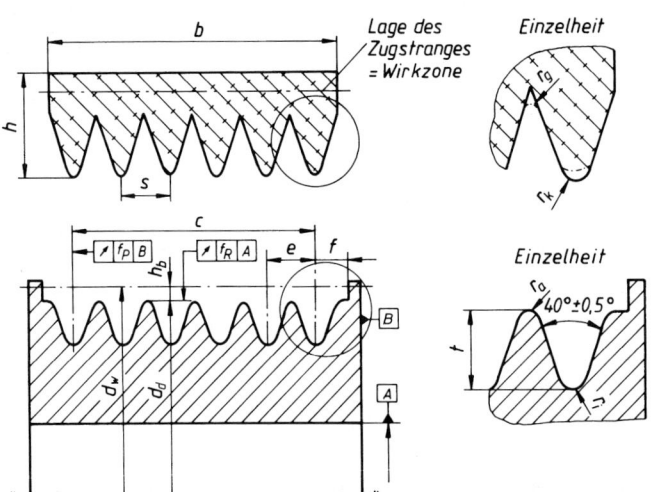

$d_\mathrm{d} \ldots 74$ mm: $f_\mathrm{R} = 0{,}13$ mm
$d_\mathrm{d} > 74 \ldots 250$ mm: $f_\mathrm{R} = 0{,}25$ mm
$d_\mathrm{d} > 250$ mm: $f_\mathrm{R} = 0{,}25$ mm $+ 0{,}004$
  je mm Bezugs-$\varnothing$ über 250 mm
$f_\mathrm{p} = 0{,}0002 \cdot d_\mathrm{d}$

TB 16-15 Nennleistung der Keil- und Keilrippenriemen

a) Nennleistung je Riemen für Normalkeilriemen

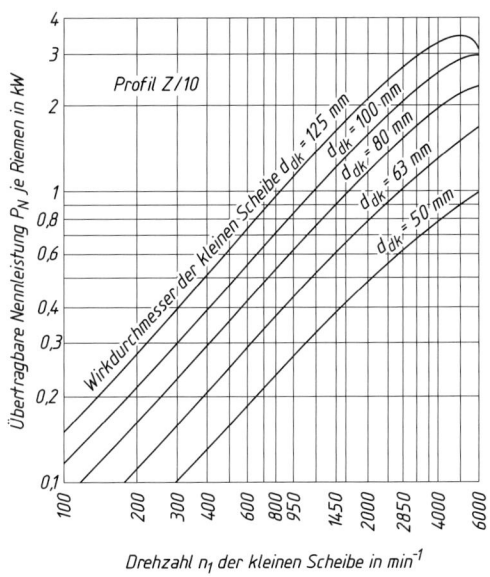

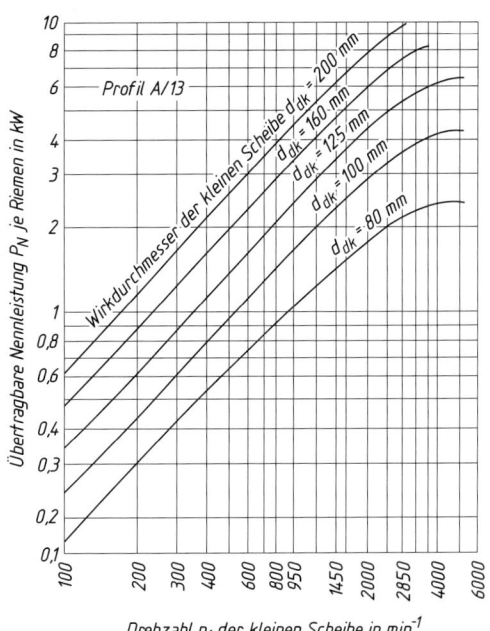

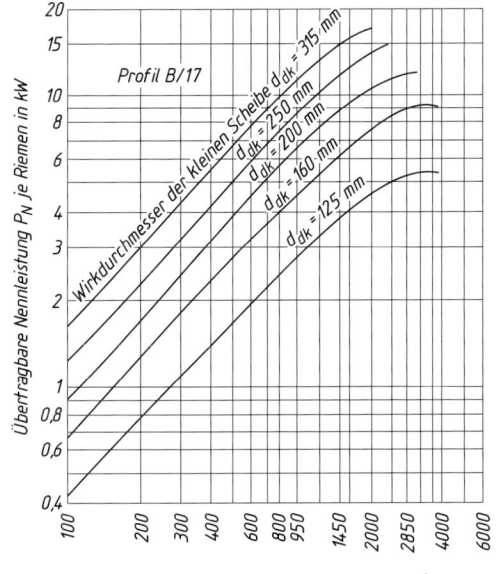

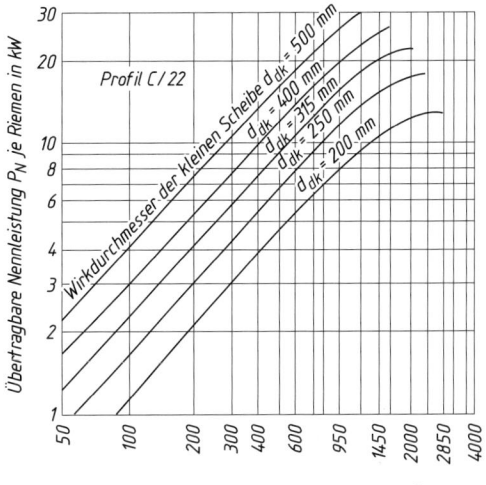

16

159

TB 16-15 Fortsetzung

b) Nennleistung je Riemen für Schmalkeilriemen

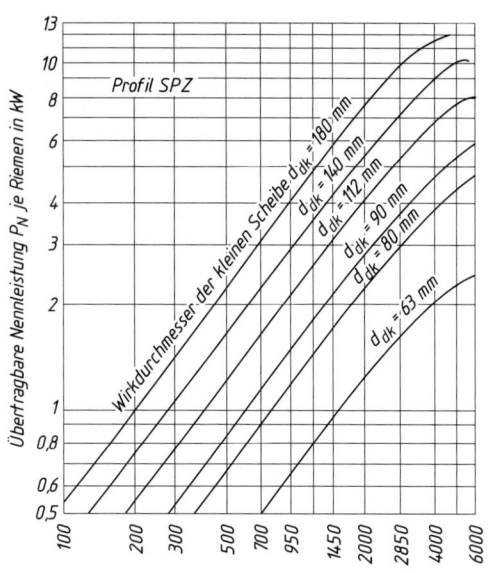

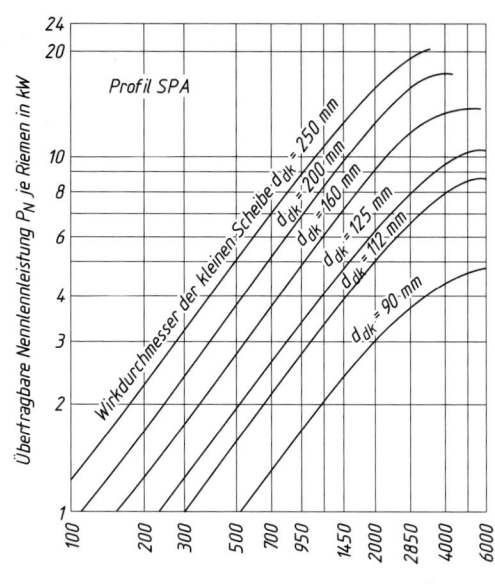

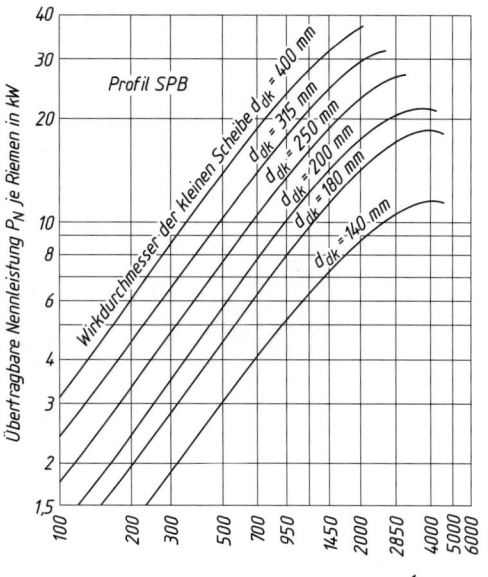

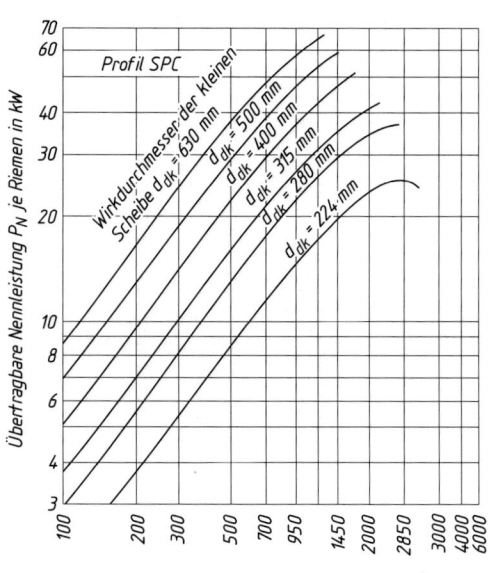

TB 16-15 Fortsetzung

c) Nennleistung je Rippe für Keilrippenriemen

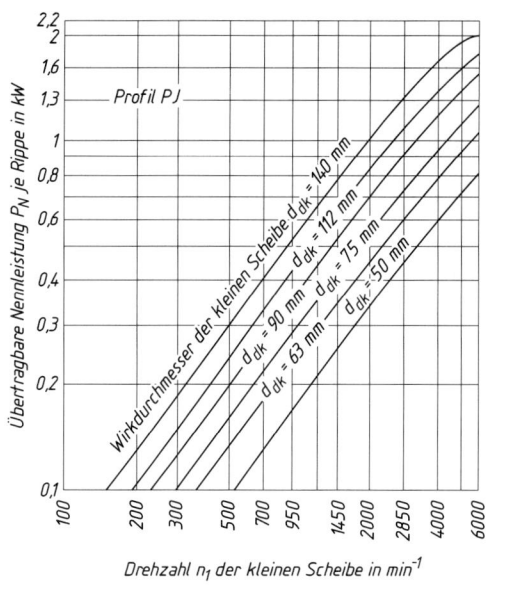

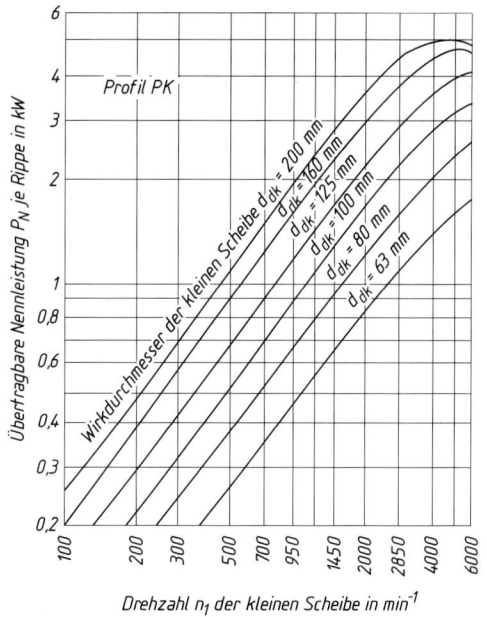

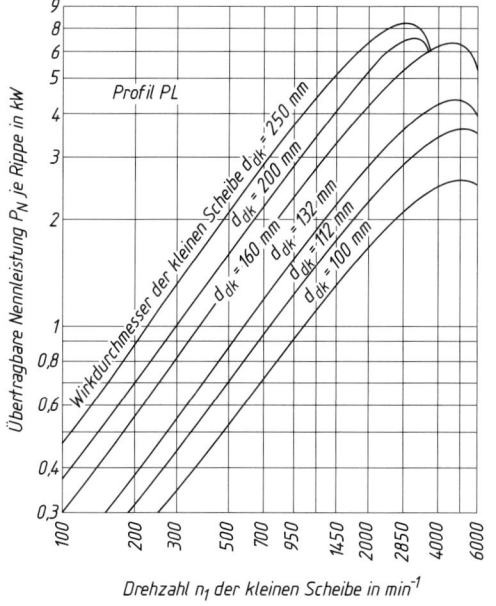

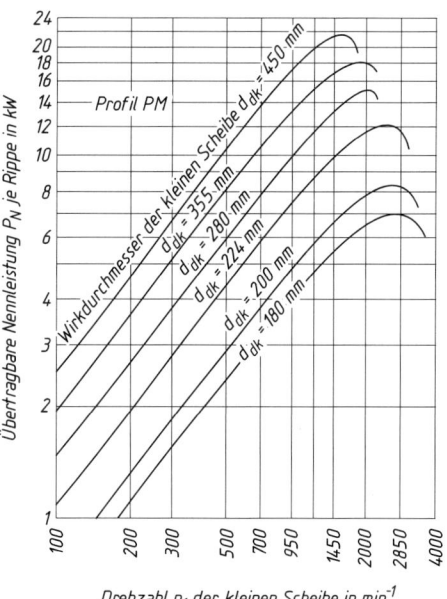

16

TB 16-16 Leistungs-Übersetzungszuschlag $\ddot{U}_z$ in kW (bei $i < 1$ wird $\ddot{U}_z = 1$)

a) je Riemen für Normalkeilriemen

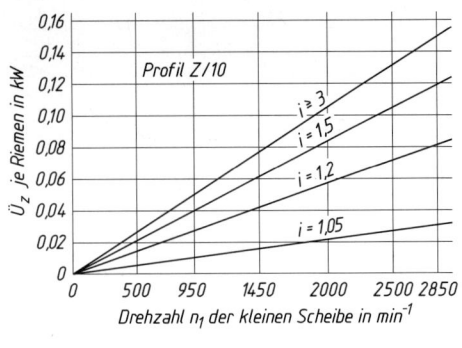

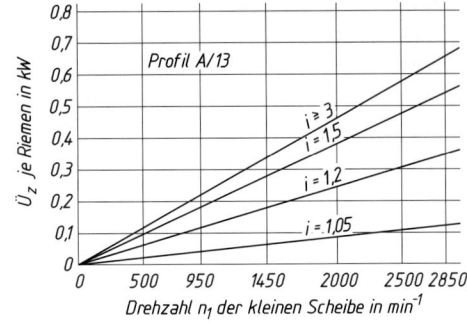

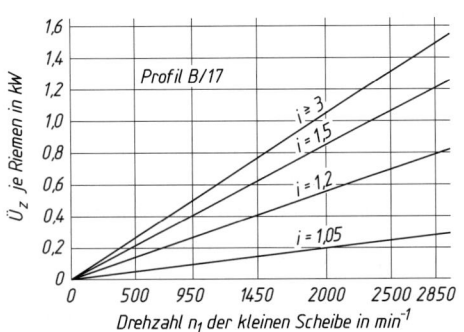

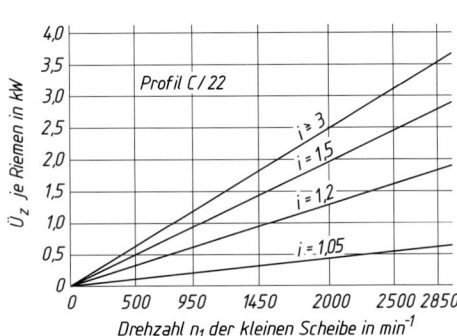

b) je Riemen für Schmalkeilriemen

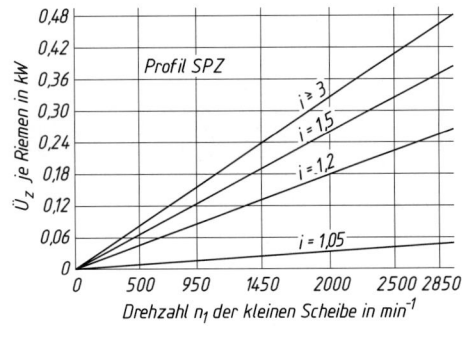

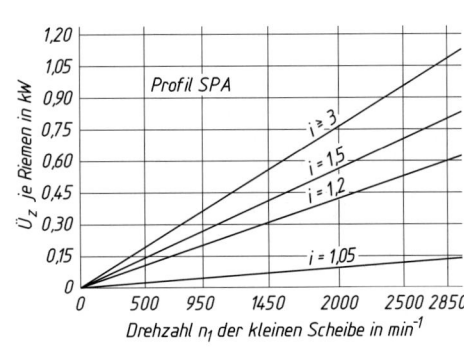

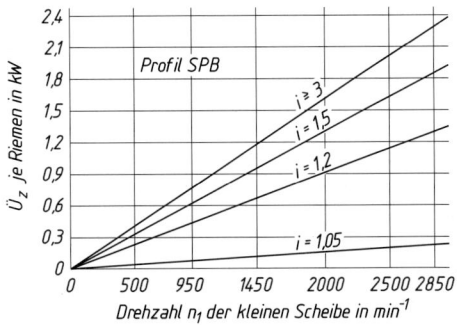

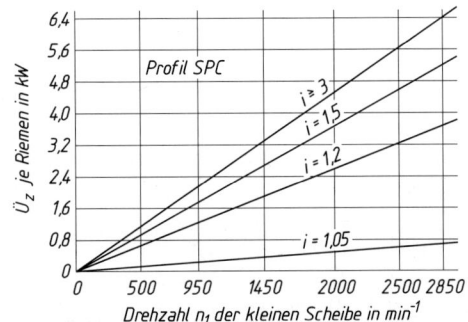

TB 16-16 Fortsetzung

c) je Rippe für Keilrippenriemen

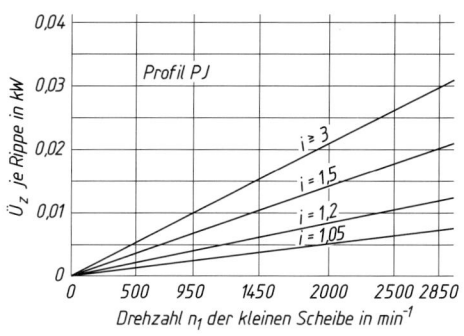

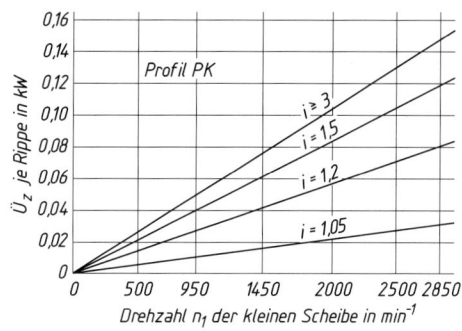

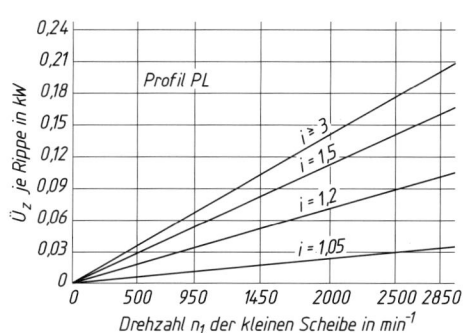

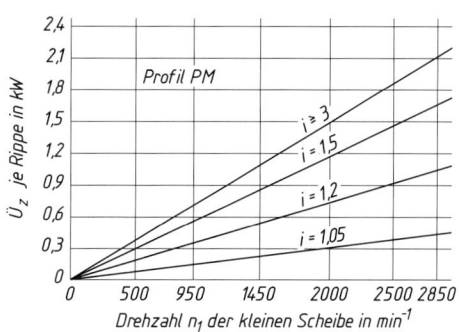

TB 16-17 Korrekturfaktoren zur Berechnung der Keil- und Keilrippenriemen

a) Winkelfaktor c_1

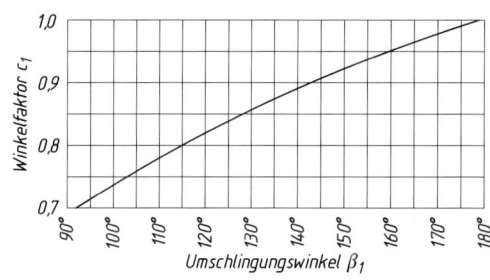

b) Längenfaktor c_2 für Normalkeilriemen

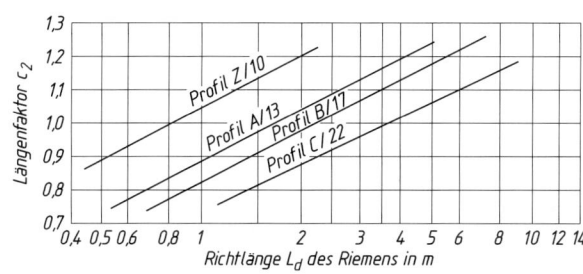

TB 16-17 Fortsetzung

c) Längenfaktor c_2 für Schmalkeilriemen

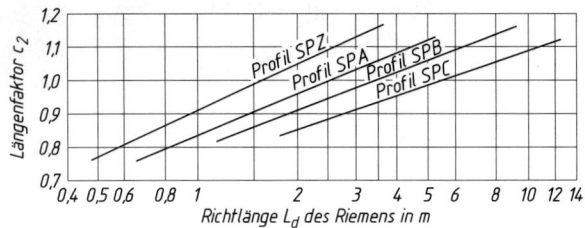

d) Längenfaktor c_2 für Keilrippenriemen

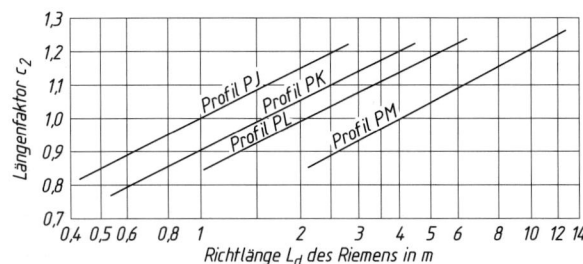

TB 16-18 Wahl des Profils von Synchronriemen

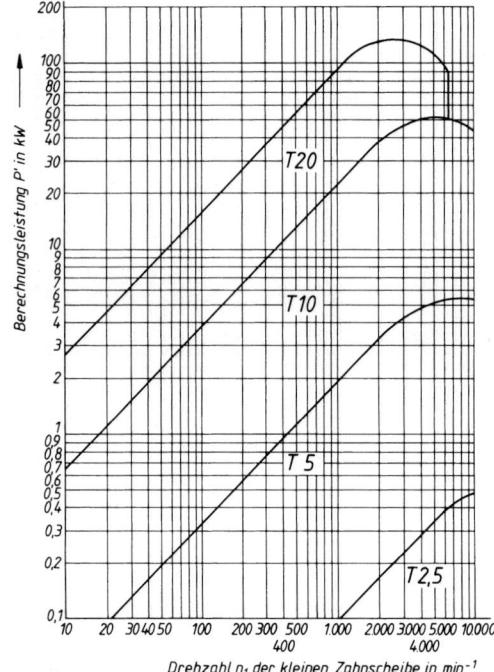

TB 16-19 Daten von Synchroflex-Zahnriemen nach Werknorm

a) Einsatzbereiche

Riemen-profil	P_{max} kW	n_{max} 1/min	v_{max} m/s	typische Anwendungsbereiche
T 2,5	0,5	20000	80	Feinwerkantriebe, Filmkameraantriebe, Steuerantriebe
T 5	5	10000	80	Büromaschinenantriebe, Küchenmaschinenantriebe, Tachoantriebe, Steuer- und Regelantriebe
T 10	30	10000	60	Werkzeugmaschinen (Haupt- und Nebenantriebe), Textilmaschinen- und Druckereimaschinenantriebe
T 20	100	6500	40	schwere Baumaschinen, Papiermaschinen, Textilmaschinen, Pumpen, Verdichter

b) Scheibenzähnezahl

Riemen-profil	Teilung p mm	Zahnhöhe h_z mm	Länge L_d mm	Scheibenzähnezahl		Mindestzähnezahl bei Gegenbiegung
				z_{min}	z_{max}	
T 2,5	2,5	0,7	120 ... 1475	10	114	11
T 5	5	1,2	100 ... 1500	10	114	12
T 10	10	2,5	260 ... 4780	12	114	15
T 20	20	5,0	1260 ... 3620	15	114	20

c) Riemenbreiten und zulässige Umfangskraft

Riemen-profil	zulässige Umfangskraft $F_{t zul}$ in N bei der Riemenbreite b in mm									
	4	6	10	16	25	32	50	75	100	150
T 2,5	39	65	117	195	312	403	–	–	–	–
T 5	–	150	300	510	870	1110	1800	2730	3660	–
T 10	–	–	–	1200	2000	2700	4300	6600	8800	13400
T 20	–	–	–	–	–	4750	7750	12000	16000	24500

d) Riemen-Zähnezahlen z_R (Auszug)

Profil T 2,5	64	71	72	73	80	84	90	92	98	106	114	116	122	127	132	152	168
	192	200	216	240	248	260	312	380	520	590							

Profil T 5	66	68	71	73	78	80	82	84	91	92	96	100	101	102	105	109	110
	112	115	118	122	124	126	130	138	140	144	145	150	153	156	160	163	168
	180	184	185	188	198	215	220	232	243	263	276	300					

Profil T 10	66	68	69	70	72	73	75	76	78	80	81	84	85	88	89	92	96
	97	98	101	108	111	114	115	121	124	125	130	132	135	139	140	142	145
	146	150	156	161	175	178	188	196	225	310	478						

Profil T 20	63	73	89	94	118	130	155	181

TB 16-20 Zahntragfähigkeit – spezifische Riemenzahnbelastbarkeit von Synchroflex-Zahnriemen (nach Werknorm)

Riemenprofil T 2,5

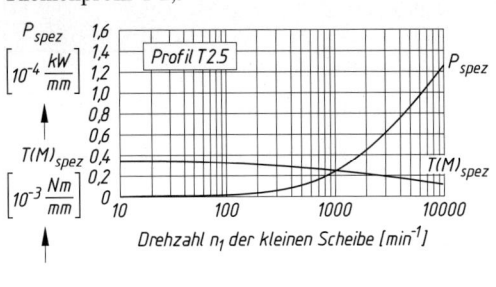

a)

Riemenprofil T 5

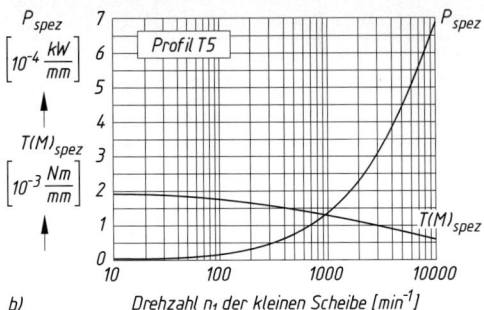

b)

Riemenprofil T 10

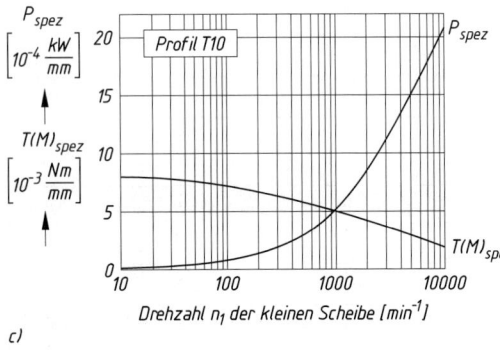

c)

Riemenprofil T 20

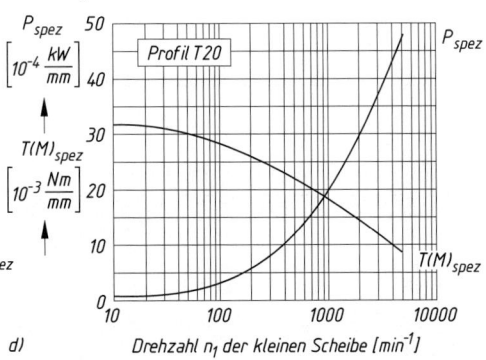

d)

16

TB 16-21 Oberflächengekühlte Drehstrommotoren mit Käfigläufer nach DIN 42673 T1 (Bauform IM B3 mit Wälzlagern)

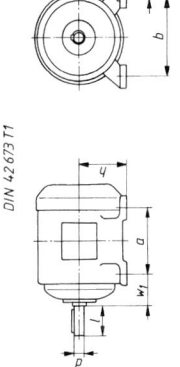

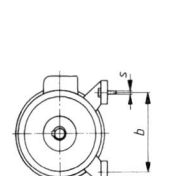

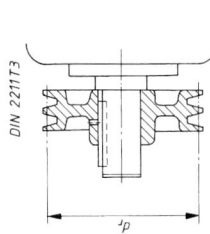

DIN 42673 T1   DIN 2211 T3   zul Wellenbelastung

Bezeichnung eines Drehstrommotors
Bauform IM B3, Baugröße 112M,
Leistung 4 kW bei einer Drehzahl
von etwa 1500 min^{-1}:
Motor DIN 42673 – IM B3–4–1500

Maße in mm

Baugröße	\[Anbaumaße in mm\] h	a	b	w_1	s	\[Wellenende $d \times l$\] 3000	\[n_a in min^{-1}\] ≤1500	\[Leistung P in kW, n_s in min^{-1}\] 3000	1500	1000	750	\[Läufer-Trägheitsmoment J in kg·m²\] 3000	1500	\[Kipp- zu Nenndrehmoment T_{Ki}/T_N\] 3000	1500	\[zul. Wellenbelastung, $n_s=1500$\] $x=0$ F_0 in kN	$x=1$ F_1 in kN	\[Schmalkeilriemenscheibe DIN 2211\] Profil	d_{ck} mm	Rillen z	\[Kupplung\] Periflex Größe	Hadeflex XW Größe
71	71	90	112	45	M6	14 × 30	14 × 30	0,37	0,25	–	–	0,00034	0,00054	2,0	1,9	0,45	0,53	–	–	–	1	24
71	71	90	112	45	M6	14 × 30	14 × 30	0,55	0,37	0,18	–	0,00039	0,00068	2,4	2,25	0,45	0,53	–	–	–	1	24
80	80	100	125	50	M8	19 × 40	19 × 40	0,75	0,55	0,37	–	0,00089	0,00134	2,2	2,0	0,52	0,63	SPZ	63	1	1	24
80	80	100	125	50	M8	19 × 40	19 × 40	1,1	0,75	0,55	–	0,00120	0,00182	2,4	2,3	0,52	0,63	SPZ	63	1	2	24
90S	90	100	140	56	M8	24 × 50	24 × 50	1,5	1,1	0,75	–	0,00210	0,00316	2,6	2,2	0,78	0,92	SPZ	71	1	2	24
90L	90	125	140	56	M8	24 × 50	24 × 50	2,2	1,5	1,1	–	0,00250	0,00383	3,0	2,6	0,78	0,92	SPZ	71	2	2	28
100S	100	140	160	63	M10	28 × 60	28 × 60	3	2,2	1,5	0,75[3]	0,00325	0,00488	2,8	2,4	1,06	1,31	SPZ	90	2	2	28
100L	100	140	190	70	M10	28 × 60	28 × 60	4	3	2,2	1,5	0,0055	0,0094	3,3	2,5	1,04	1,27	SPZ	112	2	6	38
112M	112	140	216	89	M10	28 × 60	38 × 80	5,5[3]	4	3	2,2	0,0080	0,0180	3,4	3,4	1,53	1,94	SPZ	125	2	6	38
132S	132	140	216	89	M10	38 × 80	38 × 80	–	5,5	4[3]	3	–	0,0318	–	3,1	1,53	1,94	SPZ	140	3	6	38
132M	132	178	216	89	M12	38 × 80	38 × 80	–	7,5	–	4[3]	0,0230	0,045	–	3,6	1,53	1,94	SPZ	140	4	16	42
160M	160	210	254	108	M12	42 × 110	42 × 110	11[3]	11	7,5	7,5	0,0615	0,101	4,0	2,7	1,59	2,04	SPZ	140	5	16	48
160L	160	254	254	108	M12	42 × 110	42 × 110	18,5	15	11	11	0,0753	0,118	2,9	2,9	1,59	2,04	SPZ	160	5	16	48
180M	180	241	279	121	M12	48 × 110	48 × 110	22	18,5	–	15	0,142	0,222	3,0	3,0	1,95	2,35	SPA	180	5	16	55
180L	180	279	279	121	M12	48 × 110	55 × 110	–	22	15	18,5	–	0,356	–	3,0	1,95	2,35	SPA	180	5	40	55
200L	200	305	318	133	M16	55 × 110	60 × 140	30[3]	30	18,5[3]	22	0,270	0,461	2,6	2,7	2,75	3,35	SPA	200	4	40	60
225S	225	286	356	149	M16	55 × 110	60 × 140	–	37	–	30	0,424	0,677	–	2,8	2,95	3,75	SPB	224	4	40	65
225M	225	311	356	149	M16	60 × 140	65 × 140	45	45	30	37	0,816	1,06	3,0	2,8	2,95	3,75	SPB	224	4	40	75
250M	250	349	406	168	M20	60 × 140	75 × 140	55	55	37	45	0,957	1,26	2,7	2,7	3,60	4,40	–	–	–	63	75
280S	280	368	457	190	M20	65 × 140	75 × 140	75	75	45	55	1,19	2,00	3,2	2,7	7,20	8,70	–	–	–	63	75
280M	280	419	457	190	M20	65 × 140	80 × 170	90	90	55	75	1,45	2,35	3,2	2,8	7,20	8,70	–	–	–	125	85
315S	315	406	508	216	M24	65 × 140	80 × 170	110	110	75	90	–	–	3,2	2,8	8,10	9,90	–	–	–	125	85
315M	315	457	508	216	M24	65 × 140	80 × 170	132	132	90	–	–	–	–	–	8,10	9,90	–	–	–	–	100

1) Toleranzklassen: $d \leq 48$: k6, $d \geq 55$: m6
2) Nenndrehzahl bei asynchronen Drehstrommotoren etwa 0,5 … 10 % (bei großen … kleinen Leistungen) niedriger
3) oder nächsthöhere Leistung
4) nach AEG
5) bei direkter Einschaltung
6) nach Siemens. Bei Kraftangriff innerhalb des Wellenendes gilt: $F_{zul} \approx F_0 + (F_1 - F_0)\,x/l$
7) für normale Betriebsbedingungen

16

17 Kettentriebe

TB 17-1 Rollenketten nach DIN 8187 (Auszug)

Bezeichnung einer Einfach-Rollen-
kette nach DIN 8187 mit Ketten-Nr.
16 B mit 92 Gliedern:

Rollenkette DIN 8187 − 16 B − 1 × 92

Bezeichnung einer Zweifach-Rollen-
kette nach DIN 8187 mit Ketten-Nr.
08 B mit 120 Gliedern:

Rollenkette DIN 8187 − 08 B − 2 × 120

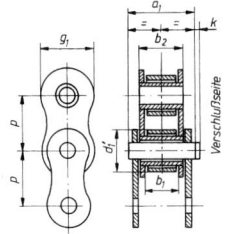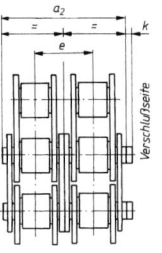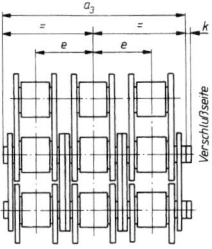

Maße in mm

Ketten-Nr. Reihe		p	b_1	b_2	d_1'	e	g_1	k	a_1	Einfach-Rollenkette (1)[2] Bruch-kraft[1] N	Ge-lenk-fläche cm²	Ge-wicht kg/m	a_2	Zweifach-Rollenkette (2)[2] Bruch-kraft[1] N	Ge-lenk-fläche cm²	Ge-wicht kg/m	a_3	Dreifach-Rollenkette (3)[2] Bruch-kraft[1] N	Ge-lenk-fläche cm²	Ge-wicht kg/m
1	2		min	max	max		max	max	max	min		≈	max	min		≈	max	min		≈
	03	5	2,5	4,15	3,2	−	4,1	2,5	7,4	2200	0,06	0,08	−	−	−	−	−	−	−	−
	04	6	2,8	4,1	4	−	5	2,9	7,4	3000	0,07	0,12	−	−	−	−	−	−	−	−
05 B		8	3	4,77	5	5,64	7,1	3,1	8,6	5000	0,11	0,18	14,3	9000	0,22	0,36	19,9	13 200	0,33	0,54
06 B		9,525	5,72	8,53	6,35	10,24	8,2	3,3	13,5	9100	0,28	0,41	23,8	17 300	0,55	0,78	34	25 400	0,83	1,18
08 B		12,7	7,75	11,3	8,51	13,92	11,8	3,9	17	19 000	0,50	0,70	31	32 000	1,00	1,35	44,9	47 500	1,50	2,0
10 B		15,875	9,65	13,28	10,16	16,59	14,7	4,1	19,6	24 000	0,67	0,95	36,2	46 800	1,34	1,85	52,8	70 200	2,02	2,8
12 B		19,05	11,68	15,62	12,07	19,46	16,1	4,6	22,7	30 500	0,89	1,25	42,2	59 000	1,78	2,5	61,7	88 500	2,68	3,8
	16 B	25,4	17,02	25,45	15,88	31,88	21,0	5,4	36,1	65 000	2,10	2,7	68	110 000	4,21	5,4	99,9	165 000	6,32	8
	20 B	31,75	19,56	29,01	19,05	36,45	26,4	6,1	43,2	95 000	2,95	3,6	79,7	180 000	5,91	7,2	116	270 000	8,86	11
	24 B	38,1	25,4	37,92	25,4	48,36	33,4	6,6	53,4	160 000	5,54	6,7	101	280 000	11,09	13,5	150	425 000	16,64	21
	28 B	44,45	30,99	46,58	27,94	59,56	37,0	7,4	65,1	200 000	7,40	8,6	124	360 000	14,81	16,6	184	530 000	22,21	25
	32 B	50,8	30,99	45,57	29,21	58,55	42,2	7,9	67,4	250 000	8,11	10,5	126	450 000	16,23	21	184	670 000	24,34	32
	40 B	63,5	38,1	55,75	39,37	72,29	52,9	10	82,6	355 000	12,76	16	154	630 000	25,52	32	227	950 000	38,28	48
	48 B	76,2	45,72	70,56	48,26	91,21	63,8	10	99,1	400 350	20,63	25	190	800 700	41,26	50	281	1 201 000	61,89	75
	56 B	88,9	53,34	81,33	53,98	106,6	77,8	11	114	578 250	27,91	35	221	1 112 050	55,82	70	−	−	−	−
	64 B	101,6	60,96	92,02	63,5	119,98	90,1	13	130	711 800	36,25	60	250	1 423 420	72,5	120	−	−	−	−
	72 B	114,3	68,58	103,81	72,39	−	103,6	14	147	1 000 900	46,17	80	−	−	−	−	−	−	−	−

[1] Bei gekröpften Gliedern (möglichst vermeiden) darf nur mit 80% der Bruchkraft gerechnet werden.
[2] Wert für Bruchkraft, Gelenkfläche und Gewicht nach Antriebstechnik Arnold & Stolzenberg, Einbeck.
Hinweis: Für diese Größen geben die Kettenhersteller meist abweichende Daten an. Im Praxisfall sind deshab die Werksangaben zu nutzen.

TB 17-2 Haupt-Profilabmessungen der Kettenräder nach DIN 8196,
s. Hierzu Lehrbuch, Bild 17-12

Maße in mm

Ketten-Nr.	B_1 (h14) einfach	mehrfach	B_2	B_3	e	A min	F min	r_4 min	max
03	2,3	−	−	−	−	9	3,5		
04	2,6	2,5	8,0	−	5,5	9	3,5	0,2	1
05 B	2,8	2,7	8,3	14,0	5,65	10	5		
06 B	5,3	5,2	15,4	25,7	10,24	15	6		
08 B	7,2	7,0	21,0	34,8	13,92	20	8		
10 B	9,1	9,0	25,6	42,2	16,59	23	10	0,3	1,6
12 B	11,1	10,8	30,3	49,7	19,46	27	11		
16 B	16,2	15,8	47,7	79,6	31,88	42	15		
20 B	18,5	18,2	54,6	91,1	36,45	50	18		
24 B	24,1	23,6	72,0	120,3	48,36	63	23	0,4	2,5
28 B	29,4	28,8	88,4	147,9	59,56	76	25		
32 B	29,4	28,8	87,4	145,9	58,55	79	29		
40 B	36,2	35,4	107,7	180,0	72,19	97	36		
48 B	43,4	42,5	133,7	224,9	91,21	116	43	0,5	6

17

TB 17-3 Leistungsdiagramm nach DIN 8195 für Rollenketten nach DIN 8187

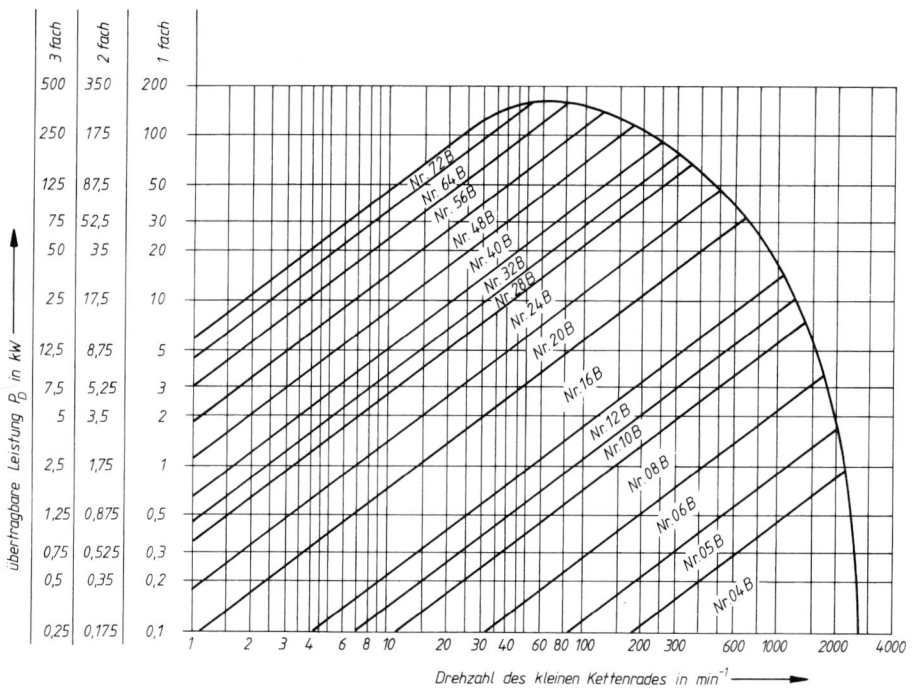

Anmerkung: Die oberen Begrenzungslinien gelten für Kettentriebe mit
$z_1 = 19$ Zähnen, $X = 100$ Gliedern, Übersetzung $i = 3$ und $t_h = 15000$ Betriebsstunden

TB 17-4 Spezifischer Stützzug

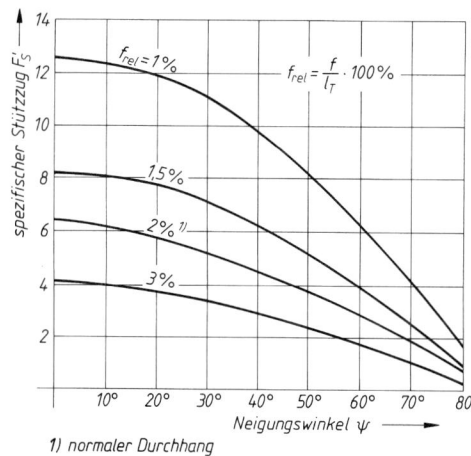

1) normaler Durchhang

TB 17-5 Faktor f_1 zur Berücksichtigung der Zähnezahl nach DIN 8195

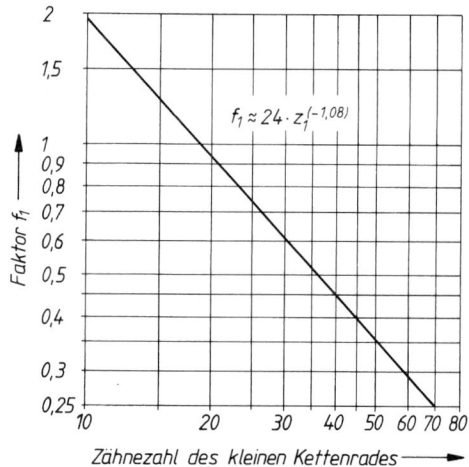

17

TB 17-6 Wellenabstandsfaktor f_2

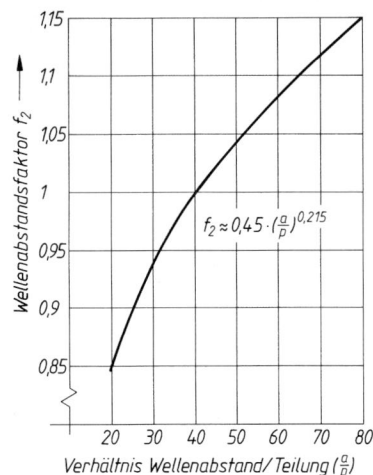

Wellenabstandsfaktor f_2

$$f_2 \approx 0{,}45 \cdot \left(\tfrac{a}{p}\right)^{0{,}215}$$

Verhältnis Wellenabstand/Teilung $\left(\tfrac{a}{p}\right)$

TB 17-7 Umweltfaktor f_6 (nach Niemann)

Umweltbedingungen	f_6
Staubfrei und beste Schmierung	1
Staubfrei und ausreichende Schmierung	0,9
Nicht staubfrei und ausreichende Schmierung	0,7
Nicht staubfrei und Mangelschmierung	0,5 für $v \leq 4$ m/s
	0,3 für $v = 4 \ldots 7$ m/s
Schmutzig und Mangelschmierung	0,3 für $v \leq 4$ m/s
	0,15 für $v = 4 \ldots 7$ m/s
Schmutzig und Trockenlauf	0,15 für $v \leq 4$ m/s

TB 17-8 Schmierbereiche nach DIN 8195

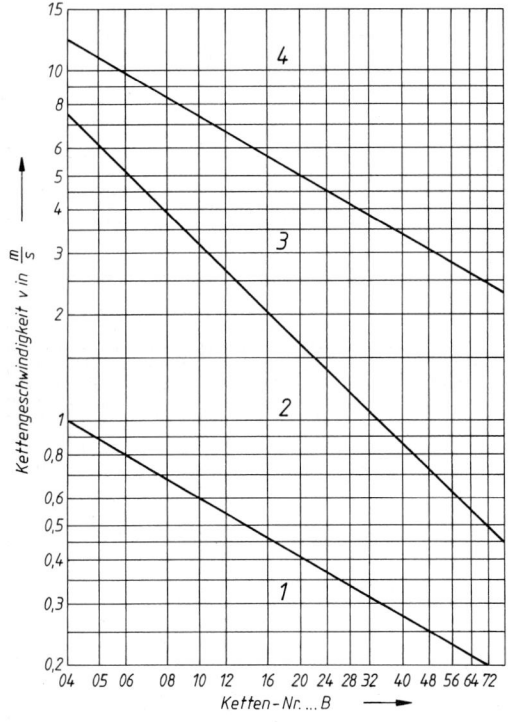

Kettengeschwindigkeit v in $\tfrac{m}{s}$

Ketten-Nr. ... B

1 Ölzufuhr durch Ölkanne oder Pinsel
2 Tropfschmierung
3 Ölbad oder Schleuderscheibe
4 Druckumlaufschmierung, gegebenenfalls mit Filter und Ölkühler

17

18 Elemente zur Führung von Fluiden (Rohrleitungen)

TB 18-1 Rohrarten, Übersicht

Rohrart Benennung	Maßnorm	Technische Liefer-bedingungen	Druck	Temperatur °C	Anwendung Werkstoffbeispiel	
Nahtlose Präzisionsstahl-rohre mit besonderer Maßgenauigkeit	DIN 2391-1	DIN 2391-2			Hydraulikleitungen S235G2T, S355GT	
	DIN 2391-1 (Gütegrad C)	DIN 17175 Gütestufe 1	≤80 bar	≤450	$d_a \leq 63{,}5$	
			≤32 bar	≤450	$d_a > 63{,}5$	
		DIN 17175 Gütestufe III	>32 bar	>450	St 35.8, 13CrMo4-4, X20CrMoV12-1	
Geschweißte Präzisions-stahlrohre mit besonderer Maßgenauigkeit	DIN 2393-1	DIN 2393-2				
	DIN 2393-1 (Gütegrad C)	DIN 17177 Gütestufe 1	≤80 bar	≤450	$d_a \leq 63{,}5$	
			≤32 bar	≤450	$d_a > 63{,}5$	
		DIN 17177 Gütestufe III	>32 bar	>450 ≤530	St 37.8, 15Mo3	
Nahtlose Stahlrohre	DIN 2448	DIN 1629	≤160 bar	≤300	mit Bescheinigung DIN EN 10204-3.1	
			≤64 bar	≤300	$d_a \leq 219{,}1$	mit Bescheinigung DIN EN 10204-2.2
			≤25 bar	≤300	$d_a \leq 660$	
			≤16 bar	≤300	$d_a > 660$	
		DIN 1630		≤300		
		DIN EN 10208-2			für brennbare Flüssigkeiten und Gase	
		DIN 17175 Gütestufe I	≤80 bar	≤450	$d_a \leq 63{,}5$	
			≤32 bar	≤450	$d_a > 63{,}5$	
		DIN 17175 Gütestufe III	>32 bar	>450	alle Durchmesser	
Nahtlose Stahlrohre für schwellende Bean-spruchung	DIN 2448 DIN 2445-1	DIN 1630	PN 100– PN 500	≤120	warmgefertigte Stahlrohre für hydraulische Anlagen $d_a = 21{,}3$ bis 355,6 mm	
	DIN 2391-1 DIN 2445-2	DIN 2391-2 Gütegrad C	PN 100– PN 500	≤120	Präzisionsstahlrohre für hydrau-lische Anlagen $d_a = 4$ bis 50 mm	
Gewinderohre mittelschwer	DIN 2440	DIN 2440	bis PN 25		Flüssigkeiten	
			bis PN 10		Luft und ungefährliche Gase	
Gewinderohre schwer	DIN 2441	DIN 2441	bis PN 25		Flüssigkeiten	
			bis PN 10		Luft und ungefährliche Gase	
Geschweißte Rohre aus austenitischen nicht rostenden Stählen	DIN EN ISO 1127	DIN 17457			Druckbehälterbau, Apparatebau, Leitungsbau, für besondere Anforderungen	
Rohre aus nicht rostenden Stählen für Lebensmittel	DIN 11850	DIN 17456 DIN 17455			Rohrleitungssysteme in der Lebensmittelindustrie	
Muffen- und	DIN EN 545	DIN EN 545	bis 64 bar	>0 ≤50	Wasserleitungen, oberirdisch oder erdverlegt DN 40 bis DN 2000 duktiles Gusseisen	
Flanschdruckrohre			PN 10 bis PN 40			
Muffen und Flansch-druckrohre	DIN EN 969	DIN EN 969	bis 16 bar	>−15 ≤50	Luft, brennbare Gase, oberirdisch oder erdverlegt DN 40 bis DN 600 duktiles Gusseisen	
PE-HD (PE-hart)	DIN 8074	DIN 8075		−10 bis 60	Für Säuren, Laugen, schwache Lösungsmittel	
	DIN 19533	DIN 19533			Trinkwasser	

TB18-2 Anschlussmaße für runde Flansche PN 6, PN 40 und PN 63 nach DIN EN 1092-2[1] (Auszug DN 20 bis DN 600)

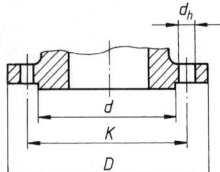

Maße in mm

	PN 6[2]						PN 40[3]						PN 63					
					Schrauben						Schrauben						Schrauben	
Nennweite	Außendurchmesser	Dichtleiste	Lochkreisdurchmesser	Lochdurchmesser	Anzahl	Nenngröße	Außendurchmesser	Dichtleiste	Lochkreisdurchmesser	Lochdurchmesser	Anzahl	Nenngröße	Außendurchmesser	Dichtleiste	Lochkreisdurchmesser	Lochdurchmesser	Anzahl	Nenngröße
DN	D	d	K	d_h			D	d	K	d_h			D	d	K	d_h		
20	90	48	65	11	4	M10	105	56	75	14	4	M12	–	–	–	–	–	–
25	100	58	75	11	4	M10	115	65	85	14	4	M12	–	–	–	–	–	–
32	120	69	90	14	4	M12	140	76	100	19	4	M16	–	–	–	–	–	–
40	130	78	100	14	4	M12	150	84	110	19	4	M16	170	84	125	23	4	M20
50	140	88	110	14	4	M12	165	99	125	19	4	M16	180	99	135	23	4	M20
60	150	98	120	14	4	M12	175	108	135	19	8	M16	190	108	145	23	8	M20
65	160	108	130	14	4	M12	185	118	145	19	8	M16	205	118	160	23	8	M20
80	190	124	150	19	4	M16	200	132	160	19	8	M16	215	132	170	23	8	M20
100	210	144	170	19	4	M16	235	156	190	23	8	M20	250	156	200	28	8	M24
125	240	174	200	19	8	M16	270	184	220	28	8	M24	295	184	240	31	8	M27
150	265	199	225	19	8	M16	300	211	250	28	8	M24	345	211	280	34	8	M30
200	320	254	280	19	8	M16	375	284	320	31	12	M27	415	284	345	37	12	M33
250	375	309	335	19	12	M16	450	345	385	34	12	M30	470	345	400	37	12	M33
300	440	363	395	23	12	M20	515	409	450	34	16	M30	530	409	460	37	16	M33
350	490	413	445	23	12	M20	580	465	510	37	16	M33	600	465	525	41	16	M36
400	540	463	495	23	16	M20	660	535	585	41	16	M36	670	535	585	44	16	M39
450	595	518	550	23	16	M20	685	560	610	41	20	M36	–	–	–	–	–	–
500	645	568	600	23	20	M20	755	615	670	44	20	M39	–	–	–	–	–	–
600	755	676	705	28	20	M24	890	735	795	50	20	M45	–	–	–	–	–	–

[1] Teil 1: Stahlflansche, Teil 2: Gusseisenflansche, Teil 3: Flansche für Kupferlegierungen, Teile 4 bis 6: Flansche aus Al-Legierungen, anderen metallischen und nichtmetallischen Werkstoffen.
Die Anschlußmaße der Flansche nach dieser Norm sind mit Flanschen aus anderen Werkstoffen kompatibel.
[2] Die Anschlussmaße gelten bis DN 100 auch für PN 2,5.
[3] Die Anschlussmaße gelten bis DN 100 auch für PN 25.

TB 18-3 Auswahl von PN nach DIN EN 1333 (bisher „Nenndruckstufen")

PN 2,5		PN 6	PN 10	PN 16
PN 25	PN 40	PN 63	PN 100	

PN: Alphanumerische Kenngröße für Referenzzwecke, bezogen auf eine Kombination von mechanischen und maßlichen Eigenschaften eines Bauteils eines Rohrleitungssystems.

Der zulässige Druck eines Rohrleitungsteiles hängt von der PN-Stufe, dem Werkstoff und der Auslegung des Bauteiles, der zulässigen Temperatur usw. ab und ist in den Tabellen der Druck/Temperatur-Zuordnungen in den entsprechenden Normen angegeben.

TB 18-4 Bevorzugte DN-Stufen (Nennweiten) nach DIN EN ISO 6708

DN 10	DN 15	DN 20	DN 25	DN 32	DN 40	DN 50	DN 60	DN 65	DN 80	DN 100	DN 125	DN 150	DN 200
DN 250	DN 300	DN 350	DN 400	DN 450	DN 500	DN 600	DN 700	DN 800	DN 900	DN 1000	DN 1100	DN 1200	DN 1400
DN 1500	DN 1600	DN 1800	DN 2000	DN 2200	DN 2400	DN 2600	DN 2800	DN 3000	DN 3200	DN 3400	DN 3600	DN 3800	DN 4000

DN: Die Bezeichnung umfasst die Buchstaben DN, gefolgt von einer dimensionslosen ganzen Zahl, die indirekt mit der physikalischen Größe der Bohrung oder Außendurchmesser der Anschlüsse, ausgedrückt in mm, in Beziehung steht.

18

TB 18-5 Wirtschaftliche Strömungsgeschwindigkeiten in Rohrleitungen für verschiedene Medien in m/s (Richtwerte) bezogen auf den Zustand in der Leitung

Wasserleitungen	
Allgemein	1 … 3
Hauptleitungen	1 … 2
Nebenleitungen	0,5 … 0,7
Fernleitungen	1,5 … 3
Saugleitungen von Pumpen	0,5 … 1
Druckleitungen von Pumpen	1,5 … 3
Presswasserdruckleitungen	15 … 20
Wasserturbinen	2 … 6
Luftleitungen	
Pressluftleitungen	2 … 10
Luft (bezogen auf Normzustand)	10 … 40
Gasleitungen	
Hochdrucknetze	5 … 15
Niederdrucknetz, Hauptleitungen	3 … 10
Hausleitungen	0,5 … 1
Dampfleitungen	
Sattdampf	15 … 25
Heißdampf	30 … 60
Ölleitungen	
viskose Flüssigkeiten allgemein	1 … 2
Schmierölleitungen in Kraftmaschinen	0,5 … 1
Brennstoffleitungen in Kraftmaschinen	20
Ölhydraulik	
Saugleitungen (v groß … klein)	0,6 … 1,3
Druckleitungen (p klein … groß)	3 … 6
Rückleitungen	2 … 4

TB 18-6 Mittlere Rauigkeitshöhe k von Rohren (Anhaltswerte)

Rohrart	Zustand der Rohrinnenwand	k in mm
neue gezogene und gepresste Rohre aus Kupfer, Cu-Legierungen, Al-Legierungen, Glas, Kunststoff	technisch glatt (auch Rohre mit Metallüberzug)	0,001 … 0,002
nahtlose Stahlrohre	neu, mit Walzhaut gebeizt gleichmäßige Rostnarben mäßig verrostet und leicht verkrustet starke Verkrustung	0,02 … 0,06 0,03 … 0,04 0,15 0,15 … 0,4 2 … 4
neue Stahlrohre mit Überzug	Metallspritzüberzug verzinkt, handelsüblich bitumiert zementiert	0,08 … 0,09 0,10 … 0,16 0,01 … 0,05 ca. 0,18
neue geschweißte Stahlrohre	mit Walzhaut	0,04 … 0,10
gusseiserne Rohre	neu, typische Gusshaut neu, bituminiert gebraucht, angerostet verkrustet	0,2 … 0,6 0,1 1 … 1,5 1,5 … 4
Stahlrohre nach mehrjährigem Betrieb	Mittelwert für Erdgasleitungen Mittelwert für Ferngasleitungen Mittelwert für Wasserleitungen	0,2 … 0,4 0,5 … 1 0,4 … 1,2
Betonrohre, Holzrohre	neu	0,2 … 1
Rohre aus Asbestzement	neu, glatt	0,03 … 0,1

18

TB 18-7 Widerstandszahl ζ von Rohrleitungselementen (Richtwerte)

Kreiskrümmer 90°[1] (Rohrbogen), glatt (rau)	$R/d = 1$	0,21 (0,51)
	$R/d = 2$	0,14 (0,30)
	$R/d = 4$	0,11 (0,23)
	$R/d = 10$	0,11 (0,20)
Kniestücke, glatt (rau), Abknickwinkel	22,5°	0,07 (0,11)
	30°	0,11 (0,17)
	60°	0,47 (0,68)
	90°	1,13 (1,27)
Gusskrümmer 90°	DN 50	1,3
	DN 200	1,8
	DN 500	2,2
Abzweigstücke (T-Stücke), rechtwinklig (strömungsgerecht)	Strom-Trennung	1,3 (0,9)
	Strom-Vereinigung	0,9 (0,4)
Rohrerweiterung	plötzlich von A_1 nach A_2	$\zeta_1 = (1 - A_1/A_2)^2$
	stetig, Erweiterungswinkel β 10°	0,20
	20°	0,45
	30°	0,60
Ausströmung		1,0
Rohrverengung	stetig	ca. 0,05
	plötzlich, scharfkantig	0,5
	Kante gebrochen	0,25
Rohreinläufe	kantig, scharfkantig (gebrochen)	0,5 (0,25)
	vorstehendes Rohrstück, scharfkantig	3
	Saugkorb mit Fußventil	ca. 2,5
Durchgangsventil	DIN	4 … 5
	Freifluss	0,6 … 2
Eckventil	DIN	2 … 4
	Bauart Boa	1,3 … 2
Schieber ohne Leitrohr		0,2 … 0,3
Rückschlagklappen	DN 50	1,4
	DN 200	0,8
Hähne mit vollem Durchgang		0,1 … 0,15

[1] $\delta \neq 90°: \zeta = k \cdot \zeta_{90°}$, wobei

δ	30°	60°	120°	180°
k	0,4	0,7	1,25	1,7

18

TB 18-8 Rohrreibungszahl λ

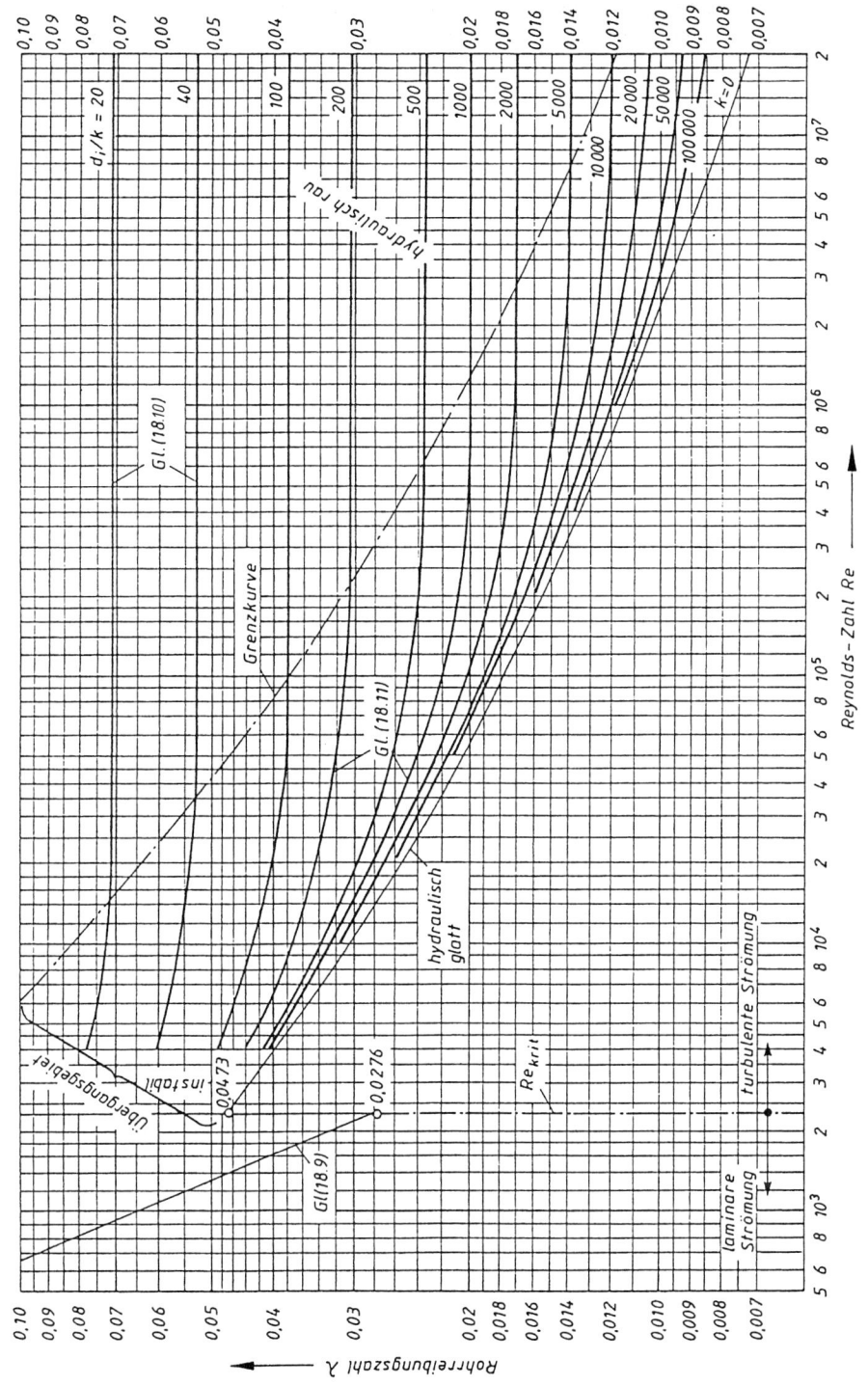

TB 18-9 Dichte und Viskosität verschiedener Flüssigkeiten und Gase

a) Flüssigkeiten (bei ca. 1 bar)

Medium	Temperatur t in °C	Dichte ϱ in kg/m³	kinematische Viskosität ν in m²/s
Wasser	0	999,8	$1{,}792 \cdot 10^{-6}$
	10	999,7	$1{,}307 \cdot 10^{-6}$
	20	998,2	$1{,}004 \cdot 10^{-6}$
	40	992,2	$0{,}658 \cdot 10^{-6}$
	60	983,2	$0{,}475 \cdot 10^{-6}$
	100	958,4	$0{,}295 \cdot 10^{-6}$
Erdöl roh (Persien)	10	895	$700 \cdot 10^{-6}$
	30	880	$25 \cdot 10^{-6}$
	50	868	$12 \cdot 10^{-6}$
Spindelöl	20	871	$15 \cdot 10^{-6}$
	60	845	$4{,}95 \cdot 10^{-6}$
	100	820	$2{,}44 \cdot 10^{-6}$
Dieselkraftstoff	20	850	$4{,}14 \cdot 10^{-6}$
Heizöl	20	930	$51{,}8 \cdot 10^{-6}$
Benzin	15	720	$0{,}78 \cdot 10^{-6}$
MgCl$_2$-Sole (20 %)	−20	1184	$10{,}94 \cdot 10^{-6}$
	0	1184	$4{,}64 \cdot 10^{-6}$
	20	1184	$2{,}41 \cdot 10^{-6}$
Frigen 11	0	1536	$0{,}357 \cdot 10^{-6}$
Spiritus (90 %)	15	823	$2{,}19 \cdot 10^{-6}$
Glyzerin	20	1255	$680 \cdot 10^{-6}$
Bier	15	1030	$1{,}15 \cdot 10^{-6}$
Milch	15	1030	$2{,}9 \cdot 10^{-6}$
Wein	15	1000	$1{,}15 \cdot 10^{-6}$

b) Gase (Normzustand)[1)]

Medium	Dichte ϱ_n[2)] in kg/m³	dynamische Viskosität η_n[3)] in Pa s	Konstante C	Gaskonstante R in J/(kg K)
Luft	1,293	$17{,}16 \cdot 10^{-6}$	110,4	287,06
Sauerstoff (O$_2$)	1,429	$19{,}19 \cdot 10^{-6}$	138	259,8
Stickstoff (N$_2$)	1,251	$16{,}62 \cdot 10^{-6}$	103	296,8
Kohlenoxid (CO)	1,250	$16{,}57 \cdot 10^{-6}$	101	296,8
Kohlendioxid (CO$_2$)	1,977	$13{,}70 \cdot 10^{-6}$	274	188,9
Wasserstoff (H$_2$)	0,0899	$8{,}41 \cdot 10^{-6}$	83	4124
Methan (CH$_4$)	0,717	$10{,}01 \cdot 10^{-6}$	198	518,3
Propan (C$_3$H$_8$)	2,019	$7{,}50 \cdot 10^{-6}$		188,6
Stadtgas	0,585	$12{,}70 \cdot 10^{-6}$	120	
Erdgas	0,78	$10{,}40 \cdot 10^{-6}$	165	

[1)] Durch Normtemperatur $T_n = 273{,}15$ K bzw. $t_n = 0$ °C und Normdruck $p_n = 101\,325$ Pa $= 1{,}013$ bar festgelegter Zustand eines Stoffes.
[2)] Bei der Betriebstemperatur T und dem Betriebsdruck p gilt

$$\varrho = \varrho_n \frac{p}{p_n} \frac{T_n}{T} = \frac{p}{RT}$$

[3)] Für die dynamische Viskosität bei der Betriebstemperatur gilt näherungsweise

$$\eta = \eta_n \sqrt{\frac{T}{T_n}} \frac{1 + C/T_n}{1 + C/T}$$

Statt T_n und η_n können auch andere zusammengehörende Werte von T und η eingesetzt werden.
Es bedeuten:
- C Konstante
- p Druck im Betriebszustand (Absolutdruck)
- p_n Normdruck (101 325 Pa $= 1{,}013$ bar)
- R individuelle Gaskonstante
- T absolute Temperatur im Betriebszustand
- T_n Normtemperatur (273,15 K)
- η_n dynamische Viskosität im Normzustand
- ϱ Dichte im Betriebszustand
- ϱ_n Dichte im Normzustand

18

TB 18-10 Schwellfestigkeit nahtloser und hochfrequenzgeschweißter Rohre (HF) nach DIN 2413-1 (Erhöhte Schwellfestigkeitswerte für Rohre mit besonders hohen Güteeigenschaften und $d_a \leq 114{,}3$ mm s. Norm)

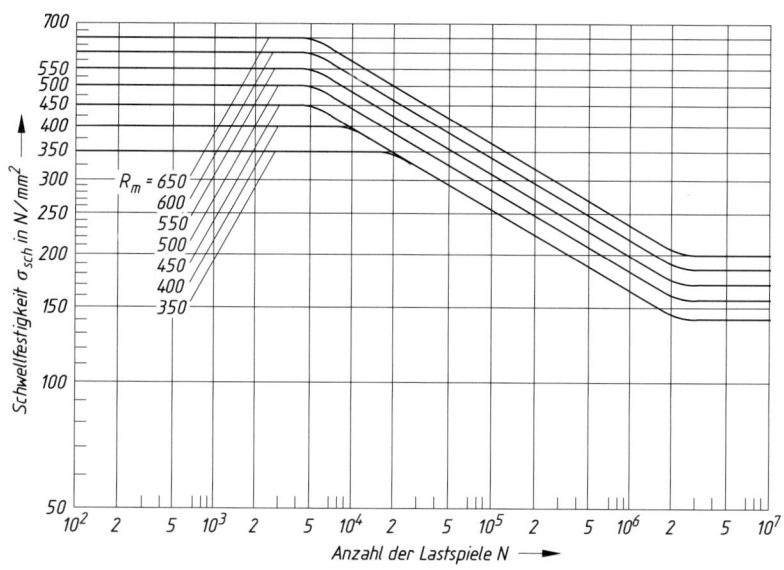

TB 18-11 Rohrleitungen und Rohrverschraubungen für hydraulische Anlagen

Auslegung für schwellend beanspruchte Hochdruckanlagen als nahtlose Präzisionsstahlrohre nach DIN 2445-2, Lastfall A für Schwingbreite 120 bar. Rohraußendurchmesser und Wanddicken nach DIN 2331-1. Werkstoff St35 NBK

Volumen-strom $\dot{V}$	Rohrabmessungen in mm							Einschraubgewinde nach DIN 3852	
	Außen-durchmesser	Wanddicke bei zulässigem Druck der Anlage bar						metrisches Feingewinde	Whitworth-Rohrgewinde
l/min		100	160	250	315	400	500		
2,5	8	1,0	1,0	1,5	1,5	1,5	2,0	M14 × 1,5	G 1/4 A
6,3	10	1,0	1,0	1,5	1,5	2,0	2,5	M16 × 1,5	G 1/4 A
16	12	1,0	1,5	2,0	2,0	2,5	2,5	M18 × 1,5	G 3/8 A
40	16	1,5	1,5	2,0	2,5	3,0	3,5	M22 × 1,5	G 1/2 A
63	20	1,5	2,0	2,5	3,0	3,5	4,0	M27 × 2	G 3/4 A
100	25	2,0	2,5	3,0	3,5	4,5	6,0	M33 × 2	G 1 A
160	30	2,0	3,0	4,0	5,0	5,0	6,0	M42 × 2	G 1 1/4 A
250	38	3.0	4,0	5,0	5,5	7,0	8,0	M48 × 2	G 1 1/2 A

Bezeichnungsbeispiel: Nahtloses Präzisionsstahlrohr nach DIN 2391-1, Gütegrad C, von 30 mm Außendurchmesser und 2 mm Wanddicke aus Stahl 1.0255 (St35) im Lieferzustand normalgeglüht (NBK) bei Lieferung nach DIN 2391-2: Rohr DIN 2392 –C-30× 2–1.0255 NBK

19 Dichtungen

TB 19-1 Dichtungskennwerte für vorgeformte Feststoffdichtungen

a) Dichtungskennwerte nach DIN 2505

Dichtungsart	Dichtungsform	Werkstoff	für Flüssigkeiten				für Gase und Dämpfe			
			Vorverformung k_0 mm	Vorverformung $k_0 \cdot K_D$ N/mm	Betriebszustand k_1 mm	Grenzlastfaktor V	Vorverformung k_0 mm	Vorverformung $k_0 \cdot K_D$ N/mm	Betriebszustand k_1 mm	Grenzlastfaktor V
Weichstoffdichtungen	Flachdichtung (b_D, h_D)	Gummi	–	b_D	$0,5\,b_D$	40	–	$2\,b_D$	$0,5\,b_D$	20
		Teflon	–	$20\,b_D$	$1,1\,b_D$	2,5	–	$25\,b_D$	$1,1\,b_D$	2
		It [1]	–	$15\,b_D$	b_D	30	–	$200\sqrt{\dfrac{b_D}{h_D}}$	$1,3\,b_D$	6
Metallweichstoffdichtungen	Spiraldichtung	unlegierter Stahl	–	$15\,b_D$	b_D	6,5	–	$50\,b_D$	$1,3\,b_D$	2
	Welldichtung	Al	–	$8\,b_D$	$0,6\,b_D$	7,5	–	$30\,b_D$	$0,6\,b_D$	2
		Cu, Ms	–	$9\,b_D$	$0,6\,b_D$	7,5	–	$35\,b_D$	$0,7\,b_D$	2
		weicher Stahl	–	$10\,b_D$	$0,6\,b_D$	7,5	–	$45\,b_D$	b_D	2
	Blechummantelte Dichtung	Al	–	$10\,b_D$	b_D	10	–	$50\,b_D$	$1,4\,b_D$	2
		Cu, Ms	–	$20\,b_D$	b_D	10	–	$60\,b_D$	$1,6\,b_D$	2
		weicher Stahl	–	$40\,b_D$	b_D	10	–	$70\,b_D$	$1,8\,b_D$	2
Metalldichtungen	Flachdichtung (b_D, h_D)	–	$0,8\,b_D$	–	$b_D + 5$	1,9	b_D	–	$b_D + 5$	1,5
	Spießkantdichtung	–	0,8	–	5	3,8	1	–	5	3
	Runddichtung	–	1,2	–	6	2,5	1,5	–	6	2
	Ring-Joint-Dichtung	–	1,6	–	6	3,1	2	–	6	2,5
	Linsendichtung	–	1,6	–	6	5	2	–	6	4
	Kammprofildichtung (Z = Anzahl d. Kämme)	–	$0,4\sqrt{Z}$	–	$9 + 0,2\,Z$	2,5	$0,5\sqrt{Z}$	–	$9 + 0,2\,Z$	2

[1] It-Dichtungen bestehen aus einem Asbest-Skelett und Kautschuk (Elastomere).

b) Faktor B_2 zum Berücksichtigen des Kriechens

c) Formänderungswiderstand K_D metallischer Dichtungswerkstoffe

Dichtungsform	Werkstoff	B_2 20 °C	B_2 200 °C	B_2 300 °C
Flachdichtung	It	1,1	1,6	2
Welldichtring	Al	1,0	–	2,5
	Cu	1,0	–	2,0
	Stahl	1,0	–	2,0
Blech-ummantelte Dichtung	Al	1,0	–	2,3
	Cu	1,0	–	2,0
	Stahl	1,0	–	1,7

Werkstoff	K_D in N/mm² 20 °C	100 °C	200 °C	300 °C
Al, weich	100	40	20	(5)
Cu	200	180	130	100
Weicheisen	350	310	260	210
unleg. Stahl	400	380	330	260
legierter Stahl	450	450	420	390
austenit. Stahl	500	480	450	420

TB 19-2 O-Ringe nach DIN 3771 (Auswahl) und Ringnutabmessungen

a) O-Ringe nach DIN 3771

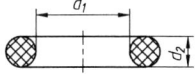

Maße in mm

d_1	d_2	d_1	d_2	d_1	d_2	d_1	d_2
5		22,4		80		212	
5,3		25		85		224	
5,6		26,5		90		230	
6		28		95		236	
6,3		30	2,65 3,55	100		343	
6,7		32,5		106		250	
6,9		34,5		109		265	
7,1		37,5		112		280	
7,5	1,8	40		115		290	
8		42,5		118		300	5,3 7
8,5		45		125	3,55 5,3	315	
9		47,5		132		325	
9,5		50		136		335	
10		53	3,55 5,3	140		345	
10,6		56		145		355	
11,2		60		150		365	
12,5		63		155		375	
14		65		160		400	
15	1,8 2,65	67		170		425	
16		69		180		450	7
18	2,65 3,55	71		190		475	
20		75		200		500	

Bezeichnung eines O-Ringes von Innendurchmesser $d_1 = 20$ mm, Ringdicke $d_2 = 2{,}65$ mm, Sortenmerkmal S, Werkstoff NBR (Acrilnitril-Butadien-Kautschuk) mit 70 IRHD (International Rubber Hardness Degree (entspr. etwa Shore-A-Härte)): O-Ring DIN 3771 − 20 × 2,65 − S − NBR70.

19

b) Richtwerte für Nutabmessungen

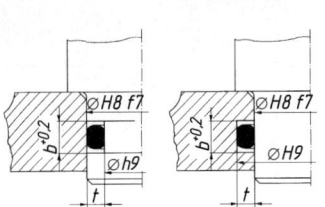

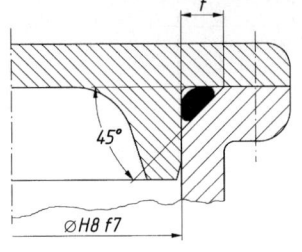

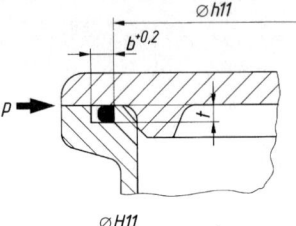

radialer Einbau

Dreiecknut

axialer Einbau

		Tiefe t/d_2	Breite $b/d_2\ (M/d_2)$
statisch	radialer Einbau	0,75 ... 0,8	1,3
	axialer Einbau	0,75 ... 0,8	1,3
	Dreiecknut	1,37	
	Trapeznut	0,8 ... 0,85	(0,9 ... 0,95)
dynamisch	Längsbewegung		
	− bei Hydraulik	0,9	1,2
	− bei Pneumatik	0,92	1,2
	Drehbewegung	0,95	1,1

Nutgrund abgerundet mit $R = 0,3 ... 0,5$ mm, Nutkanten $R = 0,1 ... 0,2$ mm
Oberflächengenauigkeit: Nutgrund $R_a = 3,2\ (1,6)$ µm,
Nutflanken $R_a = 6,3$ µm, Gegenfläche $R_a = 3,2\ (0,8)$ µm,
Klammerwerte für dyn. Dichtfall

Trapeznut

TB 19-3 Zulässige Spaltweiten für O-Ringe

a) ruhende Dichtung

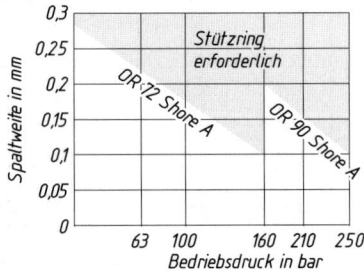

b) axial bewegte Dichtung

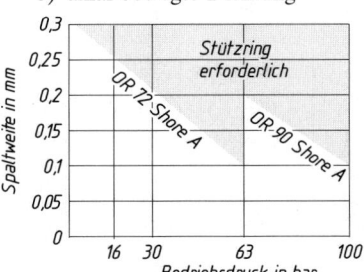

TB 19-4 Radial-Wellendichtringe nach DIN 3760 (Auszug)

a) Abmessungen der Radial-Wellendichtringe

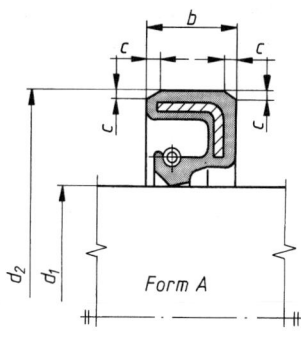

Form A

Maße in mm

Wellen-Ø d_1	d_2	b ±0,2	c min
6	16, 22	7	0,3
7	22	7	0,3
8	22, 24	7	0,3
9	22	7	0,3
10	22, 24, 26	7	0,3
12	22, 25, 30	7	0,3
14	24, 30	7	0,3
15	26, 30, 35	7	0,3
16	30, 35	7	0,3
18	30, 35	7	0,3
20	30, 35, 40	7	0,3
22	35, 40, 47	7	0,3
25	35, 40, 47, 52	7	0,3
28	40, 47, 52	7	0,4
30	40, 42, 47, 52	7	0,4

Wellen-Ø d_1	d_2	b ±0,2	c min
32	45, 47, 52	8	0,4
35	47, 50, 52, 55	8	0,4
38	55, 62	8	0,4
40	52, 55, 62	8	0,4
42	55, 62	8	0,4
45	60, 62, 65	8	0,4
48	62	8	0,4
50	65, 68, 72	8	0,4
55	70, 72, 80	8	0,4
60	75, 80, 85	8	0,4
65	85, 90	10	0,5
70	90, 95	10	0,5
75	90, 95	10	0,5
80	100, 110	10	0,5
85	110, 120	12	0,8
90	110, 120	12	0,8

Wellen-Ø d_1	d_2	b ±0,2	c min
95	120, 125	12	0,8
100	120, 125, 130	12	0,8
105	130	12	0,8
110	130, 140	12	0,8
115	140	12	0,8
120	150	12	0,8
125	150	12	0,8
130	160	12	0,8
135	170	12	0,8
140, 145	170, 175	15	1
150, 160, 170	180, 190, 200	15	1
180, 190, 200	210, 220, 230	15	1
210, 220, 230	240, 250, 260	15	1
240, 250	270, 280	15	1
260, 280, 300	300, 320, 340	20	1
320, 340, 360	360, 380, 400	20	1
380, 400, 420	420, 440, 460	20	1
440, 460, 480, 500	480, 500, 520, 540	20	1

19

Bezeichnung eines Radial-Wellendichtringes Form A für Wellendurchmesser $d_1 = 30$ mm, Außendurchmesser $d_2 = 42$ mm und Breite $b = 7$ mm, Elastomerteil aus FKM (Fluor-Kauschuk): RWDR DIN 3760-A30 × 42 × 7-FKM

TB 19-4 Fortsetzung

b) Maximal zulässige Drehzahlen bei drucklosem Betrieb

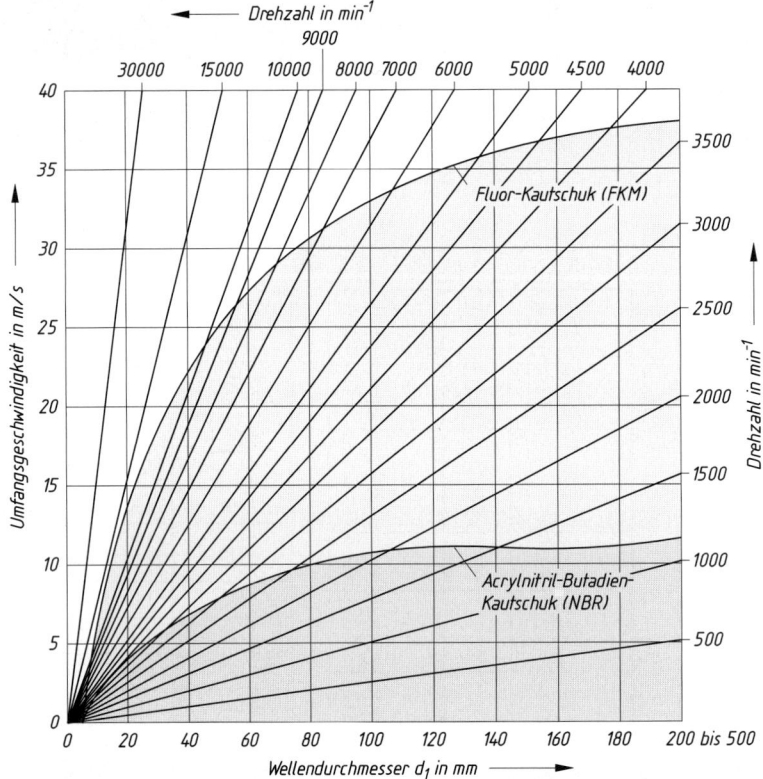

TB 19-5 Filzringe und Ringnuten nach DIN 5419 (Auszug)

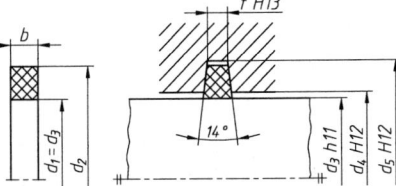

Maße in mm

Wellen-⌀ d_3	Filzring b	d_2	Ringnut d_4	d_5	f
17	4	27	18	28	3
20		30	21	31	
25		37	26	38	
26		38	27	39	
28		40	29	41	
30		42	31	43	
32		44	33	45	
35	5	47	36	48	4
36		48	37	49	
38		50	39	51	
40		52	41	53	
42		54	43	55	
45		57	46	58	
48		64	49	65	
50		66	51	67	
52		68	53	69	
55	6,5	71	56	72	5
58		74	59	75	
60		76	61,5	77	
65		81	66,5	82	

Wellen-⌀ d_3	Filzring b	d_2	Ringnut d_4	d_5	f
70		88	71,5	89	
72		90	73,5	91	
75		93	76,5	94	
78	7,5	96	79,5	97	6
80		98	81,5	99	
82		100	83,5	101	
85		103	86,5	104	
88		108	89,5	109	
90	8,5	110	92	111	7
95		115	97	116	
100		124	102	125	
105	10	129	107	130	8
110		134	112	135	
115		139	117	140	
120		144	122	145	
125		153	127	154	
130	11	158	132	159	9
135		163	137	164	
140	12	172	142	173	10
145		177	147	178	

Bezeichnung eines Filzringes für Innendurchmesser $d_1 = 35$ mm, Filzhärte M5: Filzring DIN 5419 M5-35

19

TB 19-6 V-Ringdichtung (Auszug aus Werksnorm)

Maße in mm

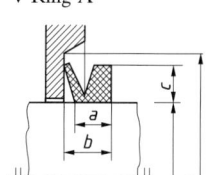

V-Ring A

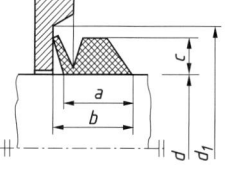

V-Ring S

Wellen-durchmesser d	d_0[1]	c	d_1	V-Ring A a	V-Ring A b[2]	V-Ring S a	V-Ring S b[2]
19– 21	18						
21– 24	20						
24– 27	22						
27– 29	25						
29– 31	27	4	$d+12$	4,7	$6,0 \pm 0,8$	7,9	$9,0 \pm 0,8$
31– 33	29						
33– 36	31						
36– 38	34						
38– 43	36						
43– 48	40						
48– 53	45						
53– 58	49	5	$d+15$	5,5	$7,0 \pm 1,0$	9,5	$11,0 \pm 1,0$
58– 63	54						
63– 68	58						
68– 73	63						
73– 78	67						
78– 83	72						
83– 88	76	6	$d+18$	6,8	$9,0 \pm 1,2$	11,3	$13,5 \pm 1,2$
88– 93	81						
93– 98	85						
98–105	90						
105–115	99						
115–125	108						
125–135	117	7	$d+21$	7,9	$10,5 \pm 1,5$	13,1	$15,5 \pm 1,5$
135–145	126						
145–155	135						
155–165	144						
165–175	153						
175–185	162	8	$d+24$	9,0	$12,0 \pm 1,8$	15,0	$18,0 \pm 1,8$
185–195	171						
195–210	180						

[1] Ringdurchmesser vor Einbau
[2] Maß in eingebautem Zustand

TB 19-7 Nilos-Ringe (Auszug aus Werksnorm)

a) außen dichtend

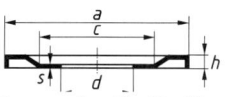
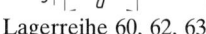

Lagerreihe 60, 62, 63

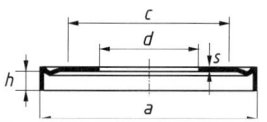

Lagerreihe 320X

Wellen-durchmesser d	Rillenkugellager Lagerreihe 60 a	c	s	h	Rillenkugellager Lagerreihe 62 a	c	s	h	Rillenkugellager Lagerreihe 63 a	c	s	h	Kegelrollenlager Lagerreihe 320X a	c	s	h
25	43,7	34			47	36			54,8	40			46	39		3,7
30	50	40			56,2	44		2,5	64,8	48		2,5	53,8	44		
35	56,2	44			64,8	48			70,7	54			60	53		4,2
40	62,2	51		2,5	72,7	57			80,5	60			66,5	56		
45	69,7	56			77,8	61			90,8	75	0,3		73,5	63	0,3	4,7
50	74,6	61			82,8	67	0,3	3	98,9	80		3	78,6	68		5,0
55	83,5	67	0,3		90,8	75			108	89			88,4	76		
60	88	71			100,8	85			117,5	95			93,2	80		5,7
65	93,5	78			110,5	90			127,5	100			98,4	86		6,0
70	103	83		3	115,8	95			137	110			107,5	92		
75	108	89			120,5	100		3,5	147	110		3,5	113	98		6,2
80	117,5	95			129	106			157,5	130			122,5	105		
85	123	104			138,5	115			164	135	0,5		128	110	0,5	7,2
90	129	106			148	124	0,5		174	140			137	116		
95	137	110	0,5	3,5	157,5	130			184	150		4	142	122		8,5
100	142	117			167	135		4	199	165			147	127		8,2

19

TB 19-7 Fortsetzung

b) innen dichtend

Lagerreihe 60, 62, 63, 320X

Bohrungs-durchmesser D	Rillenkugellager Lagerreihe 60				Rillenkugellager Lagerreihe 62					Rillenkugellager Lagerreihe 63					Kegelrollenlager Lagerreihe 320X				
D	i	c	s	h	D	i	c	s	h	D	i	c	s	h	D	i	c	s	h
47	29	38			52	31,5	42			62	32,2	47			47	28,1	38		
55	35	46			62	36,3	47		2,5	72	37,2	56		2,5	55	32,2	47		2,5
62	40,2	52			72	43	56			80	45	65			62	37	51		
68	46	57		2,5	80	48	62			90	51	70			68	43	58		
75	51	63			85	53	68			100	56	80	0,3		75	48	64		
80	56	67			90	57,5	73	0,3	3	110	62	86		3	80	53	68	0,3	3
90	61,5	74	0,3		100	64,5	80			120	67	93			90	60	80		
95	67	80			110	70	85			130	73	102			95	63	82		
100	74	86,5			120	74,5	95			140	77,5	110			100	70	88		
110	77	90		3	125	79,5	102			150	82,6	120			110	74,5	95		
115	82	95			130	85	105			160	87,2	125		3,5	115	79,5	102		
125	86,5	105			140	92	112			170	95	138			125	85	112		3,5
130	91,5	110			150	98	125		3,5	180	100	140	0,5		130	90	114		
140	98	118			160	103	125	0,5		190	106	150			140	95	122	0,5	
145	103	123	0,5	3,5	170	110	137			200	115	160		4	145	97,8	130		
150	108	128			180	115	145		4	215	118	170			150	105	132		4

TB 19-8 Stopfbuchsen

a) Empfohlene Abmaße für Packungen nach DIN 3780

Maße in mm

Innendurchmesser d	4…4,5	5…7	8…11	12…18	20…26	28…36	38…50	53…75	80…120	125…200
Ringdicke	2,5	3,0	4,0	5,0	6,0	8,0	10,0	12,5	16,0	20,0

b) Empfohlene Packungslängen L in Abhängigkeit von Druck p
und Innendurchmesser d bei üblichen Querschnitten

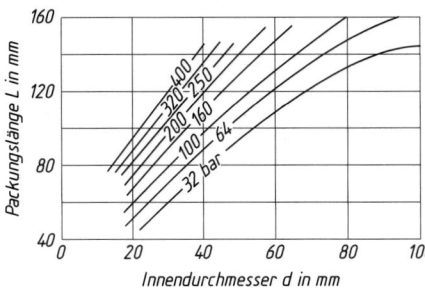

TB 19-9 Konstruktionsrichtlinien für Lagerdichtungen (nach Halliger)

a) Berührende Lagerdichtungen

Art der Dichtung	Beispiel	Einsatzbereich	Anforderungen an die Lauffläche	Dichtungsvermögen		Vorteile	Nachteile	Bemerkungen
				Nach innen (Schmierstoff)	Nach außen			
Filzring		$u \leq 4$ m/s $t \leq 100$ °C größere Drücke möglich	Toleranz h11 Rauheit $R_a \leq 0,8$	Fett	Geringe Verunreinigung, wenig Feuchtigkeit	Preiswerte Dichtung, geringe Bearbeitungskosten, einfache Montage	Elastizität des Filzes lässt nach (Spaltbildung), Reibungswärme	Filz muss mit Öl getränkt sein; bei $t > 100$ °C Ringe mit PTFE-, Graphit-, Kunststoff- oder Glasfasern
Radial-Wellendichtring		$u \leq 12$ m/s $p \leq 0,5$ bar	Toleranz h11 Rundheit IT8 Rauheit $R_a = 0,2…0,8^{1)}$ Härte 45–55 HRC (größerer Wert bei $u > 4$ m/s)	Öl Fett	Mäßige Verunreinigung, Spritzwasser	Gute Abdichtung, solange Lippe und Gleitfläche unbeschädigt	Hohe Forderungen an die Lauffläche und Montage, Verschleiß der Lauffläche	Viele Bauformen, bei großen Durchmessern auch geteilt; u abhängig vom Werkstoff und Wellendurchmesser (s. TB 19-4b); bei erhöhtem Druck (Sonderformen bis 100 bar); bei erhöhtem Schmutzanfall Ausführung mit Staublippe verwenden, auf Schmierung der Dichtlippe achten
O-Ring		$u \leq 0,5$ m/s größere p möglich	Toleranz f7 Rauheit $R_a \leq 0,8^{1)}$ Härte 60 HRC	Öl Fett	Schlamm	Geringes Einbauvolumen	Starke Schwankung des Reibmomentes, altert	u bis 4 m/s bei Sonderquerschnitten, z. B. Quad-ring; empfindlich gegen mechanische Beschädigung
V-Ring		$u \leq 12$ m/s mit Halterung $u \leq 30$ m/s $p \leq 0,3$ bar	Rauheit Lauffläche $R_a \leq 2,5$ Welle: $R_a = 12,5$ Rundheit IT 14 … 15 Schiefstellung 1…4°	Fett Öl	Geringe Verunreinigung, Spritzwasser	Preiswerte Dichtung, geringe Bearbeitungskosten, einfache Montage, klein bauend	Begrenzte Dichtwirkung, nicht unter Flüssigkeitsspiegel verwenden	Bei Fluchtungsfehlern seitlich abstützen, bei $u > 15$ m/s hebt sich die Dichtlippe ab; vielfach als Vordichtung und Spritzscheibe eingesetzt; bei Öl im Lagerraum V-Ring gegen Innenwand schleifen lassen
Axial-Gleitringdichtung (mit Dichtbalg)		$u \leq 10$ m/s $p \leq 5$ bar	Toleranz h7 Rauheit $R_a = 1,0^{2)}$	Öl Fett	Geringe Verunreinigung, flüssige Medien unter Druck	Hohe Betriebssicherheit und Lebensdauer, selbstnachstellend	Teuer, größerer Platzbedarf	Leckverluste verringern sich während Einlaufvorgang; andere Bauformen auch für höchste Anforderungen an Drehzahl, Druck und Temperatur
Laufwerkdichtung		$u \leq 10$ m/s bei Ölschmierung $u \leq 3$ m/s bei Fettschmierung $p \leq 3$ bar	–	Öl Fett	Sehr starke Verunreinigung, Spritzwasser	Hohe Betriebssicherheit und Lebensdauer	Relativ teuer	Geringe Anforderungen an den Einbauraum (große axiale, radiale und winklige Abweichungen zulässig), selbsttätiger Verschleißausgleich
Nilos-Ring					Siehe berührungsfreie Dichtungen			

u zulässige Umfangsgeschwindigkeit (Standardtypen), p zul. Druckdifferenz zwischen Lagerraum und Umgebung, t zul. Temperatur an der Dichtung
1) Drallfrei, vorzugsweise im Einstich geschliffen   2) Richtwerte für die Wellenoberfläche, die Gleitfläche liegt in der Dichtung und hat sehr hohe Anforderungen

19

TB 19-9 Fortsetzung

b) Berührungsfreie Lagerdichtungen

Art der Dichtung	Beispiel	Einsatzbereich	Dichtungsvermögen		Vorteile	Nachteile	Bemerkungen
			Nach innen (Schmierstoff)	Nach außen			
einfacher Spalt		$p = 0$ bar u unbegrenzt	Fett	Geringe Verunreinigung	kostengünstig	Schmutz und Feuchtigkeit kann in Lagerraum durch Spalt kriechen	Spaltbreite 0,1 … 0,3 mm, Spalt möglichst lang wählen, Rillen im Gehäuse oder in der Welle sowie Fettfüllung im Spalt erhöhen die Schutzwirkung
Spalt mit Spritzring		$p = 0$ bar u unbegrenzt	Öl (Fett)	–	Größere Spaltbreite als bei einfachem Spalt möglich		Spritzring schleudert Öl in Auffangraum (nicht immer erforderlich), Ölrückflussbohrung zum Lagerraum unter Ölniveau legen, da sonst Schaum Ölrückfluss behindern kann
Gewindeförmige Rillen		Kleiner Druck möglich, u unbegrenzt	Öl	–	In radialer Richtung geringer Platzbedarf	Nur eine Drehrichtung zulässig, fördert Staub in Lagerraum, nur im Betrieb wirksam	Rillen, im Gehäuse oder auf der Welle angeordnet, fördern das Öl in Lagerraum zurück
Labyrinth		$p = 0$ bar u unbegrenzt $u \leq 5$ m/s bei Fettfüllung	Fett (Öl)	Starke Verunreinigung, Feuchtigkeit	Sehr gute Abdichtung, wenn mit steifem Fett gefüllt	Im allgemeinen teuer, bei mehreren Stegen platzaufwendig	Nachschmierung der Labyrinthe erhöht Dichtwirkung, Spalte klein halten (s. einfacher Spalt), bei größerer Durchbiegung der Welle abgeschrägte Stege verwenden (sonst wird Schmutz nach innen gepumpt), radiales Labyrinth wegen Montage geteilt ausführen
Labyrinth als Kaufteil		$p = 0$ bar u unbegrenzt	Fett (Öl)	Starke Verunreinigung, Feuchtigkeit	Kleiner bauend, kostengünstiger		Neben den abgebildeten Z-Lamellen können die Labyrinthe aus federnden Lamellenringen, Kolbenringen, Kunststoffteilen etc. aufgebaut sein
Nilosring		$p = 0$ bar $u \leq 5$ m/s	Fett	Mäßige Verunreinigung, Spritzwasser	Kostengünstig, raumsparend, gleitet i. R. an der hochwertigen Lager-Seitenfläche	Schleift in der Einlaufase bis sich infolge Abnutzung ein Spalt bildet (Reibungswärme)	Sonderform auch berührungsfrei, für höhere Drehzahlen; bei stärkerem Schutzanfall und Spritzwasser 2 Nilosringe mit Fettfüllung im Zwischenraum anordnen

c) Dichtungswerkstoff (Auswahl)

Werkstoff	Acrylnitril-Butadien-Kautschuk NBR	Acrylat-Kautschuk ACM	Silikon-Kautschuk MVQ	Fluor-Kautschuk FKM	Polytetrafluorethylen PTFE
Betriebstemperatur t in °C	–40 … 100	–30 … 150	–60 … 160	–30 … 200	–70 … 200 (260)
Relative Kosten	1,0	3,0	5,0	25,0	>25,0

20 Zahnräder und Zahnradgetriebe (Grundlagen)

TB 20-1 Festigkeitsrichtwerte der üblichen Zahnradwerkstoffe (in Anlehnung an Dubbel, Taschenbuch für den Maschinenbau; Niemann, Maschinenelemente II)

Nr.	Art, Norm, Behandlung	Bezeichnung	Flankenhärte[1]	$\sigma_{F\,lim}$[2] (N/mm^2)	$\sigma_{H\,lim}$[2] (N/mm^2)
1	Gusseisen mit Lamellengraphit DIN EN 1561	GJL-200	180 HB	40	300
2		GJL-250	220 HB	55	360
3	Schwarzer Temperguss DIN EN 1562	GJMB-350	150 HB	165	320
4		GJMB-650	220 HB	205	460
5	Gusseisen mit Kugelgraphit DIN EN 1563	GJS-400	180 HB	185	370
6		GJS-600	250 HB	225	490
7		GJS-900	350 HB	250*	650*
8	unlegierter Stahlguss DIN 1681	GS 52.1	160 HB	140	320
9		GS 60.1	180 HB	160	380
10	Allgemeine Baustähle DIN EN 10025	E 295	160 HB	160	370
11		E 335	190 HB	175	430
12		E 360	210 HB	205	460
13	Vergütungsstähle DIN EN 10083 (auch als GS, dann $\sigma_{H\,lim}$ um rd. 80 N/mm² $\sigma_{F\,lim}$ um rd. 40 N/mm² niedriger)	C45E N	190 HB	155...200	470...530
14		34CrMo4 + QT	270 HB	220...290	630...710
15		42CrMo4 + QT	300 HB	225...310	680...760
16		34CrNiMo6 + QT	310 HB	225...315	680...770
17		30CrNiMo8 + QT	320 HB	230...320	700...780
18		34CrNiMo16 + QT	350 HB	240...325	750...830
19	Vergütungsstahl flamm- oder induktionsgehärtet	C45E (Umlaufhärtung, $b < 20$ mm)	50...55 HRC	Fuß mitgehärtet 250...375 Fuß nicht mitgehärtet 150...225	1000...1230
20		34CrMo4 (Umlauf- oder Einzelzahnhärtung)			
21		42CrMo4 (Umlaufhärtung)			
22		34CrNiMo6 (Einzelzahnhärtung)			
23	Vergütungsstahl und Einsatzstahl langzeit-gasnitriert	42CrMo4 + QT (Nitrierhärtetiefe $< 0,6$ mm, $R_m > 800$ N/mm², $m < 16$ mm)	48...57 HRC	260...370	780...1000
24		16MnCr5 + QT (Nitrierhärtetiefe $< 0,6$ mm, $R_m > 700$ N/mm², $m < 10$ mm)			
25	Vergütungs- und Einsatzstähle nitrocarboriert	C45E N für $d < 300$ mm, $m < 6$ mm	42...45 HRC	230...300	650...760
26		16MnCr5N für $d < 300$ mm, $m < 6$ mm	52...55 HRC	230...320	650...800
27		42CrMo4 + QT $d < 600$ mm, $m < 10$ mm			
28	carbonitriert	34CrV4 + QT Kernfestigkeit bis 45 HRC, Kfz-Getriebe	55...60 HRC	300...450	1100...1350
29	Einsatzstähle DIN 17210, DIN EN 10084 einsatzgehärtet	16MnCr5 Standardstahl, normal bis $m = 20$ mm	58...62 HRC	310...500	1300...1500
30		15CrNi6, für über $m = 16$ mm bei Stoßbelastung über $m = 5$ mm			
31		17CrNiMo8, für über $m = 16$ mm bei Stoßbelastung über $m = 5$ mm			

[1] HB Brinell-Härtewert, HRC Rockwell-Härtewert C.
[2] Untere Grenzwerte eines Streubereiches sicher erreichbar, obere Werte bei umfassender Kontrolle.
* genaue Werte liegen noch nicht vor

20

TB 20-2 Übersicht zur Dauerfestigkeit für Zahnfußbeanspruchung der Prüfräder nach DIN 3990 (Härtewerte nach Brinell HB, Rockwell HRC und Vickers HV1, HV10) gültig für Prüfradabmessungen: $m = 3 \dots 10$ ($Y_x = 1$) mm, $R_z = 10\,\mu m$ $Y_{R\,rel\,T} = 1$), $v = 10$ m/s, $b = 10 \dots 50$ mm, Geradverzahnung mit Verzahnungsqualität 4 bis 7, $q_s = 2{,}5$ ($Y_{\delta\,rel\,T} = 1$), $Y_{ST} = 2$, Schrägungswinkel $\beta = 0°$ ($Y_\beta = 1$), $K_A = K_{F\beta} = K_{F\alpha} = 1$. $\sigma_{FE} = Y_{ST} \cdot \sigma_{F\,lim} = 2 \cdot \sigma_{F\,lim}$

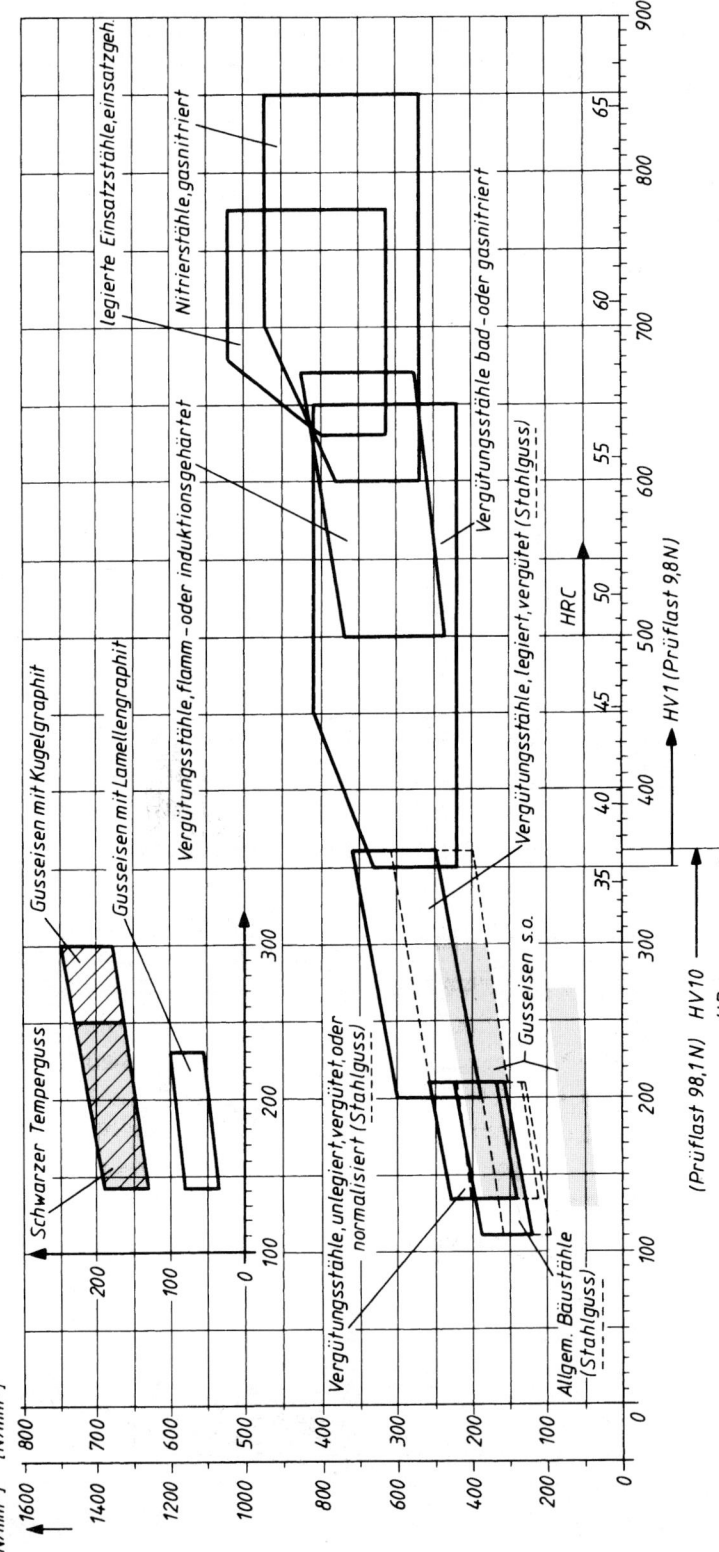

Normalerweise werden Werte aus dem mittleren Bereich gewählt. Für bestimmte Werkstoffe s. TB 20-1.

TB 20-3 Werkstoffauswahl für Schneckengetriebe

a) Werkstoffe für Schnecke und Schneckenrad (Auswahl)

		Schnecke				Schneckenrad	
A	allgemeiner Baustahl DIN EN 10025	E335	gehärtet und vergütet	1	Gusseisen DIN EN 1561	GJL-150, GJL-200, GJL-250, GJL-300, GJL-350	
		E360					
	Vergütungsstahl DIN EN 10083	C45		2	Gusseisen DIN EN 1563	GJS-500, GJS-600, GJS-700	
		C60					
		34CrMo4		3	Kupfer-Zinn-Legierung (Bronze)	G-CuSn12 (Formguss) G-CuSn10Zn (Formguss)	
		42CrMo4					
B	Einsatzstahl DIN 17210	C15	einsatz-gehärtet	4		GZ-CuSn12 (Schleuderguss) GC-CuSn12 (Strangguss)	
		17Cr3		5	Aluminium-Legierung	GK-AlCu4TiMg Kokillenguss	
		16MnCr5		6	Kunststoff	Polyamide	

b) geeignete Werkstoffpaarungen

Werkstoffkennzeichen nach a)		Eigenschaften und Verwendungsbeispiele	
Schnecke	Schneckenrad		
A	1	geringe Gleitgeschwindigkeit und mäßige Belastung; Hebezeuge, Werkzeug-maschinen, allgemeiner Maschinenbau	
	2	bei mittleren Belastungen und Drehzahlen	bevorzugte Paarung für Getriebe aller Art
	3		
	4	bei hohen Belastungen und mittleren Drehzahlen	Universalgetriebe, Fahrzeug-getriebe
B	1...4	wie bei Paarung A mit 1...4, jedoch bei hohen Drehzahlen	
	5 und 6	korrosionsbeständig, für geringe Belastungen, Leichtbau, Apparatebau	

20

189

TB 20-4 Festigkeitswerte für Schneckenradwerkstoffe (in Anlehnung an Niemann)

Nr.	Schneckenrad-werkstoff	Norm	Flanken-härte	U_{lim} [1] N/mm²	$\sigma_{H\,lim}$ [2] N/mm²	E-Modul N/mm²	Z_E [3] $\sqrt{\text{N/mm}^2}$
1	G-CuSn12	DIN 1705	80 HB	115	265	88 300	147
2	GZ-CuSn12		95 HB	190	425		
3	G-CuSn12Ni		90 HB	140	310	98 100	152
4	GZ-CuSn12Ni		100 HB	225	520		
5	G-CuSn10Zn		75 HB	165	350		
6	GZ-CuSn10Zn		85 HB	190	430		
7	G-CuZn25Al5	DIN 1709	180 HB	565	500	107 900	157
8	GZ-CuZn25Al5		190 HB	605	550		
9	GZ-CuAl10Ni	DIN 1714	160 HB	377	660	122 600	164
10	GJL-250 [4]	DIN EN 1561	250 HB	150	350	98 100	152
11	GJS-700 [4]	DIN EN 1563	260 HB	628	490	175 000	182

[1] gilt für $\alpha_n = 20°$; bei Wechselbeanspruchung Werte mit 0,7 multiplizieren

[2] für Schnecken aus St, einsatzgehärtet und geschliffen: $\sigma_{H\,lim}$ (Tabellenwerte)
für Schnecken aus St, vergütet, ungeschliffen: $0,72 \cdot \sigma_{H\,lim}$
für Schnecken aus GJL: $0,5 \cdot \sigma_{H\,lim}$

[3] für Schnecken aus St: Z_E (Tabellenwerte)
für Schnecken aus GJL: $Z_E = \sqrt{(E_1 \cdot E_2)/[2,86 \cdot (E_1 + E_2)]}$ mit E_1 für GJL; E nach Tabelle

[4] für $v_g \leq 2$ m/s (Handbetrieb)

TB 20-5 Schmierölauswahl (nach DIN 51 509)

Viskosität der Schmieröle				Schmieröle				
				ohne verschleißverringernde Wirkstoffe			mit verschleißverringernden Wirkstoffen	
ISO-Viskositätsklassen nach DIN 51519 ((v_{40} in mm²/s))	Kennzahl (v_{50} in mm²/s)	SAE-Viskositätsklassen nach DIN 51511 (Motoren)	SAE-Viskositätsklassen nach DIN 51512 (Kfz-Getriebe)	Schmieröle C und C–T nach DIN 51517 und Schmieröle C–L (alterungsbeständig)	Schmieröle N nach DIN 51501 (ohne bes. Anforderung)	Schmieröle TD–L nach DIN 51515 (Turbinen-, Pumpen- und Generatoren)	Schmieröle C–LP (Norm in Vorbereitung)	Kraftfahrzeug-Getriebeöle (nach DIN 51502)
22 / 32	16	10 W		×	×	×	×	
32 / 46	25		75	×	×	×	×	×
46 / 68	36	20 W 20		×	×	×	×	
68	49		80	×	×	×	×	
100	68	30		×	×	×	×	×
150	92	40	90	×	×		×	
220	114			×	×		×	
220	144	50		×	×		×	×
320	169			×			×	
460	225		149	×	×		×	
680	324				×			×

TB 20-6 Richtwerte für den Einsatz von Schmierstoffarten und Art der Schmierung, abhängig von der Umfangsgeschwindigkeit bei Wälz- und Schraubwälzgetrieben

	Umfangs-geschwindigkeit	Schmierstoff	Art der Schmierung
Stirn- und Kegelradgetriebe	bis 1/ms bis 4 m/s bis 15 m/s über 15 m/s	Haftschmierstoffe Schmierfette Haftschmierstoffe Schmieröle Schmieröle	Sprüh- oder Auftragschmierung Tauchschmierung Sprühschmierung Tauchschmierung Druckumlauf- oder Spritzschmierung
Schneckengetriebe Schnecke (Schnecken-rad) eintauchend	bis 4 m/s (bis 1 m/s) bis 10 m/s (bis 4 m/s) über 10 m/s (über 4 m/s)	Schmierfette Schmieröle Schmieröle	Tauchschmierung Tauchschmierung Spritzschmierung in Eingriffsrichtung

TB 20-7 Viskositätsauswahl von Getriebeölen (DIN 51509) gültig für eine Umgebungstemperatur von etwa 20 °C

a) für Stirnrad- und Kegelradgetriebe

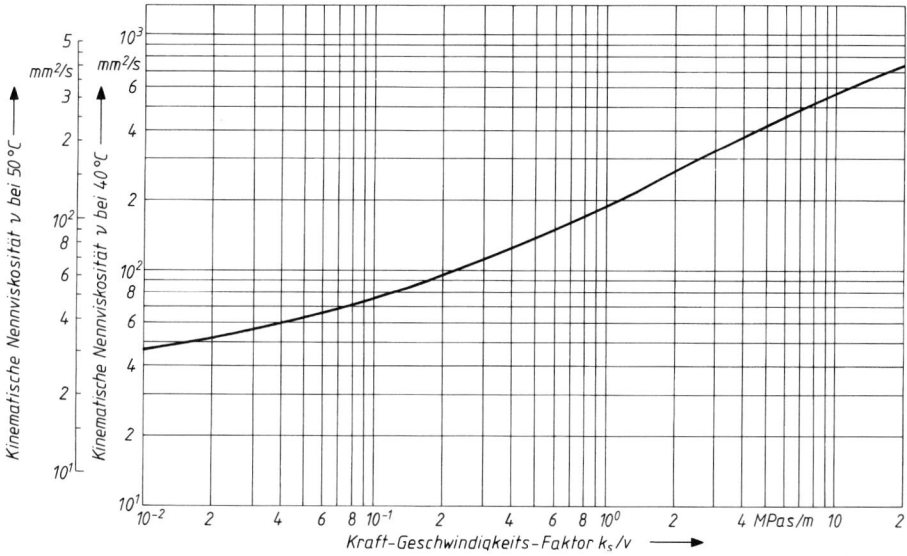

b) für Schneckengetriebe

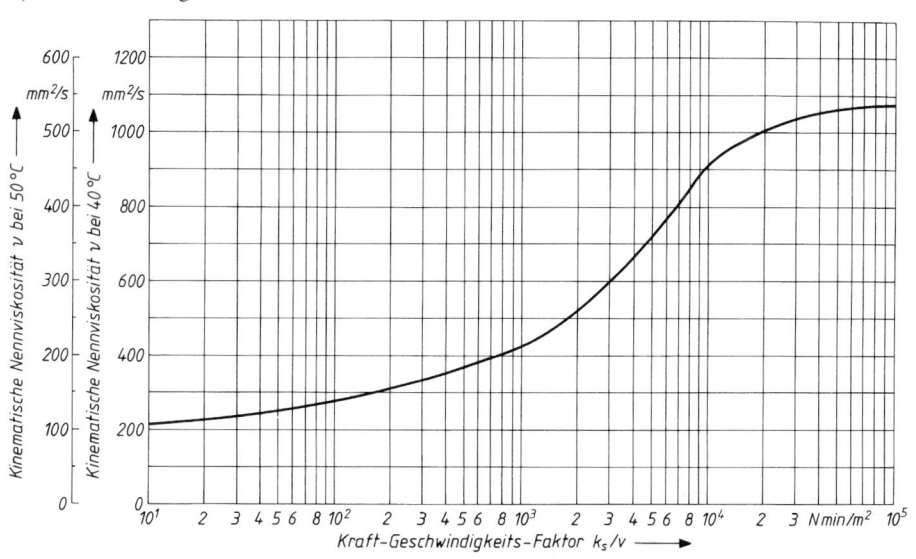

TB 20-8 Reibungswerte bei Schneckenradsätzen (Schnecke aus St, Radkranz aus Bronze, gefräst)

Gleitgeschwindigkeit	v_g (m/s)	<0,5	1	2	4	6	>10
Schnecke gedreht oder gefräst, vergütet	$\mu \approx$	0,09	0,08	0,065	0,055	0,045	0,04
	$\varrho \approx (°)$	4,3	4,5	3,7	3,1	2,6	2,3
Schnecke gehärtet, Flanken geschliffen	$\mu \approx$	0,05	0,04	0,035	0,025	0,02	0,015
	$\varrho \approx (°)$	3	2,3	2	1,4	1,15	1

TB 20-9 Wirkungsgrade für Schneckengetriebe, Richtwerte für Überschlagsrechnungen

Zähnezahl der Schnecke	z_1	1	2	3	4
Gesamtwirkungsgrad	$\eta_{ges} \approx$	0,7	0,8	0,85	0,9

TB 20-10 Zeichnungsangaben für Stirnräder nach DIN 3966 T1

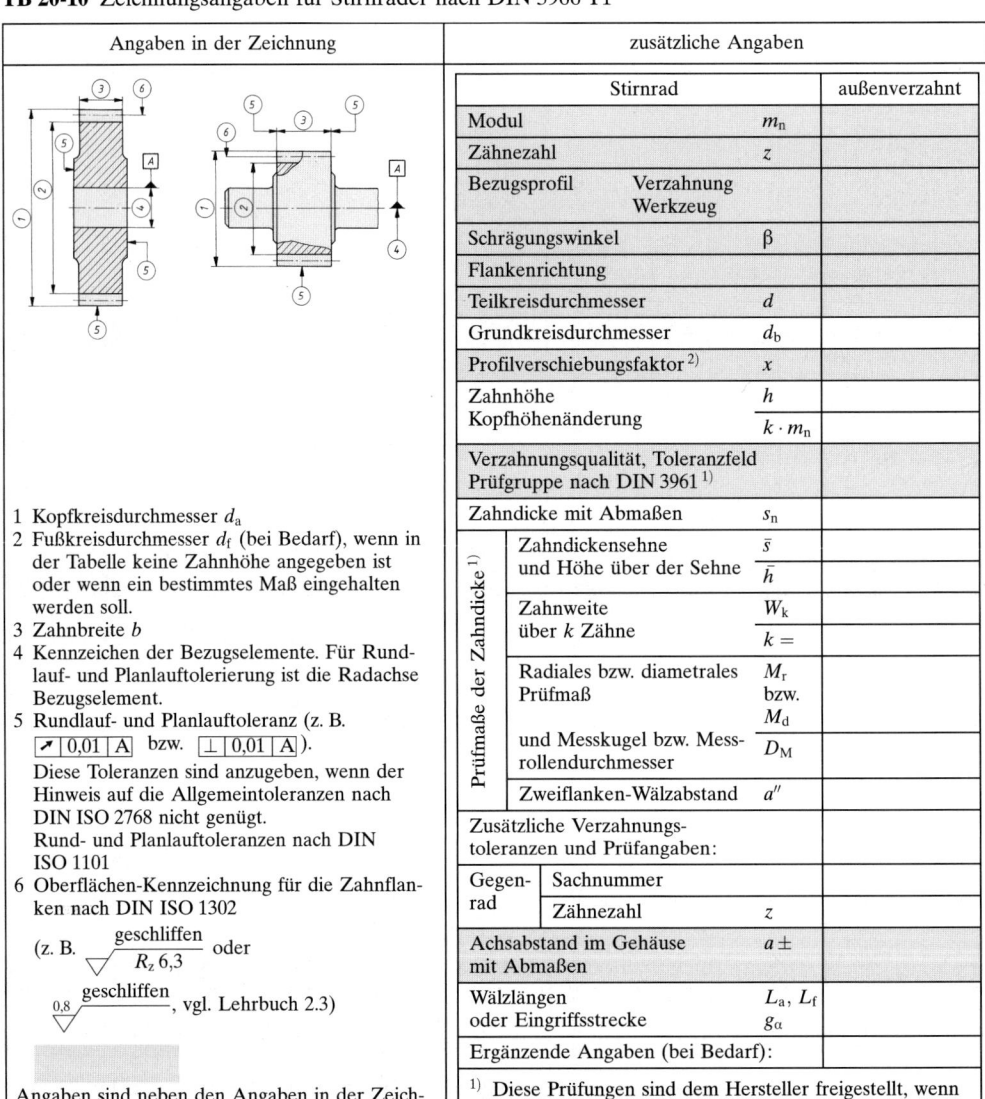

Angaben in der Zeichnung	zusätzliche Angaben

Stirnrad		außenverzahnt
Modul	m_n	
Zähnezahl	z	
Bezugsprofil Verzahnung Werkzeug		
Schrägungswinkel	β	
Flankenrichtung		
Teilkreisdurchmesser	d	
Grundkreisdurchmesser	d_b	
Profilverschiebungsfaktor [2]	x	
Zahnhöhe	h	
Kopfhöhenänderung	$k \cdot m_n$	
Verzahnungsqualität, Toleranzfeld Prüfgruppe nach DIN 3961 [1]		

1 Kopfkreisdurchmesser d_a
2 Fußkreisdurchmesser d_f (bei Bedarf), wenn in der Tabelle keine Zahnhöhe angegeben ist oder wenn ein bestimmtes Maß eingehalten werden soll.
3 Zahnbreite b
4 Kennzeichen der Bezugselemente. Für Rundlauf- und Planlauftolerierung ist die Radachse Bezugselement.
5 Rundlauf- und Planlauftoleranz (z. B. ↗ 0,01 A bzw. ⊥ 0,01 A).
Diese Toleranzen sind anzugeben, wenn der Hinweis auf die Allgemeintoleranzen nach DIN ISO 2768 nicht genügt.
Rund- und Planlauftoleranzen nach DIN ISO 1101
6 Oberflächen-Kennzeichnung für die Zahnflanken nach DIN ISO 1302

(z. B. $\dfrac{\text{geschliffen}}{R_z\,6,3}$ oder

$\dfrac{\text{geschliffen}}{0,8}$, vgl. Lehrbuch 2.3)

Prüfmaße der Zahndicke [1]	Zahndicke mit Abmaßen		s_n
	Zahndickensehne und Höhe über der Sehne		$\bar{s}$
			$\bar{h}$
	Zahnweite über k Zähne		W_k
			$k =$
	Radiales bzw. diametrales Prüfmaß		M_r bzw. M_d
	und Messkugel bzw. Messrollendurchmesser		D_M
	Zweiflanken-Wälzabstand		a''

Zusätzliche Verzahnungstoleranzen und Prüfangaben:		
Gegenrad	Sachnummer	
	Zähnezahl	z
Achsabstand im Gehäuse mit Abmaßen	$a \pm$	
Wälzlängen oder Eingriffsstrecke	L_a, L_f	
	g_α	
Ergänzende Angaben (bei Bedarf):		

Angaben sind neben den Angaben in der Zeichnung für die Herstellung des Zahnrades unbedingt erforderlich.

[1] Diese Prüfungen sind dem Hersteller freigestellt, wenn keine Angaben erfolgen.
[2] Vorzeichen nach DIN 3960

20

TB 20-11 Zeichnungsangaben für Kegelräder nach DIN 3966 T2

Angaben in der Zeichnung	zusätzliche Angaben	

Geradzahn-Kegelrad		
Modul	m_P	
Zähnezahl	z	
Teilkegelwinkel	δ	
Äußerer Teilkreisdurchmesser	d_e	
Äußere Teilkegellänge	R_e	
Planradzähnezahl	z_P	
Zahndicken-Halbwinkel	ψ_P	
Fußwinkel	ϑ_f	
oder Fußkegelwinkel	δ_f	
Profilwinkel	α_P	
Verzahnungsqualität		
Prüfmaße der Zahndicke	Zahndickensehne im Rückenkegel	$\bar{s}$	
	Höhe über der Sehne	$\bar{h}$	

1 Kopfkreisdurchmesser d_{ae}
2 Zahnbreite b
3 Kopfkegelwinkel δ_a
4 Komplementwinkel des Rückenkegel-
  winkels $= \delta$
6 Kennzeichen des Bezugselementes.
  Für die Rundlauf- und Planlauftolerierung ist
  das Bezugselement die Radachse
7 Rundlauftoleranz (z. B. $\boxed{\nearrow\,|\,0{,}02\,|\,A}$)
  und Planlauftoleranz
  (z. B. $\boxed{\perp\,|\,0{,}01\,|\,A}$) nach DIN ISO 1101.
  Angaben sind erforderlich, wenn Hinweis auf
  Allgemeintoleranzen nach DIN ISO 2768
  nicht genügt.
8.1 Einbaumaß (wird allgemein am fertigen
  Werkstück festgestellt und auf dem Werkstück angegeben)
8.2 Äußerer Kopfkreisabstand
8.3 Innerer Kopfkreisabstand
8.4 Hilfsebenenabstand
9 Oberflächenkennzeichen für die Zahnflanken
  nach DIN ISO 1302 (vgl. Lehrbuch 2.3)

Zusätzliche Verzahnungs-toleranzen und Prüfangaben:		
Gegen rad	Sachnummer	
	Zähnezahl	z
Achsenwinkel im Gehäuse mit Abmaßen	Σ	
Ergänzende Angaben (bei Bedarf): Verzahnungs-Bezugsprofil		

Angaben sind neben den Angaben in der
Zeichnung für die Herstellung des Kegel-
rades erforderlich.

TB 20-12 Zeichnungsangaben für Schnecken nach DIN 3966 T3

Angaben in der Zeichnung	zusätzliche Angaben

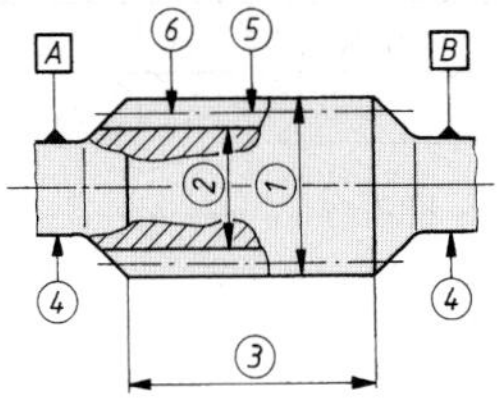

1 Kopfkreisdurchmesser d_{a1}
2 Fußkreisdurchmesser d_{f1} (bei Bedarf)
3 Zahnbreite b_1
4 Kennzeichen der Bezugselemente.
Für die Rundlauftolerierung sind die Lager-
flächen der Schnecke Bezugselemente.
5 Rundlauftoleranz des Schneckenkörpers
(z. B. $\boxed{\nearrow\ 0{,}05\ |\ AB}$) nach DIN ISO 1101.
Angaben sind erforderlich, wenn Hinweis auf
Allgemeintoleranzen nach DIN ISO 2768 nicht
genügt
6 Oberflächenkennzeichen für die Zahnflanken
nach DIN ISO 1302 (vgl. Kapitel 2.3)

Angaben sind neben den Angaben
in der Zeichnung zur Herstellung
unbedingt erforderlich.

Schnecke		
Zähnezahl	z_1	
Mittenkreisdurchmesser	z_{m1}	
Modul (Axialmodul)	m	
Zahnhöhe	h_1	
Flankenrichtung		rechtssteigend linkssteigend
Steigungshöhe	p_{z1}	
Mittensteigungswinkel	γ_m	
Flankenform nach DIN 3975		A, N, I, K
Axialleitung	p_x	
Sachnummer des Schneckenrades		
Verzahnungsqualität		
Zahndicke mit Abmaßen	s_{mn}	
Prüfmaße der Zahndicke [1]	Zahndickensehne bei Meßhöhe	
	Prüfmaß	M
	bei Messrollen-durchmesser	D_M
Erzeugungswinkel	α_0	
Flanken-form I	Grundkreis-durchmesser	d_{b1}
	Grundsteigungs-winkel	γ_b
Zusätzliche Verzahnungstoleranzen und Prüfangaben:		
Ergänzende Angaben (bei Bedarf):		

[1] Diese Prüfungen sind dem Hersteller freigestellt, wenn keine Angaben erfolgen.

20

194

TB 20-13 Zeichnungsangaben für Schneckenräder nach DIN 3966 T3

Angaben in der Zeichnung	zusätzliche Angaben

<table>
<tr><td colspan="3" align="center">Schneckenrad</td></tr>
<tr><td>Zähnezahl</td><td>z_2</td><td></td></tr>
<tr><td>Modul (Stirnmodul)</td><td>m</td><td></td></tr>
<tr><td>Teilkreisdurchmesser</td><td>d_2</td><td></td></tr>
<tr><td>Profilverschiebungsfaktor</td><td>x_2</td><td></td></tr>
<tr><td>Zahnhöhe</td><td>h_2</td><td></td></tr>
<tr><td>Flankenrichtung</td><td></td><td>rechtssteigend
linkssteigend</td></tr>
<tr><td>Verzahnungsqualität</td><td></td><td></td></tr>
<tr><td>Flankenspiel (bei Bedarf)</td><td></td><td></td></tr>
<tr><td>Zusätzliche Verzahnungstoleranzen
und Prüfangaben:</td><td></td><td></td></tr>
</table>

1 Außendurchmesser d_{e2}
2 Kopfkreisdurchmesser d_{a2}
3 Kopfkehlhalbmesser $r_k = a - \dfrac{d_{a2}}{2}$
4 Kehlkreis-Mittenabstand
   gleich Achsabstand a
5 Fußkreisdurchmesser d_f (bei Bedarf)
6 Zahnbreite b_2
7 Kennzeichen der Bezugselemente
   Bezugselement für die Rundlauf- und
   Planlauftoleranz ist die Radachse
8 Rundlauftoleranz und Planlauftoleranz
   des Radkörpers
9 Oberflächenkennzeichen
   nach DIN ISO 1302 (vgl. Lehrbuch 2.3)

<table>
<tr><td rowspan="2">Schnecke</td><td>Sachnummer</td><td></td><td></td></tr>
<tr><td>Zähnezahl</td><td>z_1</td><td></td></tr>
<tr><td colspan="2">Achsabstand im Gehäuse
mit Abmaßen</td><td>$a \pm$</td><td></td></tr>
<tr><td colspan="4">Ergänzende Angaben (bei Bedarf):</td></tr>
</table>

Angaben sind neben den Angaben in der Zeichnung
für die Herstellung des Schneckenrades unbedingt
erforderlich.

21 Außenverzahnte Stirnräder

TB 21-1 Modulreihe für Zahnräder nach DIN 780 (Auszug)

Moduln m für *Stirn-* und *Kegelräder* in mm

Reihe 1	0,1	0,12	0,16	0,20	0,25	0,3	0,4	0,5	0,6	0,7	0,8
	0,9	1	1,25	1,5	2	2,5	3	4	5	6	8
	10	12	16	20	25	32	40	50	60		
Reihe 2	0,11	0,14	0,18	0,22	0,28	0,35	0,45	0,55	0,65	0,75	0,85
	0,95	1,125	1,375	1,75	2,25	2,75	3,5	4,5	5,5	7	9
	11	14	18	22	28	36	45	55	70		

Die Moduln gelten im Normalschnitt; Reihe 1 ist gegenüber Reihe 2 zu bevorzugen.

TB 21-2a Profilüberdeckung ε_α bei Null- und V-Null-Getrieben (überschlägige Ermittlung)

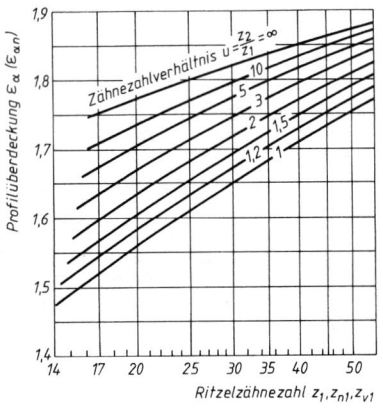

TB 21-2b Profilüberdeckung ε_α bei V-Getrieben (überschlägige Ermittlung)

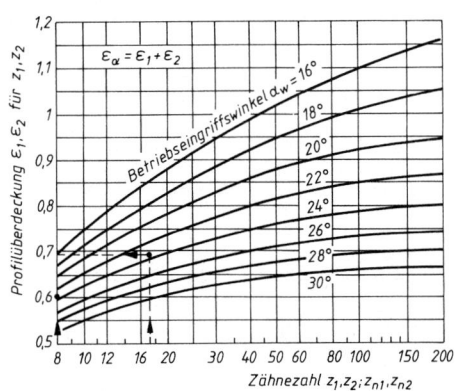

das eingezeichnete Ablesebeispiel *Geradstirnrad-Getriebe* bei $\alpha_W = 23{,}7°$ für $z_1 = 8$ wird $\varepsilon_1 \approx 0{,}6$; für $z_2 = 17$ wird $\varepsilon_2 \approx 0{,}69$; somit $\varepsilon_\alpha = \varepsilon_1 + \varepsilon_2 \approx 1{,}3$

TB 21-3 Betriebseingriffswinkel α_W (überschlägige Ermittlung)

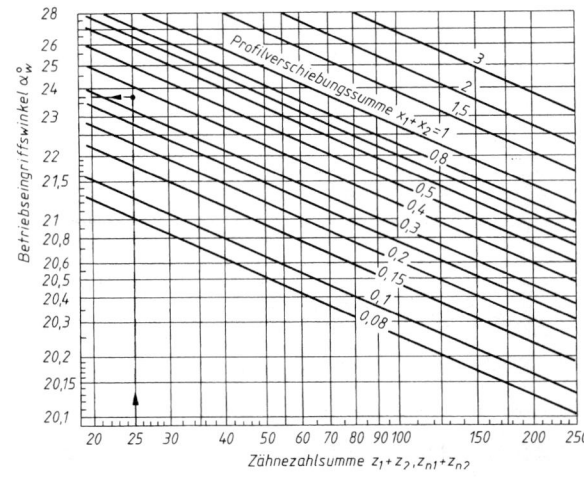

(das eingezeichnete Ablesebeispiel mit $z_1 + z_2 = 8 + 17 = 25$; $x_1 + x_2 = 0{,}36$ ergibt $\alpha_W \approx 23{,}7°$; s. TB 21-2b)

TB 21-4 Evolventenfunktion inv $\alpha = \tan \alpha - (\pi/180) \cdot \alpha$ (Wertetabelle)

α°	,0	,1	,2	,3	,4	,5	,6	,7	,8	,9
10	0,0017941	0,0018489	0,0019048	0,0019619	0,0020201	0,0020795	0,0021400	0,0022017	0,0022646	0,0023288
11	0,0023941	0,0024607	0,0025285	0,0025975	0,0026678	0,0027394	0,0028123	0,0028865	0,0029620	0,0030389
12	0,0031171	0,0031966	0,0032775	0,0033598	0,0034434	0,0035285	0,0036150	0,0037029	0,0037923	0,0038831
13	0,0039754	0,0040692	0,0041644	0,0042612	0,0043595	0,0044593	0,0045607	0,0046636	0,0047681	0,0048742
14	0,0049819	0,0050912	0,0052022	0,0053147	0,0054290	0,0055448	0,0056624	0,0057817	0,0059027	0,0060254
15	0,0061498	0,0062760	0,0064039	0,0065337	0,0066652	0,0067985	0,0069337	0,0070706	0,0072095	0,0073501
16	0,0074927	0,0076372	0,0077835	0,0079318	0,0080820	0,0082342	0,0083883	0,0085444	0,0087025	0,0088626
17	0,0090247	0,0091889	0,0093551	0,0095234	0,0096937	0,0098662	0,0100407	0,0102174	0,0103963	0,0105573
18	0,010760	0,010946	0,011133	0,011323	0,011515	0,011709	0,011906	0,012105	0,012306	0,012509
19	0,012715	0,012923	0,013134	0,013346	0,013562	0,013779	0,013999	0,014222	0,014447	0,014674
20	0,014904	0,015137	0,015372	0,015609	0,015849	0,016092	0,016337	0,016585	0,016836	0,017089
21	0,017345	0,017603	0,017865	0,018129	0,018395	0,018665	0,018937	0,019212	0,019490	0,019770
22	0,020054	0,020340	0,020629	0,020921	0,021217	0,021514	0,021815	0,022119	0,022426	0,022736
23	0,023049	0,023365	0,023684	0,024006	0,024332	0,024660	0,024992	0,025326	0,025664	0,026005
24	0,026350	0,026697	0,027048	0,027402	0,027760	0,028121	0,028484	0,028852	0,029223	0,029600
25	0,029975	0,030357	0,030741	0,031129	0,031521	0,031916	0,032315	0,032718	0,033124	0,033534
26	0,033947	0,034364	0,034785	0,035209	0,035637	0,036069	0,036505	0,036945	0,037388	0,037835
27	0,038286	0,038742	0,039201	0,039664	0,040131	0,040602	0,041076	0,041556	0,042039	0,042526
28	0,043017	0,043513	0,044012	0,044516	0,045024	0,045537	0,046054	0,046575	0,047100	0,047630
29	0,048164	0,048702	0,049245	0,049792	0,050344	0,050901	0,051462	0,052027	0,052597	0,053172
30	0,053751	0,054336	0,054924	0,055518	0,056116	0,056720	0,057328	0,057940	0,058558	0,059181
31	0,059808	0,060441	0,061079	0,061721	0,062369	0,063022	0,063680	0,064343	0,065012	0,065685
32	0,066364	0,067048	0,067738	0,068432	0,069133	0,069838	0,070549	0,071266	0,071988	0,072716
33	0,073449	0,074188	0,074932	0,076683	0,076439	0,077200	0,077968	0,078741	0,079520	0,080306
34	0,081097	0,081894	0,082697	0,083506	0,084321	0,085142	0,085970	0,086804	0,087644	0,088490
35	0,089342	0,090201	0,091067	0,091938	0,092816	0,093701	0,094592	0,095490	0,096395	0,097306
36	0,098224	0,099149	0,100080	0,101019	0,101964	0,102916	0,103875	0,104841	0,105814	0,106795
37	0,107782	0,108777	0,109779	0,110788	0,111805	0,112829	0,113860	0,114899	0,115945	0,116999
38	0,118061	0,119130	0,120207	0,121291	0,122384	0,123484	0,124592	0,125709	0,126833	0,127965
39	0,129106	0,130254	0,131411	0,132576	0,133750	0,134931	0,136122	0,137320	0,138528	0,139743
40	0,140968	0,142201	0,143443	0,144694	0,145954	0,147222	0,148500	0,149787	0,151083	0,152388
41	0,153702	0,155025	0,156348	0,157700	0,159052	0,160414	0,161785	0,163165	0,164556	0,165956
42	0,167366	0,168786	0,170216	0,171656	0,173106	0,174566	0,176037	0,177518	0,179009	0,180511
43	0,182024	0,183547	0,185080	0,186625	0,188180	0,189746	0,191324	0,192912	0,194511	0,196122
44	0,197744	0,199377	0,201022	0,202678	0,204346	0,206026	0,207717	0,209420	0,211135	0,212863

TB 21-5 Wahl der Summe der Profilverschiebungsfaktoren $\Sigma x = (x_1 + x_2)$

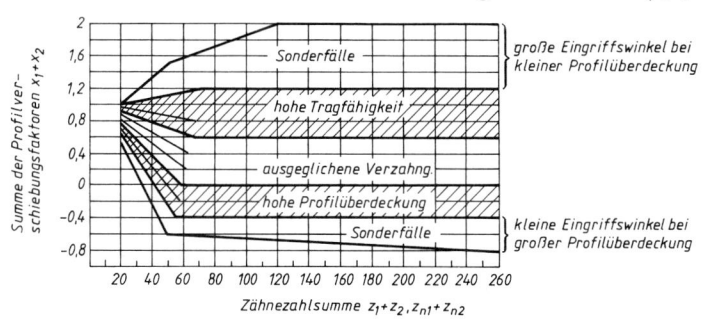

TB 21-6 Aufteilung von $\Sigma x = (x_1 + x_2)$ mit Ablesebeispiel

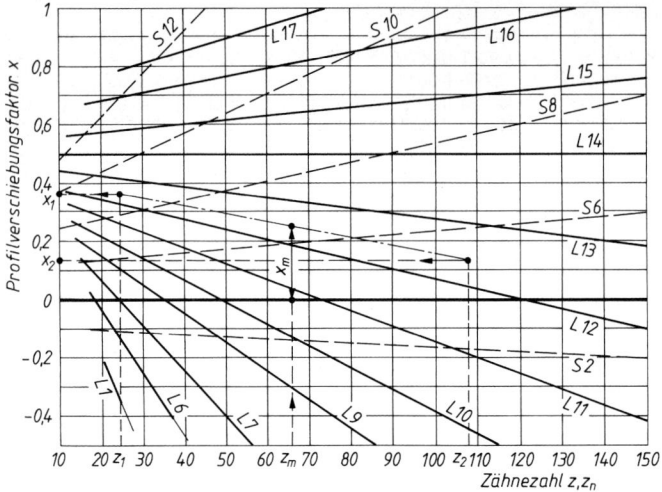

Ablesebeispiel: Gegeben seien $z_1 = 24$, $z_2 = 108$, damit $i = 4{,}5$, Summe der Profilverschiebungsfaktoren $x_1 + x_2 = +0{,}5$ (ausgeglichene Verzahnung mit höherer Tragfähigkeit nach TB 21-5). Man trage über der mittleren Zähnezahl $z_m = (z_1 + z_2)/2 = (24 + 108)/2 = 66$ den Mittelwert der Summe der Profilverschiebungsfaktoren $x_m = (x_1 + x_2)/2 = 0{,}25$ von der 0-Linie auf. Durch diesen Punkt ziehe man eine den benachbarten L-Linien ($i > 1!$) angepasste Gerade. Diese gibt dann über z_1 und z_2 die zugehörigen Werte $x_1 = +0{,}36$ und $x_2 = +0{,}14$ an. Dabei ist zu beachten, dass die Summe der gefundenen Werte x_1 und x_2 mit der vorgegebenen Summe der Profilverschiebungsfaktoren genau übereinstimmt.

TB 21-7 Verzahnungsqualität (Anhaltswerte)

a) nach Verwendungsgebieten
b) nach Umfangsgeschwindigkeiten am Teilkreis
c) nach Herstellungsverfahren

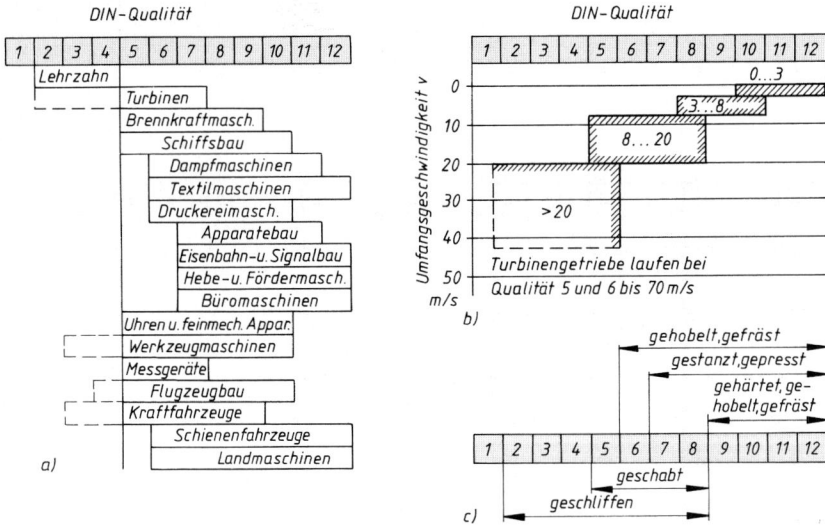

Bei gehärteten Schräg- oder Doppelschrägverzahnungen Qualität 8 oder feiner, sonst Zahnbruchgefahr.

TB 21-8 Zahndickenabmaße, Zahndickentoleranzen

a) oberes Zahndickenabmaß A_{sne} in μm nach DIN 3967 (Auszug)

Teilkreisdurchmesser (mm)		Abmaßreihe										
über	bis	a	ab	b	bc	c	cd	d	e	f	g	h
–	10	–100	– 85	– 70	– 58	– 48	– 40	– 33	– 22	–10	– 5	0
10	50	–135	–110	– 95	– 75	– 65	– 54	– 44	– 30	–14	– 7	0
50	125	–180	–150	–125	–105	– 85	– 70	– 60	– 40	–19	– 9	0
125	280	–250	–200	–170	–140	–115	– 95	– 80	– 56	–26	–12	0
280	560	–330	–280	–230	–190	–155	–130	–110	– 75	–35	–17	0
560	1000	–450	–370	–310	–260	–210	–175	–145	–100	–48	–22	0

b) Zahndickentoleranzen T_{sn} in μm nach DIN 3967 (Auszug)

Teilkreisdurchmesser (mm)		Toleranzreihe									
über	bis	21	22	23	24	25	26	27	28	29	30
–	10	3	5	8	12	20	30	50	80	130	200
10	50	5	8	12	20	30	50	80	130	200	300
50	125	6	10	16	25	40	60	100	160	250	400
125	280	8	12	20	30	50	80	130	200	300	500
280	560	10	16	25	40	60	100	160	250	400	600
560	1000	12	20	30	50	80	130	200	300	500	800

c) zulässige Zahndickenschwankung R_s in μm nach DIN 3962 T1 (Auszug)

Verzahnungs- qualität		m (m_n) von 1 bis 2 mm R_s							m (m_n) von 2 bis 3,55 mm R_s							m (m_n) von 3,55 bis 6 mm R_s						
		6	7	8	9	10	11	12	6	7	8	9	10	11	12	6	7	8	9	10	11	12
über 10 bis 50		8	12	16	22	32	45	63	10	14	20	28	36	56	71	11	16	22	32	45	63	90
über 50 bis 125		10	14	20	28	40	56	80	12	16	22	32	45	63	90	14	20	28	36	50	71	100
über 125 bis 280		12	16	22	32	45	63	90	14	20	28	36	50	71	100	16	22	32	45	63	80	110
über 280 bis 560		14	18	25	36	50	71	100	16	22	32	40	56	80	110	18	25	36	50	71	90	125
über 560 bis 1000		14	20	28	40	56	80	110	18	25	36	45	63	90	125	20	28	36	56	80	100	140

Verzahnungs- qualität		m (m_n) von 6 bis 10 mm R_s							m (m_n) von 10 bis 16 mm R_s							m (m_n) von 16 bis 25 mm R_s						
		6	7	8	9	10	11	12	6	7	8	9	10	11	12	6	7	8	9	10	11	12
über 10 bis 50		14	18	25	36	50	71	100	–	–	–	–	–	–	–	–	–	–	–	–	–	–
über 50 bis 125		16	22	32	45	63	80	110	18	25	36	50	71	100	140	–	–	–	–	–	–	–
über 125 bis 280		18	25	36	50	71	90	125	20	28	40	56	80	110	160	22	32	45	63	90	125	160
über 280 bis 560		20	28	40	56	80	110	140	22	32	45	63	90	125	160	25	36	50	71	100	140	180
über 560 bis 1000		22	32	45	63	80	125	160	25	36	50	71	100	140	180	28	40	56	80	110	140	200

d in mm

21

TB 21-8 Fortsetzung

d) Empfehlungen zu TB 21-8 und TB 21-9

Anwendungsbereich	A_{sne}-Reihe	T_{sn}-Reihe	Achsabstand/Achsabmaße
Allgemeiner Maschinenbau	b	26	js7
dsgl. reversierend, Scheren, Fahrwerke	c	25	js6
Werkzeugmaschinen	f	24/25	js6
Landmaschinen	e	27/28	js8
Kraftfahrzeuge	d	26	js7
Kunststoffmaschinen, Lok-Antriebe	c, cd	25	js7

TB 21-9 Achsabstandsabmaße A_{ae}, A_{ai} von Gehäusen für Stirnradgetriebe nach DIN 3964 (Auszug)

			Achslage-Genauigkeitsklasse 1 bis 3						
				Achslage-Genauigkeitsklasse 4 bis 6					
					Achslage-Genauigkeitsklasse 7 bis 9				
							Achslage-Genauigkeitsklasse 10 bis 12		
			ISO-Symbol js						
			5	6	7	8	9	10	11
über bis	10 18		+ 4 − 4	+ 5,5 − 5,5	+ 9 − 9	+13,5 −13,5	+ 21,5 − 21,5	+ 35 − 35	+ 55 − 55
über bis	18 30		+ 4,5 − 4,5	+ 6,5 − 6,5	+10,5 −10,5	+16,5 −16,5	+ 26 − 26	+ 42 − 42	+ 65 − 65
über bis	30 50		+ 5,5 − 5,5	+ 8 − 8	+12,5 −12,5	+19,5 −19,5	+ 31 − 31	+ 50 − 50	+ 80 − 80
über bis	50 80		+ 6,5 − 6,5	+ 9,5 − 9,5	+15 −15	+23 −23	+ 37 − 37	+ 60 − 60	+ 95 − 95
über bis	80 120		+ 7,5 − 7,5	+11 −11	+17,5 −17,5	+27 −27	+ 43,5 − 43,5	+ 70 − 70	+110 −110
über bis	120 180		+ 9 − 9	+12,5 −12,5	+20 −20	+31,5 −31,5	+ 50 − 50	+ 80 − 80	+125 −125
über bis	180 250		+10 −10	+14,5 −14,5	+23 −23	+36 −36	+ 57,5 − 57,5	+ 92,5 − 92,5	+145 −145
über bis	250 315		+11,5 −11,5	+16 −16	+26 −26	+40,5 −40,5	+ 65 − 65	+105 −105	+160 −160
über bis	315 400		+12,5 −12,5	+18 −18	+28,5 −28,5	+44,5 −44,5	+ 70 − 70	+115 −115	+180 −180
über bis	400 500		+13,5 −13,5	+20 −20	+31,5 −31,5	+48,5 −48,5	+ 77,5 − 77,5	+125 −125	+200 −200
über bis	500 630		+14 −14	+22 −22	+35 −35	+55 −55	+ 87 − 87	+140 −140	+220 −220
über bis	630 800		+16 −16	+25 −25	+40 −40	+62 −62	+100 −100	+160 −160	+250 −250
über bis	800 1000		+18 −18	+28 −28	+45 −45	+70 −70	+115 −115	+180 −180	+280 −280

Achsabstand a (Nennmaß) in mm

21

TB 21-10 Messzähnezahl k für Stirnräder

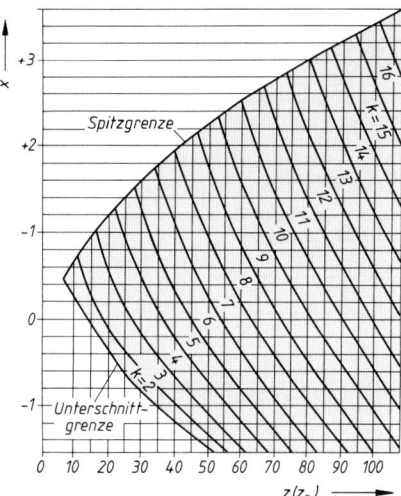

TB 21-11 Empfehlungen zur Aufteilung von i für zwei- und dreistufige Stirnradgetriebe

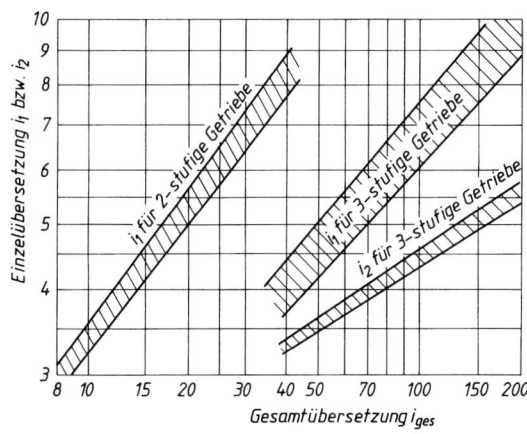

TB 21-12 (schraffierter) Bereich der ausführbaren Evolventenverzahnungen für Außenräder mit Bezugsprofil nach DIN 867, Stirnräder nach DIN 3960

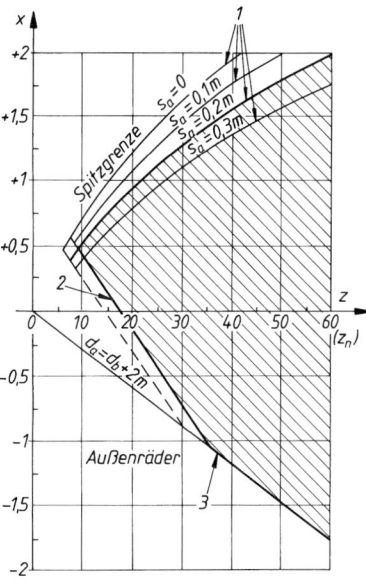

21

TB 21-13 Ritzelzähnezahl z_1 (Richtwerte) [1]

a) abhängig von den Anforderungen an das Getriebe

Anforderungen an das Getriebe	Anwendungsbeispiele	Günstige Ritzelzähnezahl z_1
Zahnfußtragfähigkeit und Grübchentrag-fähigkeit ausgeglichen	Getriebe für den allgemeinen Maschinen-bau (kleine bis mittlere Drehzahl)	$z_1 \approx 20 \ldots 30$
Zahnfußtragfähigkeit wichtiger als die Grübchentragfähigkeit	Hubwerkgetriebe, teilweise Fahrzeug-getriebe	$z_1 \approx 14 \ldots 20$
Grübchentragfähigkeit wichtiger als die Zahnfußtragfähigkeit	hochbelastete schnelllaufende Getriebe im Dauerbetrieb	$z_1 > 35$
Hohe Laufruhe	schnelllaufende Getriebe	

b) abhängig von der Wärmebehandlung und der Übersetzung

Wärmebehandlung der Zahnräder bzw. deren Werkstoff		Zähnezahl z_1 bei einem Zähnezahlverhältnis u			
		1	2	4	8
vergütet oder oberflächen-gehärtet gegen vergütet	<230 HB	$32 \ldots 60$	$29 \ldots 55$	$25 \ldots 50$	$22 \ldots 45$
	≥230 HB	$30 \ldots 50$	$27 \ldots 45$	$23 \ldots 40$	$20 \ldots 35$
nitriert		$24 \ldots 40$	$21 \ldots 35$	$19 \ldots 31$	$16 \ldots 26$
einsatzgehärtet		$21 \ldots 32$	$19 \ldots 29$	$16 \ldots 25$	$14 \ldots 22$
Gusseisen, (GJS)		$26 \ldots 45$	$23 \ldots 40$	$21 \ldots 35$	$18 \ldots 30$

$z = 12$ praktisch kleinste Zähnezahl für Leistungsgetriebe (Gegenzähnezahl ≥ 23)

[1] unterer Bereich für $n < 1000$ min^{-1}
oberer Bereich für $n > 3000$ min^{-1}

TB 21-14 Ritzelbreite, Verhältniszahlen (Richtwerte)

a) Durchmesser-Breitenverhältnis $\psi_d = b_1/d_1$

Art der Lagerung		Wärmebehandlung			
		normal geglüht HB < 180	vergütet HB > 200	einsatz-, flamm- oder induktions-gehärtet	nitriert
		ψ_d			
symmetrisch		≤1,6	≤1,4	≤1,1	≤0,8
unymmetrisch		≤1,3	≤1,1	≤0,9	≤0,6
fliegend		≤0,8	≤0,7	≤0,6	≤0,4

b) Modulbreitenverhältnis $\psi_m = b_1/m$

Lagerung	Verzahnungs-qualität	ψ_m
Stahlkonstruktion, leichtes Gehäuse	11 ... 12	10 ... 15
Stahlkonstruktion oder fliegendes Ritzel	8 ... 9	15 ... 25
gute Lagerung im Gehäuse	6 ... 7	20 ... 30
genau parallele, starre Lagerung	6 ... 7	25 ... 35
$b/d_1 \leq 1$, genau parallele, starre Lagerung	5 ... 6	40 ... 60

21

TB 21-15 Berechnungsfaktoren

		Verzahnungsqualität						
		6	7	8	9	10	11	12
	q_H	1,32	1,85	2,59	4,01	6,22	9,63	14,9
Geradverzahnung	K_1	9,6	15,3	24,5	34,5	53,6	76,6	122,5
	K_2	0,0193						
Schrägverzahnung	K_1	8,5	13,6	21,8	30,7	47,7	68,2	109,1
	K_2	0,0087						

TB 21-16 Flankenlinienabweichung

a) durch Verformung f_{sh} in μm, abhängig von b je Radpaar; Erfahrungswerte

Zahnbreite b[1] in mm	bis 20	über 20 bis 40	über 40 bis 100	über 100 bis 260	über 260 bis 315	über 315 bis 560	über 560
sehr steife Getriebe und/oder $F_t/b < 200$ N/mm z. B. stationäre Turbogetriebe	5	6,5	7	8	10	12	16
mittlere Steifigkeit und/oder $F_t/b \approx 200 \ldots 1000$ N/mm (meist Industriegetriebe)	6	7	8	11	14	18	24
nachgiebige Getriebe und/oder $F_t/b > 1000$ N/mm	10	13	18	25	30	38	50

[1] Bei ungleichen b ist die kleinere Breite einzusetzen.

b) Faktor K' zur Berücksichtigung der Ritzellage zu den Lagern (nach DIN 3990)

T Einleitung oder Abnahme des Drehmoments
d_{sh} Durchmesser der Ritzelwelle
d_1 Teilkreisdurchmesser des Ritzels

[1] mit Stützwirkung des Ritzelkörpers, wenn Ritzel mit Welle aus einem Stück, wobei $d_1/d_{sh} \geq 1{,}15$,
ohne Stützwirkung bei $d_1/d_{sh} < 1{,}15$, ferner bei aufgestecktem Ritzel mit Passfederverbindung o. ä. sowie bei üblichen Pressverbänden.

Für andere Anordnungen und s/l-Grenzen sowie bei zusätzlichen Wellenbelastungen durch Riemen, Ketten u. ä. wird eine eingehende Analyse empfohlen.

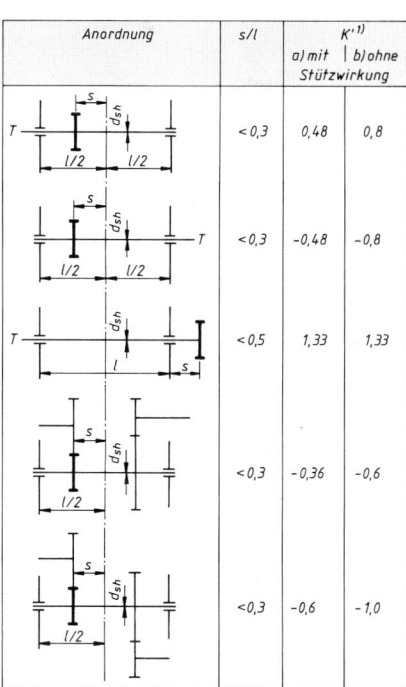

21

TB 21-16 Fortsetzung

c) zulässige Flankenlinien-Winkel-Abweichungen $f_{H\beta}$ in µm nach DIN 3962

DIN-Qualität		Zahnbreite b in mm			
		bis 20	>20 bis 40	>40 bis 100	>100 [1]
6	geschliffen geschabt	8	9	10	11
7	oder feinst-wälzgefräst	11	13	14	16
8	steife Radkörper geschabt wälzgefräst	16	18	20	22
9		25	28	28	32
10		36	40	45	50
11		56	63	71	80
12		90	100	110	125

[1] statt der angegebenen Werte können für $b > 160$ mm auch andere Sondertoleranzen vereinbart werden.

TB 21-17 Einlaufbeträge für Flankenlinien y_β (nach DIN 3990)
(bei unterschiedlichen Werkstoffen für Ritzel 1 und Rad 2 gilt $y_\beta = (y_{\beta 1} + y_{\beta 2})/2$

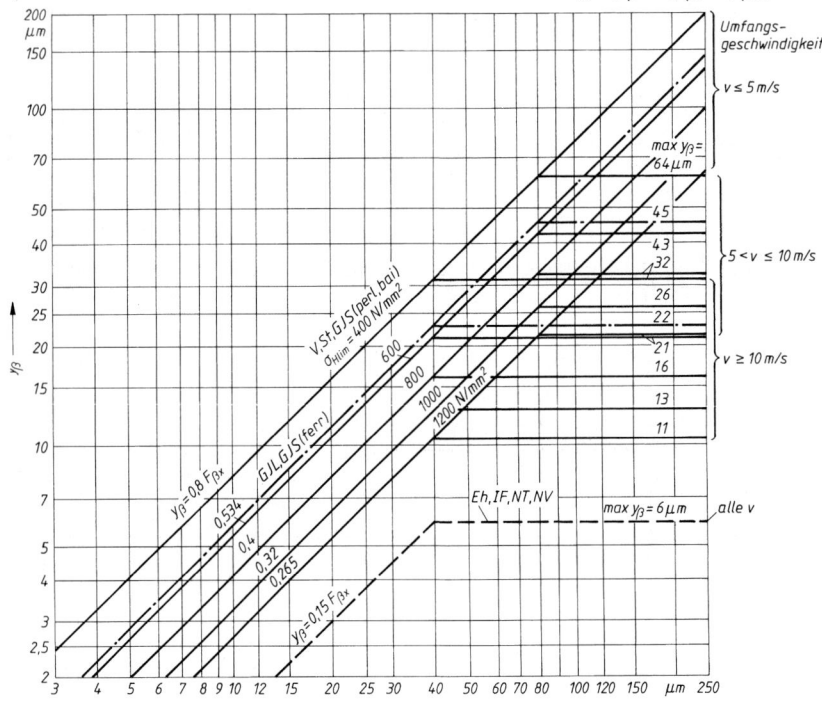

ursprünglich wirksame Flankenlinienabweichung (vor dem Einlauf) $F_{\beta x}$

Vergütungsstahl, Baustahl (V: $R_m \geq 800$ N/mm², St: $R_m < 800$ N/mm²) sowie GJS (perl, bai)

$$y_\beta = (320\ \text{N/mm}^2/\sigma_{H\,\text{lim}}) \cdot F_{\beta x} \leq \max y_\beta$$

Grauguss (GJL) und GJS (ferr)

$$y_\beta = 0{,}55 \cdot F_{\beta x} \leq \max y_\beta$$

Einsatzgeh. oder nitrierter Stahl

$$y_\beta = 0{,}15 \cdot F_{\beta x} \leq 6\ \text{µm}$$

GJS (perl), (bai) Gusseisen mit Kugelgraphit, mit perlitischem, ferritischem, bainitischem Gefüge
Eh   Einsatzstahl, einsatzgehärtet
IF   Stahl und GJS, induktions- oder flammgehärtet
NT   Nitrierstahl, langzeit-gasnitriert
NV   Vergütungs- und Einsatzstahl, langzeit-gasnitriert

TB 21-18 Breitenfaktor $K_{H\beta}$, $K_{F\beta}$, Anhaltswerte (nach DIN 3990)
Gültig für $F_m/b = K_A \cdot F_t/b \geq 100$ N/mm, d. h. gerasterter Bereich nicht zugelassen

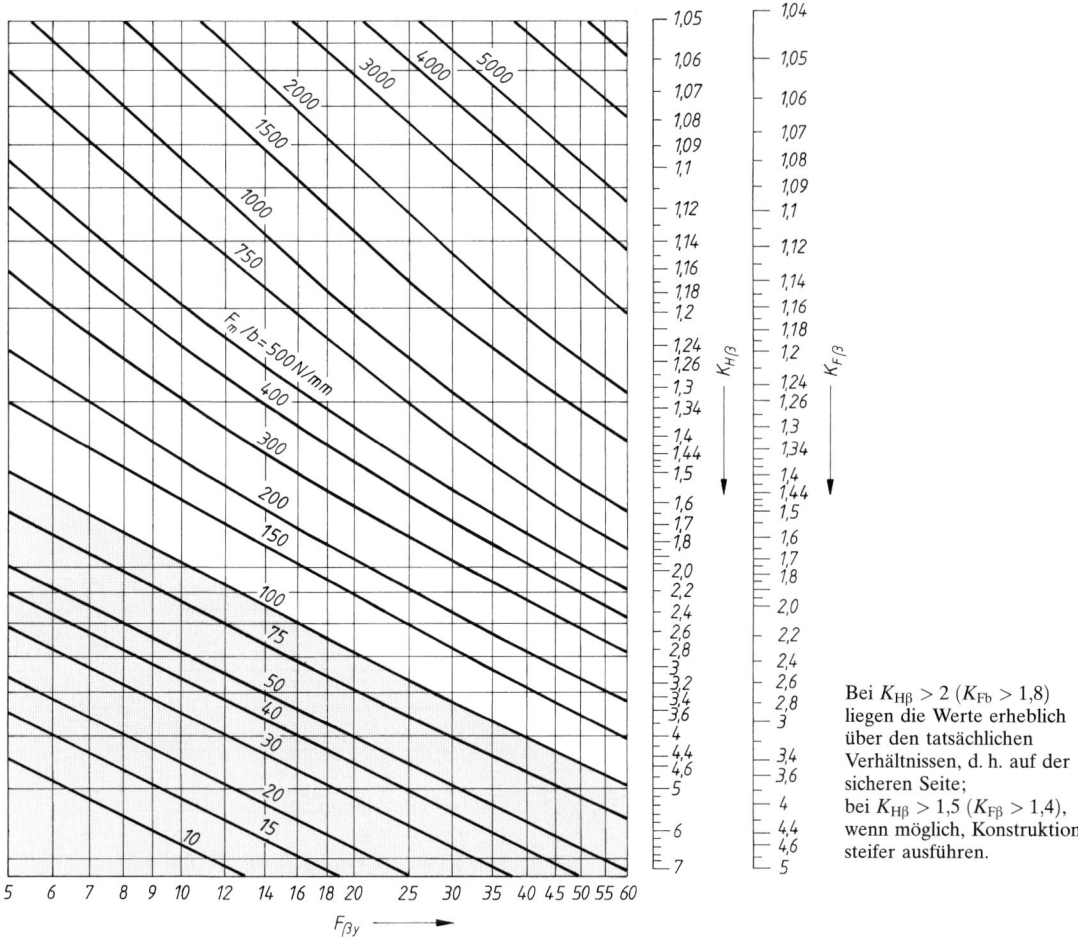

Bei $K_{H\beta} > 2$ ($K_{Fb} > 1,8$) liegen die Werte erheblich über den tatsächlichen Verhältnissen, d. h. auf der sicheren Seite; bei $K_{H\beta} > 1,5$ ($K_{F\beta} > 1,4$), wenn möglich, Konstruktion steifer ausführen.

TB 21-19 Stirnfaktoren $K_{F\alpha}$, $K_{H\alpha}$

a) vereinfachte Festlegung (nach DIN 3990)

Bei Paarung eines gehärteten Rades mit einem nicht gehärteten Gegenrad ist der Mittelwert einzusetzen. Bei unterschiedlicher Verzahnungsqualität ist von der gröberen auszugehen.

			Linienbelastung $K_A \cdot F_t/b$							
			≥ 100 N/mm							<100 N/mm
Verzahnungsqualität DIN 3961 (ISO 1328)			6 (5)	7	8	9	10	11	12	6 (5) und gröber
gehärtet[1]	Geradverzahnung $\beta = 0°$	$K_{F\alpha}$		1,0	1,1	1,2	$1/Y_\varepsilon \geq 1,2$			[2]
		$K_{H\alpha}$					$1/Z_\varepsilon^2 \geq 1,2$			[3]
	Schrägverzahnung $\beta > 0°$	$K_{F\alpha}$	1,0	1,1	1,2	1,4	$\varepsilon_{\alpha n} = \varepsilon_\alpha/\cos^2 \beta_b \geq 1,4$			[4]
		$K_{H\alpha}$								
nicht gehärtet	Geradverzahnung $\beta = 0°$	$K_{F\alpha}$		1,0		1,1	1,2	$1/Y_\varepsilon \geq 1,2$		[2]
		$K_{H\alpha}$						$1/Z_\varepsilon^2 \geq 1,2$		[3]
	Schrägverzahnung $\beta > 0°$	$K_{F\alpha}$	1,0	1,1	1,2	1,4	$\varepsilon_{\alpha n} = \varepsilon_\alpha/\cos^2 \beta_b \geq 1,4$			[4]
		$K_{H\alpha}$								

[1] Einsatz- oder randschichtgehärtet, nitriert oder nitrokarbuniert
[2] s. zu Gl. (21.82)　　[3] s. zu Gl. (21.88)　　[4] s. zu Gl. (21.36)

21

TB 21-19 Fortsetzung

b) Faktor q'_H zur Ermittlung der Eingriffsteilungsabweichung f_{pe}

	Verzahnungsqualität nach DIN 3962 T1 ... T3							
	5	6	7	8	9	10	11	12
q'_H	1	1,4	1,96	2,75	3,85	6,15	9,83	15,75

c) Einlaufbetrag y_α (nach DIN 3990); bei unterschiedlichen Werkstoffen für Ritzel (1) und Rad (2) gilt $y_\alpha = (y_{\alpha1} + y_{\alpha2})/2$

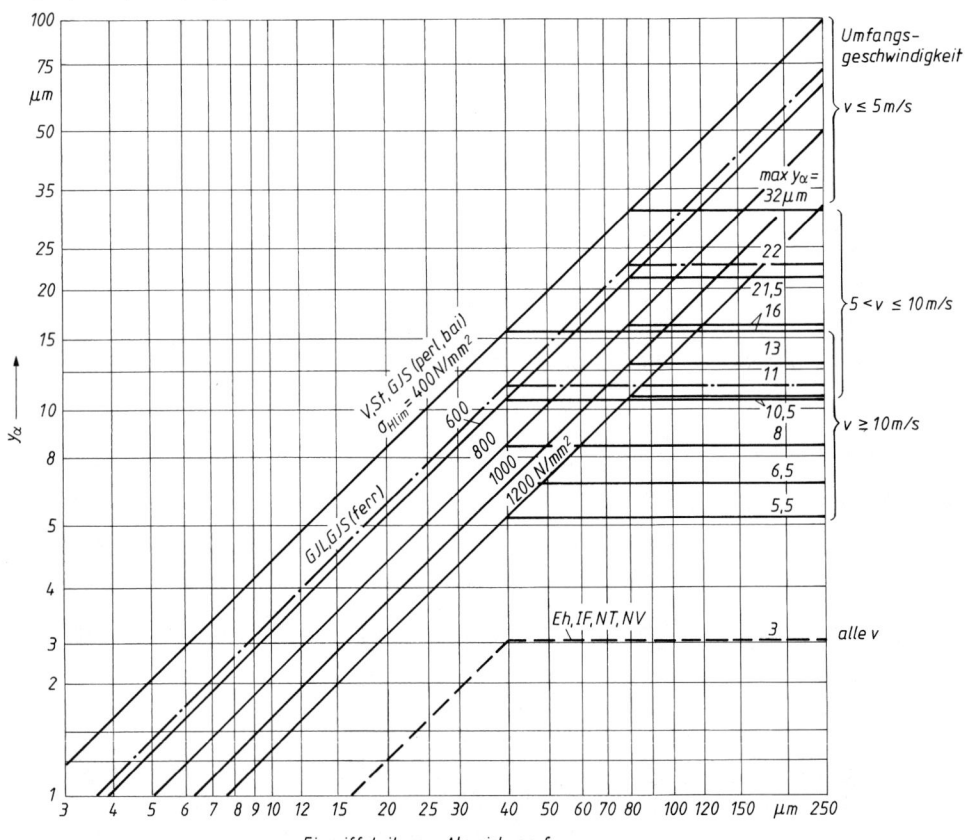

Vergütungsstahl, Baustahl (V: $R_m \geq 800$ N/mm², St: $R_m < 800$ N/mm²) sowie GJS (perl, bai)
$$y_\alpha = (160\ \text{N/mm}^2 / \sigma_{H\min}) \cdot f_{pe} \leq \max y_\alpha$$
Grauguss (GJL) und GJS (ferr)
$$y_\alpha = 0,275 f_{pe} \leq \max y_\alpha$$
Einsatzgeh. oder nitrierter Stahl
$$y_\alpha = 0,075 f_{pe} \leq 3\ \mu\text{m}$$

GJS	(perl), (bai) Gusseisen mit Kugelgraphit, mit perlitischem, ferritischem, bainitischen Gefüge
Eh	Einsatzstahl, einsatzgehärtet
IF	Stahl und GJS, induktions- oder flammgehärtet
NT	Nitrierstahl, langzeit-gasnitriert
NV	Vergütungs- und Einsatzstahl, langzeit-gasnitriert

TB 21-20 Korrekturfaktoren zur Ermittlung der Zahnfußspannung für Außenverzahnung (nach DIN 3990)

a) Formfaktor Y_{Fa}

Bezugsprofil $\alpha = 20°$, $h_a = m$, $h_{a0} = 1{,}25 \cdot m$, $\varrho_{a0} = 0{,}25 \cdot m$

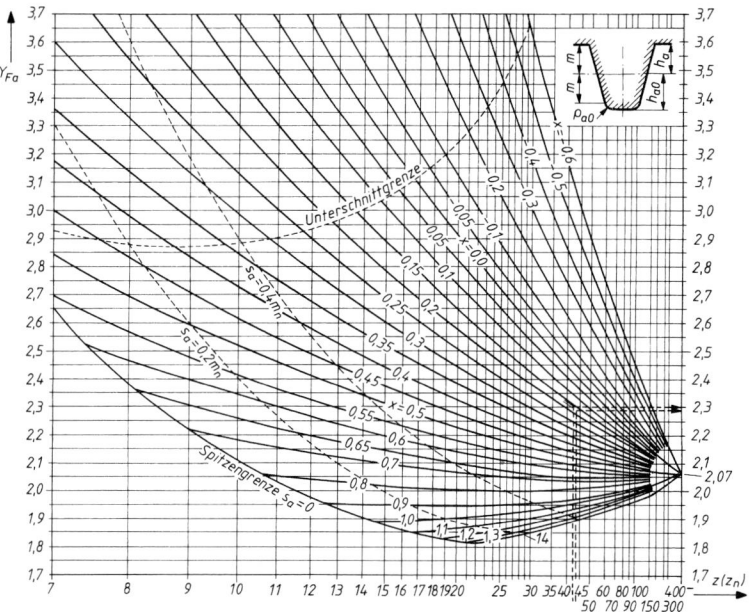

b) Spannungskorrekturfaktor Y_{Sa}

Bezugsprofil $\alpha = 20°$, $h_a = m$, $h_{a0} = 1{,}25 \cdot m$, $\varrho_{a0} = 0{,}25 \cdot m$

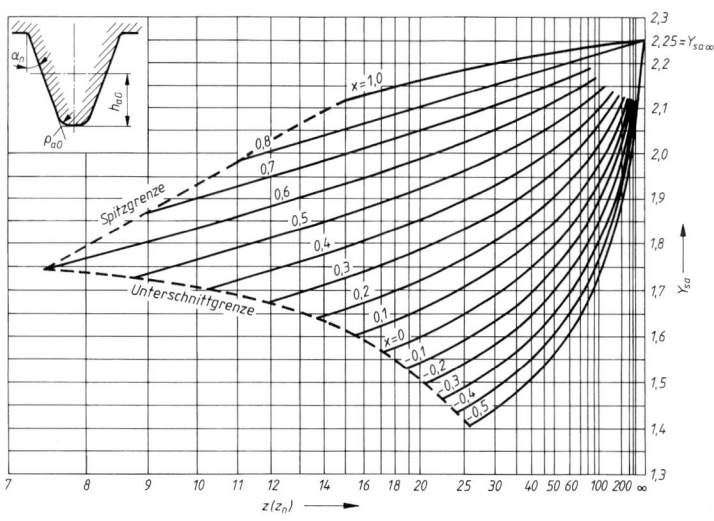

c) Schrägenfaktor Y_β

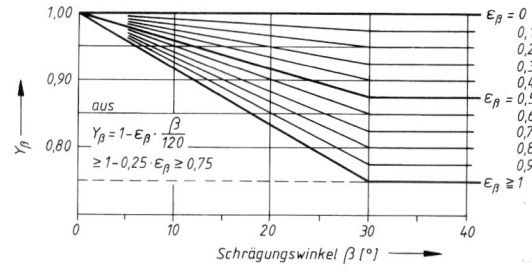

$$Y_\beta = 1 - \varepsilon_\beta \cdot \frac{\beta}{120}$$

$$\geq 1 - 0{,}25 \cdot \varepsilon_\beta \geq 0{,}75$$

TB 21-21 Korrekturfaktoren zur Ermittlung der zulässigen Zahnfußspannung für Außenverzahnung (nach DIN 3990)

a) Lebensdauerfaktor y_{NT}

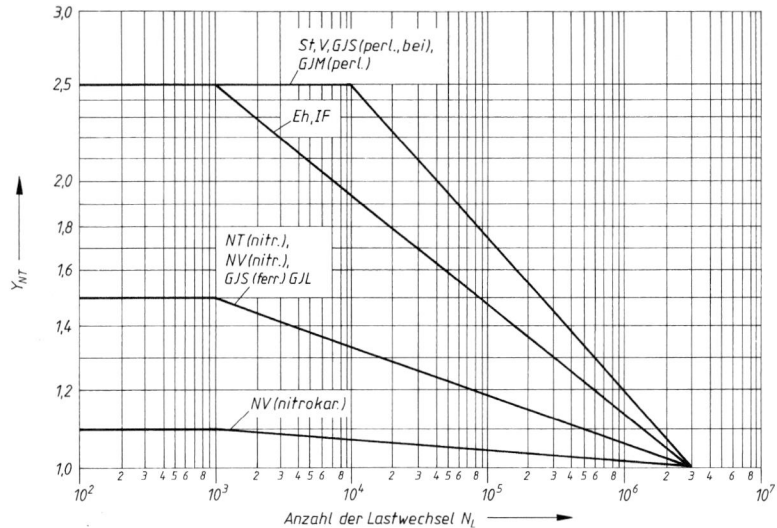

Anzahl der Lastwechsel N_L →

b) relative Stützziffer $Y_{\delta\,rel\,T}$

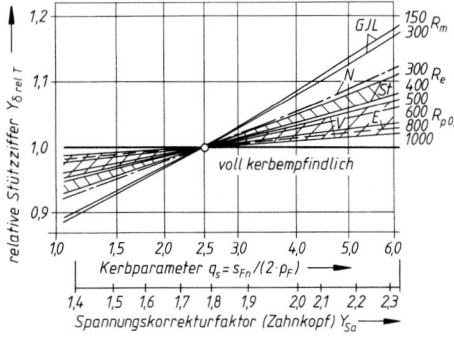

c) relativer Oberflächenfaktor $Y_{R\,rel\,T}$

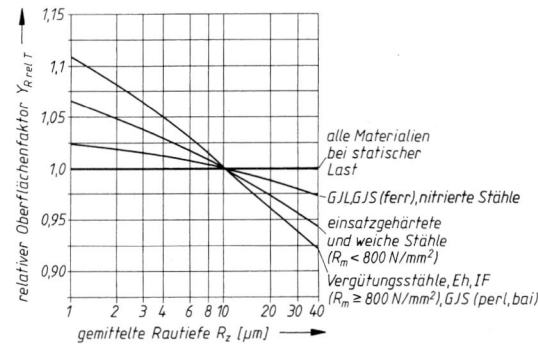

Bei $R_z < 1$ für Vergütungsstähle: $Y_{R\,rel\,T} = 1,12$
einsatzgehärtet und weiche Stähle: $Y_{R\,rel\,T} = 1,07$
GJL, GJS (ferr) und nitrierte Stähle: $Y_{R\,rel\,T} = 1,025$

Bei $1\,\mu m \leq R_z \leq 40\,\mu m$ für V-Stähle: $1,674 - 0,529\,(R_z + 1)^{0,1}$
Eh und weiche Stähle: $5,306 - 4,203\,(R_z + 1)^{0,01}$
GJL, GJS (ferr) und nitr. Stähle: $4,299 - 3,259\,(R_z + 1)^{0,005}$

d) Größenfaktor Y_X (Zahnfußspannung): Z_X (Flankenpressung)

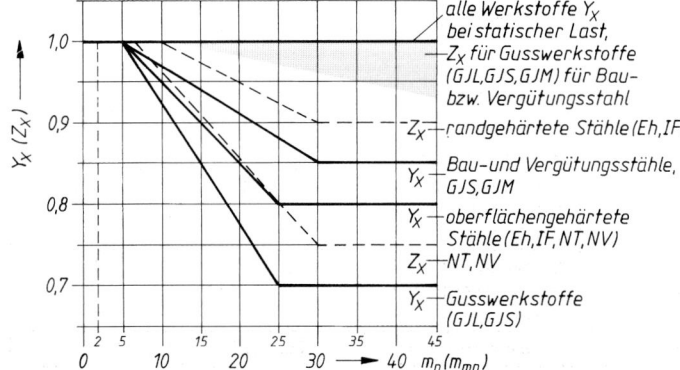

TB21-22 Korrekturfaktoren zur Ermittlung der Flankenpressung für Außenverzahnung (nach DIN 3990)

a) Zonenfaktor Z_H

c) Überdeckungsfaktor Z_ε

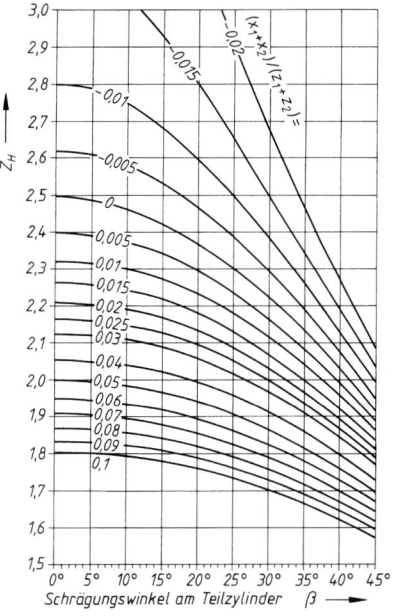

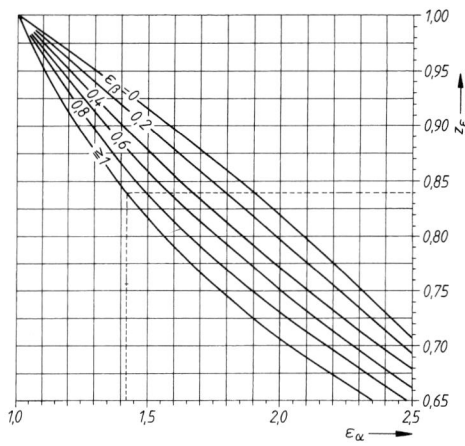

b) Elastizitätsfaktor Z_E

wenn nicht ausdrücklich angegeben Poisson-Zahl $\nu = 0{,}3$

Rad 1		Rad 2		Z_E
Werkstoff	Elastizitätsmodul N/mm^2	Werkstoff	Elastizitätsmodul N/mm^2	$\sqrt{\text{N/mm}^2}$
Stahl (St)	206 000	Stahl (St)	206 000	189,8
		Stahlguss (GS)	202 000	188,9
		Gusseisen (GJS) mit Kugelgraphit	173 000	181,4
		Guss-Zinnbronze	103 000	155,0
		Zinnbronze	113 000	159,8
		Gusseisen (GJL) mit Lamellengraphit (Grauguss)	126 000 bis 118 000	165,4 bis 162,0
Stahlguss (GS)	202 000	Stahlguss (GS)	202 000	188,0
		Gusseisen (GJS) mit Kugelgraphit	173 000	180,5
		Gusseisen (GJL) mit Lamellengraphit (Grauguss)	118 000	161,4
Gusseisen (GJS) mit Kugelgraphit	173 000	Gusseisen (GJS) mit Kugelgraphit	173 000	173,9
		Gusseisen (GJL) mit Lamellengraphit (Grauguss)	118 000	156,6
Gusseisen (GJL) mit Lamellengraphit (Grauguss)	126 000 bis 118 000	Gusseisen (GJL) mit Lamellengraphit (Grauguss)	118 000	146,0 bis 143,7
Stahl	206 000	Hartgewebe $\nu = 0{,}5$	7850 i. M.	56,4

21

209

TB 21-23 Korrekturfaktoren zur Ermittlung der zulässigen Flankenpressung für Außenverzahnung (nach DIN 3990); gerasterte Bereich = Streubereich

a) Schmierstofffaktor Z_L

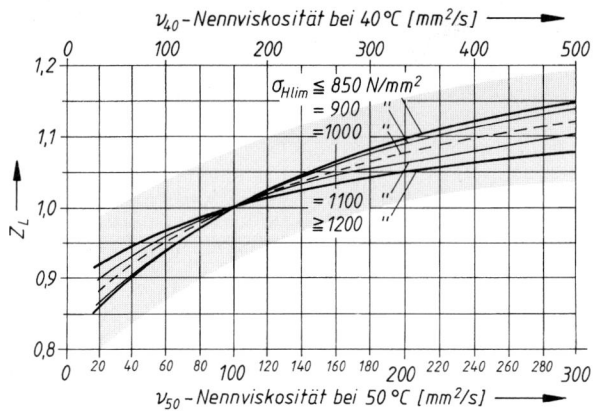

$$Z_L = C_{CL} + \frac{4 \cdot (1 - C_{ZL})}{\left(1,2 + \dfrac{134}{\nu_{40}}\right)^2}$$

mit $C_{ZL} = \dfrac{\sigma_{H\,lim}}{4375} + 0,6357$

$$\text{für } 850 \frac{N}{mm^2} \leq \sigma_{H\,lim} \leq 1200 \frac{N}{mm^2}$$

$$C_{ZL} = 0,83 \text{ für } \sigma_{H\,lim} < 850 \frac{N}{mm^2}$$

$$C_{ZL} = 0,91 \text{ für } \sigma_{H\,lim} > 1200 \frac{N}{mm^2}$$

$\sigma_{H\,lim}$ für weicheren Werkstoff der Radpaarung

b) Geschwindigkeitsfaktor Z_v

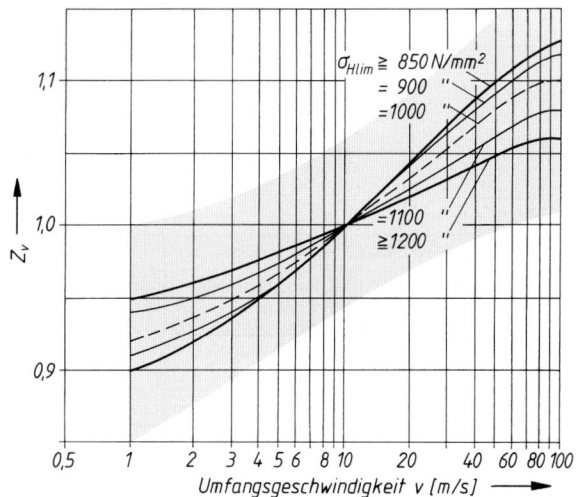

$$Z_v = C_{Zv} + \frac{2 \cdot (1 - C_{Zv})}{\sqrt{0,8 + \dfrac{32}{v}}}$$

mit $C_{Zv} = C_{ZL} + 0,02$

c) Rauigkeitsfaktor Z_R

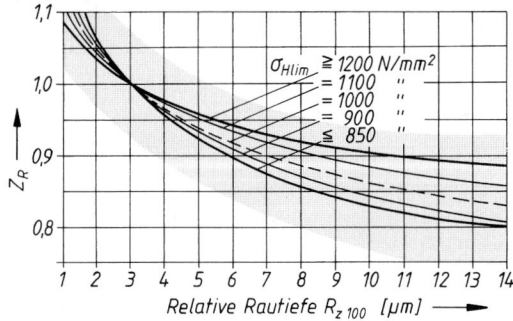

$$Z_R = \left(\frac{3}{R_{z\,100}}\right)^{C_{ZR}}$$

mit $C_{ZR} = 0,32 - 0,0002 \cdot \sigma_{H\,lim}$

$$\text{für } 850 \frac{N}{mm^2} \leq \sigma_{H\,lim} \leq 1200 \frac{N}{mm^2}$$

$$C_{ZR} = 0,15 \text{ für } \sigma_{H\,lim} < 850 \frac{N}{mm^2}$$

$$C_{ZR} = 0,08 \text{ für } \sigma_{H\,lim} > 1200 \frac{N}{mm^2}$$

$$R_{Z\,100} = 0,5 \cdot (R_{Z1} + R_{Z2}) \cdot \sqrt[3]{100/a}$$

21

d) Lebensdauerfaktor Z_{NT}

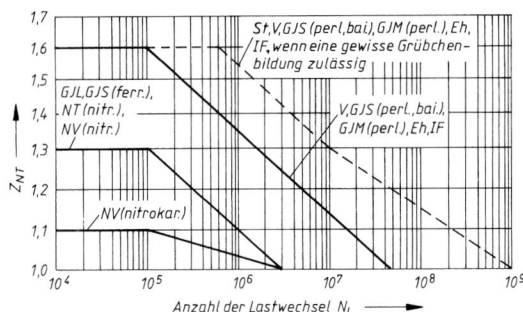

Anzahl der Lastwechsel N_L ⟶

e) Werkstoffpaarungsfaktor Z_W

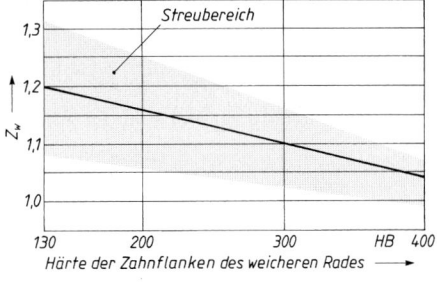

Härte der Zahnflanken des weicheren Rades ⟶

22 Kegelräder und Kegelradgetriebe

TB 22-1 Richtwerte zur Vorwahl der Abmessungen (Kegelräder)

Übersetzung i Zähnezahlverhältnis u	1	1,25	1,6	2	2,5	3,2	4	5	6
Zähnezahl des Ritzels z_1	40…18	36…17	34…16	30…15	26…13	23…12	18…10	14…8	11…7
Breitenverhältnis $\psi_d = \dfrac{b}{d_{m1}}$	0,21	0,24	0,28	0,34	0,4	0,5	0,6	0,76	0,9

TB 22-2 Werte zur Ermittlung des Dynamikfaktors K_v für Kegelräder (nach DIN 3991 T1)

a) für Geradverzahnung;   b) für Schrägverzahnung

Qualität	6	7	8	9	10	11	12
K_1	9,5	15,34	27,02	58,43	106,64	146,08	219,12
K_2 a) b)				1,0645 1,0000			
K_3 a) b)				0,0193 0,0100			

TB 22-3 Überdeckungsfaktor (Zahnfuß) Y_ε für $\alpha_n = 20°$ (nach DIN 3991 T3)

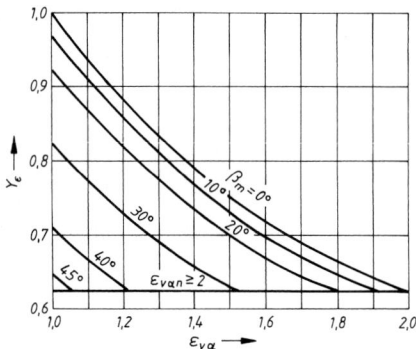

23 Schraubrad- und Schneckengetriebe

TB 23-1 Richtwerte zur Bemessung von Schraubradgetrieben

Übersetzung i	$1 \ldots 2$	$2 \ldots 3$	$3 \ldots 4$	$4 \ldots 5$
Zähnezahl z_1	$20 \ldots 16$	$15 \ldots 12$	$12 \ldots 10$	$10 \ldots 8$
Verhältnis $y = d_1/a$	$1 \ldots 0,7$	$0,7 \ldots 0,55$	$0,55 \ldots 0,5$	

TB 23-2 Belastungskennwerte für Schraubradgetriebe

Werkstoffpaarung: $\dfrac{\text{treibendes Rad}}{\text{getriebenes Rad}}$	$\dfrac{\text{St gehärtet}}{\text{St gehärtet}}$	$\dfrac{\text{St gehärtet}}{\text{Cu-Sn-Leg.}}$	$\dfrac{\text{St}}{\text{Cu-Sn-Leg.}}$	$\dfrac{\text{St, GJL}}{\text{GJL}}$
Belastungskennwert C in N/mm^2	6	5	4	3

TB 23-3 Richtwerte für die Zähnezahl der Schnecke

Übersetzung i	<5	$5 \ldots 10$	$> 10 \ldots 15$	$>15 \ldots 30$	>30
Zähnezahl der Schnecke z_1	6	4	3	2	1

TB 23-4 Moduln für Zylinderschneckengetriebe nach DIN 780 T2 (Auszug)

$m(m_x)$ in mm	1	1,25	1,6	2	2,5	3,15	4	5	6,3	8	10	12,5	16	20

TB 23-5 Lebensdauerfaktor Z_h

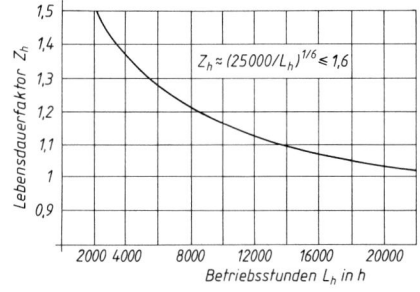

TB 23-6 Lastwechselfaktor Z_N

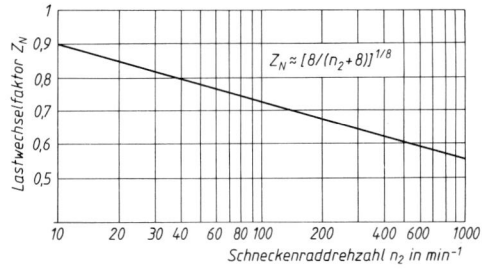

TB 23-7 Kontaktfaktor Z_P
für Schnecken mit $\alpha_0 = 20°$

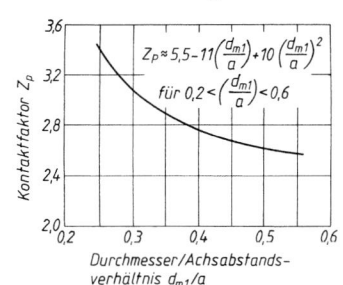

23

213

TB 23-8 Kühlbeiwert q_1 zur Berücksichtigung der Art der Kühlung mit ED in % und n_1 in 1/min wird für $200 < n_1 < 2000$; $q_1 = [1 + y/(1 + y)] \cdot (100/ED + y)$

a) ohne zusätzliche Kühlung

b) mit zusätzlicher Kühlung

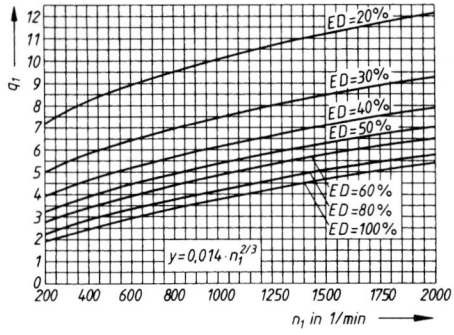
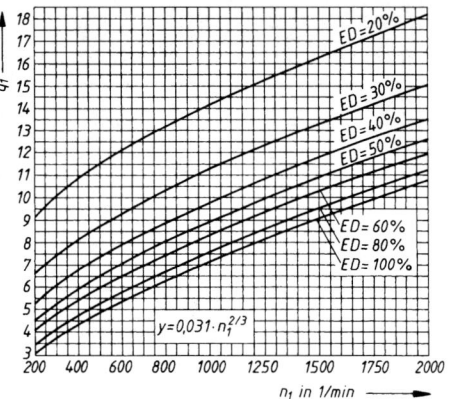

TB 23-9 Übersetzungsbeiwert q_2 bei treibender Schnecke

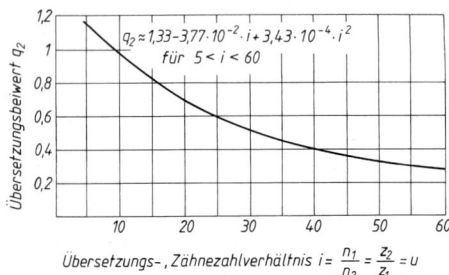

TB 23-10 Werkstoff-Paarungsbeiwert q_3 für Z_A-, Z_N-, Z_K-, Z_I-Schnecken

Werkstoff		Beiwert q_3
Schnecke	Schneckenrad	
Stahl, gehärtet und geschliffen	Cu-Sn-Schleuderbronze	1
	Al-Legierung	0,87
	Grauguss	0,8
Stahl, vergütet nicht geschliffen	Cu-Sn-Bronze, Zn-Legierung	0,67
	Al-Legierung	0,58
	Grauguss	0,55
Grauguss, nicht geschliffen	Cu-Sn-Schleuderbronze	0,87
	Grauguss	0,8

TB 23-11 Bauartbeiwert q_4

Bauart	q_4
unten liegende Schnecke (Schnecke fördert Öl)	1
anders liegende Schnecke (Rad fördert Öl)	0,8
zusätzliche Ölkühlung (Strahlschmierung)	>1

23

214

24 Tribologie

TB 24-1 Druckviskositätskoeffizient α für verschiedene Schmieröle

Öltyp	$\alpha_{25\,°C} \cdot 10^8$ [m²/N]	$\eta_{2000\,bar}/\eta_0$ bei 25 °C	$\eta_{2000\,bar}/\eta_0$ bei 80 °C
Paraffinbasische Mineralöle	1,5–2,4	15–100	10–30
Naphthenbasische Mineralöle	2,5–3,5	150–800	40–70
Polyolefine	1,3–2,0	10–50	8–20
Esteröle (Diester, verzweigt)	1,5–2,0	20–50	12–20
Polyätheröle (aliph.)	1,1–1,7	9–30	7–13
Siliconöle (aliph. Subst.)	1,2–1,4	9–16	7–9

TB 24-2 Eigenschaften der Schmierfette

a) mineralölbasische Schmierfette

	Verdicker		Tropf-punkt °C	Einsatz-Temperaturbereich °C	°C	Beständig-keit gegen Wasser	Korro-sions-schutz	Natür-liches EP-Verhalten	Geeignet für Wälzlager	Gleitlager	Kosten-relation
Seite	Normal	Kalzium	80/100	−35	+50	+++	+	++	−	+	0,8
		Natrium	150/200	−30	+120	−	++	+	++	++	0,9
		Lithium	180/200	−40	+120/140	+	+	+	+++	++	1
		Aluminium	100/120	−30	+80/100	++	+++	+	+++	++	2,5–3,0
	Komplex	Kalzium	>260	−30	+140	++	++	++	++	++	0,9–1,2
		Natrium	>240	−30	+130	+	+	+	++	+	3,5
		Lithium	>250	−30	+150	++	+	+	+++	++	4–5
		Aluminium	>250	−30	+140	++	+	+	+++	+	2,5–4,0
	Gemisch	Li/Ca	170/180	−30	120/130	++	+	+	+++	++	1,3
Nicht-Seite	An-organisch	Bentonit	ohne	−25	150/200	++	−	+	++	+	6–10
		Aerosil (Gel)	ohne	−20	150/180	++	−	−	++	+	5
	Organisch	Polyharnstoff	> 250	−25	150/200	++	+	+	++	+	6

b) syntheseölbasische Schmierfette

	Verdicker	Grundöl	Tropf-punkt °C	Einsatz-Temperaturbereich °C	°C	Beständig-keit gegen Wasser	Korro-sions-schutz	Natür-liches EP-Verhalten	Geeignet für Wälzlager	Gleitlager	Kosten-relation
Seite	Lithium	Ester	>170	−60	+130	++	+	+	+++	+	5–6
		Polyalpha-olefin	>190	−60	+140	++	+	+	+++	+	3–4
		Silikonöl	>190	−40	+170	+++	−	−	+++	+	20
	Lithium-komplex	Ester	>260	−40	+160	+++	+	+	+++	+	6–8
	Barium-komplex	Ester	>260	−40	+130	++	+++	+++	+++	++	7
	Barium-komplex	Polyalpha-olefin	>260	−60	+150	++	+++	+++	+++	++	6
	Natrium-komplex	Silikonöl	>220	−40	+200	+	+	−	++	+	20–25
Nicht-Seite	Bentonit	Polyalpha-olefin	ohne	−50	+180	++	−	+	++	+	10–15
	Bentonit Aerosil (Gel)	Ester	ohne	−40	+180	++	−	+	++	+	10–12
		Silikonöl	ohne	−40	+200	++	−	−	++	+	30–40
	Polyharn-stoff	Silikonöl	>250	−40	+200	+++	+	−	++	+	35–40
	Polyharn-stoff	Polyphenyl-äther	>250	>0	+220	+++	+	+	++	+	100
	PTFE	Alkoxyfluoröl	ohne	−40	+250	+++	+	+++	+++	++	250
	FEP	Alkoxyfluoröl	ohne	−40	+230	+++	+	+++	+++	++	100

(+++ sehr gut, ++ gut, + mäßig, − schlecht)

TB 24-3 Kriterien für die Auswahl von Zentralschmieranlagen

Schmiersystem	Schmierstoff	Anzahl der Schmierstellen (maximal)	Längste Schmier- stoffleitung [m]	Dosierung je Schmierstelle
Einleitungssystem	Öl	500	50	0,1 … 15 ml/Takt
Zweileitungssystem	Öl bzw. Fett	5000	200	0,02 … 15 ml/Takt
Mehrleitungssystem	Öl bzw. Fett	30	50	0,18 … 400 ml/h
Progressivsystem	Öl bzw. Fett	100	50	0,01 … 500 ml/min
Ölnebelsystem	Öl	2500	200	0,2 ml/h
Öl-Luft-System	Öl	5000	200	>0,05 ml/h

TB 24-4 Elektrochemische Spannungsreihe (Elektrodenpotential in Volt von Metallen in wässriger Lösung gegen Wasserstoffelektrode)

Kalium	−2,92
Natrium	−2,71
Magnesium	−2,38
Aluminium	−1,66
Mangan	−1,05
Zink	−0,76
Eisen	−0,44
Kadmium	−0,40
Kobalt	−0,27
Nickel	−0,23
Zinn	−0,14
Blei	−0,12
Wasserstoff	+0
Kupfer	+0,35
Silber	+0,80
Quecksilber	+0,85
Platin	+1,20
Gold	+1,36

Sachwortverzeichnis